# Gebäudeausstattung

**Systeme, Produkte, Materialien**

# Gebäudeausstattung

**Martin Peukert**

## Systeme, Produkte, Materialien

Deutsche Verlags-Anstalt München

**Für meine Eltern**

*Bibliografische Information
Der Deutschen Bibliothek*

Die Deutsche Bibliothek verzeichnet diese
Publikation in der Deutschen National-
bibliografie; detaillierte bibliografische Daten
sind im Internet über http://dnb.ddb.de
abrufbar.


© 2004 Deutsche Verlags-Anstalt GmbH,
München
Alle Rechte vorbehalten
Umschlaggestaltung:
Büro Klaus Meyer, München / Jan Riemer
Grafische Gestaltung und Satz:
a.visus.michael hempel, München
Lithographie: ReproLine Mediateam, München
Druck und Bindung:
Jütte-Messedruck Leipzig GmbH, Leipzig
Printed in Germany
ISBN 3-421-03452-4

*Hinweis*

*Umschlagabbildungen*

1 TecWave, Webteppich mit Metalloptik, Design:
  Hadi Teherani AG (Carpet Concept)

2 constructiv Pila Office, Detail (Burkhardt Leitner
  constructiv)

3 Barrierefrei-Symbol

4 Waschtisch, Einbaubecken (Alape)

5 Türdrückergarnitur 530 (Vieler)

6 Wendeltreppe, Boehringer Ingelheim Center
  (Hark Treppenbau)

7 constructiv Pila Office, Detail (Burkhardt Leitner
  constructiv)

8 Spachteltechnik Stucco (Brillux)

9 Treppe, Headoffice Rheinkalk,
  (Hark Treppenbau)

10 Tapete, Kollektion Ulf Moritz (Marburger)

11 Waschtisch, Aufsatzbecken (Alape)

## A An der Wand

| | |
|---|---|
| Grundbetrachtung | 7 |
| Putze | 9 |
| Kreativtechniken | 11 |
| Tapeten | 12 |
| Fliesen | 17 |

## B Am Fußboden

| | |
|---|---|
| Grundbetrachtung | 21 |
| Bodenkeramik | 23 |
| Elastische Beläge | 26 |
| Holzböden | 30 |
| Laminat | 33 |
| Textile Beläge | 35 |
| Installationen | 40 |

## C An der Decke

| | |
|---|---|
| Grundbetrachtung | 42 |
| Baukonstruktion | 46 |
| Brandschutz | 48 |
| Schallschutz und Akustik | 49 |
| Fugenlose Decken | 52 |
| Ebene Decken | 54 |
| Formdecken | 59 |
| Integrierte Decken | 60 |
| Deckensegel | 61 |
| Spanndecken | 62 |
| Lichtplanung | 62 |

## D Treppen

| | |
|---|---|
| Grundbetrachtung | 65 |
| Treppenformen | 66 |
| Treppen im Raum | 67 |
| Grundgeometrie | 68 |
| Konstruktion | 72 |
| Handlauf | 74 |
| Geländer | 75 |
| Brand- und Schallschutz | 76 |
| Treppenarten | 77 |

## E Türen-Ausstattung

| | |
|---|---|
| Grundbetrachtung | 80 |
| Türkomponenten | 82 |
| Konfigurationen | 94 |
| Türen an Fluchtwegen | 98 |

## F Sanitärausstattung

| | |
|---|---|
| Grundbetrachtung | 99 |
| Planung | 105 |
| Gestaltung | 114 |
| Materialien | 116 |

## G Büro-Raumkonzepte

| | |
|---|---|
| Grundbetrachtung | 117 |
| Raumsysteme | 122 |
| Einrichtungskonzepte | 123 |
| Raum im Raum | 126 |
| Trennwandsysteme | 133 |

## H Leiten und Orientieren

| | |
|---|---|
| Grundbetrachtung | 138 |
| Bereiche | 140 |
| Planung | 141 |
| Elemente | 144 |

## I Barrierefrei

| | |
|---|---|
| Grundbetrachtung | 149 |
| Barrierearten | 150 |
| Übersicht Normung | 151 |
| Vertikale Erschließung | 153 |
| Türen | 156 |
| Sanitärbereiche | 158 |
| Küchen | 164 |
| Bedienelemente | 165 |
| Orientierungshilfen | 166 |
| Materialien und Farben | 168 |
| Raumflächen | 169 |

## Anhang

| | |
|---|---|
| DIN-Verzeichnis | 170 |
| Stichwortverzeichnis | 170 |
| Bibliographie | 173 |
| Zum Autor | 175 |
| Dank | 175 |
| Bildquellen | 176 |

## Gebäudeausstattung –
## ein vielfältiger Markt

Jeder Architekt kennt das Phänomen: Während er sich noch mit den Grundstrukturen des Gebäudeentwurfs beschäftigt, beginnen sich die Fragen der Bauherren bereits detailliert auf Ausstattungsdetails auszudehnen. So bringt der private Bauherr schon zu den ersten Besprechungen Abbildungen von Badausstattungen für sein Wohnhaus mit, der Büroflächen-Investor findet frühzeitig Gefallen an effizienten, aber auch recht niedrigen Büroräumen ohne abgehängte Unterdecken und legt eine Broschüre über akustisch hochwirksame Büromöbelsysteme auf den Tisch. Von den an der Planung Beteiligten wird eine sorgfältige Kenntnis und Auseinandersetzung hinsichtlich der Gebäudeausstattung vom einzelnen Bereich bis hin zur konkreten Produktlösung gefordert. Doch wie erwirbt man sich das dafür notwendige Wissen?

Hersteller und Händler nutzen während des Planungs- und Bauprozesses vielfältige Wege, um ihre Produkte anzubieten und auf Neuerungen hinzuweisen: Schnell füllen sich folglich bei den Planern Briefkästen und E-Mail-Ordner, Schreibtische, Regale und Archive mit Produktinformationen, Mustern, Themenbroschüren, Anwendungsberichten und dergleichen. Am Telefon ringen Verkäufer und Berater um die Gunst möglicher Klienten.
Ein gekonnter Umgang mit den Ausstattungsthemen und deren Details ist – bedingt durch das umfangreiche Angebot des Marktes – kein einfaches Unternehmen. Der Einfachheit halber integrieren viele Planungsbüros immer wieder die gleichen Produkte in ihre Projekte, so werden z. B. stets Baubeschläge eines bestimmten Herstellers ausgeschrieben und eingesetzt oder entsprechend der eigenen »Architektursprache« bestimmte, häufig sehr dezente, Wandgestaltungen bevorzugt.
Aus vielen Gründen, allen voran die Wünsche des Bauherrn, ist es für den Planer jedoch notwendig, die Inhalte und Möglichkeiten der unterschiedlichen Gebäudeausstattungs-Bereiche zu kennen, ohne sich zu sehr auf »Grundrezepturen« oder bestimmte »Zutaten« festzulegen. Leider wird im Bereich der Gebäudeausstattung eine umfassende theoretische Vorbereitung als Grundlage für die Planungs- und Baupraxis durch den Mangel an Zeit und die angesprochene enorme Fülle an Informationen oft verhindert. Diesem Problem soll das vorliegende Buch entgegenwirken.

## Die Intention des Buchs ...

Der vorliegende Titel soll dem Leser dabei helfen, sich im Dickicht der Angebote zurechtzufinden und ihn zu kompetenten Entscheidungen befähigen. Er soll einerseits Architekten, Innenarchitekten, Bauunternehmer und Bauherren in der Planungs- und Baupraxis unterstützen, zum anderen aber auch Industriedesignern, die an der Entwicklung von Produkten, Systemen und Materialien beteiligt sind, als Nachschlagewerk und Lehrbuch dienen.

## ... und seine Inhalte

»Gebäudeausstattung« stellt Grundlagenwissen zur Ausstattung verschiedener Gebäudebereiche bereit. Aufgrund der selbstverständlichen Zugehörigkeit der (Ausstattungs-)Produkte zur Architektur könnte man auch von „Architekturprodukten" sprechen. Die neun Hauptkapitel (A bis I) decken die wichtigsten Ausstattungsthemen für die Innenbereiche von Gebäuden ab. In jedem Kapitel erfolgt zuerst eine Grundbetrachtung, die sich dem jeweiligen Ausstattungsbereich generell widmet, seine Besonderheiten innerhalb der Architektur erläutert, wichtige Entwicklungsschritte der damit verbundenen Produkte und Materialien schildert sowie planerisch relevante Zusammenhänge darlegt. Danach werden die jeweiligen Produktgruppen, Systeme und Materialien vorgestellt und die relevanten Informationen zu Konstruktion, Design, Ergonomie, Baustoff- und Materialkunde, Bauphysik, Gebäudetechnik, Brandschutz sowie Bau- und Produktnormung erläutert. Die jeweiligen Erläuterungen sind mit beispielhaften Abbildungen und den zum Verständnis notwendigen Zeichnungen versehen. Falls erforderlich, wird auf Speziallösungen für bestimmte Gebäudearten hingewiesen. Insgesamt sind die Inhalte jedoch auf eine große Bandbreite von unterschiedlichen Gebäuden und Nutzungen anzuwenden. Der Band ist somit eine unentbehrliche Hilfe für Studium, Weiterbildung und Planungspraxis.

Borchen, im März 2004 · *Martin Peukert*

# Grundbetrachtung

Wände sind die »visuell aktivsten« Elemente von Räumen, was sie oft dazu prädestiniert, entweder selbst »Bild« zu sein oder als Untergrund für Bilder zu dienen. Die Wand als Bild- und Informationsträger zu nutzen hat eine lange Tradition, man denke nur an die Höhlenmalereien und an die Vielfalt der Produkte für die Wand wie Fliesen, Tapeten, Wandbehänge oder Wandteppiche für den Innen-, aber auch den Außenraum, beispielhaft seien die Azulejo-Fassaden in Portugal genannt (**A.01**).

## Wand, Wandfläche und Raumwirkung

Wände bestanden in ersten Wohnbauten aus Holz, dem Gestein einer Höhle oder waren aus Zweigen geflochten. Das Wort »Wand« ist von dem althochdeutschen »Want« abgeleitet und bedeutet etwas Geflochtenes, etwas Gewundenes. Mit Flechtwerk und Lehm ausgefüllte Felder zwischen den Balken eines Fachwerks kommen folglich der ursprünglichen Bedeutung des Wortes Wand am nächsten. Aufgrund der heute vorherrschenden Massivbauweise ist diese ursprüngliche Bedeutung des Wortes allerdings in Vergessenheit geraten.

Wandflächen können – auch ohne dass sie gleich Bilder sind – eine Vielzahl gestalterischer Ausprägungen annehmen (**A.02 a–d**).

**A.01** Azulejos, ursprünglich aus Marokko stammend, bebildern in vielen Ländern des Mittelmeerraums Straßenräume und Plätze.

Die Wirkung ein und desselben Raums kann bei gleich bleibender Geometrie und Größe allein durch unterschiedlich gestaltete Wandflächen grundverschieden sein. **A.03 a** und **b** verdeutlichen dies. Dabei müssen die Wandflächen selbstverständlich immer auch im Zusammenspiel mit der Decke oder dem Fußboden betrachtet werden, mit denen sie – bei nicht herkömmlichen, also im Profil nicht rechteckigen Räumen – auch eine bauliche Einheit bilden können (**A.04**).

Da die Wechselbeziehung mit anderen Raumelementen für Wände ebenso eine Rolle spielt wie das vorhandene Licht und dessen Schatten, ist die Betrachtung des Elements Wand nicht auf Geometrie und Oberfläche eingrenzbar. Im Beispiel **A.05** verleiht die Belichtung und teilweise Verschattung der Wandfläche eine zusätzliche Gliederung und in Verbindung mit der Raum-Farbkomposition eine kunstvolle und die Aufmerksamkeit erhöhende Wirkung. Hier wirkt die Wand im Verbund mit anderen Elementen.

**A.05** Wandgestaltung im Haus der Geschichte, Stuttgart, Arch.: Wilford-Schupp, London/Stuttgart

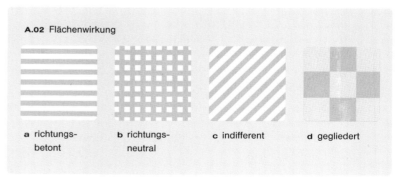

**A.02** Flächenwirkung

a richtungsbetont    b richtungsneutral    c indifferent    d gegliedert

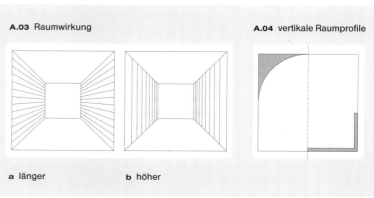

**A.03** Raumwirkung           **A.04** vertikale Raumprofile

a länger        b höher

## Wandgestaltung

Wandflächen mit ihren unterschiedlichen Gestaltungsaspekten beeinflussen die Gesamtwirkung und die Funktionalität eines Raums in vielfältiger und vielschichtiger Art und Weise. Wandflächen beeinflussen u. a.:

• Raumgliederung und Raumwirkung,
• Orientierung im Raum,
• Farb- und Lichtwirkungen wie z. B. Lichtmenge und -verteilung,
• psychisches und physisches Empfinden des Nutzers, z. B. das Wärmeempfinden,
• den statischen und optischen Halt,
• andere Raumflächen,
• die Wirkung von Öffnungen des Raums wie Fenster und Türen,
• Akustik.

Die unterschiedlichen Anforderungen gestalterischer und funktionaler Art, die an die Wände gestellt werden, können mit einer Vielzahl von Techniken mit den dazugehörenden Produkten und Materialien erfüllt werden. Das Spektrum der Wandflächen-Gestaltungsmittel ist im Prinzip unerschöpflich. Grundlegende Möglichkeiten sind in **A.06** dargestellt: Mauerwerk, das die Wand als tragendes Element betont; Putze, Anstriche und Beschichtungen, die vor allem eine vollflächige und homogene Wandstruktur erzeugen; Tapeten mit ihrem großen gestalterischen Potential einschließlich der meist aus wirtschaftlichen Gründen verwendeten überstreichbaren Tapeten; keramische Bekleidungen, die hauptsächlich in Sanitärräumen und Küchenbereichen eine Rolle spielen; Bespannungen und Beläge, die ein Nischendasein führen, aber beispielsweise für Raumakustik besondere Qualitäten aufweisen, und »Akustiksysteme«, bei denen es sich um eine Art der Wandvertäfelung handelt und bei denen die Deckenflächen häufig mit einbezogen werden.

## Beschichten und Bekleiden

Auf den folgenden Seiten werden aus dem großen Spektrum der Wandgestaltungstechniken vier ausgewählte Themen mit den dazu gehörigen Produkten, Materialien und Techniken vorgestellt:

• Putze: Abgesehen von Grundputzen und den – ersatzweise einsetzbaren – Trockenbausystemen bietet Putz an sich bereits ein fertiges Wandgestaltungsmittel mit unterschiedlichen Ausprägungen.
• Kreativtechniken: Sie bieten ein großes Flächengestaltungs-Repertoire, das vom Verarbeiter ein hohes Maß an Kreativität verlangt.
• Tapeten: Sie werden oft unterschätzt, es lassen sich mit ihnen jedoch unterschiedlichste Arten der Wandgestaltung realisieren.
• keramische Bekleidungen: Aufgrund ihrer langen Geschichte und ihrer Eigenschaften verlangen sie vom Gestalter einige Grundkenntnisse.

**A.06** Spektrum der Wandflächengestaltungstechniken

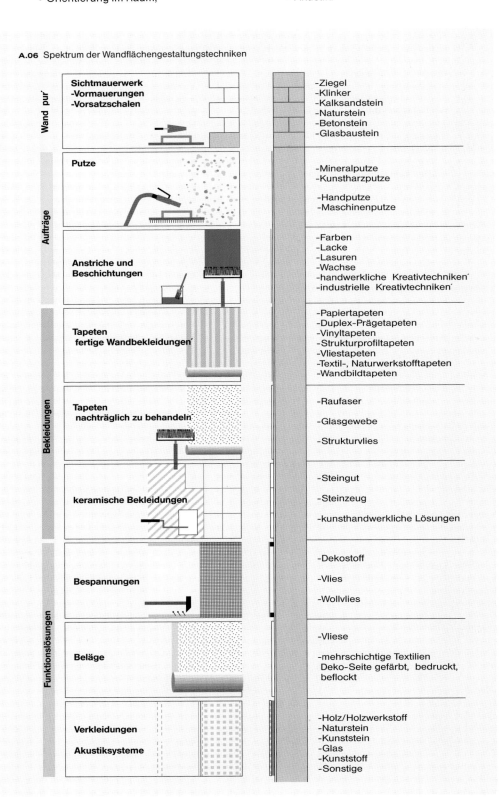

# Putze

## Putzarten

Putze im klassischen Sinn sind Beläge aus Mörtel, die an Wänden und Decken ein- oder mehrlagig aufgetragen werden. Neben den traditionellen (anorganischen) mineralischen Putzen bzw. Putzmörteln erfahren (organische) Beschichtungen auf Kunststoffbasis eine zunehmende Bedeutung.

### Mineralische Putze

Sie bestehen aus Abmischungen der Stoffe Zement, Gips, Kalk oder Anhydrit mit Sand, dazu kommen weitere Hilfsstoffe, u. a. Wasser. Je nach Bindemittelart, Beanspruchung und Diffusionsverhalten werden »Putzmörtel« in mehrere Gruppen eingeteilt (DIN 18550: P I bis P V). In diesen Gruppen sind Unter-, Ober-, Außen-, Innenwandputze usw. erfasst, entweder ohne besondere Anforderungen oder in Wasser hemmender oder Wasser abweisender Einstellung, mit erhöhter Festigkeit oder anderen Anforderungen. Im Bauhandwerk wird jeder Gruppe ein bestimmtes Anwendungsgebiet zugewiesen (**A.07**). Je nach genauen Mischungsbestandteilen werden die Putze in weitere Untergruppen wie P I a, P I b usw. eingeteilt, unterschiedliche Eigenschaften bestehen hier zum Beispiel hinsichtlich der Härte, Saugfähigkeit, Wetterfestigkeit, Feuerhemmung etc. (**A.08**). Nach dem Ort, an dem der Mörtel her-

gestellt wird, unterscheidet man Baustellenmörtel und Werkmörtel. Putzdicken sind in der DIN 18550, Teil 2, geregelt, bei Innenputzen beträgt die Putzdicke 1,5 cm, beim Überputzen von Leitungen und Schlitzen nur 1,0 cm. Außenputze müssen eine mittlere Dicke von 2,0 cm aufweisen. Werden Trocken-Werkmörtel verwendet, ist eine Reduzierung um 0,5 cm zulässig.

### Kunstharzputze

Hierbei handelt es sich um »Beschichtungen mit putzartigem Aussehen«, für die Anforderungen in DIN 18558 und Prüfungen nach DIN 18556 festgelegt sind. Auch die Bezeichnungen »vergütete Putze« und »Kunststoffputze« sind gebräuchlich.
Im Gegensatz zu mineralischen Putzen sind die Bindemittel von Kunstharzputzen organischer Natur, d. h. entweder wässrige Polymerdispersionen oder – in weitaus geringerer Menge – in Lösemitteln gelöste Harze.
Neuerdings sind auch pulverförmige Beschichtungsstoffe auf Polymer- oder Silikatgrundlage im Handel, besonders als Bestandteile von Wärmedämm-Verbundsystemen. Der besondere Vorteil von Kunstharzputzen besteht in der großen Vielfalt an Strukturen, Farbtönen und Körnungen. Sie sind in der Regel leichter verarbeitbar als mineralische Putze, werden verarbeitungsfertig geliefert und eignen sich gut für dekorative Anwendungen. Die Verwendung von Kunstharzputzen setzt ei-

nen ebenen Untergrund voraus, da sie nur dünn aufgetragen werden und nur als Oberputz eingesetzt werden können. Eingeteilt werden sie in so genannte »Beschichtungsstoff-Typen für Kunstharzputze«, es gibt nur zwei Hauptkategorien: P Org 1 Außen- und Innenputze, P Org 2 Innenputze.
Kunstharzputze haben ein anderes Trocknungsverhalten als mineralische Putze, sie bedürfen wärmerer Temperaturen oder – im Fall von »Winterputzen« – besonderer Zusätze.

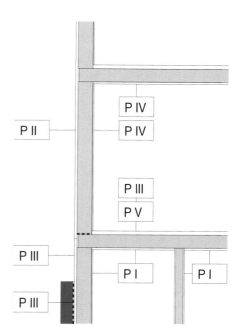

**A.07** Anwendungsgebiete der verschiedenen Putzmörtelgruppen im Gebäude

**A.08** Klassifizierung der Mörtelgruppen nach DIN 18550

| Mörtelgruppe | | Mörtelart | Verwendung |
|---|---|---|---|
| P I | P I a | Luftkalkmörtel | *Innenputz* |
| | P I b | Wasserkalkmörtel | stark saugend, nicht wetterfest |
| | P I c | Mörtel mit hydraulischem Kalk | |
| P II | P II a | Mörtel mit hydraulischem Kalk oder mit Putz- und Mauerbinder | *Außenputz,* schwach saugend, widerstandsfähig, |
| | P II b | Kalkzementmörtel | wetterfest |
| P III | P III a | Zementmörtel mit Kalkhydrat-Zusatz | *Kelleraußenwand- und Sockelputz* |
| | P III b | Zementmörtel | wenig saugend, hart, wetterfest |
| P IV | P IV a | Gipsmörtel | *Innenputz* |
| | P IV b | Gipssandmörtel | hart und stoßfest, feuerhemmend, |
| | P IV c | Gipskalkmörtel | nicht wetterfest |
| | P IV d | Kalkgipsmörtel | |
| P V | P V a | Anhydritmörtel | *Innenputz* |
| | P V b | Anhydritkalkmörtel | hart und stoßfest, feuerhemmend, nicht wetterfest |

## Anforderungen, Verarbeitung und Sonderformen

Putze unterschiedlicher Art erfüllen:
1. allgemeine Anforderungen wie z. B. Grundfestigkeit, Haltbarkeit, gute Verarbeitbarkeit,
2. zusätzliche Anforderungen wie z. B. Feuchtraum-Eignung (d. h. sie sind Wasser hemmend oder abweisend),
3. Sonderzwecke wie Wärmedämmung, Brand-, Schall- und Strahlenschutz.

Nach Erscheinungsbild (**A.09**) und Verarbeitung unterscheidet man: Streich-, Kratz-, Reibe-, Rillen-, Roll-, Modellier-, Spritz-, Scheibenputz sowie einige Nischenprodukte. Die Verarbeitung erfolgt von Hand oder maschinell.

### Handputz

Ein typischer Innenputz wird in vier Arbeitsgängen aufgetragen: Anfeuchten des Untergrunds, Spritzbewurf für bessere Haftung, Unterputz, Oberputz.

Ein zu schnelles Trocknen des Putzes bei der Verarbeitung muss durch Befeuchten vermieden werden, es ist darauf zu achten, dass sich aufgrund des Schwindverhaltens des Putzes während des Trocknens keine Risse bilden.

### Maschinenputz

Hierunter versteht man in verschiedenen Zusammensetzungen hergestellte Putze, die einlagig aufgetragen werden und eine besonders schnelle und wirtschaftliche Verarbeitung garantieren. Zugesetzte Dispersionsstoffe erhöhen die Elastizität und verhindern Rissbildung. Die maschinelle Verarbeitung erfolgt durch das Aufspritzen durch pressluft- oder pumpengetriebene Vorrichtungen. Anschließend erfolgen meist Arbeitsgänge wie Glätten oder Filzen mittels Maschinen oder von Hand.

Die am Markt verfügbaren Putzarten unterscheiden sich nicht allein nach den Verarbeitungsweisen und nach ihrer chemischen Zusammensetzung. Für bestimmte gewünschte Oberflächenresultate und spezielle Einsatzgebiete stehen spezielle Putzarten zur Verfügung:

### Edelputz

Hierbei handelt es sich um einen Werktrockenmörtel mit mineralischen Bindemitteln (Kalk, Zement) und natürlichen Zuschlagstoffen sowie alkalibeständigen anorganischen Oxidpig-

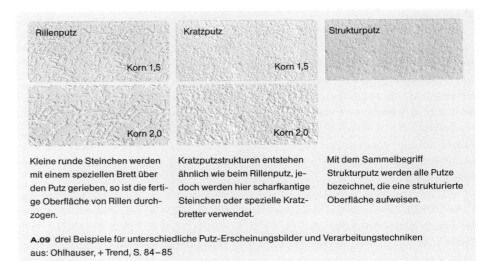

Rillenputz Korn 1,5 — Korn 2,0

Kratzputz Korn 1,5 — Korn 2,0

Strukturputz

Kleine runde Steinchen werden mit einem speziellen Brett über den Putz gerieben, so ist die fertige Oberfläche von Rillen durchzogen.

Kratzputzstrukturen entstehen ähnlich wie beim Rillenputz, jedoch werden hier scharfkantige Steinchen oder spezielle Kratzbretter verwendet.

Mit dem Sammelbegriff Strukturputz werden alle Putze bezeichnet, die eine strukturierte Oberfläche aufweisen.

**A.09** drei Beispiele für unterschiedliche Putz-Erscheinungsbilder und Verarbeitungstechniken aus: Ohlhauser, + Trend, S. 84–85

menten für die Farbgebung. Im Bereich der mineralischen Edelputze spielt Luftporen-Edelputz eine größere Rolle, da dieser wegen seiner eingeschlossenen beständigen Luftporen ein interessantes, gleichmäßig strukturiertes Erscheinungsbild hat und sich schnell maschinell verarbeiten lässt.

### Buntsteinputz

Von diesem Kunstharzputz mit naturfarbigen Marmorkörnungen, eingefärbten Quarzkörnern oder natürlichen Kiesen unterschiedlicher Färbung sind sowohl Varianten auf Wasserbasis als auch lösemittelhaltige Typen im Handel erhältlich. Letztere weisen den Vorteil auf, auch bei länger anhaltender Feuchtigkeitseinwirkung farbbeständig zu sein. Buntsteinputz wird manchmal auch noch als Waschputz-Imitation bezeichnet, was aus dem ursprünglich mineralischen Charakter dieser Beschichtungsart resultiert.

### Sanierputz

Ein mineralischer Trockenmörtel wird zum Schutz und zur Sanierung von durch aufsteigende Feuchtigkeit salzbelasteten Wandflächen aufgebracht. Von großen Poren durchsetzt, weist der Sanierputz eine gute Wasserdampfdurchlässigkeit und geringe Kapillarität auf. Vorhandene Salze können in den Poren des Putzes auskristallisieren, ohne den Putz zu zerstören.

### Akustikputz

Dieser offenporige Putz mit poröser Oberfläche wirkt schallabsorbierend. Mit Akustikputz kön-

nen besonders gute Luftschalldämmwerte erreicht werden, wenn auch der Untergrund entsprechend ausgebildet ist. Akustikputze sind relativ stoßempfindlich, da sie eine poröse Struktur haben, und werden in der Regel nur an Decken oder anderen Stellen angebracht, wo sie nicht mechanisch beansprucht werden. Als offenporiges Material werden sie inzwischen sowohl auf mineralischer als auch auf Kunststoff-Basis hergestellt und überwiegend im Spritzverfahren aufgetragen. Eine besondere Rolle kommt dabei Akustik-Verbundsystemen zu, die im Kapitel »An der Decke« näher erläutert werden.

### Wärmedämmputz

Besondere Dicken bis über 5 cm und spezielle Zuschlagstoffe, meist Polystyrol-Hartschaum-Kügelchen, machen mineralische Putze wärmedämmend. Verwendet werden sie als Unterputz im Außenbereich, der darauf folgende Oberputz darf für hohe Reflexion nur in hellen Farben ausgeführt sein und muss zum Schutz des Unterputzes sehr fest und Wasser abweisend sein. Wärmedämmputzsysteme mit expandierendem Polystyrol (EPS) sind in der DIN 18550, Teil 3, genormt.

### Leichtputz

Diese Putzart ist besonders für Putzarbeiten auf hoch wärmedämmenden Wandbausteinen geeignet. Sie hat geringe Elastizitätsmodul-Werte, daher ist sie sehr elastisch, woraus ihre Eignung für leichte Wandsysteme resultiert. Weitere Merkmale sind die leichte Verarbeitbarkeit und der Wegfall des Spritzbewurfs.

# Kreativtechniken

Klassische Wandtechniken wie der Stucco-lustro, die nur noch von wenigen Stuckateur-betrieben beherrscht werden, kommen heute leider nur noch in ausgewählten Projekten zur Anwendung, oft sind dies Restaurierungspro-jekte im sakralen oder kulturellen Bereich. Um wieder eine größere Verbreitung von zumin-dest optisch ähnlichen Oberflächentechniken zu erlangen, haben verschiedene Hersteller systemhafte Kreativtechniken entwickelt, die es ermöglichen, eine große Bandbreite an Wand- (und auch Decken-) Gestaltungen zu realisieren ohne die sehr hohen finanziellen Aufwendungen der klassischen Handwerks-techniken. Sie bieten hierbei nicht mehr nur Materialien an, sondern »Gestaltungslösungen im System«, die aus den Komponenten Materi-al, Technologie, Werkzeug und Maschine so-wie Fachkompetenz bestehen. Hinsichtlich spezieller Anforderungen des Wandunter-grunds, Renovierungsmöglichkeiten bei Be-schädigungen sowie Empfehlungen für be-stimmte Einsatzorte sind die Informationen der Hersteller und Verarbeiter zu beachten. Einige beispielhafte Kreativtechniken sollen hier kurz erläutert werden:

## Klassische Spachteltechniken (A.10a)

Hochwertige Spachteltechniken haben ihren Preis, da mindestens vier Arbeitsgänge notwen-dig sind: Auftragen des Haftgrunds, Vorspach-teln, Grundspachteln, Schlussspachteln. Es gibt aber auch preisgünstigere Spachtelmate-rialien, die in nur zwei Schichten aufgetragen werden können. Die individuelle Handschrift des Verarbeiters zeigt sich in der erzeugten Wandstruktur. Bezeichnungen wie z.B. Vene-zianische Spachteltechnik oder Stucco, Rusti-ca oder Sasso stehen für unterschiedliche Ausprägungen der Farb- und Strukturzusam-mensetzung. Grundsubstanz sind so genannte Dekospachtelmassen auf Kalk- oder auch auf Plastikdispersionsbasis.

## Lasurtechniken (A.10b)

Unterschiedliche Farb- und Verarbeitungs-konfigurationen ermöglichen bei Wandlasuren ein großes Spektrum an Gestaltungen. Dabei ist das Prinzip der Kombination von unter-schiedlichen oder gleichfarbigen Lasurfarbtö-nen maßgebend, hinzu kommen die verschie-denen Arbeitstechniken und dazugehörigen Werkzeuge. Es gibt zum Beispiel Wisch- und Tupftechniken, Pinsellasurtechniken, Bürsten- und Sprenkeltechniken. Häufig wird nur eine Wand im Raum oder es werden nur bestimmte Wandbereiche mit einer Wandlasur akzentu-iert, eine gelungene Abstimmung mit den an-deren Wandflächen und Materialien ist dann jedoch sehr wichtig. Lasurtechniken können mit Dispersions-, Silikat-, Künstler-Ölfarben oder auch Naturfarben sowohl auf glatten als auch auf strukturierten Wänden ausgeführt werden.

## Effektbeschichtung (A.10c)

Mit einem Spritzgerät aufgetragen, ergibt die-ses Beschichtungssystem eine stark von der Zusammensetzung bzw. Abmischung der Be-standteile abhängige Flächengestaltung. Ver-schiedene Farbpünktchen lassen räumliche Wirkungen zu, und die erzielte Optik ist eine ganz andere als bei einem homogenen Farb-auftrag. Die Verarbeitung ist einfach, in der Regel genügen zwei Arbeitsgänge, bei denen der Farbauftrag kreuzweise vonstatten geht. Die Oberfläche ist seidenmatt. Grundlage bil-den Acrylharz-Emulsionen und chemisch ab-gestimmte, untereinander mischbare Farb-pigmente.

## Flockbeschichtung (A.10d)

Dies ist eine besonders dekorative und strapa-zierfähige Beschichtungsart mittels so genann-ter Dekochips. Marktübliche Systeme bestehen aus drei Komponenten: einer Basisbeschich-tung, den verschiedenfarbigen und unter-schiedlich großen Dekochips, und einer sehr strapazierfähigen, farblosen Schlussbeschich-tung, die matt oder seidenmatt sein kann. Beim Verarbeiten wird zunächst die Grundbeschich-tung aufgetragen, beflockt und nach Trock-nung und eventuellen Detailarbeiten wird die Schlussbeschichtung aufgebracht. Flockbe-schichtungen sind für stark beanspruchte Wandflächen in Flur- und Treppenbereichen besonders sinnvoll, auf vielen Arten von Unter-gründen einsetzbar, daher auch im Bereich der Renovierung geeignet. Es gibt fertige Farbkol-lektionen, diese können wiederum untereinan-der abgemischt werden.

a Spachteltechnik »Stucco«

b Lasurtechnik

c Effektbeschichtung

d Flockbeschichtung

A.10 a–d Wandtechniken (Brillux)

A.11 »Güldenkammer-Tapete«, Mechelen (Belgien), um 1710
Im Gegensatz zur Leichtigkeit der Stoffbespannungen gab
es auch Ledertapeten, die durch maurische Einflüsse über
Spanien nach Europa kamen. Besonders im Barock wurden
diese Lederwandbespannungen in repräsentativen Räumen
verwendet.

A.12 Blumentapete, Handdruck, Frankreich, um 1850

# Tapeten

## Entwicklung in Etappen

### Vorgeschichte der Tapete

Bevor die Papiertapete erfunden wurde, prägten Textilien so manche herrschaftlichen Wände. Beeinflusst durch maurische Dekorationsstile und Materialien gab es neben diesen textilen Wandbespannungen (Tapisserien) besonders im Barock Wandbespannungen aus kunstvoll gestaltetem Leder (A.11).

### Papier herstellen und bedrucken

Schon im 14. Jahrhundert stellte man Buntpapier her. Ende des 15. Jahrhunderts gab es bereits sehr haltbare, mit Leimfarben bedruckte Tapeten, ebenfalls wurden schon Velourstapeten mittels Wollstaub-Schichten hergestellt. Ein großes Problem waren jedoch die benötigten ebenen Wandflächen, die Wände der meisten Gebäude waren zu rau und außerdem feucht. Die bedruckten Buntpapiere wurden daher eher zur Dekoration von Möbeln verwendet. Die Wandbespannung mit auf Rahmen aufgezogenen Textilien, mit denen die Unebenheiten ausgeglichen und auf die dann die Buntpapiertapeten aufgeklebt wurden, wurde oft das Opfer von Ungeziefer. Richtig durchsetzen konnten sich Papiertapeten erst gegen Anfang des 18. Jahrhunderts. Die Produktion stabileren Papiers, die Herstellung von zusammenhängenden Papierbahnen, das effektivere Bedrucken mit Walzen, die Erfindung und Vervollkommnung der Rapportzeichnungen sowie die mehrstufige Drucktechnik waren weitere förderliche Errungenschaften für die Herstellung von Tapeten.

### Großes Spektrum an Motiven

Besonders im 19. Jahrhundert wurden künstlerisch einzigartige Muster hergestellt: florale Motive wie Blumengebinde (A.12), Streifen, Bordüren, Deckenrosetten, Stuckimitationen, Samt-, Seiden-, Moiréimitationen, Reliefs, Imitationen von Gold und Silber, Schmiedeeisen usw. Daneben wurden andere Materialien wie Blattgold, Silber oder Perlmutt in die Tapetenoberflächen integriert. Es gab Dekors, die auf bestimmte Wandhöhen und Raumgrößen abgestimmt waren, sowie Tapeten für bestimmte Wand- und Deckenbereiche wie zum Beispiel Sockeltapeten.

Mit der Maschinisierung der Tapetenherstellung nahm ihr Einsatz zu, während die Preise fielen. Ab der Mitte des 19. Jahrhunderts waren Tapeten in allen sozialen Schichten verbreitet, es gab nun in den meisten Gebäuden tapezierte Räume, nur noch in den Bauernhäusern kam man oft ohne Tapeten aus. Die dekorativen Qualitäten der handwerklich hergestellten Tapeten waren jedoch mit den industrialisierten, auf Menge ausgelegten Herstellungsmethoden lange Zeit nicht zu erreichen.

### Bauhaustapeten

Die anfängliche Abneigung des Bauhauses gegen Tapeten als Relikt vergangener, verstaubter Dekorationsepochen wurde durch die Arbeit der Werkstatt für Wandmalerei unter Hannes Meyer und Hinnerk Scherper revidiert. Für die Firma Rasch entwarfen die Bauhauslehrer und Studenten eine Tapetenkollektion, die unter dem Namen »Bauhaus« sehr erfolgreich war (A.13). Auch heute noch ist die Bauhauskollektion in aktualisierter Form im Handel (A.14).

Mit ihren dezenten Strukturen und klaren Farben konnte und kann die Bauhaustapete einen neutralen Hintergrund bilden und doch bestimmend zur Raumgestaltung beitragen. Ihre Hersteller verwiesen auf konkrete Raumanwendungen und offerierten beispielhafte Lösungen in Zeichnungs- und Tabellenform. Dies kam der Tapete als Gestaltungsprodukt sehr zugute und half dabei, dem Problem der Beliebigkeit entgegenzuwirken.

## Tapeten als Gestaltungsmittel

### Raufaser versus Gestaltungsvielfalt

Eine große Verbreitung der Raufasertapete und deren allgemeine Akzeptanz als preiswerte Alternative zum Putz findet besonders seit

A.13 original Bauhaus-Tapetenmuster, ca. 1930
(Fa. Rasch, Bramsche)

den 1980er Jahren hauptsächlich im Wohnungsbau statt.

Dagegen zeichnet sich etwa im Bereich öffentlicher Bauten der verstärkte Einsatz von Glasgewebetapeten ab. Neben den Vorzügen hinsichtlich der freien Farbgestaltung nachträglich zu behandelnder Wandbekleidungen sowie der Umweltaspekte der Raufasertapete darf aber nicht vergessen werden, dass es sich beim Tapezieren um viel mehr handeln kann, als um das bescheidene und möglichst unaufdringliche Bekleben von Wandflächen. Tapeten können mit innovativen Gestaltungsideen sowie neuen, ausdrucksstarken Materialien zu kreativ handhabbaren Gestaltungsmitteln werden, dabei spielen neue oder neu interpretierte Strukturen und Geometrien, interessante Farbkombinationen und eine edle Haptik eine besondere Rolle.

### Beliebigkeit versus Gestaltungsprodukt

Neben ihrer Aufgabe als Wandbekleidung ist das »alte Produkt« Tapete auch ein Spiegel der jeweiligen Zeit und ihrer Strömungen in Kunst und Kitsch. Als Massenware haftet der Tapete aber auch Beliebigkeit an. Das enorme Spektrum an preisgünstigen Tapetenmustern,

A.15 Kollektion »Zeitwände«, Entwurf von Borek Sipek (Rasch)

A.16 aktuelle Kollektion Ulf Moritz (Marburger)

Motiven, Farben, Oberflächenqualitäten und Materialien hat auch für eine gewisse Geringschätzung gesorgt. Seit den späten 1980er Jahren versuchen verschiedene Hersteller mit von Künstlern entworfenen Tapeten diesem

Vorurteil entgegenzuwirken und die Tapete als Gestaltungsmittel erneut zu stärken. A.15 zeigt einen Tapetenentwurf von Borek Sipek: Mundgeblasene Halbkugeln aus Muranoglas werfen Reflexe auf die wie Putz wirkende Grundstruktur.

### Tapetenarten-Einteilung
### nach DIN EN 235

Wandbekleidungen werden verbindlich eingeteilt in der DIN EN 235. Die Unterteilung umfasst zwei Hauptgruppen: A. Fertige Wandbekleidungen, die nach dem Tapezieren keiner weiteren Behandlung bedürfen, B. Nachträglich zu behandelnde Wandbekleidungen, die z. B. nach der Verarbeitung einen Farbanstrich erhalten.

#### Fertige Wandbekleidungen

Die fertigen Wandbekleidungen werden je nach Material und Fertigung in acht Euronorm-Hauptarten eingeteilt:

#### Papiertapeten (A.18)

Die Tapetenbahnen bestehen aus einer oder zwei Papierbahnen. Das vordere Papier ist hochwertiger, das rückseitige ist meist Recyclingpapier. Die Qualität wird durch das Gewicht bestimmt: Leichte Papiertapeten wiegen zwischen 90 und 120 g, mittelschwere zwischen 120 und 150 g und

A.14 Werbefoto aus der heutigen Bauhaus-Kollektion (Fa. Rasch, Bramsche)

**A.17** Goldeffekt auf Vliestapete (AS Creation)
Die Möglichkeiten der Gestaltung mit Tapeten sind äußerst vielfältig. In diesem Verkaufsraum mit aufwendigem Lichtkonzept wirken Metalleffekte, durch die Beleuchtung zum Leben erweckt, besonders eindrucksvoll.

schwere über 150 g pro m² Rohpapier. Herstellungsverfahren sind der Flexodruck, Tiefdruck oder der klassische Leimdruck. Bei einer Fondtapete erhält das Papier einen durchgehenden Farbauftrag, auf den anschließend das Tapetenmuster aufgedruckt wird, was der Qualität und der Lichtbeständigkeit zugute kommt.

### Duplex-Prägetapeten

Zwei stärkere Papierbahnen werden gleichzeitig miteinander verklebt, kaschiert und in noch feuchtem Zustand mit Prägewalzen unter hohem Druck reliefartig geprägt. Auf der Tapetenrückseite ist das Negativbild erkennbar. Die Gewichte gehen von 200 bis 220 g pro m². Die standfeste Prägestruktur an der Wand sorgt für ein ästhetisch angenehmes Erscheinungsbild.

### Vinyltapeten (Glattvinyl)

Ein Trägerpapier wird mit Vinyl beschichtet und somit fest mit der Vinylschicht verbunden. Die Vinylvorderseite ist glatt, geprägt oder bedruckt. Diese Tapeten sind sehr strapazierfähig und scheuerbeständig und

somit auch für Treppenhäuser, Küchen und Flure geeignet. Vinyltapeten sind nach DIN 4102 B1 schwer entflammbar. Im trockenen Zustand sind sie gut wieder abziehbar, wobei die verbleibende Papierschicht für die nächste Tapezierung als Makulatur dienen kann.

### Strukturprofiltapeten

Dreidimensionale Muster oder Strukturen werden auf Basis von PVC oder anderem polymerem Material aufgeschäumt. PVC-freie Strukturprofiltapeten werden der Umwelt zuliebe auf chlorfrei gebleichtem Papier gedruckt und enthalten keine Weichmacher, Chlor, Formaldehyd und FCKW. Stattdessen werden die (farbigen) Strukturen z.B. aus Dispersionsbindemitteln auf der Basis von Vinylacetat-Copolymerisat mit Füllstoffen hergestellt.

Strukturprofiltapeten sind nach DIN 4102 B1 schwer entflammbar, zum Teil scheuerbeständig, normal reinigungsfähig und hoch waschbeständig. Jedoch können Kratzspuren auf ihnen entstehen. Strukturtapeten erreichen heute im Unterschied zu früher eine höhere Lichtbeständigkeit, sind wasserdampfdurchlässig und deshalb auch für Bäder und Küchen geeignet.

### Vliestapeten (A.17)

Die Vliesträger bestehen aus Zellstoff- und Polyesterfasern, die mit polymeren Bindemitteln gefestigt sind. Sie sind lösemittel-

sowie PVC- und formaldehydfrei, und enthalten keine Schwermetallverbindungen. Unter der gemeinsamen Marke »Stabilit« haben verschiedene Hersteller zusammen mit Henkel ein hochmodernes System von Vliestapeten mit darauf abgestimmten Kleistern entwickelt. Druckstabil und dauerflexibel sowie scheuerfest und lichtbeständig eignen sie sich für zahlreiche Untergründe. Kleine Haar- und Netzrisse sowie Putz- bzw. Stoßfugen können elegant überbrückt werden. Im trockenen Zustand sind sie leicht abziehbar. Vliestapeten sind außerdem schwer entflammbar (DIN 4102 B1) und wasserdampfdiffusionsfähig (DIN 53122).

### Textiltapeten (A.19)

Ausgangsstoffe für die Oberflächen von Textiltapeten sind Fasern pflanzlicher bzw. tierischer Art oder chemisch gewonnene Synthetikfasern. Sie besitzen entweder ihren natürlichen Ausdruck oder sind durch Färben, Texturieren und Nachbehandeln verändert worden. Die Textilschicht wird auf das Tapetenpapier aufkaschiert. Fasern aus Jute, Leinen, Baumwolle, Seide, Kunstseide oder Papier werden am häufigsten verwendet. Textiltapeten zeichnen sich weiterhin durch eine angenehm griffige Oberfläche, einen leichten Wärmedämmeffekt, gute Raumakustik durch Schallabsorption sowie hohe Widerstandsfähigkeit gegen Ver-

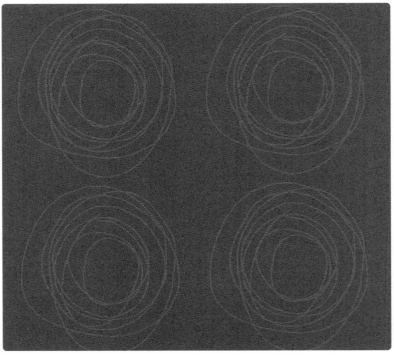

**A.18** Papiertapete (Scandinavia)

schmutzung aus. Nähte fallen bei vielen Textiltapeten nicht oder nur wenig auf.

### Naturwerkstofftapeten

Naturwerkstofftapeten haben eine mehr oder weniger stark strukturierte Oberfläche, die durch aufkaschierte Naturprodukte gebildet wird. Das Zusammenspiel des farbigen Trägerpapiers mit den darauf unterschiedlich dicht angeordneten Naturmaterialien und ihren Strukturen bestimmt das Erscheinungsbild der Tapetenoberfläche. Gras- oder Naturkorktapeten sind die wichtigsten Tapeten dieser Kategorie. Die Grastapeten bestehen aus getrockneten, aufbereiteten Arrowroot- oder Hanffasern, die auf Reisstrohpapier aufkaschiert werden. Aus unterschiedlich großen Korkblättchen, die auf ein Trägerpapier aufgeklebt oder in einen farbigen Lackfond eingelegt werden, werden Naturkorktapeten hergestellt. Lichtechtheit, Robustheit, vorbildliche Reinigungsfähigkeit sowie auch ein Beitrag zur Wärmedämmung zeichnen sie aus.

### Wandbildtapeten

Sie werden im Offset- oder Flachsiebdruck hergestellt. Die einzelnen Tapetenbahnen ergeben gemeinsam Flächenillustrationen.

### Nachträglich zu behandelnde Wandbekleidungen

Bei diesen Wandbekleidungen gibt es folgende Euronorm-Gruppen:

### Raufasertapeten

Die verbreitetste Strukturwandbekleidung hat eine Oberflächenstruktur, die von Holzfasern gebildet wird. Nach den Größen der Holzfasern werden Raufasersorten unterschieden. Die Oberschicht verhindert das Herauslösen von Holzfasern. Farben lassen sich gleichmäßig auftragen und entwickeln eine schöne Brillanz. Hochwertige Marken-Raufasertapeten sind baubiologisch anerkannte Produkte und mit dem Blauen Engel gekennzeichnet.

### Glasgewebetapeten

Diese Wandbekleidung besteht aus einem Glasgewebe mit einer Oberfläche aus verschiebefesten Fasern ohne Trägermaterial. Eine Dispersionsfarbenbeschichtung sorgt für eine durchgehende Festigkeit der Flächen. Es gibt aber auch auf gekreppte Papierträger kaschiertes Glasgewebe, diese Tapeten lassen sich wie Textiltapeten mit Spezialkleister verarbeiten und sind trocken abziehbar. Die geringe Saugfähigkeit der Gewebe ermöglicht eine Verarbeitung mit sparsamem Kleber- und Farbverbrauch.

### Strukturen auf Kunststoffvliesträgern (A.20)

Vinylstrukturen auf Kunststoffvlies ermöglichen verschiedenste Dekore. Ein Anstrich erfolgt mit hochwertiger Dispersions-, Latex- oder Acrylfarbe. Der Wandbelag ist mehrfach überstreichbar, bei Verwendung

A.20 Vliestapeten, die man mit einer wässrigen Lasur überstreichen kann

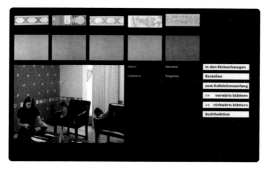

A.21 Internet-Tapeten-Explorer von A.S. Creation
Im Internet sind bei verschiedenen Herstellern Detailinformationen zu Tapeten abrufbar. Für die unterschiedlichen Tapetenarten werden bestimmte Einsatzbereiche vorgeschlagen und Interieurfotos gezeigt.

von dünnschichtigen, hochdeckenden Farben bleibt der Strukturausdruck voll erhalten. Selbst nach mehrmaligen Anstrichen ist der Wandbelag restlos abziehbar. Das Wandbelagsystem ist schwer entflammbar, durchfeuchtungsbeständig und maßstabil, hat eine gute Diffusionsfähigkeit und lässt sich leicht reinigen und desinfizieren.

### Tapeten-Auswahl

Hersteller und Händler stellen ihre Kollektionen in Tapetenbüchern zur Bemusterung zur Verfügung. Eine Vorauswahl kann oft bereits im Internet (A.21) getroffen werden.

A.19 Satintapete mit kunstvoll gestalteten Ornamenten
(A.S. Creation, Kollektion »Hermitage«)

## Tapeten-Eigenschaften

Zusätzlich zu den Tapetensymbolen (**A.22**) tragen Qualitätstapeten das Gütesiegel RAL (**A.23**), das für eine bestimmte Qualität hinsichtlich der relevanten Produkteigenschaften bürgt sowie für ihre gesundheitliche Unbedenklichkeit. Diese Tapeten dürfen keine giftigen oder schwermetallhaltigen Farbpigmente in den Druckfarben, kein FCKW, Blei, Cadmium oder chlorierte und aromenhaltige Lösungsmittel enthalten.

### Gute Eigenschaften nach Norm

Die zu erfüllenden Eigenschaften von fertigen Wandbekleidungen regelt die EN 233, ausgenommen sind Textiltapeten, für welche die EN 266 gilt. Für nachträglich zu behandelnde Wandbekleidungen gilt die EN 234, für hochbeanspruchte Wandbekleidungen die EN 259.

A.23 Qualitätssiegel für Tapeten

### Abmessungen

Das aus England stammende einheitliche Maß für die Breite von Tapetenrollen beträgt 53 cm, die Länge 10,05 m. Manche Wandbekleidungen werden aber auch als Großrollen geliefert, die Breiten sind dabei 70, 80 oder 106 cm, die Längen können dann 25 oder 50 m betragen. Darüber hinaus gelten Sondermaße für exotische Fabrikate wie z. B. japanische Grastapeten mit 91 cm Breite.

### Untergründe

Nach VOB Teil B, DIN 1961, § 4, Abs. 3 ist der Maler für die allgemeine Beurteilung des Untergrunds (**A.24**) verantwortlich. Bei bestehenden Bedenken muss er diese dem Architekten mitteilen. Eine Mängelbeseitigung und die richtige Untergrundvorbereitung sind Grundlage für qualitätsgerechtes Tapezieren.

A.22 Tapetensymbole und deren Bedeutung

Die deutschen Hersteller haben sich in der EN 235 auf Symbole geeinigt, die auf der Tapetenrückseite aufgedruckt die jeweiligen Tapeteneigenschaften kennzeichnen und damit dem Bauherren und Verarbeiter wichtige Informationen übermitteln.

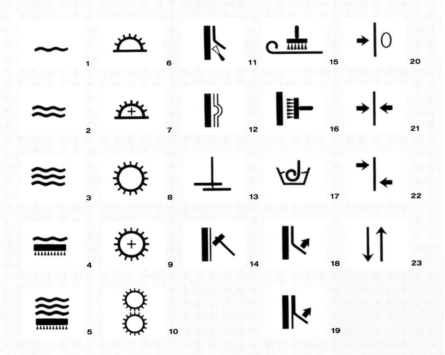

*Reinigung*
1  wasserbeständig
2  waschbeständig
3  hochwaschbeständig
4  scheuerbeständig
5  hochscheuerbeständig

*Lichtechtheit*
6  ausreichend lichtbeständig
7  befriedigend lichtbeständig
8  gut lichtbeständig
9  sehr gut lichtbeständig
10  ausgezeichnet lichtbeständig

*Technische Angaben*
11  nass zu entfernen
12  duplierte Präge-Wandbekleidung
13  Überlappung und Doppelschnitt
14  stoßfest

*Verarbeitungskriterien*
15  Klebstoffauftrag auf Wandbekleidung
16  Klebstoffauftrag auf die Wand
17  vorgekleisterte Wandbekleidung
18  restlos abziehbar
19  spaltbar trocken abziehbar

20  ansatzfrei
   (D. h. es müssen keine Ansatz-Regeln bezüglich des Tapetenmusters beachtet werden.)
21  gerader Ansatz
   (D. h. gleiche Muster in gleicher Höhe nebeneinander anordnen.)
22  versetzter Ansatz
   (D. h. das Muster der nächsten Bahn jeweils um die Hälfte verschieben.)
23  gestürztes Kleben
   (D. h. jede zweite Bahn auf den Kopf stellen.)

A.24 Kriterien für die Prüfung von Tapezieruntergründen

| Prüfung auf | Methode | Erkennung |
|---|---|---|
| Feuchtigkeit | Augenschein | feuchte Flächen |
| Oberflächenfestigkeit | Kratzprobe, abreiben | Oberfläche platz aus, wesentlicher Abrieb |
| Unterschichten | anschleifen, bewässern | geringe Saugfähigkeit, dunkle Schleifspuren |
| Saugfähigkeit | Wasserprobe | rasche Wasseraufnahme, starke Dunkelfärbung |
| Alkalität | bewässern, prüfen mit Indikatorpapier | Farbveränderung, Vergleich mit pH-Wert-Farbskala |
| Risse | Augenschein | deutliche Rissbildung |
| Pilzbefalll | Augenschein | dunkler Bewuchs |
| Ausblühungen | Augenschein | meist weiße Salze |

**A.25** Grabpokal aus Irdengut mit Oxidmalerei, Iran, 3200 v. Chr.
Abfallprodukte bei der Herstellung von Gefäßen waren vermutlich Vorläufer heutiger Fliesen.

# Fliesen

## Entwicklung keramischer Fliesen

### Archaisches Material für substantielle Produkte

Zuerst in Ägypten, bald darauf in Mesopotamien und im Vorderen Orient, später in Europa ist glasierte Keramik ein wichtiger Bestandteil der Architektur.

Die gebrannte Erde (so die Bedeutung des griechischen »keramos«) ist ein älterer Werkstoff als z. B. Bronze und Eisen. Aus Keramik wurden Gefäße zum Aufbewahren und Trinken sowie zum Zubereiten von Speisen und für kultische Zwecke (**A.25**) hergestellt. Darüber hinaus wurde sie als Grundmaterial für Öfen, Platten und Fliesen verwendet. Der Name »Fliese« kommt aus dem Altgermanischen und bedeutete dort Steinplatte bzw. Splitter. Vermutlich bestanden die ersten Fliesen aus Splittern, die als Abfallprodukte bei der Herstellung von Gefäßen anfielen.

### Entwicklungen und Traditionen

Fliesen wurden über Jahrtausende von Hand gestrichen oder mit einfachen Hilfswerkzeugen geformt. Für keramische Gefäße wurde bereits 6000 v. Chr. die Töpferscheibe erfunden, die Fliesenpresse kam dagegen erst Anfang des 19. Jahrhunderts auf. Keramische Erzeugnisse erlangten im Lauf der Jahrhunderte nicht nur als Gebrauchsgut, sondern auch als Kunstgegenstand Bedeutung. Die Namen der Gegenden oder Städte, wo besonders guter Ton verfügbar ist, stehen zum Teil seit der Antike für edle Keramikerzeugnisse. Beispielhaft seien Faenza (Italien) und Delft (Niederlande) genannt, aber auch Belgien (**A.27**) und Frankreich sind für besonders hochwertige Fliesen bekannt.

### Bildliche Gestaltung

Während in der Antike aus herstellungsbedingten Gründen Mosaikgestaltungen vorherrschten, wurden Fliesen später auch in sich bildlich gestaltet – besonders hervorzuheben sind die so genannten Fayencen (**A.26**), Fliesen und auch andere Keramiken, deren Oberflächen aufgrund von zinkoxidhaltigen Glasuren und bestimmten Farbmischungen eine besondere Brillanz und Haltbarkeit aufweisen. Das Verfahren wurde, ausgehend von dem Ort Faenza in Italien, auch andernorts angewendet und hielt sich bis Anfang des 20. Jahrhunderts. Für Fayencen, die auf Mallorca hergestellt wurden, wurde der Name Majolika verwendet.

### Fliesen heute

Heute haben Fliesen eine besonders große Bedeutung für die Ausstattung von Sanitärräumen und Küchen. Darüber hinaus sind sie für Böden und Wände von Räumen verschiedener Art sowie für Treppen hervorragend geeignet, auch bei der Gestaltung von Außenbereichen und Fassaden werden sie nach wie vor verwendet. Bei allem Verständnis für die vorrangig funktional motivierte Verwendung von Fliesen wäre es wünschenswert, wenn die gestalterisch-künstlerischen Aspekte dieses vielseitigen Produkts wieder stärker gepflegt werden würden, wovon auch Einsatzgebiete außerhalb der Sanitärräume profitieren könnten.

## Keramische Fliesen und Spaltplatten

### Keramik für die Wand

Unterschiedliche Herstellungsarten mit unterschiedlichen Formungs-, Oberflächengestaltungs- und Brennverfahren aus verschiedenen Materialien lassen eine Vielzahl verschiedener Keramikarten entstehen. In DIN EN 87 werden keramische Fliesen und Platten in zwölf Gruppen eingeteilt, dabei steht für jede Gruppe eine

**A.26** Fayencen mit Scharffeuerfarben, Andalusien, 16. Jh.

**A.27** Flachrelieffliesen, glasiertes Steingut, Belgien, um 1900

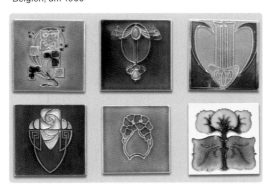

bestimmte Euronorm. Die für die Wandgestaltung relevanten Klassen sind in **A.30** farblich hervorgehoben.

Die Verwendung keramischer Fliesen und Spaltplatten betrifft natürlich genauso die Fußbodenflächen. Hierfür sind besondere Produkt- und Detaillösungen anzuwenden, die in Kapitel B »Am Fußboden« erläutert werden. Als keramische Wandbeläge kommen in Frage:

**A.28** Steinzeugserie »Pro Architectura« (Villeroy & Boch) Glasierte Steinzeugfliesen kommen an der Wand zum Einsatz, am Boden werden sie wegen der Rutschsicherheit und der höheren Festigkeit in unglasierter Ausführung verwendet.

### Steingutfliesen

Steingutfliesen sind glasierte keramische Fliesen. Sie sind mit einer durchsichtigen oder undurchsichtigen Glasur bedeckt, die in einem zweiten Brennvorgang aufgeschmolzen wird (Biporosa- bzw. Zweibrandverfahren). Die glasierte Oberfläche kann glänzend, halbmatt oder matt, eben, profiliert, wellig oder dekoriert sein. Einfache Herstellungsverfahren mit nur einem Brennvorgang sind ebenfalls möglich, erlauben aber kein großes Dekorations- und Oberflächenspektrum. Nach DIN EN 159 sind Steingutfliesen trocken gepresste keramische Fliesen und Platten mit hoher Wasseraufnahme, Gruppe B III. Brenntemperaturen sind ca. 950–1100 °C. Steingutfliesen eignen sich nur für den Innenraum, da sie nicht frostsicher sind.

### Steinzeugfliesen

Nach DIN EN 176 handelt es sich bei Steinzeugfliesen um trocken gepresste keramische Fliesen und Platten mit niedriger Wasseraufnahme, Gruppe B I. Brenntemperaturen sind 1150–1300 °C. Durch Zugabe von Feld- und Flussspaten werden höhere Festigkeiten und Dichten als beim Steingut erreicht. Sie sind sehr strapazierfähig, von großer Härte und frostsi-

cher. Steinzeugfliesen, zu denen auch Spaltplatten zählen, gibt es in glasierter oder unglasierter Ausführung. Glasurfliesen sehen häufig attraktiver aus, sind jedoch immer empfindlicher. Dank moderner Technologien gibt es inzwischen aber auch gegen aggressivere Chemikalien hochresistente Glasuren. Für den Einsatz am Fußboden sind Rutschfestigkeit und Beanspruchungsklassen von Bedeutung. Steinzeugfliesen sind witterungs- und frostbeständig, entsprechend gibt es für Einsatzgebiete an Wänden keine Einschränkung.

### Steinzeug-Kleinformate: Mosaik

Als Mosaik werden in diesem Kontext kleinformatige Steinzeugfliesen bezeichnet, deren Flächen kleiner sind als 10 × 10 cm. Mosaik wird in verschiedenen Formaten und Geometrien quadratisch (**A.31**), rund, sechseckig und in Kombinationen hergestellt sowie für die leichtere Verarbeitung auf Glasfaservlies aufgeklebt, um somit sozusagen als Rollenware verarbeitet werden zu können. Mosaikfliesen sind auch mit einer Papierschicht auf der Oberseite verbunden erhältlich. Sie können ebenfalls als Rollenware verarbeitet werden, die Papierschicht wird zuletzt wieder abgezogen und die Mosaikfliesen sitzen dann ohne störende Zusatzschicht direkt im Mörtelbett. Diese Art der Fliesen wird vor allem in speziellen

**A.29** Steinzeug-Serie »Unit One« (Villeroy & Boch) Fliesen werden in unterschiedlichen Formaten hergestellt, damit die verschiedenen Raumflächen geometrisch realisierbar und die Gestaltungsspielräume vielfältig sind.

Einsatzgebieten wie Schwimmbädern, Saunabereichen, bei Wänden öffentlicher Anlagen (Bahnhöfe, Fußgängertunnel) oder auch Sanitärräumen im Wohnungsbau und in öffentlichen Gebäuden verwendet (**A.34**).

### Keramische Spaltplatten

Spaltplatten sind stranggepresste keramische Platten, die nach DIN EN 121 oder DIN EN 186 hergestellt werden und in die Gruppe der Steinzeugprodukte gehören. Die Herstellungsart Strangpressen führt zu den entsprechenden spaltbaren Produkten, deren Oberflächen durch das Brennverfahren in Tunnelöfen einen rustikalen Charak-

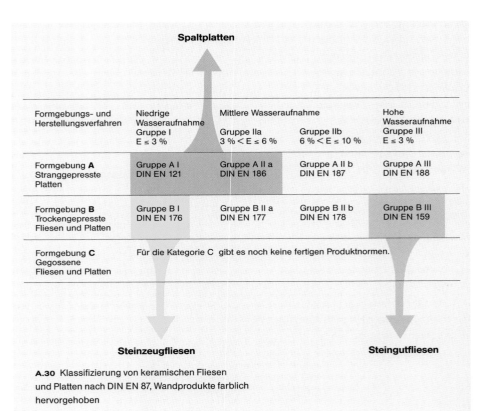

| | Niedrige Wasseraufnahme Gruppe I E ≤ 3 % | Mittlere Wasseraufnahme | | Hohe Wasseraufnahme Gruppe III E ≤ 3 % |
|---|---|---|---|---|
| Formgebungs- und Herstellungsverfahren | | Gruppe IIa 3 % < E ≤ 6 % | Gruppe IIb 6 % < E ≤ 10 % | |
| Formgebung **A** Stranggepresste Platten | Gruppe A I DIN EN 121 | Gruppe A II a DIN EN 186 | Gruppe A II b DIN EN 187 | Gruppe A III DIN EN 188 |
| Formgebung **B** Trockengepresste Fliesen und Platten | Gruppe B I DIN EN 176 | Gruppe B II a DIN EN 177 | Gruppe B II b DIN EN 178 | Gruppe B III DIN EN 159 |
| Formgebung **C** Gegossene Fliesen und Platten | Für die Kategorie C gibt es noch keine fertigen Produktnormen. | | | |

**Spaltplatten**

**Steinzeugfliesen**          **Steingutfliesen**

**A.30** Klassifizierung von keramischen Fliesen und Platten nach DIN EN 87, Wandprodukte farblich hervorgehoben

ter aufweisen. Je nach der beim Spalten resultierenden Rückseite eignen sich manche Sorten für Dickbettverlegung, andere wiederum auch für Dünnbettverlegung. Keramische Spaltplatten sind resistent gegen Druck-, Stoß- und Ritzbelastungen sowie gegen Säuren und Laugen und sind außerdem frostbeständig. Es gibt glasierte und unglasierte Qualitäten. Für Wandbekleidungen spielen lediglich die glasierten Sorten eine Rolle, sie werden jedoch selten eingesetzt.

### Fliesen traditioneller Herkunft

Große »Fliesen-Nationen« sind Italien und Spanien. Importierte Fliesen werden in ihren Herkunftsländern meist noch traditionell benannt und eingeteilt. Italienische Hersteller bieten für Innenwandbereiche glasierte »Majolika« und weißscherbige Tonfliesen an. Entscheidend für die Einsatzbereiche ist die Zuordnung zu den in DIN EN 87 gelisteten, eingangs erwähnten Bereichen. Da der Markt nicht besonders übersichtlich ist, empfiehlt sich die Beratung durch gute Fachhändler. Eigenschaften wie Frostsicherheit und Glasurqualitäten sollten sicherheitshalber immer erfragt werden.

### Dekorative Sonderformen

Für gestalterische Akzente ist es manchmal angebracht, besonders dekorative Fliesen einzusetzen – beliebt sind diese beispielsweise in Wohnbädern. Auch hier existieren eine Vielzahl von Varianten am Markt, beispielsweise besonders geformte Lisenen und Leisten (**A.32**), Bordüren und Bildfliesen. Qualitativ besonders hochwertig sind Dekorbrand-Fliesen.
Dekorbrand ist eine besondere Herstellungsart für Schmuckfliesen. Nach dem Zweitbrand wird das Dekor aufgebracht und anschließend nochmals gebrannt. Je nach Art des Dekors (Blattgold etc.) wird bei diesem Brand nochmals eine zusätzliche Schutzglasur aufgebracht. Der Dekorbrand wird zur Herstellung kleinerer Serien mit individuellem Charakter und intensiven Farben oder besonderen Auflagen eingesetzt. Der erforderliche Arbeitsaufwand bedingt im Vergleich zu Einbrandfliesen erhebliche Mehrkosten.
An die Stelle der besonders aufwendig hergestellten Fliesenformen treten heute immer stärker in Serien hergestellte Produkte, die mittels

**A.34** glasiertes Steinzeug-Mosaik in handgerasterter Ausführung in der Nibelungen-Kaserne, Regensburg, Serie »Pro Architectura« (Villeroy & Boch)

spezieller Drucktechnologien hochwertige und haltbare Dekore für Bordüren etc. bieten (**A.33**). Bei der Kombination verschiedener Fliesen, besonders bei der Verwendung unterschiedlicher Fliesenarten wie Dekorations- und Schmuckfliesen oder Formstücken, aber natürlich auch im Zusammenklang mit den Bodenfliesen muss auf Maßgenauigkeit und Fliesenmodul-Entsprechung geachtet werden. Die Verwendung von Fliesen aus einer Serie ist in jedem Fall die sicherere Vorgehensweise.

### Farben, Oberflächen

Fliesen sind in einer großen Farbvielfalt erhältlich. Je nach Tradition der Herkunftsländer sowie technischen Besonderheiten der Hersteller hinsichtlich Zusammensetzung der Rohmaterialien, Pressverfahren und Brennprozess gibt es erhebliche Qualitätsunterschiede. Die Glasurtechniken wie Blei-, Alkali- oder Mattglasur, geflammte, gehämmerte oder gestreifte Glasur und Dekorglasuren sind wesentlich für die Ästhetik der Fliesen und ihre entsprechenden Einsatzgebiete.

### Sortierungen

Die Güteanforderungen für Steingut- und Steinzeugfliesen sind in DIN EN 159 und DIN EN 176 festgelegt. Je nach Erfüllungsgrad unterscheidet man jeweils zwei Sorten, wobei die Sorte 1 die qualitativ hochwertigere ist. Für keramische Spaltplatten führen die in DIN 18166 gelisteten Qualitätsanforderungen zu insgesamt drei Sortierungen.

**A.31** Mosaik, Kleinformat (Deutsche Steinzeug)

**A.32** Lisenen und Leisten, »Chroma 3D« (Deutsche Steinzeug)

**A.33** Steingutserie »Maxi-Wall« (Villeroy & Boch) Bordüren mit Glanzpunkten bedruckt

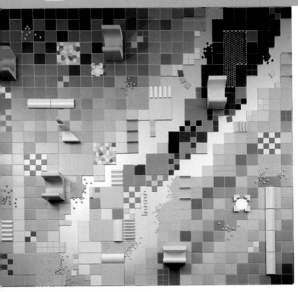

A.35 Modulare Systembaukästen sind eine gute Voraussetzung für Fliesenplanungen, »Pro Architectura« (Villeroy & Boch).

## Gestaltung

Fliesen und Spaltplatten sind in einem großen Spektrum unterschiedlicher Formen und Farben am Markt erhältlich. Gelungene Sortimente sind daran erkennbar, dass sie ein ausgewogenes Farbenspektrum sowie im Fliesenmodul eingeteilte Formate beinhalten. Dadurch sind individuelle Gestaltungslösungen möglich. Dabei spielen nicht nur plattenförmige Elemente, sondern auch funktional gestaltete Formstücke eine Rolle (A.35).

### Fliesenplan und Geometrien

Architektur mit Fliesen zu gestalten ist eine wichtige Aufgabe, dazu müssen Fliesenpläne angefertigt werden, die zum einen die Raumgeometrie möglichst logisch aufgreifen und

## Verlegung

Für Fliesen- und Plattenarbeiten gilt DIN 18352.

### Dickbettverlegung (A.38)

Auf alle trag- und saugfähigen Wanduntergründe kann im so genannten Dickbettverfahren gearbeitet werden.
Verlegung in einem Mörtelbett von ca. 15 mm Dicke im Mittel. Als erstes werden die Fliesen, Platten oder Formstücke vollflächig bemörtelt, flucht- und lotrecht angesetzt und angeklopft. Steingutfliesen sind vorher kurz in Wasser zu tauchen. Danach ist die Verfugung im Schlämmverfahren vorzunehmen. Die Fugenbreiten sind entsprechend dem Fliesenmodul zu bemessen, absolut exaktes Arbeiten ist hierbei gefordert. Für die Verfugung kommen Fugenzement

### A.36 Gestaltungsmöglichkeiten im Raster

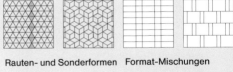

Quadrate                    Rechtecke waagerecht

Anordnung gerade oder im Verbund, jeweils eine Größe

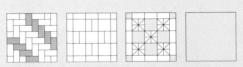

Quadrate                    Rechtecke senkrecht

Anordnung gerade oder im Verbund, jeweils eine Größe

Rauten- und Sonderformen    Format-Mischungen

geometrische Muster         drei Formate    usw.
durch Versatz und
Richtungswechsel

A.37 Fliesenmodul

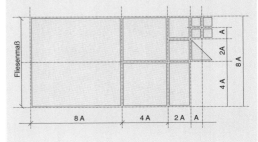

Verlege-Beispiele
(Deutsche Steinzeug)

A.38 Dickbettverlegung
A.39 a Dünnbettverlegung
ohne Abdichtung
b Dünnbettverlegung mit
Verbundabdichtung
c Dünnbettverlegung
im Trockenbau

Dickbettverlegung         Dünnbettverlegungen

A.38         A.39 a        b         c

nutzen, andererseits aber auch die notwendigen Funktionselemente wie z. B. im Bad die Sanitärgegenstände und Bedienelemente wie Armaturen integrieren. Gerade für verbleibende größere Wandflächen kann es sinnvoll sein, die gestalterischen Spielarten »im Raster« zu nutzen und anzuwenden. Einfacher ist meistens besser. Anregungen sind in A.36 dargestellt (die grau unterlegten Bereiche verdeutlichen die jeweilige Systematik). Wichtig ist immer die Abstimmung mit dem Fußboden-Fliesenraster.

### Fliesenmodul

Grundsätzlich orientieren sich die Fliesenmaße an dem Fliesenmodul, welches wiederum an das Mauerwerksmodul angelehnt ist. Als Oktametersystem weist es reichhaltige Rastervarianten auf. Aus dem Fliesenmodul (A.37) resultieren die Regelabmessungen gängiger Fliesen- und Spaltplattenformate sowie Mosaiken.

und Fugenmörtel in Frage, es bestehen Unterschiede hinsichtlich Farbpigmentierung und Struktur. Nachteilig sind bei der Dickbettverlegung die langen Trockenzeiten.

### Dünnbettverlegung (A.39 a, b, c)

Die häufiger angewandte Verlegeart ist die Dünnbettverlegung (siehe DIN 18157). Sie verlangt als Untergrund absolut plane Flächen, wie sie im Trockenbau etwa mit Gipsbauplatten hergestellt werden, oder hervorragend verputzte Untergründe mit Mörtelgruppe P III a/b. Untergrundmängel sind vorab zu beheben. Es existieren verschiedene Verfahren, die sich nur darin unterscheiden, wo der Kleber bzw. der Dünnbettmörtel aufgetragen wird, auf den Fliesenrücken, auf die Wand, oder auf beides. Die Mörteldicke beträgt nur 2–6 mm. Verfugt wird wie auch beim Dickbettverfahren mit Fugenzement oder Fugenmörtel. Für die zum Einsatzort passende Auswahl des Abdichtsystems sind die Herstellerangaben heranzuziehen.

# Grundbetrachtung

## Boden und Fußboden

Unter Boden versteht man gemeinhin die oberste, belebte Verwitterungsschicht der Erde. In der Natur werden aufgrund der Zusammensetzung und der Korngröße der Bestandteile verschiedene Bodenarten wie Sandböden oder Tonböden unterschieden, die wiederum für unterschiedliche Nutzungsmöglichkeiten geeignet sind.

Im Unterschied zum Außenraum werden die unteren Flächen eines Innenraums als Fußboden bezeichnet.

Fußböden oder vielmehr ihre Oberflächen, die Bodenbeläge, sind leistungsstarke Gestaltungs- und Funktionselemente für Räume. Bei ihrer Auswahl ist der Raumfunktion genauso gerecht zu werden wie dem gesamten Architekturkonzept des Gebäudes und den Erwartungen und Vorlieben der Bauherren und Nutzer.

## Grenzen definieren

In Form von Materialwechseln oder mit Schwellen kann der Übergang zwischen drinnen und draußen oder die Grenze zwischen verschiedenen Räumen thematisiert werden – so ist z. B. in **B.02** der Übergang eines Innenhofs zum

**B.01** Fußböden müssen gleichermaßen mit dem Architekturkonzept als auch mit den konkreten Nutzeranforderungen im Einklang stehen: Dieser Belag schafft Behaglichkeit und stellt gleichzeitig mit seinem warmen Farbton einen interessanten Kontrast zu den Fassadenmaterialien dar (Teppichboden Tretford-»Decade«).

Wohnraum dargestellt. Der Wechsel des lockeren Feldsteinpflasters zum geschlossen und warm wirkenden Ziegelfußboden im Hausinneren, unterbrochen durch eine massive Steinschwelle, stellt einen deutlichen visuellen und haptischen Kontrast dar.

**B.02** Fußboden im Eingangsbereich eines Bauernhofs in Kalmar, Schweden

## Anforderungen an Fußböden

**B.03** zeigt den Zusammenhang zwischen verschiedenen Anforderungen (wie menschliche Bedürfnisse, Wirtschaftlichkeit sowie besondere Anforderungen an bestimmten Einsatzorten) und den entsprechenden Eigenschaften von Fußbodenbelägen. Besonders in Wohnbereichen findet die Auswahl eines Bodenbelags v. a. unter emotionalen und visuellen Beweggründen statt. Dennoch spielen eben auch hier die anderen Auswahlkriterien eine Rolle. Umso komplexer Bauaufgaben werden, umso gründlicher muss auch der Bodenbelag ausgewählt sein.

**B.03** Auswahlkriterien für Bodenbeläge
Quelle: Scholz / Hiese, Baustoffkenntnis

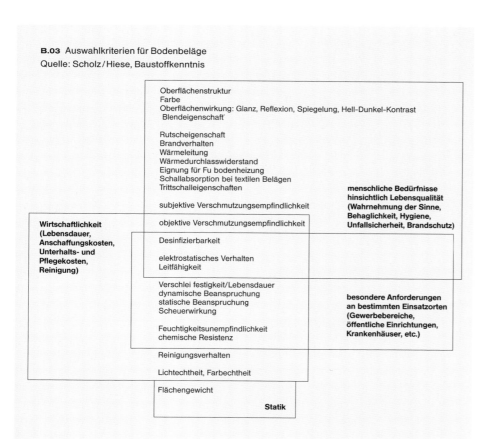

Oberflächenstruktur
Farbe
Oberflächenwirkung: Glanz, Reflexion, Spiegelung, Hell-Dunkel-Kontrast
Blendeigenschaft

Rutscheigenschaft
Brandverhalten
Wärmeleitung
Wärmedurchlasswiderstand
Eignung für Fu bodenheizung
Schallabsorption bei textilen Belägen
Trittschalleigenschaften

subjektive Verschmutzungsempfindlichkeit

objektive Verschmutzungsempfindlichkeit

Desinfizierbarkeit

elektrostatisches Verhalten
Leitfähigkeit

Verschlei festigkeit/Lebensdauer
dynamische Beanspruchung
statische Beanspruchung
Scheuerwirkung

Feuchtigkeitsunempfindlichkeit
chemische Resistenz

Reinigungsverhalten

Lichtechtheit, Farbechtheit

Flächengewicht

**Statik**

**Wirtschaftlichkeit**
(Lebensdauer, Anschaffungskosten, Unterhalts- und Pflegekosten, Reinigung)

**menschliche Bedürfnisse** hinsichtlich Lebensqualität (Wahrnehmung der Sinne, Behaglichkeit, Hygiene, Unfallsicherheit, Brandschutz)

**besondere Anforderungen** an bestimmten Einsatzorten (Gewerbebereiche, öffentliche Einrichtungen, Krankenhäuser, etc.)

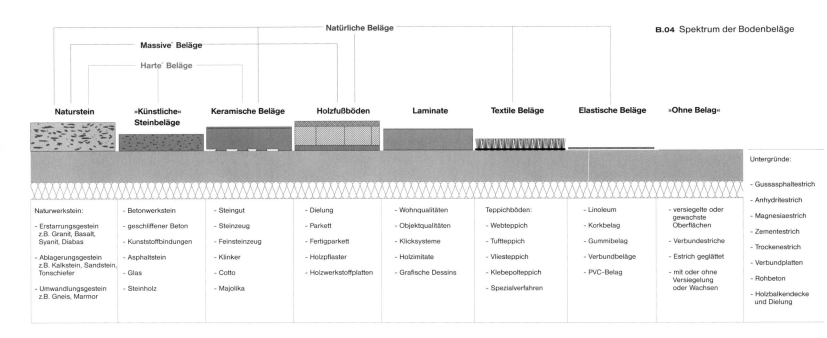

**B.04** Spektrum der Bodenbeläge

| Naturwerkstein: | »Künstliche« Steinbeläge | Keramische Beläge | Holzfußböden | Laminate | Textile Beläge | Elastische Beläge | »Ohne Belag« |
|---|---|---|---|---|---|---|---|
| - Erstarrungsgestein z.B. Granit, Basalt, Syanit, Diabas | - Betonwerkstein | - Steingut | - Dielung | - Wohnqualitäten | Teppichböden: | - Linoleum | - versiegelte oder gewachste Oberflächen |
| | - geschliffener Beton | - Steinzeug | - Parkett | - Objektqualitäten | - Webteppich | - Korkbelag | |
| | - Kunststoffbindungen | - Feinsteinzeug | - Fertigparkett | - Klicksysteme | - Tuftteppich | - Gummibelag | - Verbundestriche |
| - Ablagerungsgestein z.B. Kalkstein, Sandstein, Tonschiefer | - Asphaltstein | - Klinker | - Holzpflaster | - Holzimitate | - Vliesteppich | - Verbundbeläge | - Estrich geglättet |
| | - Glas | - Cotto | - Holzwerkstoffplatten | - Grafische Dessins | - Klebepolteppich | - PVC-Belag | - mit oder ohne Versiegelung oder Wachsen |
| - Umwandlungsgestein z.B. Gneis, Marmor | - Steinholz | - Majolika | | | - Spezialverfahren | | |

Untergründe:

- Gussasphaltestrich
- Anhydritestrich
- Magnesiaestrich
- Zementestrich
- Trockenestrich
- Verbundplatten
- Rohbeton
- Holzbalkendecke und Dielung

### Fußboden-Gestaltung

Fußböden beeinflussen einen Raum in vielschichtiger Weise: Sie haben u.a. einen Einfluss auf
- die Raumgestaltung und -gliederung,
- die Orientierung des Nutzers im Raum (z.B. Richtungsgebundenheit oder -losigkeit),
- Schalltechnik und Akustik (z.B. Trittschall!),
- das Raumklima, u.U. auch in Form einer Fußbodenheizung,
- die Rutschsicherheit und den Gehkomfort sowie Bequemlichkeit beim Stehen,
- die Hygiene bzw. den Pflegeaufwand des Raums,
- das Wärmeempfinden des Nutzers,
- den gewünschten Grad der Behaglichkeit,
- die Stimmung des Raums.

Bei der Auswahl von Fußböden muss beachtet werden, dass es sich einerseits um ein Gestaltungs-, andererseits aber auch um ein Bauelement handelt. Sowohl die Anforderungen, die aus der Nutzung als »zu begehende Schicht« resultieren, als auch die Anforderungen aus dem Zusammenspiel der einzelnen Schichten des Deckenaufbaus müssen bei der Entscheidung berücksichtigt werden. Die Abbildung (B.05) verdeutlicht die dabei zu berücksichtigenden Zusammenhänge am Beispiel der Büroraum-Ausstattung.

### Bodenbeläge

In **B.04** sind die Bodenbelagsarten (»harte«, »massive« und natürliche Beläge) mit ihren Untergruppen (Naturstein, keramische Beläge usw.) dargestellt.
Auf den folgenden Seiten werden die wichtigsten von ihnen (Bodenkeramik, elastische Beläge, Holzböden, Laminat, textile Beläge, Installationsböden) erläutert.

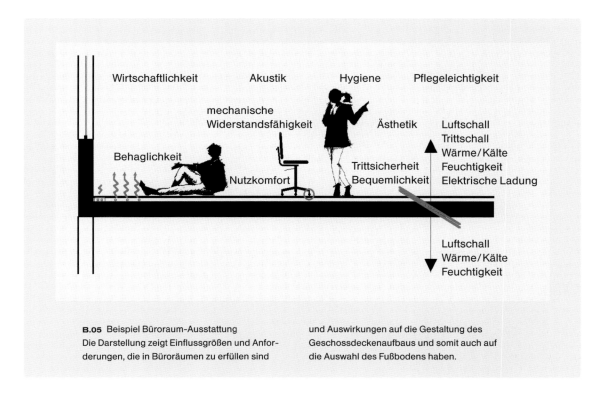

**B.05** Beispiel Büroraum-Ausstattung
Die Darstellung zeigt Einflussgrößen und Anforderungen, die in Büroräumen zu erfüllen sind und Auswirkungen auf die Gestaltung des Geschossdeckenaufbaus und somit auch auf die Auswahl des Fußbodens haben.

# Bodenkeramik

## Keramische Fliesen und Platten

Keramische Fußbodenbeläge müssen höhere Anforderungen erfüllen als keramische Wandbeläge. Obwohl besonders aus gestalterischen Gründen am Markt Fliesenserien überwiegen, bei denen Wand- und Bodenfliesen nebst der zugehörigen Formteile und Übergangslösungen für den Sockelbereich enthalten sind, ist aufgrund der unterschiedlichen Anforderungen in der Planung eine konsequente Trennung von Wand- und Bodenfliesen notwendig. **B.06** zeigt die Klassifizierung von keramischen Fliesen und Platten nach DIN EN 87. Als Fußbodenbelag geeignet sind:

### Steinzeugfliesen

Wie bereits im Kapitel »An der Wand« erläutert, weisen die den Anforderungen von DIN EN 176 entsprechenden Steinzeugfliesen eine hohe Dichte und Festigkeit auf. Sie sind frostbeständig und können sowohl im Innen- als auch Außenbereich eingesetzt werden. Diese Eigenschaften machen sie zu idealen Produkten für keramische Fußbodenbeläge in privaten und gewerblichen Bereichen. Es sind jedoch unterschiedliche Qualitäten hinsichtlich Abrieb und Trittsicherheit zu beachten. Aufgrund der besseren Abriebfestigkeit eignen sich unglasierte Ausführungen für den Einsatz am Boden grundsätzlich besser als glasierte. Aus Gründen der Ästhetik, der Resistenz gegenüber Chemikalien sowie der geringeren Fleckempfindlichkeit kann es jedoch bei bestimmten Einsatzgebieten sinnvoll sein, glasierte Steinzeugfliesen einzusetzen. Insgesamt sind fünf Beanspruchungsklassen glasierter Fliesen und Platten erhältlich. Eine Alternative zu glasierten Oberflächen sind mit Lasertechnologie oberflächenvergütete Systeme, wie z. B. das Protecta-System (Agrob Buchtal).

### Steinzeug-Kleinformate: Mosaik

Wie im Kapitel »An der Wand« erläutert, handelt es sich bei Mosaik um Steinzeug- Kleinformate (mit einer Kantenlänge von weniger als 10 cm). Eine besondere Bedeutung kommt den als sehr flexibel formbare Rollenware erhältlichen Mosaikfliesen bei der Gestaltung von nicht planen Flächen zu, wie sie z. B. in Schwimmbädern oft realisiert werden (**B.07**).

### Feinsteinzeug (B.08)

Unter Feinsteinzeug versteht man unter Zusatz von ultrafeinem Mineralpulver mit hohen Spatanteilen sowie Quarzen und Flussmitteln besonders dicht gepresste, bei ca. 1200 °C gebrannte Fliesen mit einer extrem niedrigen Wasseraufnahme (weniger als 0,5 %). Sie eignen sich folglich besonders gut für Fußböden. Feinsteinzeugfliesen sind pflegeleicht und aufgrund ihrer Frostsicherheit auch im Außenbereich verwendbar. Durch ihre gute rutschhemmende Wirkung und hohe Widerstandsfähigkeit sind sie für unterschiedlichste gewerbliche, öffentliche und private Einsatzbereiche geeignet. Die extreme Oberflächendichte führt allerdings auch zu höheren Schallwerten. Die Vielzahl an erhältlichen Formaten und Farben bietet nahezu grenzenlose Gestaltungsmöglichkeiten. Während einige Hersteller das »Plagieren« von Naturstein, Cotto- und anderen Oberflächen stark betreiben, bieten andere weniger vielfältige, aber gewissermaßen »ehrlichere« Optiken an. Feinsteinzeug ist Porzellan ähnlich. Der Begriff ist nicht durch eine Norm definiert, in DIN EN 176 ist lediglich ein Hinweis auf stark gesinterte Platten und Fliesen mit weniger als 3 % Wasseraufnahme enthalten.

**B.07** Steinzeug-Serien »Look« und »Pro Architectura« (Villeroy & Boch): Verwendung von Mosaikfliesen mit sorgfältig geplanten Farbkonzepten, diese flexiblen und hochwertigen Gestaltungsmöglichkeiten sind auch in Schwimmbädern gefragt.

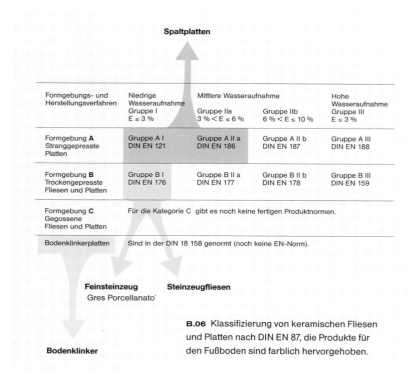

| Formgebungs- und Herstellungsverfahren | Niedrige Wasseraufnahme Gruppe I $E \leq 3\%$ | Mittlere Wasseraufnahme | | Hohe Wasseraufnahme Gruppe III $E \leq 3\%$ |
|---|---|---|---|---|
| | | Gruppe IIa $3\% < E \leq 6\%$ | Gruppe IIb $6\% < E \leq 10\%$ | |
| Formgebung **A** Stranggepresste Platten | Gruppe A I DIN EN 121 | Gruppe A II a DIN EN 186 | Gruppe A II b DIN EN 187 | Gruppe A III DIN EN 188 |
| Formgebung **B** Trockengepresste Fliesen und Platten | Gruppe B I DIN EN 176 | Gruppe B II a DIN EN 177 | Gruppe B II b DIN EN 178 | Gruppe B III DIN EN 159 |
| Formgebung **C** Gegossene Fliesen und Platten | Für die Kategorie C gibt es noch keine fertigen Produktnormen. | | | |
| Bodenklinkerplatten | Sind in der DIN 18 158 genormt (noch keine EN-Norm). | | | |

Spaltplatten

Feinsteinzeug    Steinzeugfliesen
Gres Porcellanato

Bodenklinker

**B.06** Klassifizierung von keramischen Fliesen und Platten nach DIN EN 87, die Produkte für den Fußboden sind farblich hervorgehoben.

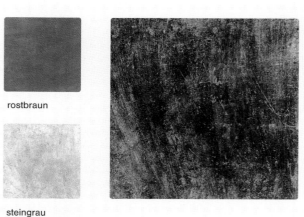

rostbraun

steingrau

schwarzblau

**B.08** Feinsteinzeug-Serie »Meta« (Deutsche Steinzeug)
Das Beispiel zeigt in Wisch- und Drucktechnik hergestellte »FSZ-Fliesen«. Feinsteinzeug, auch FSZ abgekürzt, gibt es in vielen Oberflächendekoren und Farbstimmungen.

### Keramische Spaltplatten (B. 09)

Der DIN EN 121 oder DIN EN 186 entsprechende Spaltplatten sind in Bodenfliesen-Qualität am Markt erhältlich. Druck-, stoß- und ritzfeste sowie säure- und laugenbeständige Eigenschaften erlauben den Einsatz auch in hochbelasteten Bereichen wie z. B. Hotelfoyers oder als Formstücke an Schwimmbadkanten, dank der Frostfestigkeit ist die Verwendung außen genauso wie im Innenbereich möglich.

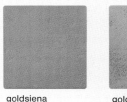   

goldsiena    goldocker    goldbraun    goldbeige

**B.09** Spaltplatten-Sortiment »Goldline« (Deutsche Steinzeug): Spaltplatten weisen im Gegensatz zu den keramischen Fliesen eine nuancierende, aus dem Tunnelofen-Brennverfahren resultierende Oberfläche auf.

### Bodenklinker (B.10)

Bei Klinkerplatten handelt es sich um ein grobkeramisches Produkt. Im Strangpressverfahren geformt, werden Klinker glasiert oder unglasiert bei 1200 °C im Tunnelofen gebrannt. Sie sind sehr strapazierfähig und weisen eine hohe Witterungsbeständigkeit auf. Bodenklinkerplatten sind meist dicker als Steinzeugfliesen, besonders wenn sie in hochbelasteten Gewerbebereichen eingesetzt werden. Die Dicke der Platten beträgt in der Regel zwischen 15 und 30 mm. Dadurch sind sie in der Lage, hohe Punktlasten – beispielsweise von Maschinenfundamenten – oder auch dynamische Lasten – z. B. von Gabelstaplern erzeugt – aufzunehmen. Für Klinker wird oft ein spezielles Verlegeverfahren, die so genannte »Rüttelverlegung«, angewendet, die Verfugung erfolgt meist im »Schlämmverfahren« (B.11).

### Cotto (B.12)

Cotto oder Terrakotta – wegen des natürlichen Erscheinungsbilds beliebt – wird aus den Rohstoffen Ton- oder Kalkmergel sowie »Verunreinigungen« in Form von Quarzkrümeln bei Temperaturen um 950–1050 °C gebrannt. Dieses

Material wird meist im Innenbereich als Boden- oder Treppenbelag eingesetzt. Die Verlegung im Außenbereich ist bei den klimatischen Verhältnissen in Deutschland problematisch. Die Herstellung von Cottobelägen kann auf industrielle oder manuelle Art erfolgen. Echte Cottofliesen sind ein regional unterschiedliches, eigentlich handwerklich angefertigtes Produkt, Farbunterschiede resultieren folglich nicht nur aus unterschiedlichen »Zutaten«, sondern auch aus den verschiedenen Herstellungstechniken: Während Cottofliesen der Region Emilia aus einem Tonmergel gefertigt werden, verwendet man in der Toskana Kalkmergel. Aufgrund ihrer hohen Porosität sind Cottofliesen in unbehandeltem Zustand sehr fleckempfindlich. Eine Versiegelung der Oberfläche ist zu empfehlen. Sie kann entweder bereits werkseitig vor der Verlegung aufgebracht werden (Cotto finito) oder nach Verlegung und Reinigung der Beläge in Form von Cotto-Wachsen aufgetragen werden. Auch glasierte Cottofliesen sind im Handel verfügbar, diese entwickeln aber keine Patina.

## Anforderungen

### Abriebgruppen für glasierte Steinzeugfliesen nach DIN EN 154 (zukünftig DIN EN ISO 10545-7)

**Beanspruchungsgruppe I**
Bodenbeläge in Räumen, die mit weich besohltem Schuhwerk oder barfuß begangen werden, z. B. Bade- und Schlafzimmer. Bodenfliesen für Räume mit niedriger Begehfrequenz und leichter Beanspruchung.

**Beanspruchungsgruppe II**
Bodenbeläge in Räumen, die mit weich besohltem oder normalem Schuhwerk und höchstens gelegentlicher und geringer kratzender Verschmutzung begangen werden, z. B. Räume im Wohnbereich, ausgenommen Küchen, Dielen und andere häufig begangene Räume. (Steinzeugfliesen der Klassen I und II werden auf dem Markt kaum noch angeboten.)

**Beanspruchungsgruppe III**
Bodenbeläge in Räumen, die häufiger mit normalem Schuhwerk und geringer krat-

**B.10** Bodenklinker stehen für extreme Haltbarkeit und Belastbarkeit. Aus besonders langen Brennzeiten bis zu drei Tagen im Tunnelofen resultieren farbechte Vollklinkerplatten (Argelith).

**B.11** Schlämmverfahren bei geringen Fugenbreiten. Hochwertige Produkte und Materialien müssen fachgerecht verarbeitet werden. Dazu gehört bei den keramischen Platten auch die Verfugung, die wesentlich zu einer angenehmen Optik beiträgt, aber auch wichtige bauphysikalische Aufgaben übernimmt (Argelith).

**B.12** Handform-Cotto (Cotto-Hof Geugis) Auch der Fachmann kann nur noch schwer zwischen echten handgearbeiteten Cotto und Fabrikware unterscheiden.

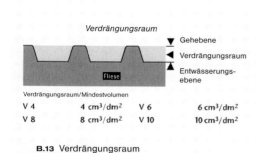

V 4     $4\ cm^3/dm^2$    V 6     $6\ cm^3/dm^2$
V 8     $8\ cm^3/dm^2$    V 10    $10\ cm^3/dm^2$

**B.13** Verdrängungsraum
in profilierten Fliesen

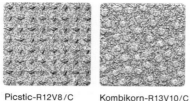

Picstic-R12V8/C     Kombikorn-R13V10/C

**B.14** Profilbeispiele für Gewerbe- und
Industriebereiche (Deutsche Steinzeug)

zender Verschmutzung begangen werden, z.B. Küchen, Korridore, Balkone, Loggien und Terrassen.

**Beanspruchungsgruppe IV**
Bodenbeläge in Räumen, die intensiv bei einer auch kratzenden Verschmutzung begangen werden, z.B. Ladengeschäfte, Eingangshallen, Arbeitsräume, Büros, Restaurants, Ausstellungsräume, Garagen.

**Beanspruchungsgruppe V**
Bodenbeläge in Bereichen, die stark frequentiert werden und extremer Verschleißbeanspruchung ausgesetzt sind.

Die Definitionen gelten für die beschriebenen Anwendungen bei normalen Bedingungen. Die Beläge sollten in den Gebäudeeingängen durch die Zwischenschaltung von Schmutzschleusen angemessen geschützt werden. Um Schmutz von glasierten Bodenbelägen fernzuhalten, ist der Einsatz spezieller »Sauberlaufzonen« sinnvoll, die i.d.R. in Eingangsbereichen von Gebäuden angeordnet werden. Für höchstbeanspruchte Böden, wie z.B. in Supermärkten, Bahnhofshallen oder stark begangenen Hauspassagen, sollten keramische Bodenbeläge in unglasierter Ausführung eingesetzt werden, eine gute Alternative zu Keramik bieten Betonwerksteine.

**Tritt- und rutschsichere Oberflächen**

Je nachdem, für welche Nutzung ein Raum vorgesehen ist (z.B. Sanitärraum mit Nassbereichen, Gewerberaum mit Öl- und Fettanfall) und wie seine Fußbodenflächen begangen werden (mit Schuhwerk, barfuß), müssen die Bodenbeläge bestimmte Eigenschaften aufweisen, z.B. tritt- und rutschsichere Oberflächen.
Die Rutschhemmung wird auf einer so genannten »Schiefen Ebene« ermittelt und führt zur Einstufung des Prüfbelags in eine der Bewer-

tungsgruppen von R 9 bis R 13, wobei R 13 die höchste Rutschhemmung darstellt.
Für gewerbliche Bereiche sind im Merkblatt ZH1/571 »Fußböden in Arbeitsräumen mit erhöhter Rutschgefahr« die jeweiligen Gruppen vorgeschrieben. Zu den R-Gruppen (R 9 bis R 13) kommen teilweise noch Verdrängungsräume (V) hinzu.
Für Barfußbereiche gibt es die gesonderten Bewertungsgruppen A, B und C.
In Privatbereichen gelten die Bewertungsgruppen R 9 und R 10.
Zu beachten sind etwaige abweichende Angaben in den unterschiedlichen LBOs. Es ist sinnvoll, jeweils nicht die vorgeschriebene, sondern die um eine Stufe höhere R-Gruppe auszuwählen.
Tritt- und Rutschsicherheit lässt sich durch Profilierungen unglasierter Spezialoberflächen erreichen. Solche Keramikfliesen verfügen, je nach Geometrie und Art der Profile bzw. Muster (**B.13, B.14**), über sehr wirkungsvolle rutschhemmende Eigenschaften, da zwischen Oberkante, Profilierung und Fliese ein Hohlraum besteht, in den gleitfördernde Stoffe, wie z.B. Gemüse oder Fleischabfälle, verdrängt und damit wirkungslos gemacht werden können. Man unterscheidet die Gruppen V 4 bis V 10, wobei die Einstufung auf der Basis des Verdrängungsraum-Volumens (cm³/dm²) vorgenommen wird. Zu beachten ist der höhere Reinigungsaufwand bei sehr stark profilierten Fliesen.
Besonders nasse Fußböden in Schwimmbädern, Saunaanlagen, privaten und öffentlichen Bädern und Duschen stellen eine Unfallgefahr dar, wenn sie nicht mit den geeigneten Belägen ausgestattet sind. Hinsichtlich der Trittsicherheit unterscheidet man drei Barfußbereiche:

A Barfußgänge (meist trocken), Umkleideräume, Sauna- und Ruhebereiche,
B Duschräume und Beckenumgänge, Planschbecken, Beckenböden in Nichtschwimmerbereichen, ins Wasser führende Treppen, Sauna- und Ruhebereiche (soweit nicht A zugeordnet),
C Treppen, die ins Wasser führen (soweit nicht B zugeordnet), Durchschreitebecken, geneigte Beckenränder.
Keramische Barfußbereiche sind nur barfuß oder mit Badeschuhen zu betreten, da mit Straßenschuhen die Oberflächenschicht zerkratzt würde.

## Verlegung

### Dickbettverlegung (B.15 a)

Bei den keramischen Bodenbelägen wird wie bei der Wand zwischen Dickbett- und Dünnbettverlegung unterschieden. Die konventionelle Dickbettverlegung (Mörtelbett 15–20 mm) hat den Vorteil, dass der Untergrund nicht ganz eben sein muss. Eine große Bedeutung hat sie bei der Herstellung von Industrieböden.

### Dünnbettverlegung

Schneller zu verlegen und auch wieder leichter zu entfernen sind Fliesen im Dünnbett-Verlegeverfahren (Dünnbettmörtel-/Klebstoffdicke: 2–5 mm), der Standardmethode im Trockenbau. Eine besondere Bedeutung kommt den Verlegetechniken auf Heizestrichen (B.15 b) zu, da die Wirkung der Heizung vom korrekten Aufbau abhängt. Eine Abstimmung der Komponenten ist unbedingt erforderlich, die Hersteller-Empfehlungen sind zu beachten.

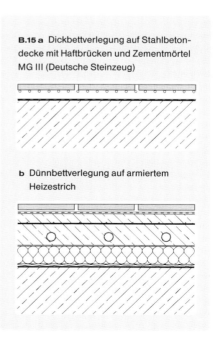

**B.15 a** Dickbettverlegung auf Stahlbetondecke mit Haftbrücken und Zementmörtel MG III (Deutsche Steinzeug)

b Dünnbettverlegung auf armiertem Heizestrich

| DIN EN 685 Symbole | Beanspruchung |
|---|---|
| | *Wohnen* |
|  21 | Schlafzimmer »mäßig« |
|  22 | Wohnzimmer »normal« |
|  23 | Wohn-/Eingangsbereich »stark« |
| | *gewerblich* |
|  31 | Hotel, Konferenzraum »mäßig« |
|  32 | Boutiquen, Einzelbüros »normal« |
|  33 | Kaufhäuser, Schulen »stark« |
|  34 | Flughäfen, Schalterhallen »sehr stark« |
| | *industriell* |
|  41 | Werkstätten »mäßig« |
|  42 | Lagerräume »normal« |
|  43 | Produktionshallen »stark« |

**B.16 a**

*Zusatzeignungen*

 1    2

1 antistatische Ausrüstung
2 geeignet für Feuchträume
3 geeignet für Fußbodenheizung
4 Stuhlrolleneignung gewährleistet
5 Treppeneignung gewährleistet

 3    4

 5

**B.16 b**

# Elastische Beläge

## Arten und Klassifizierung

Aufgrund ihrer ähnlichen Eigenschaften gibt es für elastische Beläge in der DIN EN 685 eine einheitliche Klassifizierung mit jeweils zugeordneten Einsatzgebieten (**B.16 a**).
Zu den elastischen Bodenbelägen zählen folgende Belagsarten:

- Elastomerbeläge mit ebener Oberfläche,
- Elastomerbeläge mit ebener Oberfläche und Schaumstoffrücken,
- Elastomerbeläge mit profilierter Oberfläche,
- homogene und heterogene PVC-Beläge,
- CV-Beläge (geschäumte Reliefbeläge),
- Linoleum und Linoleum-Verbundbeläge,
- Korklinoleum,
- Kork-Bodenbeläge.

## Eigenschaften

Elastische Beläge, als Bahnen- oder Rollenware verlegt, besitzen trotz unterschiedlicher Zusammensetzung und Entstehung insgesamt ähnliche Eigenschaften hinsichtlich der Nutzung (z. B. Gehkomfort, Trittsicherheit) und ihrer Abnutzungseigenschaften. Ihre Verwendung in bestimmten Räumen und Bereichen ist durch die DIN EN 685 geregelt (**B.16 a**) und bedarf einer sorgfältigen Auswahl.
Die DIN unterscheidet zwischen den Bereichen Wohnen, Gewerbe und Industrie, diesen Bereichen entsprechende Symbole geben Auskunft über die Produkteigenschaften und müssen auf Verpackung und den Rückseiten der Beläge dargestellt sein. Für jeden Bereich sind in der DIN Raumbeispiele angegeben, die theoretischen Einstufungen müssen jeweils in der Praxis hinsichtlich tatsächlicher Anforderungen überprüft werden. Gegebenenfalls sollte man Beläge wählen, die eine Belastungsstufe höher eingestuft sind, als es laut DIN erforderlich wäre. So wird eine Boutique in einer Kleinstadt tatsächlich eine »normale« Belastung des Fußbodens aufweisen, in einer großstädtischen Fußgängerzone hingegen voraussichtlich eine »starke«. Zusatzeignungen werden durch die in **B. 16 b** dargestellten Symbole definiert, sind jedoch in keinem Normenwerk festgehalten, was aber nicht bedeutet, dass sie unwichtig sind; sie bedürfen sorgfältiger Beachtung.

**B.17** Strapazierfähig und elastisch zugleich: Elastomerbeläge (Trelleborg)

## Elastomerbeläge

Diese Beläge, auch Gummibeläge genannt, bewähren sich vor allem in Bereichen mit hohen Anforderungen gut. Kautschuk wurde wahrscheinlich von den Maya entdeckt. Sie zapften ihn aus dem tropischen Gummibaum (Hevea brasiliensis) und der Agave, verwendeten ihn aber anscheinend nur für Spielbälle. Mit der Erfindung des Vulkanisationsverfahrens im 19. Jahrhundert wurde die kommerzielle Nutzung dieses Naturrohstoffs möglich, da nun eine Stabilität und höhere Elastizität des Kautschuks durch die Anreicherung mit Schwefel erreicht wurde.
Heute wird durch Polymerisation der so genannte Industriekautschuk für viele Verwendungszwecke produziert. Durch gezielte Herstellungsprozesse kann er viele unterschiedliche Eigenschaften aufweisen, die u. a. auch die Verwendung für Fußbodenbeläge ermöglichen. Kautschuk-Bodenbeläge werden in Europa seit über zwanzig Jahren aus der Mischung von Industrie- und Naturkautschuk hergestellt. Einzelne Hersteller verwenden ausschließlich Naturkautschuk, so z. B. Pirelli Ecoflor.

### Aufbau und Oberfläche

Die meisten erhältlichen Gummibeläge besitzen eine hochabriebfeste Nutzschicht und eine weichere Unterschicht, die meist schon zusammen vulkanisiert werden, so dass ein Auseinanderlösen ausgeschlossen ist. Die Oberfläche ist oft in Noppen-, Pastillen- oder Rillenform ausgeführt, wodurch der Einsatz in stark frequentierten Bereichen möglich wird.

## Dessins (B. 18)

Sowohl die Typen mit ebenen (siehe DIN EN 1816, 1817) als auch die mit Profil-Oberflächen (siehe DIN EN 12199) sind in unterschiedlichen Farben und Mustern erhältlich, manche mit Schaumstoffrücken.

## Einsatzgebiete

Elastomerbeläge sind besonders geeignet für Laufzonen in Gewerberäumen und Kaufhäusern, Messehallen und Produktionsstätten, Abfertigungshallen von Flughäfen, Vorhallen und Garderobenbereiche öffentlicher Gebäude, Unterführungen und überdachte Übergänge sowie für Sporthallen und Stadien. Darüber hinaus werden sie auch häufig auf Fährschiffen und als Treppenbelag im Industriebereich verwendet.

## Eigenschaften

Elastomerbeläge sind in Stärken zwischen 2 und 5 mm (genoppt) erhältlich, als Rollen- oder Plattenware. Schichtenmaterial aus Recyclingware kann auch dicker sein (bis zu 22 mm). Sie werden der Brandschutzklasse B1 zugerechnet, weisen eine gute Beständigkeit gegenüber Zigarettenglut und eine hohe Beständigkeit gegenüber Lösungsmitteln, verdünnten Laugen und Säuren auf. Ihre Rutschsicherheit ist sehr gut, für Spezialeinsatzgebiete können sie durch Noppen auch bei Nässe und Schmierfilmen verwendet werden. Das Trittschallverbesserungsmaß beträgt 8–20 dB.

Die glatten Arten sind auch für Stuhlrollen geeignet (Eindrucksverhalten). Sie weisen eine gute Lichtbeständigkeit und eine hohe Lichtechtheit auf. Es sind auch – z.B. antistatische oder leitfähige – Spezialtypen für Sonderanforderungen erhältlich, die z.B. gemäß DIN 51953 für EDV-Anlagen und OP-Säle geeignet sind.

**B.18** mehrschichtig vulkanisierte Gummibeläge für unterschiedlichste Einsatzgebiete

## PVC-Beläge

PVC ist die Abkürzung für Polyvinylchlorid und besteht zu 43 % aus Kohlen- und Wasserstoff von Erdölbestandteilen und zu 57 % aus dem Kochsalzbestandteil Chlor. Die Wurzeln der »Erfindung« des PVC reichen bis ins Jahr 1872 zurück, als der Chemiker E. Baumann Polymerisationsprozesse untersuchte und die Bedeutung thermoplastischer Produkte bereits erkannte. Erst in den Jahren 1934–36 gelang der Dynamit Nobel AG die Herstellung von Fußbodenbelägen aus PVC im industriellen Maßstab. In den 60er Jahren kam es dann endgültig zum Durchbruch: PVC-Fußbodenbeläge verdrängten das Linoleum und stellten bald den weit verbreitetsten elastischen Fußbodenbelag dar.

### PVC-Bahnen und Fliesen

PVC gibt es in einer Vielzahl von Farben, Mustern und Ausführungen, so u.a. als Holz-, Kork-, Marmor- oder Fliesenimitat. Das Material ist undurchlässig für Wasser, Öl, Fett und die üblichen Haushaltschemikalien. Der Belag ist gut für Feuchträume geeignet, außerdem fußwarm, trittelastisch, alterungsbeständig, lichtecht und sehr strapazierfähig. Die Verlegung erfolgt durch festes Verkleben der Bahnen oder Fliesen mit Hilfe von Kontaktkleber. Die Stoßfugen können verschweißt werden, so dass eine vollkommen geschlossene Oberfläche entsteht. Besonders im Klinikbereich ist PVC nicht zuletzt aus Kostengründen weit verbreitet.

### PVC-Bodenbelagsarten

Grundsätzlich wird PVC-Fußbodenbelag aus »Weich-PVC« hergestellt. Man unterscheidet dabei homogene und heterogene PVC-Beläge. Homogene Beläge bestehen aus einer durchgehenden PVC-Schicht oder aus mehreren Schichten gleicher Rezeptur, die fest miteinander verschweißt sind. Sie werden in stark frequentierten Bereichen eingesetzt und sind in DIN 16951 klassifiziert. Heterogene Beläge bestehen aus mehreren Schichten, die jeweils eigene Funktionen übernehmen: eine Nutzschicht aus hochwertigem PVC und eine Unterschicht, die andere Füllstoffe enthält und keine so hohe Oberflächenqualität aufweisen muss. Diese Beläge werden hauptsächlich im Wohnbereich eingesetzt. Sie sind in DIN EN 649 klassifiziert.

PVC-Böden gibt es auch mit Trägermaterial (Einordnung nach DIN EN 650), dies können textile Unterlagen wie Jutefilz oder Polyestervlies sein oder nichttextile Unterlagen wie Korkment, PVC oder PUR-Schaum.

Besonders für den Wohnbereich sind die so genannten Cushioned Vinyls (CV-Beläge, Einteilung nach DIN EN 653) entwickelt worden. Sie sind mehrschichtig und haben eine weiche Nutzschicht aus PVC, eine darunter liegende Schaumschicht und einen Träger aus Glasvlies, sind also eigentlich den heterogenen Belägen zuzurechnen.

### Eigenschaften

Die wichtigsten Eigenschaften von PVC-Belägen sind:

- gute Beständigkeit gegenüber haushaltsüblichen Flüssigkeiten und Reinigungsmitteln,
- meist größere Empfindlichkeit gegenüber Lösungsmitteln, verdünnten Laugen und Säuren, diese ist je nach Füllstoffanteil unterschiedlich,
- pflegeleicht und gut zu reinigen,
- in Stärken zwischen 1 und 2,5 mm erhältlich, überwiegend Ware mit 2,5 mm Stärke (Nutzschicht bei heterogenen Belägen: 0,15–2mm),
- als Rollen- oder Plattenware erhältlich,
- Einordnung in Brandschutzklasse B1, keine Beständigkeit gegenüber Zigarettenglut,
- gute Rutschsicherheit,
- ohne Trägermaterial nur eine geringe Trittschallverbesserung, mit Trägermaterial und als Plattenware kann sie bis zu 15 dB betragen,
- bezüglich des Eindruckverhaltens: Stuhlrolleneignung,
- gute Lichtbeständigkeit,
- antistatische Ausrüstung durch Kohlenstoffanteile optional möglich.

Eine Alternative zu PVC-Belägen sind Polyolefinbeläge. Sie sind seit etwa 1993 erhältlich, die Eigenschaften sind ähnlich wie die des PVC, sie sind jedoch in der Umweltbilanz besser. Aufgrund ihrer geringeren Verschleißfestigkeit und Lichtechtheit sowie der höheren Verlegeaufwendungen sind sie jedoch noch nicht weit verbreitet. Grundlage dieser Beläge sind Polyolefine, also Kunststoffe wie Polypropylen oder Polyethylen.

**B.19** Linoleum mit aufwendigem Blumenmuster um 1900 (Forbo)

## Linoleum

Ein Vorläufer des Linoleums war das Wachs- oder Öltuch, welches bereits 1627 in einer Patentschrift erwähnt wird. Um 1843 wurde durch den Zusatz von Korkmehl aus dem Wachstuch das »Kamptulicon« entwickelt, welches sich aber aufgrund der gestiegenen Rohstoffpreise nicht durchsetzen konnte. Der Engländer Frederick Walton gilt als Erfinder des Linoleums, er entwickelte dieses neue Produkt mit oxidiertem Leinöl (im Gegensatz zu Kautschuk, dem Hauptrohstoff von »Kamtulicon«). Die wesentlichen Bestandteile von Linoleum sind neben dem Leinöl (lat. »oleum lini«) Naturharz, Kork-, Kalkstein- und Holzmehl, Farbpigmente sowie

eine Trägerschicht aus Jute. Es durchlief – dem jeweiligen Stil der Zeit entsprechend – einen starken Wandel hinsichtlich seiner Dessins. Aufgrund von Problemen mit der Haltbarkeit der Muster und Farben kam es jedoch auch in Verruf.

### Akzeptanz in der Architektur

Auf der Werkbundausstellung »Die Wohnung« 1927 in Stuttgart wurde Linoleum stark ins Bewusstsein der Besucher gerückt. Die Ausstellung der DLW Deutsche Linoleum-Werke AG wurde von Mies van der Rohe, Lilly Reich und Willy Baumeister gestaltet. Neben vielen positiven Stimmen gab es damals auch Kritik hinsichtlich der Farbigkeit und der Gestaltungsfreiheit des Linoleums, da man befürchtete, es werde Fliesen und Parkettböden verdrängen. Linoleum hat auch Architekturgeschichte mitgeschrieben: 1929 wählte Mies van der Rohe Linoleum als Bodenbelag für den deutschen Pavillon in Barcelona. Gerade in der Offenheit und Klarheit der architektonisch sehr aussagekräftigen Gebäude der Bauhaus-Architekten fand neben Beton, Aluminium, Stahl und Glas auch das Linoleum eine selbstverständliche Anwendung.

In den 50er Jahren boomte der Markt für Linoleum, aber bereits im folgenden Jahrzehnt kamen PVC-Beläge und Tufting-Teppichböden sowie bedruckte Bitumenpappen, Stragula und Balatum auf und verdrängten es. Im Zusam-

menhang mit einem höheren ökologischen Bewusstsein gewann Linoleum in den 80er Jahren wieder an Bedeutung. Aus nachwachsenden Rohstoffen hergestellt, ist es vollständig natürlich zu entsorgen. Im deutschen Pavillon auf der Weltausstellung 1992 in Sevilla wurde wiederum ein Linoleumboden auf insgesamt 3500 m² eingesetzt.

### Linoleum heute

Neben der Wertschätzung, die dem Belag heute aufgrund seiner natürlichen Zusammensetzung entgegengebracht wird, besitzt Linoleum auch außerordentlich praktische Eigenschaften, die es für den Einsatz in unterschiedlichsten öffentlichen (**B.20**) und privaten Gebäuden prädestinieren (Einstufung nach DIN EN 685). Grundsätzlich wird Linoleum immer noch in der beschriebenen Zusammensetzung von 1863 hergestellt (**B.21**), allerdings wurden die Oxidationsverfahren des Leinöls verbessert und die Mischverfahren von Harz und Linoxyn optimiert. Die Dessins sind meistens sehr dezent gehalten, um die Materialwirkung zu unterstreichen (**B.23**). Eine Möglichkeit, Flächen farbig oder mit Mustern zu gestalten, bietet sich mittels frei gestaltbarer und absolut passgenau realisierbarer Intarsienarbeiten.

Wichtigste Dessins (Einteilung nach DIN EN 548) sind Jaspé (eine geflammte, längsorientierte Maserung), Moiré (eine flächig aufgerissene, ebenfalls längsorientierte Maserung) und

**B.20** Linoleum-Fußboden in einer Agentur (Armstrong DLW)

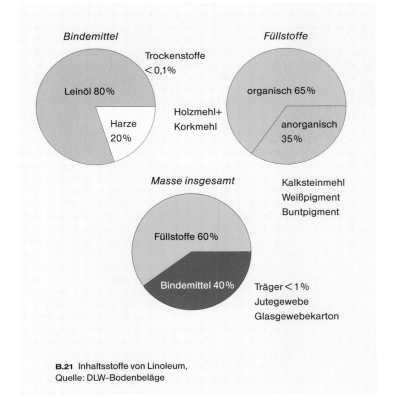

*Bindemittel*

Leinöl 80%
Trockenstoffe < 0,1%
Harze 20%

*Füllstoffe*

organisch 65%
anorganisch 35%

Holzmehl+ Korkmehl

*Masse insgesamt*

Füllstoffe 60%
Bindemittel 40%

Kalksteinmehl
Weißpigment
Buntpigment

Träger < 1%
Jutegewebe
Glasgewebekarton

**B.21** Inhaltsstoffe von Linoleum, Quelle: DLW-Bodenbeläge

Marmorierung (eine weitgehend richtungslose Maserung). Darüber hinaus gibt es gesprenkelte Dessins und Varianten der genannten Typen.

Eine besondere Rolle nimmt die Gestaltung mit Intarsien und Fliesen ein, die Hersteller von Linoleum fertigen nach CAD-Zeichnungen jedes gewünschte geometrische oder frei geformte Motiv an.

### Eigenschaften

Die wichtigsten Eigenschaften von Linoleum sind:

- Stärken zwischen 2 und 6 mm,
- als Rollen- oder Plattenware erhältlich,
- Brandschutzklasse B1 oder B2, gute Beständigkeit gegenüber Zigarettenglut, unempfindlich gegen Reibungshitze,
- Rutschsicherheit: bis R9 möglich,
- Trittschallverbesserungsmaß: ohne Träger 3–6 dB, mit Träger 14–16 dB,
- Eindruckverhalten: Stuhlrolleneignung, Resteindruck < 0,1–0,3 mm,
- Hygiene: antibakterielle Wirkung: Anwendung in Krankenhäusern und Plegebereichen,

fresco
african dessert

fresco
blue heaven

fresco
virgin blue

fresco
arabian pearl

**B.23** Linoleum-Dessins und Farben Marmoleum (Forbo Linoleum GmbH)

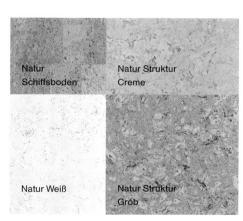

Natur
Schiffsboden

Natur Struktur
Creme

Natur Weiß

Natur Struktur
Gröb

**B.24** Kork-Oberflächen (Parador)
Korkfußböden können naturbelassen oder lackiert, außerdem geölt oder gewachst sein.

- gute Lichtbeständigkeit,
- Geruchsneutralität nach Verlegung.

Auch bei Linoleum gibt es unterschiedliche Qualitäten für bestimmte Einsatzgebiete oder entsprechende Sonderanforderungen.

### Pflege

Oft ist das Argument zu hören, Linoleum sei zu pflegeaufwendig. Der Pflegeaufwand und die dementsprechende Haltbarkeit und Oberflächenqualität stehen jedoch in einem guten Verhältnis, wenn Folgendes beachtet wird: Das Einpflegen sollte direkt nach dem Verlegen erfolgen, damit der Belag ausreichend gegen eine etwaige folgende Bauverschmutzung geschützt ist. Stark frequentierte Bereiche sind mit tritt- und wasserfesten Pflegemitteln einzupflegen.

Die Pflegemittel hinterlassen nach dem Trocknen auf dem Bodenbelag eine dünne Beschichtung als Grundlage für die weiteren Unterhaltsreinigungen. Ein erneutes Einpflegen ist vor allem bei hoch frequentierten Bereichen in bestimmten Zeitabständen anzuraten. Die üblichen Unterhaltsreinigungen erfolgen mittels Feuchtwischen oder spezieller, Cleaner genannter, Reinigungsmaschinen.

## Kork-Bodenbeläge

Der technisch verwendbare Kork stammt von der Korkeiche (Quercus suber), die vor allem in subtropischen Regionen wächst. Der Kork aus der Rinde der mindestens 20 bis 25 Jahre alten weiblichen Bäume wird alle acht bis zwölf Jahre in Platten vom Stamm geschält und danach industriell weiterverarbeitet.

Schon in der Antike kannte man die Eigenschaft des Korks, vor Kälte zu schützen, und isolierte damit Bienenkörbe. Plinius (ca. 63 v. Chr.) erwähnt den Kork erstmals als Verschlussmöglichkeit für fassartige Gefäße, Schwimmgürtel sowie als Ankerholz, das anzeigte, wo der Schiffsanker liegt. Mit dem Aufschwung der Glasindustrie im 17. Jahrhundert wurde Kork hauptsächlich als Flaschenstöpsel genutzt.

Von der Mitte des 19. Jahrhunderts an wusste man Kork für eine Vielzahl von Bereichen zu nutzen, z.B. für Dichtungen, Schuhsohleneinlagen, Korkmatratzen, Schwimmhilfen, Korkpapier und Korkleder, Korkfässer, später sogar für Korkfedern für schwere Frachtwagen.

**B.22** Korkböden (Meister)
Korkfußböden in Wohnbereichen wirken behaglich und bieten einen hohen Geh-, Sitz und Liegekomfort.

Heute sind die Herstellung von Flaschenverschlüssen, Dekorations- und Dämmmaterial sowie Fußbodenbelägen die Nutzungsschwerpunkte des Korks.

Hersteller und Händler werben mit dem Satz »Kork ist wärmer als Fliesen, natürlicher als PVC, pflegeleichter als Teppich, elastischer als Holz und weicher als Laminat« für Korkfußböden.

Kork-Bodenbeläge gibt es in folgenden Ausführungen:

### Korkparkett (Korkfliesen)

Korkparkett ist erhältlich in unterschiedlichem Design und Farben (**B.24**). DIN EN 12104 unterscheidet Massivware (»homogene Presskorkplatten«) und »furnierte« bzw. mehrschichtige Ausführungsarten. Die Standardausführung hat eine Dicke von 4 mm, es sind aber auch 6 oder 8 mm dicke Platten erhältlich. Farben und Design haben Konjunktur, ebenso neue Formen und Muster und gefaste Kanten mit Fliesenoptik. Auch werden Serviceleistungen wie das Vorleimen von Platten, die auch den Zeitaufwand für die Verlegung durch Fachhandel und Handwerk reduzieren, immer beliebter.

Es gibt viele Möglichkeiten, Korkparkett individuell zu gestalten und zu verarbeiten. Ähnlich dem fest verklebten Holzparkett steht Korkparkett für Langlebigkeit, Individualität und Eleganz, dabei ist der besondere Geh- und Stehkomfort seine Stärke. Typischerweise wird Korkparkett direkt mit dem Unterboden verklebt.

Fertig veredelte
Oberfläche

ca. 3 mm starke Kork-Deckschicht
aus verpresstem Kork-Granulat
mit Kork-Furnier

Hochverdichtete
HDF-Trägerplatte

Trittschalldämmender
Gegenzug aus Kork

Klick-Mechanik mit
Safe-Lock-Profil

**B.25** Korkparkett-Aufbau, System Portino Click
(Parador). Die Gesamtstärke der Korkparkettdiele
beträgt 10,5 mm.

## Kork-Fertigparkett

Hierbei handelt es sich um schwimmend zu verlegende Fertigelemente, bestehend aus einer Korkauflage als Oberfläche, einer Trägerplatte und einem Gegenzug. Die Fertigelemente haben in der Regel eine Stärke von 12 mm und sind ebenfalls in unterschiedlichem Design erhältlich. Ihre besondere Stärke liegt in der leichten Verlegemöglichkeit durch Klicksysteme (**B.25**), ähnlich wie bei Laminatsystemen.

## Oberflächen von Korkparkett

Unbehandelte, also naturbelassene und nur geschliffene Qualitäten müssen nach dem Verlegen unbedingt geölt, gewachst oder versiegelt werden. Vom Hersteller vorbehandelte Ware muss nach dem Verlegen ebenfalls noch einmal endversiegelt bzw. endbehandelt werden. Nur Korkparkett mit einer PVC-Verschleißschicht besitzt Stuhlrolleneignung, es kann auch im Objektbereich eingesetzt werden. Für Nassräume sind spezielle Herstellerangaben zu beachten, hier ist eine besondere Versiegelung notwendig.

## Eigenschaften

Die luftgefüllten Zellen des Materials sorgen für hohen Gehkomfort, Fußwärme und eine sehr gute Trittschalldämmung. Aufgrund ihrer besonderen Elastizität können Korkböden über ihre gesamte Lebensdauer (bis zu vierzig Jahre) nach erfolgtem Eindrücken durch Stühle, Stuhlrollen etc. nach einiger Zeit wieder ihren Originalzustand erlangen.
Korkböden sind (gemäß DIN EN 685) bis zur Beanspruchungsklasse 41 erhältlich.
Bislang werden überwiegend Wohnqualitäten angeboten und verarbeitet, Objektqualitäten sind erhältlich, werden aber eher selten eingesetzt.

## Rollenkork als Untermaterial

Obwohl Kork – wie bereits erwähnt – im Gegensatz zu vielen anderen Materialien eine nahezu unbegrenzte Dauerelastizität und Formstabilität sowie hohe Wärmedämm- und Trittschallisolationswerte aufweist, ist sein Einsatz als Untermaterial rückläufig. Zum einen werden seit etwa zwei Jahren schwimmende Beläge verstärkt mit bereits eingebauter Trittschalldämmung angeboten. Zum anderen wird der Mehrwert von Rollenkork nicht hoch genug eingeschätzt. PU-Schäume u. ä. Unterbelagsmaterial weisen zwar nicht die Langlebigkeit und gute Ökobilanz des Korks auf, sind aber häufig billiger. Wenn man bei der Qualität des Unterbodens spart, sollte man sich jedoch der in Kauf genommenen Nachteile bewusst sein.

## Korkrecycling

Weil es viel zu schade ist, Kork nur einmal zu nutzen, gibt es verschiedene Initiativen für das Recycling und die Wiederverwendung von Kork. So werden z. B. alte Flaschenkorken und Korkbeläge gemahlen und gereinigt und anschließend beispielsweise als ökologischer Dämmstoff für die Außenwand- und Dachisolation verwendet.

## Das Kork-Logo

Die Qualitätssicherung und entsprechende Bewertungen führt der Deutsche Korkverband e. V. durch. Das »Kork-Logo« steht dabei für eine hohe, wissenschaftlich geprüfte Qualität und gesundheitliche sowie ökologische Unbedenklichkeit.

Obwohl Kork ein Naturmaterial ist, spielen bei der industriellen Herstellung von Korkfußbodenbelägen gewisse Zusatzstoffe und die Oberflächenbehandlung eine Rolle. Kork-Bodenbeläge mit dem Kork-Logo weisen folgende Kriterien auf:

1. eine Mindestdichte von 450 kg/m$^3$ (d. h. eine lange Lebensdauer und hohe Strapazierfähigkeit),
2. bestimmte Mindeststärken,
3. Maßgenauigkeit, einheitliche Stärken und Formen sowie eine gute Verarbeitungsfähigkeit entsprechend der Bestimmungen der EU,
4. gesundheitliche Unbedenklichkeit.

## Holzböden

### Entwicklung

#### Dielenböden

Die Verwendung von Holzfußböden geht auf den Profanbau zurück. In Europa wurden sie seit dem 13. Jahrhundert in Gebäude eingebaut und bestanden zunächst aus Ansammlungen nebeneinander gelegter Bretter. In der Folge kamen Dielenböden aus gehobeltem Weichholz wie Tanne, Fichte oder Kiefer in Bauernhäusern und später auch in bürgerlichen Häusern zum Einsatz. Sie wurden bis ins 19. Jahrhundert hinein aus möglichst breiten Dielen hergestellt, nicht zuletzt aus Gründen der handwerklichen Fertigung und Oberflächenbearbeitung: So konnten sie auch nach langer, intensiver Verwendung wieder abgezogen und geebnet werden. Diese massiven Dielenböden konnten und können folglich über Jahrhunderte in Gebrauch sein (**B.26**). Schmalere Bodenbretter fanden erst mit dem Aufkommen moderner Bearbeitungsmaschinen Verbreitung. Die Befestigung der Dielen erfolgte bis zur Erfindung und Verbreitung der Schraube mit Nägeln. Dielenböden sind heute besonders im Wohnbau wieder gefragt.

#### Parkett

Herrschaftliche Residenzen wurden ab dem 16. Jahrhundert zunächst mit Dielenböden, später mit aufwendigen Parkettböden aus edlen Harthölzern ausgestattet. Besonders in Frankreich wurden handwerklich und künstlerisch hochwertige Parkett-Techniken entwickelt. In den Schlössern des Barock und Rokoko wurde die Technik des furnierten Parketts perfektioniert, z.B. mit großformatigen Tafeln sowie darin eingelegten Intarsien. In Frankreich war das Tafelparkett (im Gegensatz zum Stabparkett) am beliebtesten, quadratische Platten mit einer Kantenlänge von etwa einem Meter werden bis heute als »Versailler Tafelparkett« bezeichnet. Neben diesen großformatigen Formen hat sich das Fischgrätparkett, überwiegend aus Eichenholz hergestellt, etabliert. Territoriale Vorlieben für Holzarten sowie Dekore haben die Geschichte des Parketts geprägt. Besonders in Mitteleuropa waren kleinformatige Musterungen beliebt, mit der Verkleinerung der einzelnen Holzteile stieg die Wichtigkeit einer hochwertigen Furnierung. Aufwendige und variantenreiche Mosaikparkettböden sind uns vor allem aus der Zeit des Klassizismus um 1800 erhalten geblieben. Ab 1860 wurden diese Mosaikparkettformen durch Intarsienparkette und eine Vielzahl neuer Parkettverbundformen verdrängt.

Nach dem Aufkommen von Betondecken galt es, neue Befestigungsmöglichkeiten für Parkett zu entwickeln, die ohne eine zusätzliche Balkenlage auskamen. Heißbitumen sowie wenig später Bitumenklebstoffe waren die Vorreiter des Dispersionsklebstoffs, mit dem von 1952 an eine problemlose Fixierung von Parkettböden erfolgte. Aufgrund von wirtschaftlichen und ökologischen Überlegungen etablierte sich seit den Anfängen der 90er Jahre das 10-mm-Parkett. Dieses wird mit Zwei-Komponenten-Klebern auf Polyurethanbasis verklebt.

### Rohstoff Holz

Holz ist der wichtigste nachwachsende Rohstoff. Für Parkett und andere Holzfußböden

sind zahlreiche Holzarten aus Europa und Übersee geeignet. Ihre Vielfalt sowie die unterschiedlichen Behandlungsmöglichkeiten wie Kalken oder Räuchern und die verschiedenen Trocknungsprozesse verleihen dem Parkett einen enormen Variantenreichtum. Keine Holzoberfläche gleicht einer anderen (B.28). Eine besonders wichtige Eigenschaft ist – neben dem Aussehen – der Holzhärtegrad (B.27). Härtere Hölzer sind generell resistenter gegen Abnutzungserscheinungen, bei helleren Hölzern fallen sie außerdem weniger auf als bei dunkleren.

### Parkettarten

Als heute erhältliche Parkettarten sind zu nennen:

### Einschichtparkett

#### Stabparkett

Stabparkett wird in DIN 280, Teil 1, unterschieden in Parkettstäbe und Parkettriemen. Bei Parkettstäben handelt es sich um ringsum genutete Hölzer, die durch Querholzfedern bei der Verlegung verbunden werden. Parkettriemen haben an jeweils einer Längs- und Hirnholzkante eine angehobelte Feder. An den gegenüberliegenden Seiten befinden sich die Nuten. Sie werden aus den unterschiedlichen Holzarten hergestellt. Die Abmessungen der Lamellen betragen bei Stabparkett:
- Dicke: 14–22 mm,
- Breite: 45–80 mm,
- Länge: 250–600 mm.

#### Mosaikparkett

Es besteht gemäß DIN 280, Teil 2, aus einzelnen Mosaikparkettlamellen, die werkseitig auf der Unterseite mit Papier oder

**B.26** Dielenboden in einer Kirche
Die Oberflächen alter Dielenböden verleihen Räumen eine Würde und Geschichtsträchtigkeit, die einem neuen Boden an ästhetischem Wert weit überlegen sein können.

Netzgewebe oder auf der Oberseite mit Papier zu Verlegeeinheiten (in der Regel Platten) zusammengesetzt werden. Die Größen der Verlegeeinheiten sind je nach Hersteller verschieden. Die Abmessungen der Lamellen betragen:
- Dicke: ca. 8 mm,
- Breite: bis 25 mm,
- Länge: 120–165 mm.

**B.28** Parkettoberflächen (Parador) unterschiedlicher Holzarten, Verlegemuster und Oberflächenbehandlungen

Eiche Schiffsboden living

Buche Landhausdiele select

Oussie Schiffsboden Natur

Esche Schiffsboden weiß geölt

Kanadischer Ahorn Schiffsboden Natur

Walnuss Schiffsboden select

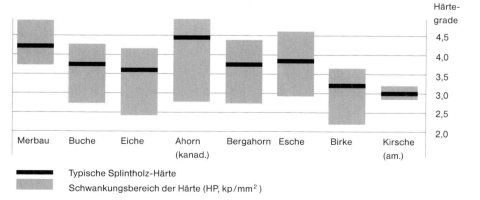

Merbau  Buche  Eiche  Ahorn (kanad.)  Bergahorn  Esche  Birke  Kirsche (am.)

Härtegrade
4,5
4,0
3,5
3,0
2,5
2,0

— Typische Splintholz-Härte
▬ Schwankungsbereich der Härte (HP, kp/mm²)

**B.27** Härtegrade verschiedener Holzarten

**B.29** Geöltes Fertigparkett mit Schiffsboden-Ahornnutz-schicht (Tritec-Natura von Meister)
Die Sortierung »Standard« betont mit ihrem lebhaften Farb-spiel den natürlichen Charakter des Holzes, enthalten sind gesunde Äste, Splint- und Braunkernanteile.

### Lamparkett (10-mm-Massivparkett)

Hierbei handelt es sich um ein besonders holzsparendes Einschichtparkett. Erste Bestrebungen, ein Parkett zu entwickeln, das mit weniger Holz auskommt und den größeren Bedarf in den Städten decken kann, wurden schon im 19. Jahrhundert unternommen. Vor allem für den Renovierungsmarkt entwickelt, ist Lamparkett mit 10 mm

Dicke ein Einschichtparkett, dessen Einzelstäbe auch kürzer und schmaler als bei Stabparkett sind. Die Abmessungen der Lamellen betragen:

* Dicke: 10 mm,
* Breite: 30–75 mm,
* Länge: 120–400 mm.

### Hochkantlamellenparkett

Hochkantparkett darf nicht mit Holzpflaster verwechselt werden. Es besteht aus Mosaikparkettlamellen, die hochkant aneinander gereiht werden. Geliefert und verlegt wird in vorgefertigten Verlegeeinheiten. Diese Parkettart ist robust und recht unempfindlich – auch gegen stärkere mechanische Stöße. Hochkantlamellenparkett wird bevorzugt in Kindergärten oder Schulen, in Gaststätten und selbst in Produktionshallen verwendet. Die Abmessungen der einzelnen Hochkantlamellen betragen:

* Dicke: 18–24 mm,
* Breite: 7–9 mm,
* Länge: 120–165 mm.

## Mehrschichtparkett

### Fertigparkett

Fertigparkett wird gemäß DIN 280, Teil 5, aus industriell hergestellten, fertig oberflächenbehandelten Fußbodenelementen aus Holz oder einer Verbindung von Holz,

Holzwerkstoffen und anderen Baustoffen hergestellt. Es hat eine Mindestschichtdicke von 7 mm. Die Nutzschicht besteht aus Massivholz (mind. 2 mm Dicke), wobei die unteren Schichten aus Massivholz oder Holzwerkstoffen, Furnieren, Sperrholz, hochdruckverpressten Faserplatten, Kork etc. bestehen können. Fertigparkett kann schwimmend auf entsprechend geeignete Dämmunterlagen verlegt werden, wobei auch Fertigparkettelemente erhältlich sind, die vollflächig geklebt, genagelt oder geschraubt werden. Auch mobile Verlegungen sind möglich, d. h. Fertigparkettelemente finden auch bei Doppelböden und Messeböden Einsatz. Fertigparkett wird oft im Wohnungsbau bei Neubauten, aber auch in der Altbausanierung verwendet, aber auch in Schulen, Kindergärten und Kirchen, Gaststätten und Hotels, Kaufhäusern, Läden und Boutiquen.

Fertigparkett kann auch auf flächenbeheizte Fußböden verlegt werden, wenn es vollflächig verklebt wird. In Nassbereichen darf es nicht eingesetzt werden. Die Abmessungen der Fertigelemente betragen:

* Dicke: 7–26 mm,
* Breite: 100–650 mm,
* Länge: quadratische Formen 200–650 mm, lange Formen ab 1200 mm.

### Tafelparkett

Diese Parkettart besteht aus in Tafelform zusammengefügten quadratischen Verlegeeinheiten, die vor allem für Restaurierungen eingesetzt werden. Eine Blindplatte trägt die aufgeklebten Parkettelemente. Die Verbindung der Tafeln erfolgt durch Längs- oder Querfedern in rundum laufenden Nuten oder durch angehobelte Nute und Federn. Je nach Untergrund kann es geklebt oder genagelt werden. Abmessungen und Gestaltung sind individuell.

### Parkettdielen und -platten

Diese weitere Parkettart ist sowohl als Mehrschicht- als auch als Massivparkett erhältlich. Es handelt sich nach DIN 280, Teil 4, bei Parkettdielen und -platten um Verlegeeinheiten aus Parkettstäben in Dielenform. Durchgesetzt hat sich neben Massivholz Dreischichtmaterial, dabei ist das Deckmaterial die gewünschte Oberflächen-Holzart, die Mittelschicht und die Gegenlage bestehen aus wirtschaftlichen

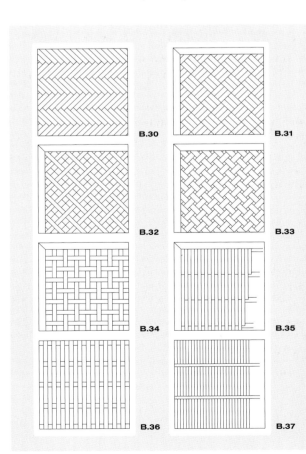

Beispiele typischer
Stabparkett-Verlegemuster

**B.30** Stabfußboden diagonal (Fischgrätmuster)
**B.31** Würfelboden quadratisch
**B.32** Stabfußboden »Flechte und Würfelfeld«
**B.33** Stabfußboden mit diagonalem Flechtmuster
**B.34** Stabboden mit geradem Flechtmuster
**B.35** Langriemenfußboden
**B.36** Schiffsboden
**B.37** Deutscher Stabfußboden

Die vielfältigen Stabparkett-Verlegemuster ergeben gemeinsam mit den unterschiedlichen Holzoberflächen und der Verlegerichtung ein großes Gestaltungsspektrum. Dieses wird auch von den Mehrschichtparkett-Arten »nachempfunden«, Stabfußboden- und Schiffsbodenmuster überwiegen hier.

Gründen aus anderen Hölzern. Die Elemente werden miteinander verleimt oder aber auch – je nach Unterboden – verdeckt genagelt. Inzwischen sind auch Systeme auf dem Markt, die mit speziellen Klammern unterseitig verbunden werden. Die Dielen sind an einer Längs- und Hirnseite mit einer angehobelten Feder, an der anderen Längs- und Hirnseite mit einer Nut versehen. Ihre Dicke beträgt ca. 19,5 mm (im Gegensatz zu echten Dielen, die bis 35,5 mm dick sind).

### Einschicht- versus Mehrschichtparkett

Eine Lebensdauer von mehreren hundert Jahren, wie von historischen Parkettfußböden bekannt, ist nur mit Einschicht- bzw. Massivparkettarten zu erreichen. Sie ist heutzutage jedoch in der Regel auch nicht erforderlich oder erwünscht. So ist besonders im Wohnbereich hochwertiges Mehrschichtparkett auch hinsichtlich der Kosten eine gute Wahl. Ein ein- oder gar mehrmaliges Renovieren durch Abschleifen und neu Versiegeln oder Einlassen ist auch hierbei möglich, die Angaben der Hersteller sind diesbezüglich zu überprüfen. Die Systeme sind hinsichtlich der verwendeten Holzarten optimiert und weisen wirklich nur an der Oberfläche Hartholz- bzw. Edelholzschichten auf (**B.38**). Wie bei den Fußbodenlaminaten existieren auch Systeme mit »leimloser Verlegung« für Selberbauer. Als Holzarten für die Nutzschicht kommen meist Eiche, Buche, Kirschbaum, Ahorn, Esche sowie Birke in Frage. In Gewerbebereichen wie Restaurants, Boutiquen und Werkstätten gelten andere Nutzungsmaßstäbe, hier sind eventuell Massivparkettarten besser geeignet. Als festeste Holzarten sind zu nennen: Eiche, Buche, Kirschbaum, Ahorn sowie einige tropische Harthölzer.

## Laminat

### Träger- und Schichtstoffplatten

#### Von der Küchenplatte zum Fußboden

Seit ungefähr einem Jahrzehnt konkurrieren in Wohnräumen die Laminat- mit den Fertigparkettböden, bedingt unter anderem durch den günstigeren Preis und die einfachere Verlegung von Laminat. Laminate sind aus technischer Sicht »Schichtstoffe«, d. h. Werkstoffe, die aus verschiedenen, mit einem Bindemittel imprägnierten Schichten organischer oder anorganischer Materialien bestehen. Laminat hat sich heute jedoch als Produktbezeichnung für Fußbodenlaminate etabliert. Die noch recht junge Geschichte des Fußbodenlaminats begann, als verschiedene Hersteller von Küchenarbeitsplatten aus HPL (High-Pressure-Laminaten) in den 80er Jahren die Idee hatten, dieses Material auch für den Fußboden einzusetzen. Dabei beansprucht die schwedische Chemiefirma Perstorp die grundsätzlichen Rechte an Fußbodenlaminaten, da bereits 1977 von deren damaliger Tochtergesellschaft Pergo ein Laminatfußboden entwickelt wurde.
Bevor Laminatfußboden zu einem international erfolgreichen Produkt werden konnte, mussten jedoch noch zwei bedeutende Entwicklungen realisiert werden:
1. Die anfänglichen Schwierigkeiten, die Oberflächen einerseits optisch ansprechend und andererseits mit einer genügenden Festigkeit gegen Abrieb, Kratzer und Feuchtigkeit auszustatten, wurden nach und nach überwunden. Heute werben Hersteller damit, dass ihr Laminat die »Optik und Ästhetik von Parkett, Härte, Hitzebeständigkeit von Marmor oder Keramik, sowie die Pflegeleichtigkeit von Kunststoffböden besitzt, und außerdem über 25-mal so ro-

**B.40** Laminatdekor »Pinie, Landhausdiele Country« (Parador) Laminate sind auf den ersten Blick häufig kaum von echten Holzoberflächen zu unterscheiden.

bust ist wie eine Arbeitsplatte in der Küche«.
2. Für eine problemlose Verlegung wurde, ebenfalls von schwedischen Ingenieuren, 1995 ein »Verriegelungssystem« entwickelt, welches bald darauf sogar eine leimfreie Verlegung ermöglichte. Mittlerweile haben die unterschiedlichen Hersteller ihre spezifischen Systeme. Tatsächlich lässt sich Laminatfußboden dadurch wesentlich einfacher verlegen, was gerade im Bereich privaten Wohnraums einen wesentlichen Beitrag zu seiner weiten Verbreitung lieferte.

#### Eigenschaften und Anforderungen

Die Laminatqualität wird durch eine Vielzahl von Anforderungen definiert. War es anfänglich nur die Abriebfestigkeit, mussten bald eine Reihe weiterer Kriterien erfüllt werden: Lichtechtheit, Stuhlrollenfestigkeit und Kantengradheit, Fleckenunempfindlichkeit, eine gewisse Resistenz gegenüber Zigarettenglut etc. Eine

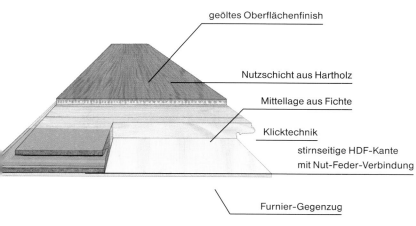

geöltes Oberflächenfinish

Nutzschicht aus Hartholz

Mittellage aus Fichte

Klicktechnik

stirnseitige HDF-Kante mit Nut-Feder-Verbindung

Furnier-Gegenzug

**B.38** Aufbau des in **B.29** gezeigten Fertigparketts im Schnitt (Tritec von Meister)

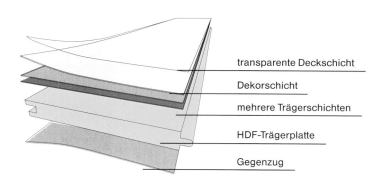

transparente Deckschicht

Dekorschicht

mehrere Trägerschichten

HDF-Trägerplatte

Gegenzug

**B.39** mehrschichtiger Aufbau eines Laminatbodens

besondere Betrachtung muss den Themen Raumakustik und Trittschall geschenkt werden. Die harten Laminatoberflächen reflektieren den Schall in den Raum hinein, und der Trittschall beim Begehen mit Schuhwerk ist stärker als z. B. bei Parkett. Die Hersteller arbeiten deshalb stetig an neuen Lösungen (Oberfläche und Untergrund), um das Klangverhalten ihrer Produkte zu verbessern.

### Aufbau eines Laminatbodenpaneels

Klassische Laminat-Verlegeelemente bestehen aus drei Schichten: Nutzschicht, Trägermaterial aus Holzwerkstoff und unterer Gegenzug. Mit Hilfe neuerer Technologien sind Laminate entwickelt worden, die mehr als drei Schichten besitzen (**B.39**) und entsprechend verbesserte Eigenschaften wie Hochkratzfestigkeit oder höhere Trittschallschutzwerte besitzen. Neuere so genannte »Voll-Laminate« kommen inzwischen auch ohne Holzträger aus und sind damit völlig wasserfest von oben und von unten.

### Oberflächenoptik

Laminate bestehen i. d. R. aus einzelnen »Brettern« von ca. 120 cm Länge und 20 cm Breite.

**B.41** Klassifikation nach Benutzungskategorien

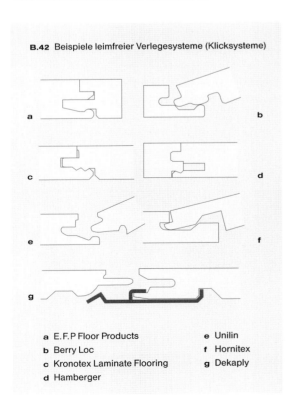

**B.42** Beispiele leimfreier Verlegesysteme (Klicksysteme)

a       b

c       d

e       f

g

a   E.F.P Floor Products     e   Unilin
b   Berry Loc     f   Hornitex
c   Kronotex Laminate Flooring     g   Dekaply
d   Hamberger

Varianten gibt es auch in doppelter Breite, also mit 50 % weniger Fugen, und in quadratischer Form. Die meisten Dekore sind Holzböden nachempfunden (**B.43**), manche werden auch in frei gestalteten Mustern oder Steinoptik angeboten. Die Oberflächen bestehen aus Kunststoffdeckschichten, die aus vielen einzelnen Blättern, getränkt mit Melaminharz und bedruckt mit den Mustern, bestehen. Diese Blätter werden unter Druck und Hitze auf eine Holzplatte gepresst. Die täuschend echt aussehende Holzoptik wird neben der ausgereiften Drucktechnologie durch den hohen Lichtbrechungsindex der Acrylharzoberfläche verstärkt, außerdem sind die Oberflächen haptisch angenehm sowie antistatisch ausgerüstet.

### Normung

Seit 2000 gibt es die Norm DIN EN 13329, womit in Europa für Laminatfußböden ein eigener Standard geschaffen wurde. Wesentlich ist dabei auch die Einteilung in Beanspruchungsklassen und deren Prüfverfahren (siehe hierzu auch DIN EN 685). Man unterscheidet zwischen starker, mittlerer und mäßiger Beanspruchung im Wohn- bzw. Objektbereich. Leicht verständ-

Nussbaum-Schiffsboden, Nachbildung Dreistabparkett

Birke-Landhausdiele, Holznachbildung

Rotbuche-Schiffsboden, Nachbildung Dreistabparkett

**B.43** Laminatoberflächen als Holznachbildung oder als Dekor (Parador)
Bei Laminatböden überwiegen optisch täuschend echt wirkende Holznachbildungen. Mit den verfügbaren Drucktechniken können theoretisch aber auch zahlreiche andere Motive und Dekore realisiert werden.

liche Piktogramme, mit denen künftig jedes Produkt gekennzeichnet werden soll, veranschaulichen diese Klassen, ähnlich wie bei elastischen Belägen (**B.41**).

### Einsatzbereiche

Theoretisch können Laminate in allen den Nutzklassen entsprechenden Bereichen verlegt werden. Tatsächlich finden sie aber vor allem im Wohnungsbau ihre praktische Anwendung (**B.40**). Die Nutzung im gewerblichen Bereich wie in Hotels, Kauf- und Geschäftshäusern, Boutiquen, Cafés und kleineren Büros ist auch möglich, wenn man die Nachteile hinsichtlich der Raumakustik und des Trittschalls zugunsten der hohen Kratzunempfindlichkeit in Kauf nehmen will. Vom Einsatz in Bereichen mit hohem Publikumsverkehr und eher spartanischer Möblierung ist jedoch abzuraten. Für Feuchträume sind Laminate in der Regel nicht geeignet, lediglich völlig holzfreie Neuentwicklungen stellen an sich wasserfeste Produkte dar. Es ist jedoch aufwendig, das gesamte Verlegesystem mit allen Detailpunkten auf Nassräume abzustimmen.

### Verlegetechniken

Je nach Zustand des Unterbodens, ob Neubau oder Renovierung, muss zunächst eine feuchtigkeitsschützende Unterlagsmatte verlegt werden. Die Matten zur Trittschalldämmung bestehen aus geschäumtem Kunststoff oder Gummigranulat mit Textilauflage. Vorbereitungsfehler wie ein ungenügender Feuchtigkeitsschutz können dazu führen, dass sich der Fußboden später verzieht. Besonders wichtig ist es, bei der Vorbereitung auch für eine ausreichende spätere Trittschalldämmung zu sorgen.

Laminatfußböden können grundsätzlich auch auf Fußbodenheizungen verlegt werden, hierzu sind die Herstellerangaben und Verarbeitungsrichtlinien genau zu beachten.

Zunehmender Beliebtheit erfreut sich der ohne Leim zu verlegende Laminatboden. Nahezu alle Markenhersteller haben unterschiedliche Klicksysteme (**B.42**) im Angebot. Unterschieden werden wieder lösbare Verbindungen und solche, die nach der Verlegung fest arretiert sind.

# Textile Beläge

## Vom Teppich zum textilen Bodenbelag

Das Wort Teppich kommt wahrscheinlich vom iranischen »tap« (drehen, spinnen). Im Lateinischen bedeutet »tapes« Teppich oder Decke, im Sinne eines Fußbodenbelags, einer Möbelbedeckung oder eines Wandbehangs. Wenn wir heute Teppiche – allen voran Orientteppiche (**B.44**) – betrachten, dürfen wir nicht vergessen, dass in deren Erfolgsgeschichte vor den dekorativen Eigenschaften der Nutzwert stand: der Schutz gegen Kälte, die weiche Unterlage auf hartem Boden, die Verwendung als Sitz- und Liegestelle, Vorhang oder Türersatz, Satteldecke, Umhang oder gar Kleidung. Teppiche wurden durch Weben oder Knüpfen hergestellt, waren lange Zeit ein rein handwerkliches Produkt.

Im 18. Jahrhundert begann man dann mit der industriellen Teppichherstellung. In bestimmten Städten Frankreichs, Englands und Belgiens wurden Webverfahren entwickelt, deren Namen heute noch gebräuchlich sind, zu nennen wären Tournay, Brüssel und Wilton. Die wichtigsten Erfindungen waren der mechanische Webstuhl sowie die Jacquard-Technik, die zunächst für leichtere Gewebe und erst später auch für die Teppichherstellung genutzt wurden.

### Für Wand und Fußboden

Die von den Holländern nach Europa gebrachten Orientteppiche wurden zunächst als Wandbehänge oder Tischdecken verwendet. Die Engländer führten den in den Herkunftsländern selbstverständlichen Brauch, die Teppiche auf den Boden zu legen, ein. Das hatte auch Auswirkungen auf die gesamte Raumgestaltung.

So »wanderten« Farben und Muster von den Wänden auf den Fußboden: Bereits im England des ausgehenden 17. Jahrhunderts wurden in mit Teppichen ausgestatteten Räumen ungemusterte Tapeten bevorzugt. Der große Komfort, den Teppiche vor allem im Winter hinsichtlich der Fußwärme boten, führte – ebenfalls von England ausgehend – zur Maßanfertigung von den gesamten Fußboden bedeckenden Teppichen. Eine »Wohnmode« war geboren, die die Architektur nachhaltig prägte.

Durch die Weiterentwicklung industrieller Herstellungstechniken bekamen die Teppiche als »mobile« Einrichtungsgegenstände in der Folgezeit starke Konkurrenz von den Teppichböden. Diese sind heute als wichtiges Bauelement zu betrachten, das über eine Reihe ganz entscheidender Eigenschaften verfügt: günstige Tritteigenschaften, Trittschalldämmung, einfache Verlegemöglichkeiten, eine gute Wärmedämmung usw.

### Teppich als Gestaltungselement

Teppiche spielen in der traditionellen Volkskunst eine große Rolle, daneben haben sich auch viele Künstler für das Thema Teppich interessiert – so z.B. auch Mitglieder der Bauhausbewegung, die Teppiche als Gestaltungselement mit einem besonderen Bezug zur Architektur betrachteten (**B.45**). Neben der historisch gewachsenen Wertschätzung sind dafür wohl besonders die dekorative Wirkung der Brillanz der farbigen Fasern sowie die räumliche Tiefe der Textilstrukturen ausschlaggebend.

Verschiedene Teppichhersteller engagierten in den letzten Jahren namhafte Künstler, Textildesigner und Architekten und ließen hochwertige Teppich- und Teppichbodenkollektionen entwerfen. Dabei stellt sich natürlich immer die Frage nach dem Einsatzort und darauf abgestimmten Dessins.

## Rohstoffe für Teppichböden

### Bedeutung

Die Eigenschaften eines Teppichs werden erheblich durch die für die Nutzschicht verwendeten Rohstoffe beeinflusst. Nach dem Textilkennzeichnungsgesetz muss die Faserzusammensetzung eines Teppichs vom Hersteller angegeben werden. Die Faserarten und ihre Qualitätsmerkmale für die Teppichbodenherstellung sind in **B.46** dargestellt.

Naturfasern (pflanzliche oder tierische Fasern) sind die ältesten Teppichbestandteile. Pflanzliche Fasern werden hauptsächlich für flachgewebte Teppiche genutzt, besonders im Wohnbereich sind Sisal- oder Kokosteppiche wegen ihrer Haptik und aus ökologischen Gründen sehr verbreitet. Am bedeutendsten sind jedoch die tierischen Fasern, allen voran Wolle.

Man unterscheidet zwischen der qualitativ höherwertigen Schurwolle (vom lebenden Schaf)

**B.44** Medaillon-Uschak, Westtürkei, Gebiet von Uschak, 17. Jh. (Teppichmuseum Pakzad, Hannover)
Diese Teppichart mit dem einprägsamen Medaillon-Muster wurde zum Vorbild für viele spätere Orientteppiche.

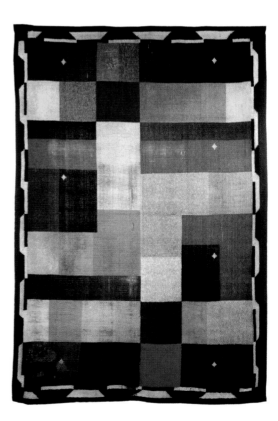

**B.45** Ida Kerkovius, Teppich auf schwarzem Grund, 300 x 194 cm, Bauhaus, 1923

sowie der Reißwolle, die aus bereits verarbeiteten Wollprodukten recycelt wird, und der Wolle von toten Schafen, die so genannte Gerberwolle, die minderwertig und wenig elastisch ist und deshalb keine Bedeutung für Teppichböden hat.

Bei Chemiefasern spielen nur die synthetischen Fasern eine Rolle für die Teppichbodenherstellung. Eine hohe Abriebfestigkeit, Verrottungs- und Farbbeständigkeit, gute Pflegeeigenschaften und geringe Schmutzaufnahme sind die Vorteile der recht preiswert herstellbaren Synthetikfasern. Neue Herstellungsmethoden und Zusammensetzungen verbesserten außerdem das Regenerationsvermögen nach dauernder Belastung (z.B. Druckstellen durch Möbel) und die schmutzverbergenden Eigenschaften. Synthetikfasern werden oft zur Wolle dazugemischt, da sie deren geringere Abriebfestigkeit und Fusselneigung ausgleichen. Die Mischung beider Materialien schafft (je nach Mischungsverhältnis) optimale Eigenschaften für jeden Bedarf.

## Einteilung und Herstellung

Bei Teppichböden unterscheidet man hinsichtlich des Aufbaus und der Herstellungsverfahren die folgenden drei Hauptgruppen:

### Polteppiche

Auf einer gewebten oder gesponnenen Trägerschicht befindet sich eine Nutzschicht aus Garnen oder Fasern, die entweder aus geschlossenen Schlingen (Schlingenpol oder Bouclé, **B.47 a**) oder aus einzelnen Fäden (Velours, **B.47 b**) besteht. Hergestellt werden Polteppiche durch Web- oder Tuftverfahren. Sie machen den größten Marktanteil aus.

### Flachteppiche

Auf Webstühlen in Kette- und Schussfadensystem hergestellte Flachgewebe werden hauptsächlich aus Jute-, Sisal- und Kokosfasern hergestellt. Mit oder ohne Rückenausrüstung stellen sie sehr robuste und pflegeleichte textile Bodenbeläge dar. Ihr Marktanteil ist sehr gering (**B.48**).

### Vliesteppiche (Nadel-, Struktur- und Velourvliese)

Durch einen Vernadel- und Verfestigungsprozess von Textilfasern auf chemischem Weg entstehen Vliesbeläge, die in ein- oder mehrschichtiger Ausführung mit oder ohne Trägermaterial qualitativ hochwertige Bodenbeläge darstellen (**B.49**).

### Herstellungsverfahren

Die den drei Hauptgruppen entsprechenden Herstellungsverfahren sind über lange Zeiträume entstanden und existieren heute nebeneinander. Das älteste Verfahren ist das Weben von Flach- und Polteppichen. Für textile Bodenbeläge spielte lange Zeit das Weben (Prinzipdarstellung **B.50**) die größte Rolle, die Entwicklung des schnelleren und wirtschaftlicheren Tuftings (Prinzipdarstellung **B.51**) ist jedoch inzwischen stärker verbreitet. Für Nadelvliesteppiche existiert eine Reihe spezieller Vlies- und Verfestigungsverfahren, wie z.B. das Klebpolverfahren (Prinzipdarstellung **B.52**).

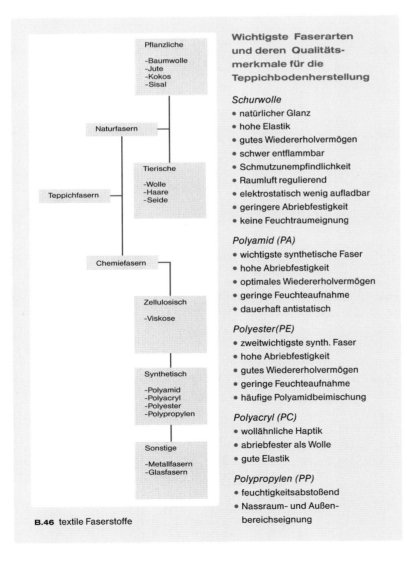

**B.46** textile Faserstoffe

Pflanzliche
- Baumwolle
- Jute
- Kokos
- Sisal

Naturfasern

Tierische
- Wolle
- Haare
- Seide

Teppichfasern

Chemiefasern

Zellulosisch
- Viskose

Synthetisch
- Polyamid
- Polyacryl
- Polyester
- Polypropylen

Sonstige
- Metallfasern
- Glasfasern

**Wichtigste Faserarten und deren Qualitätsmerkmale für die Teppichbodenherstellung**

*Schurwolle*
- natürlicher Glanz
- hohe Elastik
- gutes Wiedererholvermögen
- schwer entflammbar
- Schmutzunempfindlichkeit
- Raumluft regulierend
- elektrostatisch wenig aufladbar
- geringere Abriebfestigkeit
- keine Feuchtraumeignung

*Polyamid (PA)*
- wichtigste synthetische Faser
- hohe Abriebfestigkeit
- optimales Wiedererholvermögen
- geringe Feuchteaufnahme
- dauerhaft antistatisch

*Polyester(PE)*
- zweitwichtigste synth. Faser
- hohe Abriebfestigkeit
- gutes Wiedererholvermögen
- geringe Feuchteaufnahme
- häufige Polyamidbeimischung

*Polyacryl (PC)*
- wollähnliche Haptik
- abriebfester als Wolle
- gute Elastik

*Polypropylen (PP)*
- feuchtigkeitsabstoßend
- Nassraum- und Außenbereichseignung

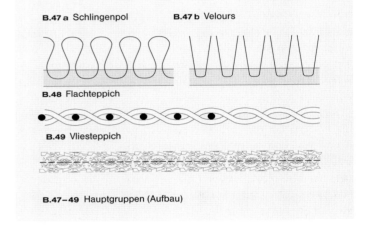

**B.47 a** Schlingenpol      **B.47 b** Velours

**B.48** Flachteppich

**B.49** Vliesteppich

**B.47–49** Hauptgruppen (Aufbau)

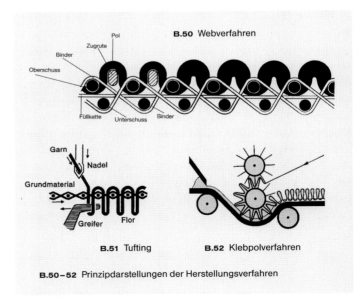

**B.50** Webverfahren

Pol
Binder
Zugrute
Oberschuss
Füllkette   Unterschuss   Binder

Garn
Nadel
Grundmaterial
Greifer   Flor

**B.51** Tufting      **B.52** Klebpolverfahren

**B.50–52** Prinzipdarstellungen der Herstellungsverfahren

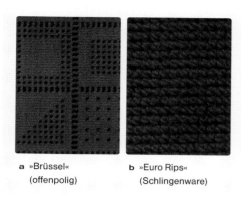

a »Brüssel«          b »Euro Rips«
(offenpolig)          (Schlingenware)

**B.53** Webteppich-Varianten (Anker)

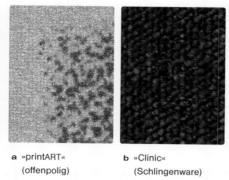

a »printART«          b »Clinic«
(offenpolig)          (Schlingenware)

**B.54** Tufting-Varianten (Anker)

a Tuftingschlinge

b Tuftingvelours

c »Scroll«

d »level sheared«

e »random sheared«

f »tip sheared«

**B.55** Oberflächenstrukturen von Teppichböden

## Gewebte und getuftete Beläge

### Gewebte Teppichböden

Zwei Webverfahren werden heute vorwiegend angewendet. Zum einen ist es das »Schaft-Ruten-Verfahren«, auch Axminster-Verfahren genannt. In diesem Verfahren hergestellte Teppichgewebe können nur einfarbig oder in Kettrichtung gestreift sein. Für aufwendigere Dessins steht das Jacquard-Ruten-Webverfahren. In diesem Verfahren hergestellte Veloursware wird auch »Tournay« oder »Wilton« genannt (nach den Städten, wo diese Webtechniken erfunden wurden). Mit beiden Webverfahren kann sowohl offenpolige (**B.53a**) als auch geschlossenpolige Ware erzeugt werden (**B.53b**). Nach dem Weben durchlaufen Teppichgewebe immer noch einer Nachbehandlung, bei der eine Fehlerkontrolle und -beseitigung erfolgt und anschließend die Appretur (Ausrüstung) aufgebracht wird, die zumeist in Form einer Latexschicht auf die Teppichrückseite aufgetragen wird.

### Getuftete Teppichböden

Im Gegensatz zu den gewebten Teppichen wird hier das Garn von der Rückseite her in ein Grundgewebe oder Spinnfaservlies eingenadelt (engl. »to tuft« = »mit Büscheln versehen«). Es handelt sich also um ein Nadelverfahren, welches als zweiter Arbeitsgang an dem vorher hergestellten Trägermaterial (dem Grundgewebe oder dem Spinnfaservlies) erfolgt. Als Fixierung und Verstärkung bekommt das Trägermaterial eine Rückenverfestigung aus Latex sowie einen Schaum- oder textilen Zweitrücken. Diese Teppiche sind nicht ganz

so robust wie gewebte, sind jedoch solide aufgebaut und vor allem preiswerter. Der Flor selbst kann geschnitten sein (Velours, **B.54a**) oder in Schlingenform (Bouclé, **B.54b**) verarbeitet werden.

Im Tufting-Verfahren hergestellte Teppichböden sind kostengünstiger als Webteppiche, was aber nicht bedeutet, dass sie minderwertiger sind. Jedoch gibt es sehr unterschiedliche Qualitäten hinsichtlich der Materialdichte der Polfäden.

Je nach der verwendeten Technologie kommen unterschiedliche Mengen von Nadeln zum Einsatz. Die Gestaltungsmöglichkeiten sind beim Tuften unterschiedlich, man unterscheidet mit vor dem Tuftvorgang eingefärbten Fäden hergestellte Dessins, die nicht so vielfältig sind, sowie nach dem Tuften bedruckte Oberflächen. Bei der Drucktechnik kann jegliche Farbe und jedwedes Muster oder auch Grafik auf die rohweiß gefertigte Ware gedruckt werden. Bedruckte Ware ist billiger, hat jedoch hinsichtlich Haltbarkeit, Lichtechtheit und Ästhetik Nachteile. Vor allem in Hotels werden bedruckte Tuftingqualitäten eingesetzt, da hier die Liegezeiten ohnehin nicht sehr lange angesetzt werden und der Druck die Möglichkeit bietet, preisgünstig Grafiken und Logos der Corporate Identity einzubringen.

Textile Bodenbeläge unterscheiden sich neben den bereits vorgestellten Aspekten Faserart und Aufbau hinsichtlich des Färbeverfahrens der Fasern, der Dichte (Webdichte bzw. Stichzahl beim Tufting), der Polhöhe, des Trägermaterials und der Rückenausrüstung. Für die Oberflächentextur haben neben den

grundsätzlichen Konstruktionsarten weitere diffizile Aspekte eine Auswirkung. So können z.B. durch unterschiedliche Schlingenhöhen der Nutzschicht (Polschicht) bzw. durch einen Wechsel von offenen und geschlossenen Schlingen besondere Oberflächenstrukturen erzielt werden (**B.55a – f**).

**B.56** Teppichbodensystem für Quelluftböden (Anker)

**B.57** aerea-Magnetfliesen für Doppelböden, Bertelsmann-Stiftung, Gütersloh (Anker)

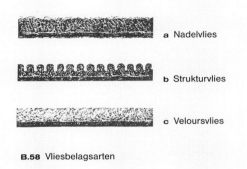

a Nadelvlies

b Strukturvlies

c Veloursvlies

**B.58** Vliesbelagsarten

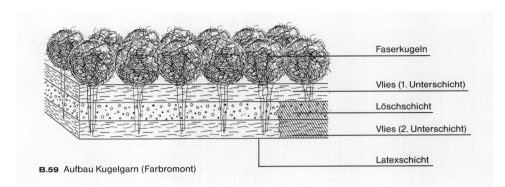

Faserkugeln

Vlies (1. Unterschicht)

Löschschicht

Vlies (2. Unterschicht)

Latexschicht

**B.59** Aufbau Kugelgarn (Farbromont)

## Spezialanforderungen

Für Spezialforderungen bestimmter Einsatzbereiche bieten verschiedene Hersteller (meist getuftete) Spezialbeläge an: So erfüllt z. B. der Tuftingbelag »Clinic« von Anker (**B.54b**) die hygienischen Anforderungen im Klinikbereich. Speziell für Quellluftböden gibt es besonders luftdurchlässige Arten (**B.56**). Getuftete Ware ist außerdem bereits seit einiger Zeit in Fliesenform für Doppelböden verfügbar, seit neuestem auch mit Magnetausrüstung selbstfixierend (**B.57**).

## Vliesteppiche

Meistens mehrschichtige, lockere Faservliesmatten durchlaufen einen oder mehrere »Nadelstühle«, die mit vielen Spezialnadeln ausgerüstet sind, danach erhalten sie eine Imprägnierung und eventuell eine Rückenbeschichtung. Aufgrund unterschiedlicher Techniken entstehen verschiedene Oberflächenstrukturen (**B.58**). Man unterscheidet (homogene) Einschichtbeläge und (heterogene) Mehrschichtbeläge. Eine Einstufung erfolgt nach DIN EN 1470, Polvliese werden nach DIN EN 13297 eingeteilt. Hauptsächlich werden Nadelvliese und Polvliese auf dem Markt angeboten.

Der umgangssprachlich so bezeichnete »Nadelfilzbelag« existiert im Prinzip gar nicht, da Vliesteppiche immer mittels eines chemischen Verfahrens hergestellt sind.

## Kugelgarn

Dies ist die Bezeichnung für das patentierte Verfahren der Firma Fabromont, mit dem ein schnittfester textiler Bodenbelag mit völlig richtungsfreier Faserkugeloptik hergestellt wird. Längs- und Quernähte sind nicht zu sehen. Die Nutzschicht besteht aus zu Kugeln verwirbelten Fasern (**B.59**) und ergibt ein dichtes, räumlich wirkendes Erscheinungsbild (**B.60**). Laut offizieller Prüfstellen stellt Kugelgarn eine eigenständige Produktkategorie dar und unterscheidet sich von den anderen Vliesbelägen durch die Polschicht aus unzähligen Faserkugeln. Besonders im Objektbereich hat sich Kugelgarn gut bewährt. Für einen verbesserten Brandschutz wird es mit einer Aluminiumhydroxyd-Löschschicht versehen.

## Anforderungen und Normen

Die Anforderungen für textile Beläge orientieren sich an DIN EN 1307, die für Polteppiche verschiedene Beanspruchungs- (1 = gering, 2 = normal, 3 = stark, 4 = extrem) und Komfortklassen (LC 1 bis LC 5) vorsieht. Unter Zugrundelegung dieser DIN zeichnen die Hersteller ihre Ware mit entsprechenden Etiketten bzw. Siegeln aus, dabei werden die Klassen des Beanspruchungsbereichs als Strapazierwert sowie die Komfortklassen als Komfortwert angegeben.

Größere Verbreitung hat (durch den Zusammenschluss von ca. 45 Teppichherstellern zur Europäischen Teppichgemeinschaft) das ETG-Teppich-Siegel gefunden, dessen Beanspruchungsbereiche andere Bezeichnungen tragen, jedoch auch an DIN EN 1307 orientiert sind: »mittel«, »stark«, »intensiv« und »extrem« (**B.61**). Der Beanspruchungsbereich »gering« hat kein eigenes Symbol und spielt eigentlich auch keine Rolle. Für individuelle Gegebenheiten sind so genannte Zusatzeignungen definiert (**B.62**).

Für Nadelvlies- und Polvliesbodenbeläge gibt es separate DIN-EN-Einstufungen mit den

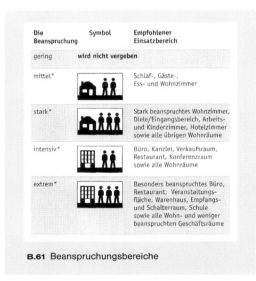

| Die Beanspruchung | Symbol | Empfohlener Einsatzbereich |
|---|---|---|
| gering | wird nicht vergeben | |
| mittel* | | Schlaf-, Gäste-, Ess- und Wohnzimmer |
| stark* | | Stark beanspruchtes Wohnzimmer, Diele/Eingangsbereich, Arbeits- und Kinderzimmer, Hotelzimmer sowie alle übrigen Wohnräume |
| intensiv* | | Büro, Kanzlei, Verkaufsraum, Restaurant, Konferenzraum sowie alle Wohnräume |
| extrem* | | Besonders beanspruchtes Büro, Restaurant, Veranstaltungs-fläche, Warenhaus, Empfangs- und Schalterraum, Schule sowie alle Wohn- und weniger beanspruchten Geschäftsräume |

**B.61** Beanspruchungsbereiche

| Zusatzeignung | Symbol | Einsatzbereiche Geeignet für ... |
|---|---|---|
| Stuhlrolle | | Geschäftsräume mit Stuhl-rollenbeanspruchung |
| Stuhlrolle wohnen | | Private Räume mit Stuhl-rollenbeanspruchung |
| Treppe | | Treppen in Geschäfts- und öffentlichen Gebäuden |
| Treppe wohnen | | Treppen in Privathäusern |
| Fußbodenheizung | | Räume mit Fußbodenheizung |
| Antistatik | | EDV-Räume, da Teppichboden sich durch eine besonders geringe elektrostatische Aufladung auszeichnet |

**B.62** Zusatzeignungen

**B.60** Kugelgarn-Oberfläche (Farbromont)

**B.63** Tretford-Interland-Teppichboden im Wohnraum

entsprechenden Anforderungsmerkmalen. Polteppiche werden in die Kategorien L (schwere, dicke Teppiche), M (mittlere) und N (alle anderen Teppiche) eingeteilt, die das Polschichtgewicht und dessen Verschleißverhalten bezeichnen. Zusätzlich wird i.d.R. das Polschichtgewicht (in $g/m^2$) angegeben.

Für Ausschreibungen sollte Folgendes angegeben werden: Textiler Belag nach DIN EN 1307, Beanspruchungsbereich Klasse X (1–4), Komfortklasse X (LC 1–LC 5). Wichtig sind außerdem Angaben bezüglich der Zusatzeignungen, des Trittschallverbesserungsmaßes und der Baustoffklasse nach DIN 4102, zukünftig nach DIN EN 13501, Teil 1.

Um gesundheitliche Beeinträchtigungen durch textile Bodenbeläge auszuschließen sowie unter ökologischen Gesichtspunkten wurde 1990 die Gemeinschaft umweltfreundlicher Teppichboden e.V. (GUT) gegründet. Die Erzeugnisse der Mitgliedsfirmen werden von unabhängigen europäischen Instituten auf Schadstoffe, Emissionen und Warengeruch geprüft und mit dem GUT-Signet gekennzeichnet.

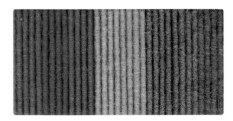

**B.64** sympathische Materialien und Farben ...

## Teppichboden-Auswahl für bestimmte Einsatzbereiche

Textile Bodenbeläge sind in einer großen Vielfalt am Markt erhältlich. Die Hersteller informieren über Eignungen und Zusatzeignungen sowie über auf bestimmte Einsatzbereiche auch gestalterisch abgestimmte Produkte. Beispielhaft seien hier zwei Teppichbodenarten aus dem Produktportfolio von Tretford dargestellt, ersterer für Wohnbereiche, ein zweiter für die Objektausstattung.

### Interland-Teppichböden für Wohnbereiche

Teppichböden mit Schurwolle und Ziegenhaar weisen ein zeitloses Erscheinungsbild auf und gewährleisten hohen Nutzkomfort, Pflegeleichtigkeit und Langlebigkeit. Darüber hinaus besitzen sie eine klimaregulierende Wirkung. Diese Eigenschaften sprechen für eine Verwendung in Wohnbereichen (**B.63**). Gewünschte Stimmungen und Raumwirkungen können mit den unterschiedlichen Farben des Interland-Sortiments erzeugt werden (**B.64**). Die Rippenstruktur der Oberflächen entsteht im »Klebpolverfahren«. Diese Herstellungstechnik führt auch zu festen, nicht fransenden Schnittkanten, was das Verlegen erleichtert und das »stumpfe« Aneinanderlegen verschiedenfarbiger Flächenformate oder Teppichfliesen ermöglicht. Lichtechtheit, Brandverhalten und Trittschallverbesserung sind für den Wohnbereich konzipiert und erfüllen dessen hohe Anforderungen.
- Herstellung: Klebpolverfahren
- Polmaterial: 80 % Ziegenhaar, 20 % Schurwolle
- Lieferung: Fliesen- und Bahnenware
- Komfortwert: gut
- Strapazierwert: normal

### Wilton-Teppichböden für Objektbereiche

Besonders für Fußböden in Objekten wie Kanzleien und Praxen oder in großen Verwaltungsetagen, die einer intensiven und stetig hohen Nutzung unterliegen, ist der Einsatz besonders strapazierfähiger Teppichböden wie z.B. »Tretford-Wilton Decade« empfehlenswert.

Aber auch in Räumen, die sowohl zum Wohnen als auch zum Arbeiten genutzt werden, ist dieser Webteppichboden eine gute Wahl. **B.65** zeigt seinen Einsatz in einem Atelierbereich, passend zur geforderten sachlich-strengen Atmosphäre. Um einer Vielzahl von gestalterischen Anforderungen in unterschiedlichen Räumen gerecht zu werden, gibt es dieses Produkt in 21 Farben. Der hohe Beanspruchungswert nach EN 1307 (4, extrem) wird mittels Polyamidfasern erzielt, die durch die Webstruktur (**B.66**) darüber hinaus auch einen guten Komfortwert gewährleisten, der den hohen Anforderungen im Objektbereich entspricht.
- Herstellung: gewebte Schlingenware
- Polmaterial: 100 % Polyamid
- Rücken: Latex
- Komfortwert: gut
- Strapazierwert: extrem
- Stuhlrolleneignung

**B.65** Webteppichboden »Tretford-Wilton Decade«

**B.66** Edle 3D-Textilstruktur »Tretford-Wilton Decade«

B.67 Installationen im Doppelboden, Rechenzentrum, Universität Paderborn

## Installationen

Installationsböden werden benötigt, wenn Elektro-, Kommunikations- oder Netzwerk-Installationen in großer Stückzahl und Vielfalt im Fußbodenbereich verlegt werden müssen (**B.67**) und ein Brüstungskanalsystem (**B.68**) aus ästhetischen und technischen Gründen nicht erwünscht ist. Sie sind z.B. erforderlich in Verwaltungsgebäuden, Rechenzentren, Servicebereichen von Banken.

Ihre Hauptaufgabe ist die Versorgung der einzelnen Arbeitsplätze und Funktionsbereiche mit Energie- und Informationsleitungen. Außerdem ermöglichen Installationsböden den flexiblen Anschluss von Trennwänden. Darüber hinaus bilden sie auch die technische Plattform für Heizsysteme, z.B. für Hypokaustenheizungen. Die drei gängigsten Systeme sind: Unterflurkanal-, Hohlraumboden-, Doppelbodensysteme.

### Unterflurkanalsysteme (B.69)

Auf der Rohdecke werden Metallblech- oder Kunststoff-Installationskanäle im Baukastensystem verlegt und entweder im Estrich eingebunden oder mit Estrich überdeckt. Als einfachste und herkömmliche Methode stellen die Unterflurkanäle neben dem Brüstungskanalsystem eine grundsätzliche Versorgungsmöglichkeit dar. Es gibt zwei Konstruktionsarten: ein offenes, estrichbündig verlegtes und ein geschlossenes, estrichüberdeckt verlegtes System.

Die Kanalführung bei Unterflursystemen muss aufgrund der Konstruktionsweise bei der Planung festgelegt werden, eine spätere Flexibilität der Installationen ist dadurch eingeschränkt. Längere Bauzeiten aufgrund der Estrich-Trockenzeiten sowie unebene Bodenstrukturen wegen der integrierten Materialien und Zapfstellen müssen in Kauf genommen werden. Soll die Installationsflexibilität erhöht werden, müssen besonders viele Kanäle eingearbeitet werden, was die Baukosten im Gegenzug zur eher preiswerten Konstruktionsweise und Materialverwendung erhöht.

Trennwände können nur in strengem konstruktiven Zusammenhang mit den darunter liegenden Kanälen im Bauraster aufgestellt werden. Bei Neubau-Vorhaben sollte überlegt werden, ob Doppelbodensysteme nicht die bessere Alternative sind.

### Hohlraumbodensysteme (B.70)

Hierbei handelt es sich um aufgeständerte Fußbodensysteme mit einer geschlossenen Bodenoberfläche, die entweder aus Nivellierestrich oder aus fugenlos verlegten Trockenbauelementen besteht. Hohlraumbodensysteme erlauben eine richtungsfreie Verlegung der Kabel und sind besonders in Trockenbau-Systembauweise sehr wirtschaftlich. Im Wesentlichen existieren drei Konstruktionsarten: Hohlraumboden mit Folienschalung (Nassverfahren), mit selbst tragenden Formteilen (Kombinationsverfahren) und in reiner Trockenbauweise.

Im Gegensatz zu den Estrichkanalsystemen haben Hohlraumbodensysteme eine höhere Flexibilität hinsichtlich der Trennwandinstallation und Medienversorgung. Bei anstehenden Änderungen der Grundrisse sind sie wesentlich wirtschaftlicher. Die schalltechnischen Eigenschaften sind günstig. Leichte Trennwände können ohne zusätzlichen Aufwand an jeder beliebigen Stelle aufgestellt werden. Bei größeren Rohrquerschnitten (z.B. Heizungsrohre) und auch bei weiteren Neuinstallationen können sich Hohlraumböden jedoch auch als falsche Wahl herausstellen. Für den Kabeleinzug benötigt man spezielle Kabeleinzugsgeräte.

Bei Neubau-Vorhaben sollte auch hier bedacht werden, ob Doppelbodensysteme nicht die bessere Alternative sind.

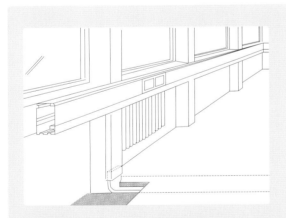

B.68 Brüstungskanalsystem: preisgünstig, aber gestalterisch unattraktiv

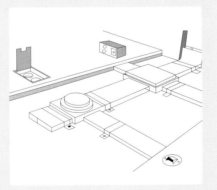

B.69 Unterflurkanalsystem, auch in Verbindung mit dem Brüstungskanalsystem

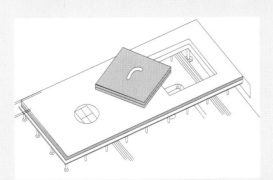

B.70 Hohlraumboden: Flexibilität ist möglich

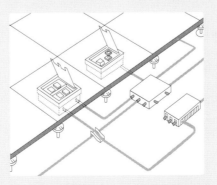

B.71 Doppelboden: absolute Flexibilität ist gegeben

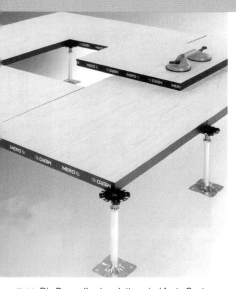

**B.72** Die Doppelbodenplatten sind feste System-bestandteile und werden durch ein Tragraster, das jeweils an den Eckpunkten angreift, gehalten.

## Doppelbodensysteme (B.71)

Als flexibelstes und ausgereiftestes System ist das Doppelbodensystem selbst für veränderbar zu haltende Verwaltungsetagen sowie für hochbelastete Bereiche wie Rechenzentren, Schalträume, Labors eine sehr gute Lösung. Da die einzelnen Platten an jeder Stelle herausnehmbar sind, ist der direkte Zugang zu den darunter liegenden Installationen möglich, Veränderungen und Neuinstallationen sind einfach handhabbar und bedürfen keiner Spezialgeräte.

Die reine Trockenbauweise und die aufeinander abgestimmten Konstruktionspunkte (Trennwände) sind weitere wichtige Argumente für den Einsatz von Hohlraumböden. Nachteile können sich bei nicht vollständig durchdachten Systemen herausstellen, wenn sich z.B. einzelne Bereiche durchbiegen oder knarren, außerdem erfordern im Bereich der Trennwandanschlüsse die Schalllängs- und die Trittschalldämmung besondere Vorkehrungen. Die Baukosten sind höher als bei den anderen Bodensystemen, dagegen fallen auch bei hoher Flexibilität der Grundriss- und Funktionsbereichsgestaltung die laufenden Kosten geringer aus, das betrifft natürlich auch Reparatur und Wartung der technischen Installationen. Die Gesamthöhen liegen je nach erforderlichen technischen Installationen bei ca. 80 bis 220 mm. Spezielle, besonders hohe Doppelbodenlösungen existieren z.B. für Schalträume (Schaltwartenböden). Die am Markt verfügbaren Systeme bestehen hauptsächlich aus folgenden Bestandteilen:

### Doppelbodenplatten (B.72)

- Platten aus Holzwerkstoffen, Mineralfaserstoffen (Gipsfaserplatten), Blechwannen mit Anhydrit- oder Leichtbetonfüllungen oder Ganzstahlplatten
- Standardraster: 600 × 600 mm
- Statische Lastfälle, Punktlast, Streifenlast und Flächenlast müssen nachgewiesen sein.
- Ableitung der elektrischen Aufladung muss gewährleistet sein, Erdung erforderlich.
- Fußbodenbeläge sind entweder bereits integriert oder werden nach der Installation verlegt. Bei Teppichfliesen ist ein Versetzen um ein halbes Rastermaß zu empfehlen, damit die Fugen sich nicht abzeichnen können.

### Doppelbodenstützen (B.73 a)

- Statische Lastübertragung zwischen Bodenplatten und Tragdecke
- Vorgegebene Raster von Stützen entsprechen den Plattenabmessungen. Mit dem Untergrund werden die Stützen verdübelt oder verklebt. Materialien für die Stützen sind passivierte Stähle oder Aluminium-Druckgussteile.
- Eine Höhenverstellbarkeit zum Ausgleichen sowie eine obere PVC-Auflage (B.73 b) zur Ableitung elektrostatischer Aufladung und Schalldämmung müssen gegeben sein.
- Um eine horizontale Verschiebung zu vermeiden, besitzen die Stützen an der Oberseite überstehende Nocken, die in die Plattenunterseiten eingreifen.

### Doppelbodenrasterstäbe (B.73 c)

- Bei besonders beanspruchten Systemen oder großen zu realisierenden Spannweiten sind Rasterstäbe, meist als Trägerrost, notwendig.
- Aufeinander abgestimmte Konstruktionsteile bilden stabile Knotenpunkte (B.73 d).

### Sonderelemente

Baukonstruktive, statische und schalltechnische Anforderungen an Doppelböden bedingen Sonderelemente wie Wandanschlüsse, Dehnungsfugen (B.73 e) und Vertikalschotts (B.73 f). Für schweres Inventar wie zum Beispiel EDV-Schränke oder -Tresore können Sonderanfertigungen notwendig werden.

### Zubehörteile

Für die verschiedenen Fußbodenfunktionen gibt es Zubehörteile, die dort, wo sie gebraucht werden, eingebaut und bei Bedarf auch wieder ausgewechselt bzw. umkonfiguriert werden können: Schlitzplatten und Luftauslässe (B.73 g) Elektranten (B.73 h), Anschlüsse für Staubsaugeanlagen, Rauchmelder, Anschlusskonstruktionen für Rampen und Treppen (bei höheren Schaltwartenböden).

### Technikintegration

Für verschiedene technische Ausstattungen sind fertige Baukastenlösungen erhältlich, z.B. für Fußbodenheizsysteme oder für eine Raumlüftung mittels Quell- oder Druckluft, wo die Luft im Doppelbodenzwischenraum ohne zusätzliche aufwendige Leitungen geführt und in den Raum eingeblasen wird, um dann über Deckensysteme wieder abgeleitet zu werden.

**B.73** Details (Mero)

a Doppelbodenstütze
b PVC-Auflage
c Rasterstäbe
d Knotenpunkt
e Dehnungsfuge
f Vertikalschott
g Luftauslasse
h Elektrant

a

b

c

d

e

f

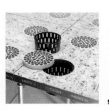

g

h

**C.01** Deckenfresken und Stuckelemente, entstanden 1757–59 in der Kirche St. Georg und Jakobus, Isny

## Grundbetrachtung

### Der Blick nach oben

#### Bedeutungsvolle Deckengestaltung

»... die Decke war ihrer Natur nach ... von der ganzen Baukunst für die Menschen das erste jener Stücke, die für ein ruhiges Dasein notwendig waren ...«, schreibt der große Architekturtheoretiker Leon Battista Alberti (1404 bis 1472). Decken hatten immer eine natürliche Schutzfunktion, zunächst natürlich vor Witterungseinflüssen, und erst durch die Decke wird ein Raum, der im Gegensatz zum »unendlichen Draußen« seine feste Größe und Eigenständig-

keit erhält, wirklich eine abgeschlossene Einheit.

Eine besondere Bedeutung kommt dem Element Decke auch im übertragenen Sinn hinsichtlich des »Blicks nach oben« zu: Hier erhalten im Laufe der Baugeschichte geistige und geistliche Elemente ihren Ausdruck. Besonders in den Kirchen wird ein zutiefst religiöses »Richtungsdenken« versinnbildlicht, in dem das Gute und das Böse im Oben und im Unten von Bedeutung sind – das Himmelsgewölbe bekommt durch die Baugewölbe seinen festen Platz im Inneren sakraler Räume. Zusätzliche bildnerische Elemente unterstreichen diese Sinnkomponente. Beispielhaft sei hier die

Freskenmalerei genannt, die ihre stärkste Prägung im Barock bekam. Eng an die Architektur des gesamten Gebäudes sowie an die Wölbetechnik der Decken gebunden, spiegelt die Deckenmalerei dem nach oben Blickenden das Himmelszelt Gottes und seiner Engel wider (**C.01**).

#### Deckengestaltung mit Symbolkraft

Genau wie diese Umgangsweise mit der Decke ihren Ursprung nicht allein in der christlichen Bautradition hat – die ältesten Deckenmalereien findet man in den Gräbern der Ägypter –, bleibt sie nicht nur auf den religiösen Bereich begrenzt. So wird der Wunsch der Menschen nach Schutz, Geborgenheit und ruhigem Dasein auch in der Deckengestaltung profaner Räume umgesetzt, wie **C.02** verdeutlicht, wo die ruhige und schützende Wirkung des nächtlichen Sternenhimmels als Gestaltungsthema in einem Kinosaal Anwendung fand.

Sich weiterentwickelnde Bautraditionen und Techniken im Zusammenhang mit gesellschaftlichen Entwicklungen haben die Umgangsweise mit den Themen Sinnhaftigkeit und Wirkung von Architekturelementen und damit auch den Decken stark verändert. Dennoch ist die »archaische Bedeutung« des Elements Decke nicht ganz verschwunden. Im Zusammenklang mit guter, konzeptioneller Innenarchitektur und Lichtgestaltung entstehen »Deckenspiegel«, die zum einen die geforderten pragmatischen, technischen Funktionen erfüllen, darüber hinaus aber auch noch etwas von der Erhabenheit und Sinnhaftigkeit alter Deckensymbolik transportieren. **C.03** zeigt einen Restaurantraum der 50er Jahre, dessen

**C.02** Gewölbte Kinodecke mit Sternenhimmel, Filmtheater »Atlantik-Palast«, Nürnberg, Arch.: Paul Bode, Kassel, und Franz Reichel, Nürnberg, 1950er Jahre

**C.03** Lichtdecke im Restaurant des Grand-Hotel, Verona, 1950er Jahre

**C.04** Deckengestaltung im Verwaltungs-
gebäude des Handelsblatts, Düsseldorf,
Arch.: Jo Franzke, Frankfurt/Main
(Decke: Wilhelmi Werke AG)

Decke mittels geometrisch klarer Rechteckformen und Lichtgestaltung eine würdevolle Atmosphäre schafft, die im Zusammenhang mit aus alten Bautraditionen gewonnenen Erkenntnissen zu stehen scheint. Hier hat ein »gestaltetes Raster« seine eigene Ausstrahlung bekommen.

Neben den Deckenbekleidungen beginnen sich in den 50er Jahren die abgehängten Decken durchzusetzen, bedingt durch den Einsatz von aufwendiger Haustechnik und der steigenden Bedeutung von Licht-, Klima- und Raumlufttechnik. Wachsende Technikanforderungen und Ausprägungen erschweren und verhindern dabei in den nachfolgenden Jahrzehnten oft eine gestalterisch »wirkungsvolle« Deckengestaltung.

### Gestaltete Raster

Moderne Deckenspiegel werden meist als »Deckenraster« verstanden und geplant. Dazu tragen technische Ausstattungen, die Modulordnung im Bauwesen, die Maßordnung im Hochbau bei sowie – besonders im Verwaltungsbau – ein gefordertes Maß an Flexibilität und die Gewährleistung eines raschen Zugriffs auf in der Decke befindliche Leitungen im Notfall. Die Elementierung der Decke wird außerdem durch wirtschaftliche Komponenten begünstigt. Diese mehr oder weniger sichtbar ausgeführten Deckenraster besitzen enorme

Vorteile, wenn sie richtig geplant und eingesetzt werden. Allerdings sind sie auch in Verruf geraten, da der Einbau einer Rasterdecke bzw. eine Deckenabhängung, wenn sie nicht mit der erforderlichen Sensibilität vorgenommen werden, als brutales »Verstecken der Realität« angesehen wird. Daher ist es hilfreich, sinnvolle Deckengestaltungen zu betrachten.

**C.04** verdeutlicht die Realisierung eines rasterhaften Deckensystems im Büro, das aufgrund seiner Einfachheit und klaren Wirkung überzeugt. Auf »ganz wenig« reduziert, nehmen die Deckenfelder der Unterdecke hier das Bauraster des Bürogebäudes auf und wirken maßstabsgebend. Zusätzlich enthält diese Decke – deutlich gezeigte – Konstruktionsdetails für eine flexibel konfigurierbare Raumgliederung durch Trennwände (**C.05**).

### Gestaltete Flächigkeit

Dem Wunsch vieler Architekten und Bauherren, fugenlose und zugleich leistungsstarke Deckensysteme zu bauen, sind einige Hersteller nachgekommen. In kulturellen Einrichtungen (**C.06**), aber auch in Verwaltungsgebäuden und Geschäftshäusern finden sie ihre Anwendung. Dabei können sie heute eine Reihe von Funktionen wie Beleuchtung und Lüftung, Kühlung, Heizung und Akustik beinhalten, die früher meist den Rasterdecken vorbehalten waren.

**C.05** Anschluss zwischen Trennwandpfosten und Wandsystem

**C.06** Akustikdecke im Deutschen Architekturmuseum, Frankfurt/Main (Decke: Akustaplan, Wilhelmi Werke AG)

## Vielfalt nutzen

Es erscheint schwierig, die verschiedenen Decken-Architekturen zusammengefasst darzustellen. Aufgrund der Vielgestaltigkeit der Architektur und ihrer Ausprägungen vom Sakralbau über den Kulturbau, den öffentlichen Bau und den Wohnungsbau spielen auch bei der jeweiligen Einzelbereichsgestaltung unterschiedlichste Aspekte eine Rolle. Um dieser Vielzahl von Anforderungen gerecht zu werden, haben sich Deckensysteme durchgesetzt. Die Systemhaftigkeit reicht dabei von der Verwendung unterschiedlicher Materialien und Halbzeuge mit speziellen Konstruktionselementen über regelrechte »Baukastensysteme« bis hin zu so genannten »Funktionsdecken«, die eine Vielzahl von Funktionen in ausgewogener Art und Weise erfüllen. Dem Planer müssen zunächst die grundsätzlichen Anforderungen an Gestaltung und Funktion von Decken bekannt sein, die in **C.07** dargestellt sind. Darüber hinaus sind je nach Bauaufgabe zusätzliche Anforderungen denkbar.

## Spezifische Anforderungen

Deckensysteme haben eine Reihe von Gestaltungs- und Funktionsanforderungen zu erfüllen. Die auf dem Markt befindlichen Systeme müssen, je nachdem ob es sich um öffentliche oder private Bereiche, um spezielle Kulturbauten, Sportbauten, Verwaltungsgebäude, Pflege- bzw. Medizineinrichtungen oder Gewerbebereiche handelt, jeweils Kombinationen aus den folgenden Anforderungen erfüllen.

### Gestaltungsanforderungen

- Bestimmung der Raumhöhe und Beeinflussung der Höhenwirkung des Raums
- Bestimmung der Deckengeometrie, des gewünschten und benötigten »Deckenbildes«, dem Grad der Nutzung gliedernder bzw. maßstabsbildender Elemente wie Raster, Teilungen, Höhenstaffelungen
- Übergänge und Anschlüsse an andere Raumflächen sowie angrenzende Deckenflächen anderer Räume
- Umgangsweise mit Deckenöffnungen wie Lufträumen, Treppen, Aufzügen
- Lichtgestaltung/Integration von Leuchten
- Abstimmung mit der Gesamtarchitektur
- Oberflächen- und Farbgestaltung, Bestimmung der Decklagenmaterialien
- Grad der Offenheit und des »Versteckens« von Installationen und Technik
- Lösung von Anschlussdetails an Wände
- Art der Detail-Knotenpunkte hinsichtlich der Trennwandanschlüsse im Bürobereich

### Funktions- und Schutzanforderungen

- Installation von Lichttechnik
- Installation von Klimatechnik
- Installation von Lüftungstechnik
- sonstige Installationen
- Reflexion des natürlichen Lichts
- Reflexion des Kunstlichts
- Revisionsmöglichkeiten der Installationen
- Anschlussmöglichkeiten für Trennwände
- Haltefunktion für Technik und Leitschilder
- Flexibilität des Gesamtsystems hinsichtlich Austauschbarkeit und Nachrüstbarkeit
- Brandschutz
- Schallschutz und Akustik (besonders in Theatern und Konzerthallen, Schalterhallen, großen Büroetagen)
- Ballwurfsicherheit (in Sporthallen)
- Hygiene (in Krankenhäusern, industriellen und gewerblichen Reinräumen, Lebensmittelverarbeitung und Verkauf etc.)

## Gestaltung – Funktion – Wirtschaftlichkeit

### Wahl der Deckenlösung

Decken erfordern in der Planung eine grundsätzliche funktionsgerechte und gestalterische Auseinandersetzung. Dass sie aufgrund ihres Einsatzortes und dessen Anforderungen sehr unterschiedlich realisiert werden müssen, zei-

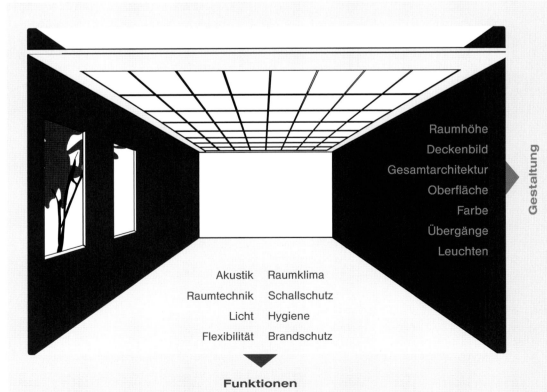

### Gestaltung und Funktionen

Deckenspiegel sind oft erst in einem späten Planungsstadium gestalterischer Bestandteil der Arbeit des Architekten. Der Entwurf wird anfangs im Wesentlichen in der Gestaltung der Grundrisse, Ansichten und Schnitte bearbeitet. Leider werden die Deckenspiegel oft ohne genauere Vorgaben des Architekten von Fachingenieuren geplant. So kommt es, dass Decken manchmal sehr technisch oder ungestaltet wirken. Diesem Trend entgegenzuwirken ist Aufgabe aller an Entwicklung und Planung Beteiligten. Dabei ist besonders wichtig, die Möglichkeiten der Gestaltung und die Funktionsanforderungen zu kennen und in Einklang zu bringen.

**Gestaltung:** Raumhöhe, Deckenbild, Gesamtarchitektur, Oberfläche, Farbe, Übergänge, Leuchten

**Funktionen:** Akustik, Raumklima, Raumtechnik, Schallschutz, Licht, Hygiene, Flexibilität, Brandschutz

**C.07** Deckengestaltung und -funktion

gen die Beispiele **C.8–11**. Neben der Erfüllung der Funktions- und Gestaltungsaufgaben sind die Lösungen selbstverständlich auf Wirtschaftlichkeit zu prüfen, was aufgrund der Deckensystem-Vielfalt eine komplexere Angelegenheit ist, besonders bei individuellen Lösungen. Folgendes ist zu bedenken:

### Investitionskosten

Kosten für Konstruktionen, Materialien, Systeme, Halbzeuge und Verarbeitung. Besonderes Augenmerk muss auch auf den erforderlichen Deckenaufbau und natürlich die dazugehörenden Fußbodenkonstruktionen gerichtet werden, um die notwendigen Geschosshöhen zu ermitteln.

### Folgekosten

Haltbarkeit, Pflege und Wartung, Energieverbrauch bzw. energetisches Konzept, zusätzlich die Kosten der »benötigten Flexibilität« im Bürobereich

**C.08** Orientierung durch Lichtführung Lichtdecken im Eingangsbereich eines Krankenhauses (Forum)

**C.09** Deckengestaltung analog zu Wand- und Fußbodengestaltung: Holzlamellen-Deckengestaltung, Universität Mannheim (Demmelhuber)

**C.10** Behaglichkeit durch Materialwahl Holzdecke am Innenhof (Mäder)

**C.11** Reduziertheit durch flächige Gestaltung Akustikdecke in einem Bistrobereich (Mäder)

## Decke und Geschosshöhen

### Beispiel Verwaltungsgebäude

Wirtschaftliche und »Kubatur sparende« Architektur hat natürlich auch Konsequenzen für die Deckenkonstruktion. Die Einteilung in **C.12** zeigt grundsätzliche Möglichkeiten, die jeweils unterschiedlicher Rohbau-Geschosshöhen bedürfen. Während Variante **a** als üblicher Standard – mit oder ohne Deckenbekleidung – im Wohnungsbau anzusehen ist, der jedoch auch für Büros mit geringen Installationsanforderungen funktioniert, stellen die Varianten **b**, **c** und **d** Deckenlösungen für Verwaltungsgebäude mit höheren Installationsanforderungen dar.

 leichte Deckenbekleidung

**a** Gebäude mit geringem Installationsgrad:
- Decken können Deckenbekleidungen erhalten.
- Geschosshöhe ca. 2,85–3,10 m
- Installationen im Flurbereich, an der Fensterbank sowie in Trennwänden und Installationsrohren

 leichte Unterdecke

**b** Gebäude mit Installationsanforderungen:
- Installationen an der Decke, abgehängte Decken
- Geschosshöhe ohne Lüftungstechnik ca. 3,40 m
- Geschosshöhe mit Lüftungstechnik ca. 3,70 m

 leichte Unterdecke und Fußbodensystem

**c** Gebäude mit hohen Installationsanforderungen:
- Installationen an der Decke und im Fußbodenbereich, abgehängte Decken und Hohlraum- oder Doppelfußböden
- Geschosshöhe je nach technischer Ausstattung ca. 3,70–4,20 m

 Deckensegel und Fußbodensystem

**d** Gebäude mit mittleren bis hohen Installationsanforderungen und neuen energetischen Konzepten:
- Installationen im Fußboden- und Flurbereich
- Doppel- oder Hohlraumböden sinnvoll
- als Alternative zu Unterdecken: Deckensegel
- Geschosshöhen ab 3,20 m

**C.12** Möglichkeiten der Deckengestaltung im Verwaltungsbau

**C.14** Deckensystem »VariantX Structure«
(Wilhelmi Werke AG)
Die Decklagen bei diesem geschlossenen System
sind dicht aneinander gesetzt und ergeben ein in
sich geschlossenes Deckenbild, das lediglich durch
Leuchten-Einbauten rhythmisch unterbrochen wird.

**C.15** Deckensystem »Solitär« (Wilhelmi Werke AG)
Ein offenes Deckensystem wird bei diesem Beispiel
durch die Aneinanderreihung von »akustischen
Teilflächen« gebildet. Die Deckenkonstruktion ist in
den Zwischenbereichen offen einsehbar. Als offene
Decken werden aber auch Lamellen- und Rasterdecken bezeichnet.

# Baukonstruktion

## Statik

### Bauformen tragender Decken

Erinnert sei zunächst an die drei Deckenbauarten im Hochbau:
- Bauart I: Stahlträgerdecken mit Leichtbe-
  tonabdeckungen,
- Bauart II: Stahlträgerdecken mit Ab-
  deckungen aus Normalbeton,
- Bauart III: Stahl- und Stahlbetondecken mit
  und ohne Zwischenbauteilen aus Normalbeton sowie Holzbalkendecken und Dächer.

Bei der Planung von Deckengestaltungen und
insbesondere -systemen, der Kommunikation
mit Fachingenieuren und in Ausschreibungen
muss die jeweilige Rohbau-Deckenbauart zugrunde gelegt werden. Daraus lassen sich Anforderungen an Befestigungen, Schallschutz,
Wärmeschutz und nicht zuletzt den vorbeu-
genden Brandschutz ableiten.

## Untersicht

### Unterdecken

Das große Spektrum von konstruktiven Dek-
kenlösungen ist in einer Übersicht der wichtigsten Deckenuntersicht-Bauarten in **C.13** dargestellt. Aus diesen geläufigen Bauarten werden die Bereiche d – leichte Deckenbekleidungen – sowie e – leichte Unterdecken – in einer
weiteren Übersicht (**C.16**) gezeigt. Die durch
DIN 18168 geregelten Deckenarten weisen
eine große Systemhaftigkeit auf und werden
daher meistens als »Deckensysteme« bezeichnet.

### Offen oder geschlossen

Die Vielfältigkeit der Deckensysteme erlaubt
unterschiedliche Einteilungsarten. Von besonderer Bedeutung für die Architektur einer
Decke ist deren geometrisches Erscheinungsbild: Grundsätzlich wird zwischen geschlossenen (**C.14**) und offenen Deckensystemen (**C.15**)
unterschieden.

## Einteilung

### Hauptgruppen

Leichte Unterdecken und leichte Deckenbekleidungen werden in der Baukonstruktionslehre für ein besseres Verständnis aufgrund
ihrer Geometrie in unterschiedliche Hauptgruppen eingeteilt. Das Tableau auf Seite 47
verdeutlicht deren spezifische Merkmale.

a Deckenkonstruktionsmaterial ist gleichzeitig
Oberflächenmaterial (z. B. Sichtbeton).

b Deckenkonstruktion mit fest verbundener
Vorsatzschicht (Sichtfläche, z. B. Putz, Putz
und Tapete)

c Drahtputzdecken hängend nach DIN 4121
(Diese Konstruktionsart wird nicht von
DIN 18168 »Leichte Deckenbekleidungen
und Unterdecken« erfasst.)

d leichte Deckenbekleidungen nach DIN 18168
Die Verankerung der Unterkonstruktion erfolgt
unmittelbar am tragenden Bauteil (Massivdecke, Holzbalkendecke), die Decklagen sind
meist aus Holz, Holzwerkstoffen, Gipskarton
und Mineralfaserplatten.

e leichte Unterdecken nach DIN 18168
Die Unterkonstruktion ist vom tragenden Bauteil abgehängt, die Decklagen sind meist aus
Holz, Holzwerkstoffen, Gipskarton-, Mineralfaserplatten, Metallblech, Kunststoff, Glas.

f Sonderformdecken
Individuelle Deckenformen für Stadien, Kon-
zerthallen, Kirchen etc. mit meist sehr großen
Spannweiten (werden hier nicht berücksichtigt)

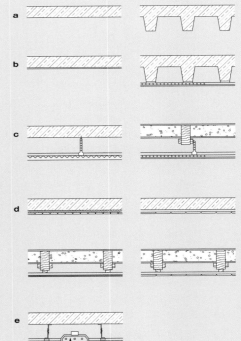

**C.13** übliche Deckenkonstruktionen

## Hauptgruppen leichte Unterdecken und leichte Deckenbekleidungen

Raumansicht      Geometrie

### a Fugenlose Deckenbekleidungen und Unterdecken

Fugenlose Decken können auch als ausgereifte, leistungskräftige Systemdecken realisiert werden, sind nach Fertigstellung jedoch
nicht flexibel. Sie haben einen geschlossenen
Deckenspiegel; ihre Decklagen bestehen meist
aus Gipskarton-Bauplatten, Gipskarton- oder
Mineralfaser-Putzträgerplatten.

a

### b Ebene Deckenbekleidungen und Unterdecken

#### b 1 Plattendecken

Plattendecken sind weit verbreitete Deckensysteme, können ein großes Funktions-
spektrum beinhalten und sind für Bereiche
besonders geeignet, wo eine hohe Installationsflexibilität gefordert ist. Sie sind fast immer
geschlossene Deckensysteme, ihre Decklagen
bestehen meist aus Holz-, Span-, Furnier-
oder Faserplatten, Holzwolle-Leichtbauplatten,
Mineralfaserplatten, Gipskarton-Bauplatten,
Gipskarton-Kassetten, Metall-Deckenplatten.
Eine Sonderform sind Lichtdecken mit Glas-
feldern.

(auch gelocht) bestehen. Metallische Paneeldecken finden häufig als Klima- bzw. Hygiene-
decken Anwendung.

b 1

#### b 2 Paneeldecken

Paneeldecken werden wegen ihrer großen
Widerstandsfähigkeit bei mechanischen Belastungen gern in Industriehallen und Sportstätten
(Ballwurfsicherheit) verwendet. Sie sind offene
oder geschlossene Deckensysteme, abhängig
von den Zwischenabständen der Paneele, die
meist aus Metall-Profilen, Massivholz- oder
Spanplatten-Paneelen und Hart-PVC-Profilen

#### b 3 Lamellendecken

Lamellendecken weisen eine besonders große
Absorptionsfläche auf und sind daher für den
Einsatz in stark lärmbelasteten Bereichen wie
Mensen, Schalterhallen, Industriefertigungs-
hallen besonders geeignet; häufig handelt es
sich um offene Deckensysteme. Die Lamellen
sind meist ausgeführt als Stahlblech-, Leicht-
metall-, Mineralfaser-, Spanplatten-, Massiv-
holz- oder Hohlkörper-Lamellen aus Metall
oder Holz.

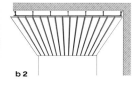 

b 2

#### b 4 Rasterdecken

Rasterdecken sind meist offene Deckensysteme und als solche geeignet für Räume, an die
hohe akustische, lichttechnische und raumklimatische Anforderungen gestellt werden.
Ihre Raster bestehen meist aus Metall-, Press-
holz- oder Kunststoff-Elementen.

b 3

b 4

### c Formdecken

#### c 1 Wabendecken

Wabendecken verfügen ebenso wie die Lamellendecken über eine große Absorptions-
oberfläche, was ihre Rolle als Akustikelement
für ähnlich hochfrequentierte Räume be-
gründet. Sie sind offene oder geschlossene
Deckensysteme; die Waben bestehen meist
aus Hohlkörperprofilen aus Metall, gelocht
oder ungelocht, Mineralfaser oder Holzwerk-
stoffplatten.

#### c 2 Pyramidendecken

Pyramidendecken stellen eine Möglichkeit
der Raumgliederung durch die Decke dar und
können wichtige akustische Eigenschaften
übernehmen. Sie werden jedoch aus gestalterischen sowie lichttechnischen Gründen kaum
mehr eingesetzt. Es handelt sich hierbei um geschlossene Deckensysteme. Die Pyramiden-
bauteile bestehen meist aus Mineral-, Holz-
werkstoff- oder Metall-Deckenplatten, gelocht
oder ungelocht.

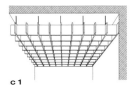 

c 1

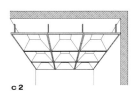 

c 2

### d Integrierte Unterdeckensysteme

#### d 1 Lichtkanaldecken oder

#### d 2 Kombinationsdecken

Integrierte Unterdeckensysteme stellen komplexe Lösungen für Raum-Klima-Akustik-Licht-
Konzepte dar, ihr Einsatz erfordert bereits in
der Entwurfsphase eines Gebäudes besondere
Anforderungen an Geschosshöhen und
Gesamtkonzept. Integrierte Decken sind
geschlossene Deckensysteme, sie enthalten
integrierte Akustik, Beleuchtung, Klimatechnik.
Ihre Bauteile bestehen meist aus Holzwerkstoffen, Metall-Kassetten oder Lamellen,
Metall-Deckenplatten, Mineralfaserplatten.

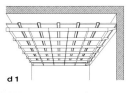 

d 1      d 2

**a** Brandlast von unten

**b** Brandlast im Deckenzwischenraum

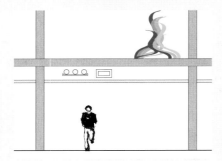

**c** Brandlast von oben

**C.17 a–c** mögliche Fälle der Brandbelastung
von Decken
Brandschutzanforderungen sind sehr komplex
und sorgfältig zu planen und durchzuführen.
Je nach Bauaufgabe sind spezifische Detailinformationen einzuholen und eventuelle
Sondervorschriften zu beachten.

# Brandschutz

Bei der Planung und Ausführung von Decken
ist der vorbeugende Brandschutz von höchster
Bedeutung. Für die Bauausführung hinsichtlich des Brandschutzes im Hochbau als vorbeugende Maßnahme gegen Entstehung und
Ausbreitung von Schadensfeuern ist DIN 4102,
Teil 4, zugrunde zu legen. Grundsätzlich muss
bei der Planung beachtet werden, dass die
Brandschutzanforderungen immer die gesamten Bauteile betreffen. Was zählt, ist der Feuer-
widerstand der Gesamtkonstruktionen; das
bedeutet im Bereich der Deckenplanung, dass

sämtliche Einzelelemente – sozusagen im System – die geforderten Brandschutzforderun-
gen erfüllen müssen. Dabei müssen auch Wände, Anschlussdetails und die Durchführungen
von Medien mit entsprechenden Abschottun-
gen einbezogen werden. Zur Prüfung der ein-
gesetzten Materialien und Konstruktionen werden Brandversuche durchgeführt.

## Drei Fälle von Brandlasten im Deckenbereich

Bei der Konstruktion von Brandschutzdecken
muss unterschieden werden, woher Brand-
lasten kommen können (**C.17**). Anzunehmende
Brandmöglichkeiten sind:
- Brand im Raum selbst: Brandlasten von
  unten (**a**),
- Brandlast im Deckenzwischenraum: Bei
  einer hohen Dichte von Installationen und
  Geräten ist auch hier eine Brandgefahr
  anzunehmen, so dass eine beidseitige
  Brandschutzausstattung erforderlich ist (**b**).
- Brandlast von oben: Hier wird von einem
  Brand im oberen Raum ausgegangen (**c**).

Darüber hinaus sind natürlich Kombinationen
der Brandfälle möglich.
Die Einteilung in die drei Brandfälle entspricht
DIN 4102, Teil 4. Deckenkonstruktionen werden
bezüglich der Brandbeanspruchung immer als
Gesamtes gesehen. Daher ist es erforderlich,
Brandschutzlösungen hinsichtlich der so genannten »Deckenbauarten« I, II und III zu betrachten. Aus dem Gesamtaufbau begründen
sich dann die Einstufungen in die Feuerwiderstandsklassen.

## Feuerwiderstandsklassen

Drei Fälle und daraus resultierende Anforderungen an Tragdecken und Unterdecken:

1. Bestimmte Deckenkonstruktionen/Trag-
   decken gehören nur einer Feuerwiderstandsklasse an und bedürfen nicht des
   Schutzes durch eine Unterdecke wie
   Stahlbeton- und Spannbetondecken, die
   bestimmte Mindestdimensionen und Be-
   wehrungen sowie Betonabdeckungen der
   Bewehrungsstäbe besitzen. Hier können
   Bekleidungen an der Deckenunterseite
   und Fußbodenbeläge auf der Oberseite
   ohne weitere Nachweise eingebaut werden.

2. Deckenkonstruktionen (Tragdecken), die
   eine Feuerwiderstandsklasse nur mit Hilfe
   einer Unterdecke erreichen: Bestimmte
   Geschossdeckenkonstruktionen halten
   Brandangriffen nicht stand, wenn deren
   tragende Teile frei dem Feuer ausgesetzt
   werden. Dazu gehören Stahlträger-, Tra-
   pezblech- und Holzbalkendecken. Hier ist
   Schutz durch eine Unterdecke notwendig.
   Dabei gilt, dass die Unterdecke die tragenden Teile von unten, während die
   oberseitige Abdeckung (Leichtbeton, Nor-
   malbetonschicht auf Stahlträgerdecken
   oder Holzspanplatten auf Holzbalkendecken) die tragenden Deckenteile vor
   Brandbeanspruchung von oben schützt.
   Ein allgemeines bauaufsichtlich zugelas-
   senes Prüfzeugnis, eine bauaufsichtliche
   Zulassung oder der Einzelfallnachweis
   (Gutachten) ist zum Nachweis des Brandschutzes notwendig.

3. Unterdecken, die bei Brandbeanspruchung von oben – aus dem Deckenzwischenraum – oder von unten allein einer
   Feuerwiderstandsklasse angehören:
   Während grundsätzlich eine Gesamtbe-
   trachtung der Deckenkonstruktionen heranzuziehen ist, kommt es in der Baupraxis
   dennoch vor, dass die brandschutztechni-

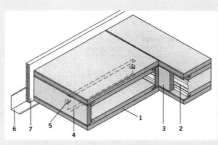

**C.18** QWAcoustic System BSE 90
F 90-A von oben und unten, rauchdicht

**1** OWAcoustic-Platte  **4** Traverse
**2** C-Profil Nr. 36/72  **5** Blechdübel
**3** Gipsfaser-Platten-  **6** Wandprofil Nr. 51/02
streifen

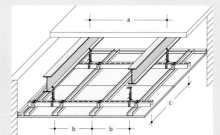

**C.19** Knauf-System D116, Rohdeckenbauart II,
F 60-A

**7** Mineralwollestreifen,
Rohdichte ≥ 40 kg/m³

schen Anforderungen von einer Unterdecke allein erfüllt werden müssen. So genannte »selbstständige Unterdecken« werden dort eingesetzt, wo der Deckenhohlraum mit den darin befindlichen Installationen vor Brandlasten geschützt werden soll: zum Schutz des Deckenhohlraums. Auch muss bei Brandfällen im Installationshohlraum ein Schutz des darunter liegenden Raums durch die Unterdecke gewährleistet und der Nachbarraum neben nicht tragenden und nur bis an die Unterdecke heranreichenden Trennwänden gegen Brandlasten gesichert werden.

## Brandschutz-Deckensysteme

Gemäß der jeweiligen Feuerwiderstandsklasse der Geschossdecke und den bestehenden Brandschutzanforderungen müssen entsprechende Systeme gewählt werden. Dabei ist zu unterscheiden zwischen »selbstständigen Unterdecken«, die alleine die Brandschutzanforderungen erfüllen (C.18), sowie Unterdecken in Verbindung mit Rohdecken (C.19), die gemeinsam die Brandschutzanforderungen erfüllen. Die Hersteller informieren über die für die Rohdeckenart in Frage kommenden Unterdeckensysteme.

### Wichtige Konstruktionshinweise

Ein starkes Augenmerk ist auf Details und deren fachgerechte Ausführung zu legen. Beplankung und Fugenausbildung, Befestigungsmittel, Anschlüsse an andere Bauteile, Einbauten und Rohrdurchführungen müssen nach DIN 4102, Teil 4, bestimmte Anforderungen erfüllen.

# Schallschutz und Akustik

## Dämmung und Absorption

Während Schalldämmung die Minderung der Schallübertragung zwischen zwei benachbarten Räumen bedeutet, geht es bei der Schallabsorption um eine Schallminderung im Raum selbst und v. a. um die unterschiedlichen raumakustischen Parameter. Die für beide Bereiche notwendigen Maßnahmen müssen jeweils separat betrachtet und planerisch beantwortet werden.

## Schallausbreitung

Eine Grundüberlegung betrifft die vom Schall einschlagbaren Wege (C.20): Um die Schalldirektübertragung und die Ausbreitung des Schalls auf Flanken/Nebenwegen zu mindern, muss auch die Ausführung der Decken unter Schallschutzaspekten geschehen. Dies betrifft zum einen den Deckenaufbau, zum anderen die Ausführung der Decken-Anschlussdetails an Wände. Um die Schallenergie insgesamt auf einem vertretbaren Niveau zu halten, kommt dem Umgang mit der Schallreflexion eine besondere Bedeutung zu, Schallabsorption im Raum selbst reduziert auch die weitere Schallübertragung in Nachbarräume.

## Deckensysteme für Flexibilität

Schalldämmung und -absorption sind besonders bei flexibler Raumaufteilung sehr wichtig. Hier sind Unterdecken- im Zusammenwirken mit Trennwandsystemen bedeutungsvoll. C.21 zeigt die Schallausbreitung von Raum zu Raum über den Unterdeckenhohlraum. C.22 verdeut-

licht die Thematik nur »optisch« getrennter Räume. In beiden Fällen müssen Unterdeckenkonstruktionen funktionale Lösungen beinhalten. Hier sind Deckensysteme besonders hinsichtlich ihrer Schalllängsdämmung zu betrachten. Die Vor- und Nachteile der verschiedenen Möglichkeiten sowie deren Anwendungsbereiche werden von den Herstellern und Verarbeitern kommuniziert. Neben den in C.23 gezeigten Dämmungsdetails spielen dabei die Höhe der Abhängung, die Art der Decklagen, die Art des Verlegesystems und besonders dessen Fugen eine Rolle.

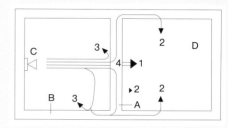

C.20 Luftschallübertragungswege im Gebäude

1 direkte Schallübertragung
2 Flankenübertragung (Nebenwege)
3 reflektierter Schall
4 Schalldämmung im Bauteil

A Trennwand
B flankierende Wand
C Sender
D Empfangsraum

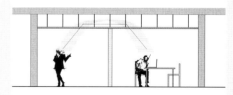

C.21 Schallübertragung zwischen benachbarten Räumen über den Nebenweg Unterdecke

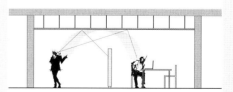

C.22 Schallübertragung innerhalb eines Raums, Rolle der Unterdecke als Absorber und Reflektor: Schallschutz bedeutet, Maßnahmen zwischen benachbarten Räumen wie auch innerhalb eines einzelnen Raums zu treffen. Dabei muss der Ausführung von Decken eine wichtige Rolle beigemessen werden.

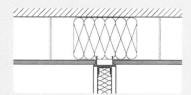

Unterdecke mit Absorberschott
Alternative: Plattenschott
*Vorteil*: große Verbesserung des Schall-Längsdämmmaßes
*Nachteile*: Flexibilität der Raumgestaltung und die Durchführung von Installationen werden erschwert

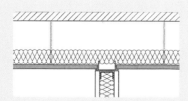

Unterdecke mit Mineralwolleauflage
*Vorteil*: einfache Methode, insgesamt erhöhtes Schall-Längsdämmmaß bei jeder Raumaufteilung
*Nachteile*:
• Demontierbarkeit der einzelnen Deckenplatten wird erschwert
• »Taupunktverlagerung« bei Einfluss von Außenluft

C.23 Beispiele für eine bessere Längsschalldämmung

## Akustik

### Grundüberlegung

Eine gute Raumakustik zu erreichen bedeutet nicht nur mit so genannten »Akustikelementen« zu arbeiten. Für die akustischen Eigenschaften eines Raums ist zunächst dessen Geometrie ausschlaggebend. Die Grundlagen aus DIN 18041 (»Hörsamkeit in kleinen und mittelgroßen Räumen«) beschäftigen sich mit den relevanten akustischen Parametern. Hier erfolgt eine wichtige Grundeinteilung in zwei Raumgruppen: Räume der Gruppe 1, die eine besondere Akustik aufweisen müssen wie Vortrags- und Sitzungsräume sowie Hörsäle. Bei Räumen der Gruppe 2, beispielsweise Büros, Schalter-, Sporthallen, Werkstätten, Restaurants, werden geringere Anforderungen an die Akustik gestellt. Die Anforderungen an Gruppe 1 sind besonders im Detail deutlich höher, für beide Raumgruppen gilt jedoch bei der Planung die Berücksichtigung folgender Einflussfaktoren:
1. Raumform und Raumvolumen/Raumproportionen,
2. Raumbegrenzungsflächen,
3. Raumausstattung und Mobiliar.
Nur durch eine gleichmäßige Beachtung aller relevanten Faktoren ist eine gute Raumakustik erreichbar.

## Akustische Mechanismen

Für die Planung und Ausführung von Deckenund anderen Raumflächen ist ein Grundwissen über die Möglichkeiten der Beeinflussung und Steuerung deren akustischer Eigenschaften wichtig. Schallwellen breiten sich auf unterschiedlichen Wegen in einem Bauwerk bzw. einer Raumsituation aus. Für die Raumakustik ist dabei die direkte Übertragung von Luftschall und dessen Reflexion an den Raumflächen von Bedeutung. Die Möglichkeiten der Beeinflussung von Schallwellen zugunsten einer guten Raumakustik beruhen auf den Prinzipien der Schallabsorption, der Reflexion und der Diffusion. An dieser Stelle seien die wichtigsten möglichen »Akustikinstrumentarien« kurz dargestellt. Diese finden jeweils – meistens im Zusammenwirken – ihre Anwendung in der akustischen Planung und Realisierung.

### Poröse Absorber (C.24 a)

Hier werden Schwingungen der Luftteilchen durch die poröse oder faserartige Struktur des Materials gebremst, aus Schallenergie entsteht Reibungswärme. Zu den porösen Absorbern zählen z. B. Mineralwolle, Schaumstoffe, Akustikputze und Textilien wie Vliese. Diese Materialien besitzen aufgrund ihrer Porosität einen hohen »Strömungswiderstand« und sind somit gute Absorber.

### Resonanzabsorber (C.24 b, c)

Schallwellen werden hier zunächst »aufgefangen« und in Schwingung versetzt. Die »schwingende Luft« in den Öffnungen muss durch Reibung wieder »gebremst« werden, damit die Vorrichtung den Schall nicht verstärkt, sondern absorbiert. Dies geschieht durch ein dünnes, hinter der Öffnung aufgeklebtes Vlies, durch Mineralwolle oder Schaumstoffplatten. Geläufig sind die so genannten »Helmholtzresonatoren« (b). Die häufigste Anwendung dieses Prinzips ist die Verwendung entsprechend gelochter Platten aus Metall, Holz oder Gips-

**C.25** Akustische Ausstattung in der MuK Lübeck, Arch.: von Gerkan, Marg und Partner, Hamburg, Akustik: Müller BBM, München
Wenn der Architekt ein akustisches Grundvokabular beherrscht, kann er mit dem Akustiker gestalterisch und akustisch vorbildliche Lösungen finden.

karton. Weniger bekannt ist, dass die Mikroperforierung (c) auf demselben physikalischen Prinzip beruht, der Absorptionsvorgang findet jedoch im Mikrobereich statt und bedarf keiner zusätzlichen Reibungswiderstände. Anwendung auf Acrylglas und Folien.

### Plattenresonator (C.24 d)

Das sind spezielle Platten-Mineralwolle oder -Schaumstoffkonstruktionen. Die Schallwellen bewirken ein Schwingen der rückseitig »abgefederten« Platte, dabei wird der Schall erst in

---

Die Absorberarten **a**, **b** und **c** werden meistens für Deckensysteme verwendet. Je nach den gewünschten Frequenzbereichen am Einsatzort können sie alleine oder in Kombination untereinander für raumakustische Installationen verwendet werden (auch an Wänden einsetzbar).

Diffusoren werden aufgrund ihrer messbaren Schallstreueigenschaften eingesetzt.

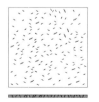

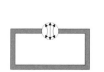

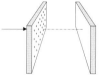

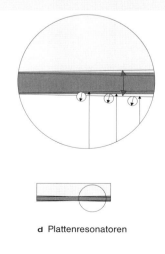

a poröse Absorber

b Querschnitt durch Resonanzabsorber

c Mikroperforierung

d Plattenresonatoren

e Diffusor

**C.24** verschiedene Mechanismen zur Schallabsorption und -diffusion

Schwingungsenergie und dann in Wärme umgewandelt.

### Diffusoren (C.24 e)

Durch Richtungsänderung der auftreffenden Schallwellen je nach Frequenzbereich werden ihre Energie und die Auswirkung auf den weiteren Schallverlauf reduziert. Anwendung meist im Bereich von Wandstrukturen.

## Akustik präzise planen

### Akustikdecken

Die hohen Anforderungen an spezielle Räume haben das Spezialgebiet der Akustikplanung mit ihren Akustiksystemen hervorgebracht. Um die Forderungen aus DIN 18041 zu erfüllen, sind so genannte Akustikdecken (und natürlich auch -wandsysteme) am Markt verfügbar, mit denen die gewünschten raumakustischen Eigenschaften realisiert werden können. Grundlage für das am Markt angebotene Spektrum der verschiedenen Akustiksysteme sind die bereits vorgestellten »akustischen Mechanismen«. Die wichtigsten Akustikdeckenarten sind in C.26 gezeigt. Nach Art und Verwendungsweise der Decklagen-Materialien ist eine Einteilung in poröse, perforierte und »auf Fuge angeordnete« Decklagenelemente vorzunehmen.

### Raumakustische Kriterien

Für den Akustikplaner sind eine Reihe akustischer Kriterien von Bedeutung, deren Wertigkeit sich jeweils nach dem Raumtyp richtet (Raumgruppen):
- Größe der äquivalenten Schallabsorptionsfläche,
- Nachhallzeit,
- Deutlichkeitsgrad,
- RASTI (Sprachübertragungsqualität),
- Klarheitsmaß (Musikklarheitsqualität),
- Seitenschall und Bassverhältnis.

Die Kenntnis und der Umgang mit diesen Kriterien sind Grundlage für eine gute Akustikplanung, die – wie das Beispiel C.25 – komplex sein kann und einer speziellen Bearbeitung durch den Fachplaner bedarf. Ein akustisch-gestalterisches Vokabular für die Kommunikation mit Fachplanern, Herstellern und Verarbeitern erleichtert es dem Architekten, die Deckengestaltung bereits im Entwurf präzise mitzugestalten.

### Grundparameter

Differenzierte Betrachtung ist nötig: Das Zusammenwirken der unterschiedlichen »Komponenten« hinsichtlich ihrer Auswirkungen auf das akustische Ergebnis erschließt sich nur bei intensiver Auseinandersetzung mit allen Einflussfaktoren, die die akustische Wirksamkeit einer Raumdecke bzw. eines Deckensystems entscheidend beeinflussen:
- Raumgeometrie,
- andere Raumflächen,
- Größe der akustischen Flächen,
- Anordnung der Akustikmaterialien,
- Abhängehöhe des Deckensystems,
- Decklagen-Oberflächenart,
- Decklagen-Geometrie,
- Vorhandensein und Art der Auflagen,
- Detailausbildung,
- Anschlusspunkte.

### Akustische Messwerte zur Orientierung

Für die gestalterische Auseinandersetzung mit akustischen Deckenlösungen ist es sinnvoll,

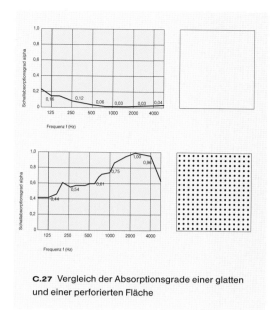

**C.27** Vergleich der Absorptionsgrade einer glatten und einer perforierten Fläche

sich neben den geometrischen und haptischen Eigenschaften bereits mit den akustischen Messwerten vertraut zu machen. Hierbei spielt der Absorptionsgrad als »Wirkungsgrad« der Akustikmaterialien eine wichtige Rolle.

### Absorptionsgrad

Der Absorptionsgrad gibt auf einer Skala von 0 bis 1 an, wie viel von der auftreffenden Schallenergie absorbiert wird. Ein Wert von »0,7« bedeutet z. B., dass 70 % der Schallenergie absorbiert werden. Der Absorptionsgrad wird von den Herstellern durch Messungen im »Hallraum« exakt festgestellt und für die wichtigen Frequenzbereiche als Planungsgrundlage kommuniziert. Die Kurven in C.27 verdeutlichen den Unterschied zwischen glatten und porösen Absorbermaterialien.

*poröse Deckenelemente*
**a** Holzwolle-Leichtbauplatte
**b** Mineralfaserplatte
**c** putzbeschichtete Mineralfaserplatte
**d** porös beschichtete Leichtspanplatte
**e** vertikal angeordnete Mineralfaserplatte

*perforierte Decklagenelemente*
**f** vertikal angeordnete, gelochte Metallschale
**g** gelochte Metallkassette
**h** Gipskarton-Lochplatte
**i** putzbeschichtete Gipskarton-Lochplatte

*auf Fuge angeordnete Decklagenelemente*
**k** Akustik-Glattkantbretter
**l** Röhrenspanplatte, geschlitzt
**m** Akustikpaneele aus Holzwerkstoffen, jeweils mit Faservlieskaschierung und Schallschluckmaterial hinterlegt

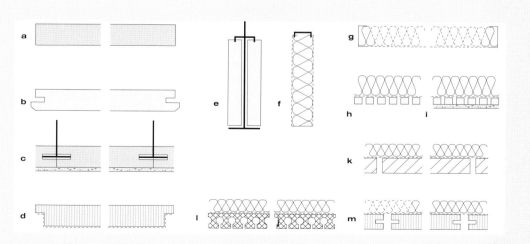

**C.26** schallabsorbierende Decklagenelemente für Akustikdecken (nach Neumann u. a., Baukonstruktionslehre 1, S. 588)

**C.28** Foyerbereich eines Verwaltungsgebäudes, Arch.: BRT, Hamburg, das fugenfreie Deckensystem (Knauf) beinhaltet eine Reihe funktionaler Einrichtungen wie Beleuchtung, akustische Funktionen, Integration von Medien und Technik sowie Brandschutz.

| VK (Vollkante) | Trockenmontage mit Abstand und sichtbaren Schattenfugen |
|---|---|
| WK (Winkelkante) | Decken- und Wandbekleidungen mit Sichtfugen (Dekorplatten) |
| AK (abgeflachte Kante) | fugenlose Decken- und Wandbekleidungen |
| RK (runde Kante) | vorwiegend für Putzträgerdecken |
| HRK (halbrunde Kante) | für Verspachtelung ohne Bewehrungsstreifen |
| HRAK (halbrunde abgeflachte Kante) | fugenlose Decken- und Wandbekleidungen, die Abflachung nimmt die Spachtelmasse auf |

VK  WK  AK  RK  HRK  HRAK

**C.29** Ausbildung der Gipskartonplatten-Längskanten

Noniusbügel  Kombiabhänger  Ankerfix-Schnellabhänger  Kombihänger  Schnellabhänger  Direktabhänger

**C.30** Abhänger-Arten (Knauf)

## Fugenlose Decken

### Decken aus Gipskartonplatten

#### Fugenfreie Deckengestaltung

Die Gestaltung von fugenfreien, homogen wirkenden Deckenspiegeln ist eine häufig verlangte Forderung der Architektur. Mit dem Aufkommen von Gipsbauplatten in den frühen 60er Jahren erlebte dieser Baustoff auch im Bereich der Deckengestaltung einen Siegeszug. Decken aus Gipsplatten ersetzen heute die ehemals gebräuchlichen Draht-Putzdecken. Als »Deckensystem« bieten diese Trockenbaukonstruktionen den Vorteil, dass trotz der geforderten fugenfreien Deckenspiegel eine Reihe funktionaler Bedingungen realisiert werden. Je nach Anwendungsbereich erfüllen fugenlose Deckenbekleidungen und Unterdecken folgende Anforderungen:

- Verkleidung der Rohdecke, der Ver- und Entsorgungsleitungen, Unterzüge etc.,
- Verbesserung der Schalldämmung der Gesamtdeckenkonstruktion,
- Brandschutz der Geschossdecken verbessern,
- Untergrund für Beschichtungen wie Anstriche oder Tapeten

sowie optional:

- variable Trennwandanschlüsse,
- Verbesserung der Raumakustik durch Gipskarton-Lochplatten, besonders homogene Lösungen durch Systemlösungen mit Akustikputz,
- Integration von Klima- und Lüftungs- sowie Kühlsystemen (bei hohem Anteil EDV in Verwaltungsetagen),
- Integration von Beleuchtungstechnik.

#### Trockenbau-Gipsdecken

Aufgrund ihrer Eigenschaften eignen sich Gipskarton- und Gipsfaser- sowie Gipskarton-Putzträgerplatten am besten für fugenlose Deckenbekleidungen und Unterdecken:

**Vorteilhafte Gipsplatten-Eigenschaften:**
- angenehmes Raumklima
- hohe mechanische Stabilität
- leichte Bearbeitbarkeit, gut für Sonderlösungen
- preiswerter und guter Brandschutz aufgrund des im Gips gebundenen Kristallwassers
- Schallschutz

#### Gipskartonplatten

Die Plattenarten sind in DIN 18180, zukünftig in EN 520 festgelegt, für die Verarbeitungsgrundlagen steht DIN 18181 sowie für die Zubehörteile DIN 18182, Teil 1–4. Standard-Gipswerkstoffe sind nach Einsatzbereich wählbar:

1. Gipskarton-Bauplatten (GKB) für alle Einsatzbereiche, die keine hohen Brandschutzanforderungen erfordern und darüber hinaus trocken sind.
2. Gipskarton-Bauplatten imprägniert (GKBI): für alle Einsatzbereiche, wo Feuchtigkeit und Schimmelgefahr auftritt, also Küchen, Bäder.
3. Gipskarton-Feuerschutzplatten (GKF) sind glasfaserarmiert für Einsatzbereiche, wo Anforderungen nach DIN 4102 bezüglich der Feuerwiderstandsdauer gestellt werden.
4. Gipskarton-Feuerschutzplatten-imprägniert (GKFI): für Einsatzbereiche, die sowohl Feuchtigkeit aufweisen als auch Brandschutzanforderungen stellen.
5. Gipskarton-Putzträgerplatten (GKP): für nachträglich aufzutragende Putzschichten geeignet.
6. Gipskartonkassetten, glatt, gelocht, mit Dekorschicht sowie rückseitig mit Aluminiumfolie als Dampfsperre oder mit Bleifolie als Strahlenschutz ausgestattet.

#### Kantenformen

Die kartonummantelten Längskanten weisen je nach Art der Verwendung der Gipskartonplatten unterschiedliche Formen auf (**C.29**). In der Querrichtung sind die Platten nicht ummantelt, sondern scharfkantig beschnitten. Die Verarbeiter sind anzuhalten, sich an den Bezeichnungen und Herstellerangaben zu orientieren. Die Ausführung der Anschlussdetails erfordert eine aufs System abgestimmte Umgangsweise.

#### Qualitäten

Es wird unterschieden zwischen:
- Allgemeinen Qualitäten »GKB«: Diese Platten werden mit blauen Stempelfarben gekennzeichnet.
- Brandschutzqualitäten »GKF«: Diese Platten werden mit roter Stempelfarbe gekennzeichnet. Neben der Farbeinteilung finden sich detaillierte Informationen über Fabrikat und Art (GKB, GKP usw.) mittels Laufstempeln auf den Platten.

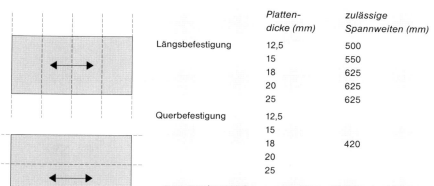

| | Platten-dicke (mm) | zulässige Spannweiten (mm) |
|---|---|---|
| Längsbefestigung | 12,5 | 500 |
| | 15 | 550 |
| | 18 | 625 |
| | 20 | 625 |
| | 25 | 625 |
| Querbefestigung | 12,5 | |
| | 15 | |
| | 18 | 420 |
| | 20 | |
| | 25 | |

C.31 zugelassene Spannweiten (Tragprofil-Achsabstände) von Gipskartonplatten bei Deckenbekleidungen und Unterdecken

### Spannweiten

Da die Gipskartonplatten in der Längsrichtung eine höhere Festigkeit aufweisen, sind die zulässigen Spannweiten in Quer- und Längsrichtung unterschiedlich (C.31). Die Längsrichtung wird mit einem Stempel auf den Platten gekennzeichnet.

### Unterkonstruktionen

Jeweils passend zur Deckenart ist zu unterscheiden zwischen:

1. Holz-Unterkonstruktionen
a Deckenbekleidungen
- einfache Lattung mit direkter Befestigung
- doppelte Lattung mit direkter Befestigung
- doppelte Lattung, Befestigung mit Federbügel
b Unterdecke mit abgehängter Holzkonstruktion (C.32 und C.35)
2. Metall-Unterkonstruktionen
a Deckenbekleidungen
- Metallunterkonstruktion mit CD-Profilen
- justierbare Unterkonstruktion mit Direktabhängern für CD-Profile
- Metallunterkonstruktion mit Hutprofilen
b Unterdecke mit abgehängter Metallkonstruktion (C.33 und C.36)
Für Flure und Bereiche mit geringen Spannweiten existieren konstruktive Lösungen für so genannte »freitragende Decken« (C.34).

### Abhängungen

Für die Montage von Unterdecken spielen die Abhänger eine wichtige Rolle (C.30).

Die Auswahl richtet sich nach der Rohdeckenart, der Unterdeckenlast, der Abhängehöhe und den Brandschutzanforderungen.

## Decken aus Gipsfaserplatten

Sie sind alternativ zu Gipskartonplatten einsetzbar, bestehen aus Gips und Papierfasern, die in einem Recyclingprozess gewonnen werden, und sind i. d. R. für dieselben Anwendungsgebiete geeignet.

## Gipskarton-Putzträgerdecke

Deckenbekleidungen mit Putzträgerplatten GKP bieten einen guten Haftgrund für den Putz, ermöglichen einen Ausgleich von Unebenheiten und ergeben eine zusätzliche Brandschutzmaßnahme. Alternativ können als Putzträger auch Mineralfaserplatten Verwendung finden.

## Gipskarton-Akustikdecke

Perforierte Gipskarton-Lochplatten weisen gute akustische Eigenschaften für Deckenausstattungen auf, dabei entstehen jedoch – oft unerwünschte – »Lochbilder«. In Kombination von unterseitig zu verputzenden Gipskarton-Lochplatten mit darauf liegendem Akustik-Schallschluckmaterial entstehen hochwertige, fugenlose Akustikdecken. Am Markt existieren fertige Systemdecken (C.37).

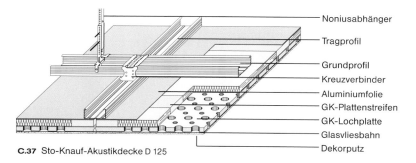

C.37 Sto-Knauf-Akustikdecke D 125

- Noniusabhänger
- Tragprofil
- Grundprofil
- Kreuzverbinder
- Aluminiumfolie
- GK-Plattenstreifen
- GK-Lochplatte
- Glasvliesbahn
- Dekorputz

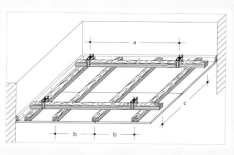

C.32 Plattendecke D 111 mit Holz-Unterkonstruktion (Knauf)

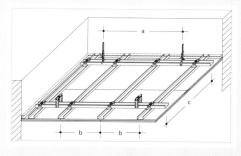

C.33 Plattendecke D 112 mit Metall-Unterkonstruktion (Knauf)

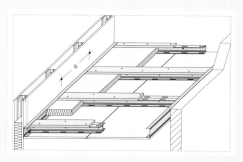

C.34 freitragende Decke D 131 (Knauf)

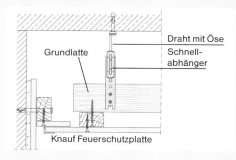

- Draht mit Öse
- Grundlatte
- Schnellabhänger
- Knauf Feuerschutzplatte

C.35 Beispiel Konstruktionsdetail mit Holz-Unterkonstruktion (Knauf)

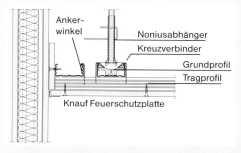

- Ankerwinkel
- Noniusabhänger
- Kreuzverbinder
- Grundprofil
- Tragprofil
- Knauf Feuerschutzplatte

C.36 Beispiel Konstruktionsdetail mit Metall-Unterkonstruktion (Knauf)

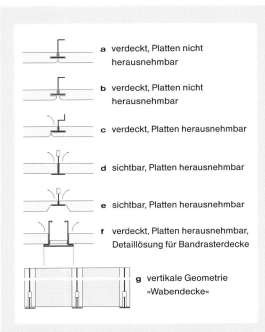

- a verdeckt, Platten nicht herausnehmbar
- b verdeckt, Platten nicht herausnehmbar
- c verdeckt, Platten herausnehmbar
- d sichtbar, Platten herausnehmbar
- e sichtbar, Platten herausnehmbar
- f verdeckt, Platten herausnehmbar, Detaillösung für Bandrasterdecke
- g vertikale Geometrie »Wabendecke«

**C.39** Kantenformen und Montagemöglichkeiten von MF-Deckenplatten (OWA)

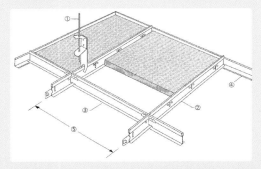

**C.40** sichtbares Metallsystem »OWAcoustic System S 15«

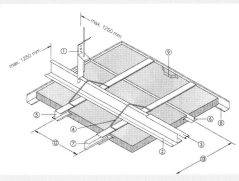

**C.41** verdecktes Metallsystem »OWAcoustic System S 1«

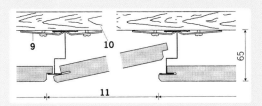

**C.42** herausnehmbares, verdecktes »OWAcoustic System S 9a«, hier in der Variante für Direktmontage dargestellt

# Ebene Decken

## Plattendecken

### Deckengestaltung im Raster

Einzelne, vorgefertigte Decklagenelemente werden mit einer systemhaften Unterkonstruktion als »leichte, abgehängte Unterdecken« besonders dort eingesetzt, wo umfassende Anforderungen und Aufgaben von der Decke erfüllt werden müssen.

Plattendecken bestehen aus quadratischen oder rechteckigen Einzelplatten, die entweder in sichtbare Konstruktionen eingelegt oder in »verdeckter Konstruktionsweise« installiert werden. So geben die Deckenuntersichten im Gegensatz zu den fugenlosen Decken ein mehr oder weniger deutlich hervortretendes Rasterbild ab. Die Decklagen können aus Mineralfaser-, Span-, Holzwerkstoff- oder Gipskartonplatten bestehen. Am weitesten verbreitet sind aufgrund ihrer Eigenschaften und guten Wirtschaftlichkeit Decklagen aus Mineralfasern, auch MF-Platten genannt.

### Mineralfaser-Plattendecken

MF-Decken sind leichte abgehängte Unterdecken. Die Mineralfaserplatten bilden den sichtbaren oberen Abschluss des Raums (**C.38**) und werden oft verwendet, weil sie aufgrund ihrer Eigenschaften eine Reihe wichtiger Anforderungen erfüllen:
- Raumakustik,
- Brandschutz,
- Schallschutz,
- geringes Flächengewicht,
- Wirtschaftlichkeit und Preis,
- vielfältige Gestaltungsmöglichkeiten,
- einfache Montage und Demontage,
- Flexibilität in Anordnung und Ausrüstung der Decke mit technischen Installationen,
- Revisionsfähigkeit,
- Integration von Beleuchtung, Lüftung.

### Material

Mineralfaserplatten werden in einem Herstellungsverfahren erzeugt, in dem aus Mineral- oder Schlackenfasern mit Hilfe von natürlichen Bindemitteln und anorganischen Füllstoffen ein festes und leichtes Plattenmaterial, »Faserverbundplatte«, resultiert. Die Oberflächen werden besonders behandelt und mit Farbe beschichtet. Die Farbwahl richtet sich nach den Einsatz-

**C.38** MF-Plattendeckensystem »OWAcoustic System S 15«

gebieten, am häufigsten sind Weiß- und Beigetöne, hierbei spielt hinsichtlich der Lichtverteilung und -ausbeute im Raum der Reflexionsgrad der Decklagen-Oberflächen eine Rolle.

### Oberflächenstrukturen

Die MF-Oberflächen werden mit Stanz-, Walz-, Press- und Fräsverfahren bearbeitet, um akustisch wirksame und ästhetisch ansprechende Oberflächen der Raumseiten zu erzielen.

### Formate

Für Deckenlösungen gibt es Standardformate in quadratischer und rechteckiger Ausführung sowie verschiedene Dicken von ca. 15–25 mm.

### Konstruktionsarten

Die Tragsysteme bestehen aus möglichst leichten Metallprofilen mit den entsprechenden Verbindungsmitteln, Abhängevorrichtungen und Wandanschlüssen.

Die Konstruktionstypen werden nach der späteren Sichtbarkeit bzw. Verdeckung des Schienenmaterials unterschieden, welches das Tragsystem für die eigentlichen Deckenplatten darstellt. Durch unterschiedliche Kantenformen (**C.39**) werden verschiedene Systemausprägungen – sichtbare (**C.40**) oder verdeckte Montage (**C.41**) – realisiert. Besonders vorteilhaft sind Profilierungen, die ein bequemes Herausnehmen der Deckenplatten ermöglichen (**C.42**). Neben den gezeigten Achsrasterlösungen sind solche für Bandraster erhältlich. Seltener werden »halbverdeckte« Montageformen sowie die vertikale Ausführung der MF-Platten als Wabendecke realisiert. Für Flurbereiche sind freitragende Systeme sinnvoll, die Unterkonstruktion ist ähnlich wie bei den Knauflösungen.

### Gewicht

Die Gewichte der Deckensysteme hängen einerseits von der Zusammensetzung der Platten, andererseits von der Art der Metallkonstruktionen ab. Bei 15-mm-Platten beträgt deren Gewicht 4,5–7,5 kg/m², bei 20-mm-Platten 6–10 kg/m². Die Metallkonstruktionen liegen bei ca. 2 kg/m². Eine mögliche Mineralwolleauflage mit 2 kg/m² kann noch hinzukommen.

### Belastung

Die Unterkonstruktion mit den Decklagen wird entsprechend der am Bau üblichen Sicherheits-Lastenannahmen berechnet. Zusätzliche Auflagen und technische Ausstattungen müssen separat abgehängt werden.

## Decklagenvarianten – Auswahlfaktoren

### Halbzeuge und Elemente

Die sichtbaren Flächenelemente von Deckensystemen werden als Decklagen bezeichnet. Für die unterschiedlichen Systeme steht eine Vielzahl von Halbzeugen und Materialien zur Verfügung, genormte und ungenormte, bereits fertig vorbereitete und nachträglich auf der Baustelle zu bearbeitende. Welche Materialien und Halbzeuge für das jeweils zu planende Deckensystem in Frage kommen, hängt von einer ganzen Reihe von Faktoren ab. Folgende Hauptfaktoren sind für die Auswahl von Decklagen entscheidend und sollten durchdacht und gegeneinander abgewogen werden:

- Einsatzort der Decke,
- Art des Konstruktionssystems,
- Montageaufwand,
- einfache Demontagemöglichkeit,
- Wirtschaftlichkeit und Qualität vorgefertigter Elemente,
- Feuerwiderstandsfähigkeit,
- Schallschutz- und Akustikeigenschaften,
- Integrationsmöglichkeit technischer Funktionen wie Licht, Lüftung, Heizung, Sicherheitsausstattung (Sprinkler), Mediakomponenten,
- Austauschbarkeit und freie Kombinationsmöglichkeiten verschiedener Deckenteile, (z. B. Funktionselemente mit Leuchten- oder Lüftungskomponenten gegen andere austauschen),
- Revisionsmöglichkeiten und deren Handhabung,

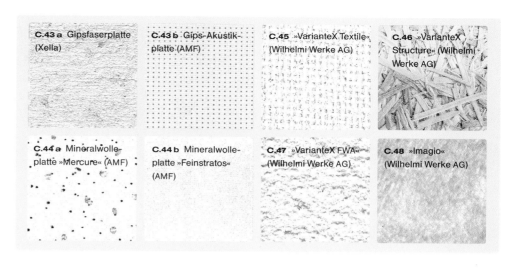

C.43 a　Gipsfaserplatte (Xella)

C.43 b　Gips-Akustikplatte (AMF)

C.45　»VarianteX Textile« (Wilhelmi Werke AG)

C.46　»VarianteX Structure« (Wilhelmi Werke AG)

C.44 a　Mineralwolleplatte »Mercure« (AMF)

C.44 b　Mineralwolleplatte »Feinstratos« (AMF)

C.47　»VarianteX FWA« (Wilhelmi Werke AG)

C.48　»Imagio« (Wilhelmi Werke AG)

- Unterhalt und Pflege,
- Umweltverträglichkeit, Wiederverwertung,
- Resistenz gegenüber UV-Licht, Temperaturunterschieden, Zigarettenrauch,
- Resistenz gegenüber Raumfeuchtigkeit oder Spritzwasser, Korrosionsschutz,
- Hygieneanforderungen.

### Oberflächenarten

Überwiegend werden Decklagenelemente bereits oberflächenfertig geliefert. Das Spektrum von Beschichtungen umfasst Anstriche, Kunststoff-, Folien- und Metallbeschichtungen, aufkaschierte Vliese, Holzfurnier-, Textil- oder Schichtpressstoffauflagen. Die sichtbare Struktur kann unterschiedlich geartet sein: matt, glänzend, glatt, strukturiert, perforiert, reliefartig, räumlich gegliedert, opak, teiltransparent.

### Beispiele von Decklagen

#### Gipsfaserplatten

Gipsfaserplatten (C.43 a) können als Dekor-, Feuerschutz-, Schallschluck- und Lüftungsplatten ausgebildet werden, sie sind Multitalente und hauptsächlich im Bereich der fugenlosen Decken von höchster Bedeutung. Für Plattendecken sind gelochte Akustikplatten aus Gips verfügbar (C.43 b).

#### Mineralfaserplatten

Die MF-Platten werden wegen der günstigen bauphysikalischen Parameter in Schallschutz, Wärmedämmung, Klimaregulierung und Brandschutz verwendet. Sie sind in unterschiedlichsten Strukturen ausgeführt, perforiert (C.44 a) und unperforiert (C.44 b) und werden meist für Plattendecken angewandt.

### Leichte Spanholzplatten mit Brandschutzausrüstung und Beschichtung

- fertige Beschichtung mit Naturfasern »Naturrupfen«, Anwendung meist für großformatige Plattendecken (C.45)
- Feinspandeckschicht, Anwendung meist für großformatige Plattendecken (C.46)
- Beschichtung an der Baustelle mit Akustikputz, Anwendung meist für fugenlose Decken (C.47)
- Holzspanplatte mit aufkaschiertem Akustikvlies auf der Sichtseite, verschiedene Dessins möglich, Anwendung meist für großformatige Plattendecken (C.48)

### Recyclingglas

Recyclingglas (C.49) mit aufkaschiertem Akustikvlies auf der Sichtseite, Dekor: Spachtelstruktur. Nicht nur unter ökologischen Gesichtspunkten, sondern auch wegen der hervorragenden brandschutztechnischen und akustischen Eigenschaften besonders günstige Decklagen aus 100 % Glas-Granulat, Anwendung meist für Plattendecken

C.49　»Mikropor G« (Wilhelmi Werke AG)

**C.50** Metallkassettendecke mit Klapptechnik (dobner GmbH)

**C.52** Sport-Paneeldecke (dobner GmbH)

**C.54** Metallrasterdecke (dobner GmbH)

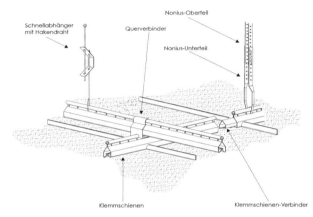

**C.51** Metallkassettendecken-Unterkonstruktion (dobner GmbH)

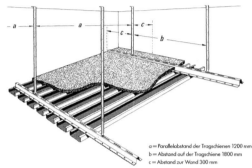

**C.53** Konstruktionsschema, Sport-Paneeldecke (dobner GmbH)

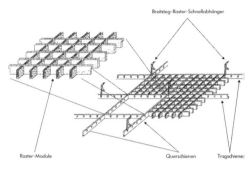

**C.55** Konstruktionsschema Metallrasterdecke (dobner GmbH)

## Deckensysteme aus Metall

Metalldecken sind, seit sie in den 50er Jahren ausgehend von Amerikas Bürohochhäusern eine internationale Verbreitung fanden, in einer großen Formen- und Funktionsvielfalt weiterentwickelt worden. Dafür sprechen ihr geringes Gewicht sowie die problemlose Montage und Realisierung großer Deckenflächen in kürzester Zeit, die funktionale und gestalterische Flexibilität sowie die Möglichkeit der Revision, die bei den Varianten mit Klapptechnik (**C.50**) an jeder Stelle erfolgen kann. Je nach Anwendungsbereich sind folgende Anforderungen an ebene Deckenbekleidungen und Unterdecken aus Metall zu stellen:

- geringes Eigengewicht,
- problemlose Integration von Beleuchtungs- und Klimatechnik,
- gute Verwendbarkeit für Multifunktionsdecken mit vielen Funktionen,
- einfache Montage und Demontage,
- Material, Form- und Farbvielfalt,
- geringe Unterhaltskosten,
- einfache Handhabung bei der Revision.

### Material

Die Materialien für Metalldeckenelemente sind zum einen verzinkte Stahlbleche mit pulverbeschichteten oder einbrennlackierten Oberflächen, Folienbeschichtung oder auch nur Verzinkung, zum anderen Aluminiumbleche mit folienbeschichteter oder eloxierter Oberfläche. Der funktionale Vorteil von allen Metalldecken ist ihr geringes Gewicht und Resistenz gegen gewisse mechanische Belastungen. Gestalterisch erlauben Metalldecken eine Vielzahl unterschiedlicher Lösungen.

Die Integration von Funktionen für Beleuchtung und Klima sowie Akustikmaterialien ist problemlos im System möglich; die geometrischen Ausprägungen ähneln denen der Holzdeckenarten.

### Metallkassettendecken

Sie sind unter den Metalldecken am weitesten verbreitet. Im Standardfall werden quadratische Kassetten im Wechsel mit Einbau-Rasterleuchten verwendet, für besonders leichte Handhabung des Zugriffs zu den darüber befindlichen technischen Installationseinheiten

existieren seit langem auf dem Markt so genannte »Fensterlösungen«, die einfach aufgeklappt werden können (**C.50**). Die wannenförmig aufgekanteten Deckenplatten werden in eine ebenfalls metallische Unterkonstruktion (**C.51**) eingehängt, -geklemmt oder -gelegt. Die Unterkonstruktion kann sichtbar oder verdeckt gestaltet werden, auf dem Markt existieren viele ähnliche Systemlösungen.

Mit gelochten Metallkassetten kann die Raumakustik beeinflusst werden. Unterschiedlich starke Perforierungen, aufgelegte oder aufkaschierte Akustikvliese oder Dämmschichten ermöglichen vielfältige schalltechnische und akustische Lösungen.

Die Kassetten sind jederzeit austauschbar, und der Einbau von Funktionselementen wie Sprinklern, Klimavorrichtungen, Leuchten oder Lüftungssystemen ist ohne große Probleme möglich.

Da die Metalldeckensysteme sehr leicht sind, ist an den Deckenbereichen, wo Trennwände angeschlossen werden sollen, eine Decklage aus Dämmstoffen aufzulegen, besser noch sind Kassettenplatten, auf denen der Dämmstoff

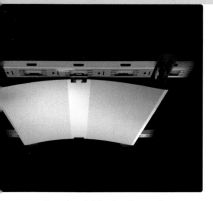

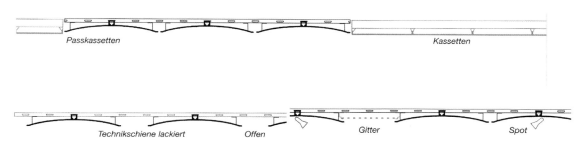

**C.56** Grundmodul Deckenkonzept
»DAMPAwing«, (DAMPA / Chicago Metallic)

**C.57** Anwendungsmöglichkeiten
Deckenkonzept »DAMPAwing«

aufkaschiert wurde. Brandschutztechnische Systemlösungen müssen über aufgelegte, imprägnierte GK-Feuerschutzplatten verfügen. Übliche Maße sind 600×600 mm, 625× 625 mm, 1200×1200 mm bei quadratischen Kassetten, sowie bei 500 mm Breite Längen bis zu 4000 mm als Langfeldlösungen für Flurbereiche. Üblicherweise sind Metallkassettendecken als Unterdecken auszuführen und spielen als Deckenbekleidung fast keine Rolle.

### Metallpaneeldecken

Sowohl als Deckenbekleidung als auch als Unterdecke verfügbar, werden Metallpaneele in ein Tragschienen-Untersystem eingeklipst. Die Schienen verfügen über entsprechend gerasterte Halterungen. Auf dem Markt existieren einander ähnliche Systeme mit verschiedenen Konfigurationsmöglichkeiten. Unterschiedlichste Formgebungen der Lamellen erlauben auch die Ausprägung als Akustikdecke, hierbei kommen perforierte oder mikroperforierte Paneele sowie aufgelegte Akustikvliese oder -auflagen aus Mineralwolle (**C.53**) zum Einsatz. Spezielle konstruktive Ausführungen erlau-

ben die Verwendung als ballwurfsichere Decken in Sportanlagen (**C.52**), als sturmsichere Decken in Freibereichen (Vordächer) und auch als F-30-Brandschutzdecken.

### Metalllamellendecken

Einzelne, senkrecht angeordnete und meist parallel verlaufende Metalllamellen werden dort eingesetzt, wo Unterzüge und Versorgungsleitungen verdeckt oder die Raumhöhe optisch vermindert werden soll. Durch die visuell-perspektivisch »dichter werdende« Wirkung ist es möglich, mit diesen eigentlich offenen Deckensystemen einen räumlich geschlossen wirkenden Raumeindruck zu vermitteln. Üblicherweise als Unterdecke ausgeführt, dient die Luft-, Schall- und Lichtdurchlässigkeit der gezielten Anwendung in dementsprechend zu gliedernden und Klima- und Beleuchtungsfunktionen beinhaltenden hohen Räumen wie Schalterhallen oder Terminals.

### Metallrasterdecken

Gitterartige Roste, die den Raum optisch gliedern, sind die »durchlässigen« Deckschichten

von Metallrasterdecken. Als offene Deckensysteme sind sie schall-, licht- und luftdurchlässig. Die Geometrien der Rasterungen sind quadratisch (**C.54**), rechteckig oder rund, teilweise dreieckig ausgebildet. Besonders für Lichtdecken finden diese Systeme ihre Anwendung, sie sind gegenüber jenen aus Glas unempfindlicher gegen mechanische Einflüsse und weisen gute akustische Eigenschaften auf. Die Unterkonstruktionen bestehen aus Steckrohren, T- und U-förmigen Tragprofilen sowie Schnellabhängern (**C.55**).

### Formbare Deckenstrukturen

Besonders große Deckenflächen für Bauvorhaben wie Schalterhallen, Verkehrsgebäude wie etwa Bahnhöfe und Flughäfen, aber auch in Bereichen von Bürogebäuden fordern oft eine individuelle und auf die unterschiedlichen Funktionsbereiche abgestimmte Deckengestaltung und -funktion. Mit neuen Lösungen wie z.B. dem Deckenkonzept DAMPAwing, dessen Grundmodule (**C.56**) biegsame und in radialer Form installierbare Stahlbleche bilden, können systemhafte und individuelle Deckenlösungen geschaffen werden, die v.a. durch ihre Geometrie architektonische Akzente setzen. Die Formbarkeit von Metallblechen wird somit hinsichtlich freier Formen ausgenutzt, und die jahrelang eingebauten konservativen Metallkassetten werden in Frage gestellt. Unterschiedliche Konfigurationen in Abstand, Einsatz von Sonder- oder Zwischenformen, Art und Anordnung von Funktionselementen sind in **C.57** beispielhaft dargestellt. Das Praxisbeispiel in **C.58** veranschaulicht die Umgangsweise mit diesen Deckenstrukturen, die hier für die an sich klare und kubische Architektur eine wohltuende Auflockerung darstellen.

**C.58** Foyer eines Gymnasiums mit einer »DAMPAwing«-Metalldecke, Sönderborg, Schweden

**C.60** Holzlamellendecke in der Universität Mannheim (Demmelhuber)

**C.61** Holzrasterdecke in einer Schule (Oranit)

## Decken aus Holz- und Holzwerkstoffen

Holz-Deckenbekleidungen und -Unterdecken sind ein altes, handwerklich gewachsenes architektonisches Element. Holz als natürlicher und vielfältiger Rohstoff in unterschiedlichsten Holzarten und Oberflächenstrukturen ist durch seine problemlose Bearbeitung und Montage, hohe Lebensdauer und »würdigen« Alterungsspuren auch im Fokus der modernen Architektur. Aufgrund des Quellens und Schwindens des Holzes sind besondere Detaillösungen notwendig, trotz verfügbarer industrieller Holz- bzw. Holzmaterial-Deckensysteme sind die Erfahrungen und Konstruktionsgrundlagen des Handwerks besonders für individuelle Holzdecken-Detailarbeit wesentlich.

Besonders in Gebäuden mit großen und kühl anmutenden Bauteilen kann die Wirkung großer Holzflächen ein markantes architektonisches Gestaltungsmittel darstellen. Die edle, kontrastreiche Wirkung ist stark von Parametern wie Holzart, Farbigkeit und Oberflächenbehandlung sowie natürlich den konstruktiven Details abhängig. Hervorzuheben ist ebenfalls die angenehme Raumakustik bei Verwendung von Holz und Holzwerkstoffen im Ausbaubereich.

### Holzkassetten- und -plattendecken

Holzkassettendecken bestehen aus meist quadratischen Platten, die mittels Rahmen und Füllungen aufgebaut sind und an der Rohdecke oder der Unterkonstruktion befestigt werden. Holzplattendecken bestehen aus Spanplatten oder dünnwandigen, montagefertigen Sperrholztafeln. Die Oberflächen werden lackiert, grundiert, mit Metall, Furnier, Kunststoffen oder anderen Materialien beschichtet. Die schalltechnischen Eigenschaften der Decke können mit diesen Deckenbekleidungsarten sehr gut beeinflusst werden, sowohl die Raumakustik als auch die Schalldämmung lassen sich exzellent verbessern. Dazu ist ein Schichtenaufbau mit porösen Decklagen aus Holzwolle, Akustikplatten oder perforierten Decklagen aus Furnierplatten, die geschlitzt oder gelocht werden, angebracht. Die Plattenoberflächen können hinsichtlich der Akustik schallreflektierend oder schallabsorbierend ausgebildet werden.

### Holzbretter-/Profilholz- und Holzpaneeldecken

Bretter in Nut- und Federausführung aus unterschiedlichem Nadel- oder Hartholz, die als Deckenbekleidung verarbeitet sind, bezeichnet man als Holzbretterdecken. Diese Art der Deckenbekleidung als rein handwerkliche Ausführung findet man oft im Wohnbereich, sie kann genauso eine Wandbekleidung abgeben. Holzpaneeldecken kommen aber auch in öffentlichen Bereichen wie z. B. in Gastronomieräumen, darüber hinaus auch in Sporthallen, Schwimmbädern und Schulen sowie in Räumen mit großen Deckenspannweiten zur Anwendung. Dabei handelt es sich um offene oder geschlossene Paneele als Deckenbekleidungen und Unterdecken, die eine gute Raumakustik gewährleisten. Die Gütebedingungen nach DIN 68127 sind zu beachten. Bei Ausführungen als Deckenbekleidung sind einfache Grundlattungen im Abstand von 60–80 cm üblich, auf die Paneele aufgeschraubt oder verdeckt genagelt werden. Höhere Anforderungen an den Schallschutz erfordern eine kreuzweise Lattung oder spezielle Befestigungsmittel wie z. B. Schwingbügel. Für Unterdecken mit Paneelen werden üblicherweise Metallunterkonstruktionen eingesetzt (**C.59**).

### Holzlamellendecken

Aus einzelnen, senkrecht und parallel angeordneten Platten aus Massivholz oder Holzwerkstoffen werden Lamellendecken gebildet (**C.60**). Diese sind luft-, schall- und lichtdurchlässig. Mit zusätzlichen aufgelegten schallabsorbierenden Materialien über der Lamellenschicht kann die Akustik enorm verbessert werden. Die vertikal verlaufenden Platten übernehmen außerdem noch einen einfachen, aber wirksamen Blendschutz. Unterkonstruktionen werden individuell auf das Gesamtsystem abgestimmt.

### Holzrasterdecken

Gleichmäßig gerasterte Deckensysteme aus Massivholz oder Holzwerkstoffen werden als Holzrasterdecken bezeichnet. Es können quadratische, rechteckige oder auch runde Formen erstellt werden, aufgrund der Rastergeometrie ist eine Einteilung entsprechend der vorhandenen Bauraster sinnvoll. Die optische Korrektur von besonders hohen Räumen in Verbindung mit individuellen Lichtgestaltungsmöglichkeiten ist wichtiges Funktionsmerkmal solcher Rasterlösungen. In perspektivisch-verdichteter Blickrichtung wirken sie homogen (**C.61**). Unterkonstruktionen werden individuell auf das Gesamtsystem abgestimmt.

### Spezielle Akustiksysteme

Eine besondere Weiterentwicklung der akustisch günstigen Holzflächen stellen Akustik-Plattenelemente dar (**C.62**, **C.63**). Für hochwertige akustische Aufgaben stehen damit bereits

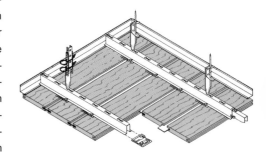

**C.59** Holzpaneel-Unterdecke in Clipmontage (Richtersystem)
Auch für aus traditionellen Handwerkstechniken stammende Holzdecken sind Systemlösungen erhältlich, die für Anwendungen auch in größeren Objekten geeignet sind.

**C.62** Furnier auf MDF-Platte und
Akustikvlies (Mäder)
Die Kombination von plattenförmigen
Akustikelementen und darunter ange-
ordneten Akustikvliesschichten ergibt
hochwertige Absoberflächen.

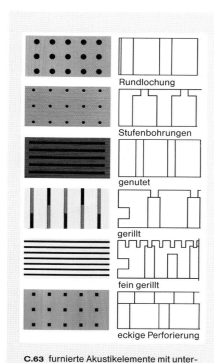

Rundlochung

Stufenbohrungen

genutet

gerillt

fein gerillt

eckige Perforierung

**C.63** furnierte Akustikelemente mit unterschiedlichen Perforierungen (Mäder)
Für präzise Raumakustik und hochwertige
Gestaltung stehen systemhafte Halbzeuge
mit unterschiedlicher Perforierung zur Verfügung.

vorfabrizierte Halbzeuge für raumnutzungs-
spezifische Absorptionsaufgaben zur Verfügung. Je nach gestalterischer Absicht und vom
Akustikplaner berechneten Parametern sind
die Produkte auszuwählen und zusammen mit
einem Unterbau zu Decken- und Wandsystemen verarbeitbar. Physikalisch betrachtet handelt es sich hierbei um so genannte »Helmholtzresonatoren« (vgl. S. 50).

# Formdecken

## Waben- und Pyramidendecken

Formdecken werden durch meist senkrecht
angeordnete, schallabsorbierende Einzela-
mellen nach konkreten funktionalen und
gestalterischen Anforderungen konfiguriert.
Meist handelt es sich um großformatige Ras-
terfelder, die aufgrund der vertikalen Stellung
der Lamellen nicht nur hohen akustischen,
sondern v. a. lichttechnischen Anforderungen
hinsichtlich Lichtlenkung und Blendschutz gerecht werden.

Ihre gestalterisch sehr dominante Wirkung und
besonders gute akustische Funktionsweise
haben ihnen Zugang zu großen Deckenflächen
in Industrie- und Gewerbebereichen ver-
schafft. Während Wabendecken noch häufiger
verwendet werden, sind Pyramidendecken
stark durch andere Deckenformen verdrängt
worden und werden aufgrund ihrer – heutiger
Architektur nicht gerecht werdender – Geometrie nicht mehr eingebaut. Bei Renovierungen können sie aber noch eine gewisse Rolle
spielen.

## Wabendecken

Aufgrund der besonders guten und wirtschaftlichen Lösung der Raumakustik werden
Wabendecken in Verkaufsräumen, Großraumbüros, Terminals oder Industriehallen eingesetzt. Übliche Materialien sind Mineralfaserplatten und/oder Metall. Senkrecht angeordnet
geben sie mittels Steckverbindern ein in sich
statisch sicheres System ab (**C.64, C.65**). Gestalterische Prägnanz und Blendschutz sind
wichtige Merkmale, die Beleuchtung lässt sich
hier gut integrieren. Die größte Stärke besteht
jedoch aufgrund der senkrechten Platten-
anordnung in den sehr guten akustischen
Qualitäten, die dB-Werte sind hierbei höher
als bei ebenen Decken. Darüber hinaus kann
ein Schallschutz durch das Auflegen von
Schallschluckplatten noch erheblich gestei-
gert werden. Die Waben, die diesen Decken
ihren Namen geben, werden üblicherweise in
quadratischer, rechteckiger, dreieckiger oder
polygonaler Grundgeometrie hergestellt. Ein
wichtiger funktionaler Vorteil besteht in der
freien Zugänglichkeit zu den über dem Deckensystem liegenden Installationen und technischen Vorrichtungen.

**Pyramidendecken (C.66 a, b)**

Pyramidendecken bestehen aus vorgefertigten Einzelelementen in Metallbauweise mit Füllungen aus meist perforiertem Aluminium oder
Stahlblech oder aber aus Mineralfaserplatten.
Integrierte Funktionen der Beleuchtung, des
Klimas, der Lüftung und des Brandschutzes
sowie Anschlusskonstruktionen für Trennwände sind gegeben.

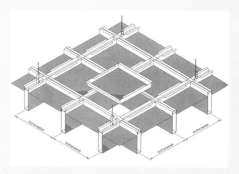

**C.64** Holzpaneel-Unterdecke in Clipmontage
(Richtersystem)
Bei Quadrat- und Rechteckwaben können die
Querprofile der Tragschienen in seitliche Aus-
stanzungen der durchlaufenden Längsprofile
eingehängt werden.

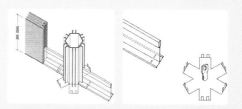

**C.65** Wabendeckensystem aus porösen Mineral-
faserplatten (OWAcoustic System S 10)
Für die Konstruktion von Drei-, Sechs- und Acht-
ecken werden an den Kreuzungspunkten Aluminium-
Knotenprofile eingebaut, an denen dann auch die
Abhängung erfolgt.

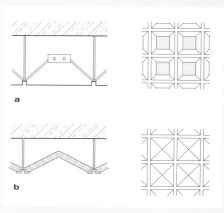

a

b

**C.66** Pyramidendecken-Formen
a mit,
b ohne integrierte Leuchten

C.69 Kühldeckensystem im Bürogebäude von Danfoss, Offenbach (Mineralfaserdecke: OWA, Kühlelemente: Trox / Hesco)

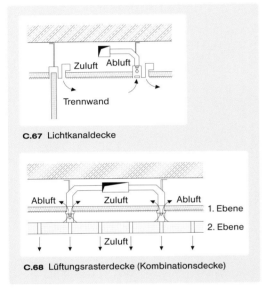

C.67 Lichtkanaldecke

Abluft | Zuluft | Abluft
1. Ebene
2. Ebene
Zuluft

C.68 Lüftungsrasterdecke (Kombinationsdecke)

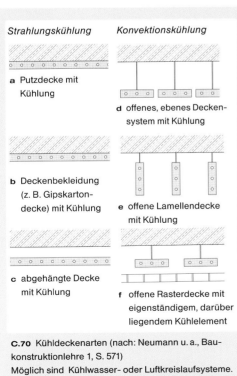

*Strahlungskühlung*

a Putzdecke mit Kühlung

b Deckenbekleidung (z. B. Gipskarton-decke) mit Kühlung

c abgehängte Decke mit Kühlung

*Konvektionskühlung*

d offenes, ebenes Decken-system mit Kühlung

e offene Lamellendecke mit Kühlung

f offene Rasterdecke mit eigenständigem, darüber liegendem Kühlelement

C.70 Kühldeckenarten (nach: Neumann u. a., Bau-konstruktionlehre 1, S. 571)
Möglich sind Kühlwasser- oder Luftkreislaufsysteme. Wassergekühlte Systeme sind bei hohen thermischen Lasten effizienter. Die teureren Luftkühlsysteme schaffen jedoch ein gesünderes Raumklima.

# Integrierte Decken

## Akustik – Licht – Raumklima

Von so genannten integrierten Deckensyste-men werden mehrere technische Funktionen gleichzeitig erfüllt. Notwendige Aufgaben der Akustik, Beleuchtung, Klimatechnik sowie Nut-zungsvariabilität sind dabei optimal aufeinan-der abgestimmt. Am Markt existiert eine Viel-zahl unterschiedlicher Systeme, so dass hier nur eine erste Übersicht gegeben werden kann. Die zwei wichtigsten integrierten Sys-teme sind Lichtkanal- und Lüftungsraster-decken:

### Lichtkanaldecken (C.67)

Sie sind speziell für die Ausführung großer Deckenflächen mit gleichmäßiger Langfeld-leuchten-Bestückung entwickelt worden und weisen eine flexible, modulare Konstruktions-weise auf, die es erlaubt, in Längs- und Quer-richtung Leuchten einzusetzen und umsetz-bare Trennwände anzuschließen. Sie haben eine unsichtbare Abluftführung durch Schlitze oberhalb der Lichtleisten sowie unauffällige, seitlich angeordnete Zuluftöffnungen. Eine freie Deckengestaltung wird durch variable, modulare Lichtkanalbreiten und Rastermaße gewährleistet.

### Lüftungsrasterdecken (C.68)

Sie werden auch Kombi-Decken genannt, wur-den speziell für großflächige Räume wie z.B. Schalterhallen, Großräume der Verwaltung und des Verkehrswesens, Kinos und Gewer-beräume entwickelt und setzen sich aus zwei Hauptschichten zusammen:
- 1. Ebene: Akustikdecke aus perforierten Mi-neralfaserdeckenplatten, perforierten Me-tallkassetten oder Aluminiumpaneelen. Die Tragschienen dieser Ebene sind als Licht-kanäle ausgebildet, die oberhalb liegende Schlitze aufweisen, durch die die Abluft des Raums und die Lampenwärme in den Deckenhohlraum entweichen kann.
- 2. Ebene: Vertikales Großraster (Lüftungs-raster, Akustikraster und Blendschutz), durch das die Zuluft zugfrei in den Raum eingeführt wird. Dies geschieht durch stern-förmige Verteiler, die die Zuluft an unten befindlichen Rasterblenden weiterleiten. Gleichzeitig dient das Raster als Akustik-

raster durch die seitlich perforierten Träger-schalen mit Schallschluckeinlage. Gegen-über den darüber frei liegenden Lichtleisten wirkt das Großraster zusätzlich als Blend-schutz. Der Vorteil der vertikalen Lüftungs-rasterdecken liegt in der klareren Gestal-tung, da es keine sichtbaren Schlitze und Sonderausformungen wie bei ebenen Deckenvarianten mit Lüftungstechnik gibt.
Für Räume mit »normalen« Anforderungen, beispielsweise im Bürobereich, sind kombi-nierte Lösungen aus den »ebenen Deckensys-temen« mit speziellen klimatechnischen- und lichttechnischen Installationen sinnvoll. Dabei sind auch Systeme interessant, deren Leuch-tenkomponenten separat von der Klimafunk-tion gehalten sind, da hierbei eine höhere Fle-xibilität bei Umrüstungen gegeben ist. Die in C.69 gezeigte Decke ist eine Kombination aus einer Bandraster-Mineralfaserdecke und dazwischen eingegliederten Kühlelementen. In dem schlank gehaltenen gemeinsamen Gehäuse sind sowohl Luftkühlung als auch Frischluftzufuhr untergebracht.

## Das Kühldeckenprinzip (C.70)

Wärmeenergie in Büroräumen abzuleiten ist die Hauptaufgabe von Kühldeckensystemen. Dabei kommt es auf eine genügende Luftzirku-lation an, was jedoch so vonstatten gehen muss, dass im Raum keine Zugwirkung auftritt. Die Übersicht der wichtigsten Kühldeckenar-ten zeigt Strahlungs- (a–c) und Konvektions-kühldecken (d–f). (Strahlung resultiert aus der langwelligen elektromagnetischen Strahlung, die sich mit Lichtgeschwindigkeit durch den Raum bewegt, und wird durch flächige Installa-tionen erzeugt, während Konvektion eine Tem-peraturübertragung durch ein Trägermedium in Form von Luft oder Wasser bedeutet; dazu müssen die Installationen eine möglichst große Oberfläche aufweisen.
Systeme, die einen deutlich spürbaren Luft-strom erzeugen, werden als hoch induktive Systeme bezeichnet (Spezialanwendungen). Deutlich besser sind induktive Systeme, die nur einen leichten Luftstrom erzeugen und zugfrei funktionieren. Um Behaglichkeit zu er-reichen, wird eine 2,5- bis 3-fache Luftwech-selrate benötigt. Kühldecken erfordern hohe Investitions- und Unterhalts- sowie Energie-kosten.

# Deckensegel

## Neue Baukonzepte

Für transparente Gebäudekonzepte mit großen, durchgehenden Glasfassaden ist es unter wirtschaftlichen und raumklimatischen Aspekten angezeigt, die Stahlbetondecken als Speichermasse zu nutzen. Die gesamte Einheit der Geschossdecken inkl. Estrich muss bei Konzepten für Bauteilkühlungen bzw. -heizungen, bei denen wasserführende Leitungen direkt in der Deckenkonstruktion liegen, ganzjährig auf einer konstanten Temperatur gehalten werden. Hier sind die Betondeckenflächen freizuhalten, eine Ausstattung mit konventionellen Unterdecken ist nicht möglich. Durchgängige Betondeckenflächen können gestalterischer Ausdruck moderner Architektur sein und erfüllen zugleich die Brandschutzanforderungen. Es stellt sich jedoch die Frage nach der Raumakustik:

## »Multifunktionale Segel«

Als baukonstruktive bzw. energetische Forderung müssen Alternativen zu Unter- bzw. Akustikdecken mit akustischer Wirkung gefunden werden; hier sind Möbelsysteme, Leichtbau-Trennwände sowie »Teildeckenflächen« bzw. Deckensegel von Interesse.

Die Tatsache, dass Möbel eigentlich keine festen Gebäudebestandteile darstellen und für den Akustikplaner bislang schwer einzubeziehen waren, stellt (besonders bei Mietimmobilien) eine Schwierigkeit dar. In diszipliniert planbaren Projekten mit energetisch hohen Forderungen werden jedoch Konzepte realisiert, die auch die Möblierung mit berücksichtigen. Das Zugrundelegen der akustischen Wirksamkeit der beiden Komponenten Möbel und Trennwandsystem sowie eventuell noch weiterer Elemente wie Fußböden, ergibt einen noch zu fordernden akustischen »Restwert«, der geringer ausfällt als der akustische Wert einer gesamten Deckenflächenlösung. Da spezifische Lösungen individueller Natur sind, soll an Projekt-Beispielen nachvollzogen werden, welche Funktionen dabei realisiert werden:

## Akustik

»Akustische Teilflächen« sind hier ausreichend, sie werden im Abstand zur energetisch

**C.71** Deckensegel-Reihung, KfW-Gebäude, Frankfurt/Main
Die integrierten Leuchten verfügen über speziell auf die Anwendung abgestimmte Eigenschaften und ermöglichen eine ausgezeichnete Lichttechnik.

**C.72** Deckensegel in Knauf-Technik im Gebäude der Swiss Re in Unterföhring, Arch.: BRT, Hamburg

wirksamen Rohdecke installiert. Möglich sind gerade oder geschwungen geformte Konstruktionen mit absorbierenden Oberflächen wie mikroperforierte Stahlbleche (**C.71**), Textil- oder Filzabsorber oder auch Gipskarton-Lösungen (**C.72**).

## Beleuchtung und Belichtung

Die geforderten Beleuchtungsstärken sowie die Anordnung der Lichtquellen sind mit in Deckensegel integrierbare Leuchten realisierbar (**C.71**). Zu beachten ist auch ein möglichst geringer Flächenanteil der Leuchten, damit genügend akustische Fläche übrigbleibt. Im konkreten Beispiel sind das pro Deckensegel $0,26 \, m^2$ von insgesamt $2,06 \, m^2$. Durch ihre Anordnung und Form wirken die Deckensegel Tageslicht lenkend (**C.73**).

## Kühlung

Bereits vorinstalliert sind mäanderförmige Kupferrohre zum Zweck einer zusätzlichen Wasserzirkulations-Kühlung, die über Aluminium-Wärmeleitbleche mit Magneten direkt auf der Rückseite der Segel befestigt sind (**C.71**).

## Kabeltrassen und Installationen

Stellt sich die Notwendigkeit an der Decke entlangzuführender Installationen, kann in diesen Bereichen mit Deckensegeln gearbeitet werden. In **C.72** gezeigte Gipskarton-Teilflächen realisieren aufgrund ihrer lang gestreckten Geometrie diese Funktion.

## Flexibilität

Deckensegel befinden sich meist genau dort, wo sie für akustische und mögliche weitere Funktionen notwendig sind. Bei einer räumlichen Umstrukturierung, wie sie bei Verwaltungsebenen vorkommen kann, ist es sinnvoll, bereits bei der Planung optionale Lösungen zu bedenken. Die Einbeziehung von Fachplanern und -firmen ist bei Deckensegel-Planungen oft notwendig, da es noch keine nennenswerten »Standardlösungen« gibt.

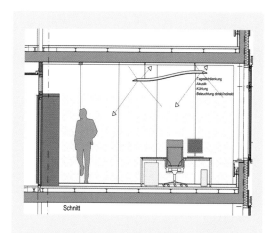

**C.73** CAD-Zeichnung Deckensegel, Arch.: RKW, Projektbüro Frankfurt/Main, KfW-Gebäude, Frankfurt/Main
Die Deckensegel übernehmen Tageslichtlenkung, Beleuchtung, Schallschutz, Kühlung und sind regelrechte multifunktionale Ausstattungselemente, welche auf den energetischen, ergonomischen und designspezifischen Anforderungen der Gesamtplanung basieren. Trotz der komplexen Funktionalität besitzen sie eine ausgewogene Formensprache.

## Spanndecken

### Spann- und formbare Folien

#### Decken aus Lackspannfolien

Hier handelt es sich um Deckenlösungen, die ohne aufwendige Unterkonstruktionen auskommen und dennoch eine hohe gestalterische und funktionale Qualität gewährleisten.

#### Material

Verwendet wird Kunststoff-Weichfolie, die aufgrund ihrer speziellen Kunststoffzusammensetzung eine enorme Stabilität aufweist, die selbst in extremen Temperaturbereichen von ca. −40 bis +40 °C nicht nachgibt. Eine hohe Bruchfestigkeit sowie die v. a. für komplexere Geometrien (**C.74**) nutzbare Elastizität sind wichtige Materialeigenschaften, die eine Verwendung als Spanndecke ermöglichen. Die Materialstärken liegen je nach Oberflächenart zwischen 0,17 und 0,40 mm, das Eigengewicht der Folien zwischen 200 und 320 g/m². Prüfzertifikate belegen die Eigenschaften für eine Einsetzbarkeit im Innenausbaubereich. Hersteller geben eine Lebensdauer von 20 Jahren an. Die Folien sind in Baustoffgruppe B1 eingeteilt (schwer entflammbar), auch existieren spezielle Brandschutzlösungen. Eine hundertprozentige Recyclebarkeit wird garantiert.

#### Oberflächenarten

Eine große Farbvielfalt sowie verschiedenste Oberflächenarten sind erhältlich. Es gibt matte, lackierte, satinierte, beflockte, metallisierte und transparente Oberflächen. Für akustische Anforderungen können mikroperforierte Ausführungen realisiert werden.

#### Verarbeitungstechnik

Die Folien werden aus einer oder mehreren zusammengeschweißten Bahnen vorkonfektioniert und an den Rändern mit Kedern versehen, die in spezielle Klemmprofile, welche am Deckenrand befestigt werden, eingeklemmt werden (**C.76**).

#### Formbarkeit

Die durch die Spanntechnik realisierbaren Geometrien sind eine besondere Stärke von Lackspannfolien. Speziell leichte »Unterkonstruktionen« erlauben auch das »Modellieren« komplexerer Formen (**C.74**); ebenfalls existieren Lösungen zum Einbau von Leuchten und anderen Installationen.

**C.74** Auch die komplexe Geometrie eines gotischen Gewölbes lässt sich mit einer Lackspanndecke realisieren (Barrisol).

## Lichtplanung

Die Decke nimmt innerhalb der Raumbegrenzungsflächen hinsichtlich des Lichts, der Lichtverteilung und -wirkung im Raum die wichtigste Rolle ein.

### Grundlagen der Lichtplanung

Es gibt zwei lichtplanerische Bereiche: die »Belichtung« mit Tageslicht und die »Beleuchtung« mit Kunstlicht. Gerade in Verbindung mit Deckensystemen sind beide zu berücksichtigen. Die unterschiedlichen Beleuchtungs- und Belichtungslösungen in Verbindung mit bestimmten Deckensystemen erfordern eine Auseinandersetzung mit den lichtplanerischen Grundlagen.

#### Lichtwirkungen

Gängige Beleuchtungslösungen erzeugen entweder direktes Licht, entsprechend der direkten Beleuchtungsrichtung, oder verfügen über eine umgelenkte diffuse Lichtwirkung, die als indirektes Licht bezeichnet wird. Mischformen, die aus beiden Lösungen resultieren, werden als direkt-indirektes Licht bezeichnet.

#### Lichtgeometrie

Die unterschiedlichen technischen Leuchtenlösungen verfügen über jeweils eigene geometrische Parameter. So gibt es punktförmige (**C.77**), lineare (**C.78**) und auch Flächen-Lichtquellen (**C.80**). Außerdem spielt ihre Anordnung – z.B. in Bezug zu Arbeitsplätzen – eine wesentliche Rolle.

#### Beleuchtungsstärke

Je nach »Sehaufgabe« benötigt man eine bestimmte Lichtstärke. In DIN 5035, Teil 2, sind Nennbeleuchtungsstärken für bestimmte Arbeitsplatzbereiche gefordert, einige wichtige Werte sind auszugsweise in **C.79** genannt.

#### Lichtfarben

Lichttechnisch werden Lichtfarben nach ihrer Farbtemperatur unterschieden, die genau wie die Beleuchtungsstärken messbar sind und an den jeweiligen Einsatzbereichen eingehalten werden müssen.

Moderne Systeme realisieren bereits verschiedene wechselnde Farbtemperaturen, die sich günstig auf die Gesundheit und Konzentrationsfähigkeit auswirken.

Im gezeigten Beispiel (**C.80**) ist eine tageslichtabhängige Farbtemperatursteuerung einer Lichtdecke realisiert worden, wobei zusätzlich zum Tageslicht ein zum jeweiligen Lichtaufkommen passendes Kunstlicht in die Raumtiefe gelangen kann. Diesem System liegt eine intelligente DSI-Bustechnik mit vorgeschalteten Sensor- und Steuerungseinheiten zugrunde.

Besonders interessant sind diese neuen Lösungen für Bereiche, in denen anspruchsvoller geistiger Arbeit nachgegangen wird wie Besprechungsräume und Vortragssäle.

### Lichtfarben und Farbwiedergabe

Die Anforderungen an Lichtfarben sind in DIN 5035, Teil 1, geregelt.

Besonders wichtig in Verbindung mit der Lichtfarbe ist die Farbwiedergabe:

Je nach vorherrschender Lichtfarbe werden Farben mehr oder weniger »echt« gesehen, was z.B. in Verkaufsstätten zu ungünstigem oder günstigem Erscheinungsbild bestimmter Produkte führen kann, die ins »rechte Licht« gerückt werden sollen. Solche Anforderungen werden auch an bestimmte Räume in Arbeitsstätten gestellt. Als günstigste Lichtfarbe gilt Warmweiß (ww), gefolgt von Neutralweiß (nw) und Tageslichtweiß (tw). Die Hersteller von Leuchtmitteln geben neben der Lichtfarbe auch ihre »Stufe der Farbwiedergabeeigenschaften« an, deren Anforderungen in DIN 5035, Teil 2, festgelegt sind.

### Licht-Gütemerkmale

Für Arbeitsplätze, insbesondere Bildschirmarbeitsplätze, sind in DIN 5035, Teil 1, auch weitere wichtige Parameter geregelt, die für die Durchführung und Qualitätsbeurteilung einer Beleuchtungs- und Lichtplanung entscheidend sind. Zu nennen sind Beleuchtungsniveau, Leuchtdichteverteilung, Begrenzung der Blendung, Lichtrichtung und Schattigkeit sowie die aus der Lichtfarbe resultierende Farbwiedergabe.

C.75 Licht-Deckensegel mit Lackspannfolie in einem Internetcafé (Barrisol)

C.80 Villa Bosch, Heidelberg, Lichtdecke mit Farbtemperatursteuerung (Spectral)

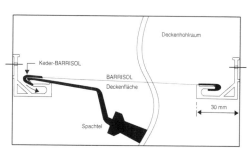

C.76 Prinzipdarstellung Spanndecken-System (Barrisol)

### Reflexion

Für die Planung der Lichtverteilung im Raum ist der Reflexionsgrad der Deckenoberflächen bedeutsam. Ihre Oberflächenbeschaffenheit hinsichtlich Farbe und Struktur bildet dabei die Grundlage für die Art und Menge der Reflexion des Lichts. Eine hohe Reflexion ist bei reinweißen Flächen gegeben, schwarze dagegen »schlucken« das Licht. Für die meisten Räume sind besonders helle, in Weiß- oder hellen Grautönen gestaltete Deckenflächen bzw. Decklagen sinnvoll. Für die Richtung der Reflexion bzw. Spiegelung des Lichts ist wiederum die Geometrie der Oberflächen entscheidend: glatte lenken die Lichtstrahlen »gerichtet« um, raue erzeugen eine »diffuse« Reflexion.

Bei lichttechnisch besonders sensiblen Bereichen ist es ratsam, einen Lichtplaner hinzuzuziehen. DIN 5035 sowie die Bildschirmarbeitsplatzverordnung schreiben für Deckenflächen einen Reflexionsgrad von 70–85% vor. Die Hersteller von Decklagen oder Beschichtungen informieren über den Reflexionsgrad ihrer Produkte.

C.77 Punktlichtquellen (Erco)

C.78 Langfeldleuchten mit direkter und indirekter Wirkung (Erco)

|  | Nennbeleuchtungsstärke (EN in Lux) |
|---|---|
| Verkehrszonen in Abstellräumen | 50 |
| Lagerräume | 50–200 |
| Umkleiden, Waschräume | 100 |
| Besprechungszimmer | 300 |
| Büroräume | 500 |
| Großraumbüros | 750–1000 |
| Technisches Zeichnen | 750 |

C.79 Nennbeleuchtungsstärken, Auszug aus DIN 5035, Teil 2

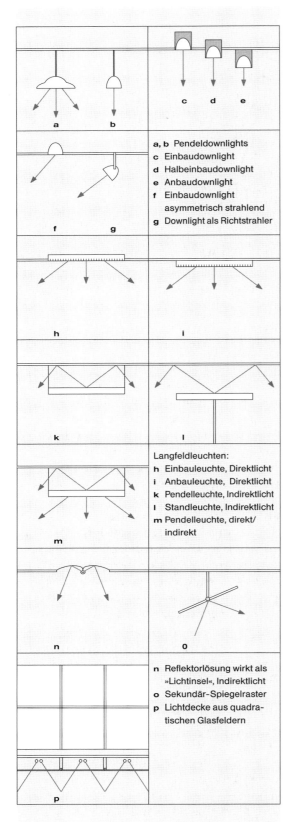

**C.81** Übersicht möglicher Leuchtenarten

## Leuchtenformen

Bei der Planung von Deckenspiegeln müssen passende Beleuchtungslösungen integriert oder kombiniert werden, Die Beleuchtungstechnik bietet eine große Variationsbreite. Man unterscheidet generell zwei Hauptformen:

**Deckenleuchten (»Downlights«)**
Alle Deckenleuchten, die ihr Licht nach unten abgeben und eine runde – oder quadratische – Form haben, gehören zu den Downlights, die direkt wirkende Leuchten sind. Sie unterscheiden sich nach Montageart und Ausstattung mit bestimmten Lampen (Varianten **C.81a–g**).

**Langfeldleuchten**
Die langgestreckte Form, die aus den verwendeten Leuchtmitteln (Leuchtstofflampen) resultiert, ist hier Namensgeber. Man unterscheidet Langfeldleuchten-Formen nach ihrer Montageart und ihren Lichtwirkungen (Varianten **C.81 h–m**). Langfeldleuchten gibt es in vielen Längen und unterschiedlichen Querschnitten, sie sind direkt oder indirekt sowie als Pendelleuchten auch direkt-indirekt wirkende Leuchten.

## Einbau von Leuchten in Deckenraster

Für Installationen von Einbauleuchten bzw. -downlights bieten sich besonders gerasterte Deckensysteme an, in die i.d.R. auch solche der gängigen Leuchtenhersteller passen; auch existieren spezielle Einbaukonstruktionen. **C.82** zeigt mögliche Einbaugeometrien, dabei sind die »ins Raster passenden« einfacher montierbar, für abweichende Lösungen werden Auflager-Konstruktionen notwendig. Wegen des

Eigengewichts der Leuchten müssen diese immer zusätzlich abgehängt werden.

### Sekundärlicht-Lösungen

Kunst- oder Tageslicht kann auch durch geeignete Reflektoren (**C.81 n**) oder Spiegel- bzw. Prismenraster (**C.81 o**) umgelenkt werden. Solche »Sekundärlichter« spielen eine immer bedeutendere Rolle in der modernen Architektur. Der Vorteil der Spiegel- oder Prismenlösungen (ohne integrierte Leuchtmittel) liegt zum einen in der Möglichkeit der effizienten Tageslichtnutzung auch für tiefe Räume, zum anderen im Wegfall von aufwendigen Installationen im Deckenbereich, da bei der Bestrahlung der Sekundärlicht-Lösungen Wand-, Fußboden- oder Stehleuchten genutzt werden. Sekundärlicht-Lösungen wirken indirekt.

### Lichtdecken

Aus satiniertem Glas oder Milchglas bzw. auch aus Spannfolien werden Lichtdecken gebildet, die eine besonders gleichmäßige Raumausleuchtung erzielen. Meist handelt es sich um rechteckige oder quadratische Glasplatten, die an Unterkonstruktionen und über denen Leuchtstoffröhren angebracht sind (**C.81 p**). Neuerdings sind auch Lösungen mit sehr filigranen Punkthalterungen erhältlich, die eine starke Flächenhomogenität besitzen. Eine Tageslichtnutzung in Kombination mit Kunstlicht bzw. eine Kunstlichtnutzung abends und nachts sind beliebte Lösungen beispielsweise für Galerien, Museen, Hotelfoyers, deren bauliche Struktur dies ermöglicht. Lichtdecken wirken als flächiges Direktlicht und ermöglichen hohe Beleuchtungsstärken ohne Blendung.

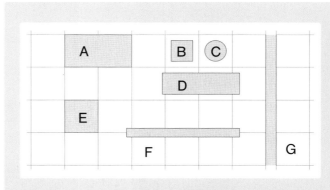

**C.82** Anordnung von Leuchten auf dem Deckenspiegel

**A** Langfeldleuchten im Deckenraster
**B, C** Downlights
**D** Langfeldleuchten mit spezieller Einbaueinheit
**E** Einbauleuchte, z.B. Reflektorleuchte
**F, G** Langfeldleuchten-Reihe auf Achs- oder Bandraster

**D.01** Holztreppe im Innenhof einer Karawanserei in Saudi-Arabien
Diese aus behauenen Baumstämmen gezimmerte Treppe besitzt noch deutliche Merkmale einer Leiter.

**D.02** Natursteintreppe nahe Yaipur, Indien
Selbstverständlich und unverrückbar:
Die archaische Treppe in einer jahrhundertealten astronomischen Beobachtungsstätte spiegelt in ihrer massiven Konstruktion das fundierte Wissen am Ort ihres Einsatzes wider.

**D.03** Ästhetik in der Industrie: Außentreppe eines Diesel-Tanks in Sulaimanya, Irak
Leicht, transparent und ästhetisch:
Diese Industrietreppe passt zu der technisch hoch entwickelten Ausstattung moderner Fertigungsanlagen.

# Grundbetrachtung

Die Treppe spiegelt innerhalb der Elemente der Architektur, neben ihrer Grundfunktion als vertikales Erschließungselement, nicht nur den technischen Entwicklungsstand, sondern auch die kulturelle, soziologische und politische Situation einer Gesellschaft wider – zeitgenössische Ströme in Kunst, Mode und Technik und nicht zuletzt die regionale Verfügbarkeit von Baustoffen sind in vielen Treppenanlagen sichtbar (**D.01–D.03**). Betrachten wir ihre epochale Entwicklung von einer Steighilfe im unwegsamen Gelände bis hin zum architektonischen Element:

Zunächst stellt die Treppe lediglich ein Hilfsmittel zur Überwindung von Höhen dar; eingekerbte Baumstämme, Leitern und Feldsteintreppen sind vermutlich die ersten Entwicklungen im Treppenbau. In den Hochkulturen der Antike entwickeln sich dann monumentale Treppenanlagen, meist Freitreppen zu Gotteshäusern, Tempelanlagen, Pyramiden und zu Palästen der gottgleichen bzw. dann im wahrsten Sinne des Wortes »höher gestellten« Herrscher. In vielen Kulturen, z. B. bei den Mayas, wurde der Weg über die – im Gegensatz zur Rampe – zählbaren Treppenstufen in seiner Symbolhaftigkeit nahezu zelebriert. Heute ist dieses Wissen über die Bedeutung von Zahlen in der gebauten Welt größtenteils in Vergessenheit geraten.

Im Mittelalter lässt sich die Tendenz feststellen, dass die Treppe vom Grundriss abgelöst und sowohl im Sakral- als auch im Profanbau in separate Türmen ausgelagert wird. Hingegen werden in der Renaissance Treppen als raumbildende, dominante Elemente wieder in das Gebäudeinnere verlegt. In der Spätrenaissance und im Barock erhalten sie immer prunkvollere Verzierungen. Die Treppe hat an Bedeutung gewonnen, sie gilt nun als Statussymbol und soll Reichtum und Größe des Bauherrn widerspiegeln. Außerdem zeigt sich in den erhaltenen, kunstvollen Treppen dieser Epochen die hohe Qualität des ausführenden Handwerks. Der sich entwickelnde eigenständige Beruf des Treppenbauers war auf die kunstvolle Verarbeitung von Holz und Stein spezialisiert.

In Zeiten der Industrialisierung kommt zu den bis dahin vorherrschenden Materialien Holz und Naturstein das Eisen als neuer Baustoff hinzu. Treppen werden immer filigraner, kühne Architektenentwürfe mit teilweise durchbrochenen Stufen erobern die Architektur. Im 20. Jahrhundert halten erneut neue Baumaterialien Einzug im Bau und somit auch im Treppenbau: Revolutionär ist die Entwicklung des Stahlbetons. Die Standardisierung von Bauteilen beginnt, vorgefertigte Einzelbauteile verkürzen die Herstellungsdauer. Im letzten Drittel des Jahrhunderts ermöglichen neue Herstellungsverfahren auch den Einsatz von Glas, v. a. für Geländer und Stufen. Nun besteht die Möglichkeit, Treppen fast körperlos transparent zu gestalten.

Heute steht eine Vielfalt von Materialien und technischen Lösungen zur Verfügung. Zwar wird die Durchwegung des Raums durch Rolltreppe und Aufzug ergänzt, doch bleibt die Treppe als gestalterisches Element, als architektonisches Mittel im Innen- und Außenraum, noch immer das Steckenpferd vieler Planer. Und es werden viele Anforderungen gestellt, abhängig von ihrer Funktion als notwendige Treppe, Architekturtreppe (nicht notwendige Treppe) oder Fluchttreppe. Das Auf und Ab im Raum muss für jeden Benutzer, ob alt oder jung, gesund oder mit irgendwelchen Einschränkungen, sicher und eindeutig gestaltet werden. Trotz Einhaltung vieler Normen und baurechtlicher Vorschriften muss sich die Gestaltung einer modernen Treppe nach Prüfung der funktionalen, sicherheits- und brandschutztechnischen Anforderungen aus der Einbindung der Treppe in den gewählten Gesamtkontext der Architektur, zusammen mit einem klugen Materialeinsatz, ergeben.

# Treppenformen

Treppengrundrisse werden nach Anzahl und Form ihrer Treppenläufe, der Laufrichtung (gerade, rechts- oder linksherum) sowie dem Vorhandensein von Podesten unterschieden. Die wichtigsten Treppenarten, eingeteilt nach ihrer Grundgeometrie, sind gerade, radiale sowie teilweise gewendelte Treppen:

## Gerade Treppen

Die rechteckige Treppen-Grundrissform, die den meisten gebauten Räumen entspricht und dementsprechend einfach und wirtschaftlich realisierbar ist, führt dazu, dass sehr viele Treppen »geradläufig« konstruiert werden. Da sie leicht und sicher zu begehen ist, wird die gerade Treppe ohne gewendelte Bereiche als notwendige Treppe in den meisten öffentlichen Gebäuden gefordert (**D.04**).

## Radiale Treppen

Spindel- oder Wendeltreppen stellen besondere, eigenständige und oftmals skulpturale architektonische Elemente dar (**D.05**). Zudem beanspruchen sie im Gegensatz zu anderen Treppenformen weniger Grundfläche (**D.11**). Wenn sie genauso sicher und bequem zu begehen sein sollen wie gerade Treppen, erfor-dert dies hohe Anforderungen an Planer, Konstrukteur und Treppenbauer.

## Teilweise gewendelte Treppen

Die Verbindung von geraden und gewendelten Treppenläufen schafft Treppengrundrisse, die in raumsparender Weise situationsangepasste Lösungen ermöglichen. Zu unterscheiden sind folgende Formen:
1. unterschiedliche Treppenläufe innerhalb einer Treppenanlage (**D.06**),
2. Treppen, deren Läufe jeweils »in sich« teilgewendelt sind (Einsatz v. a. im Wohnungsbau).

**D.04** zweiläufige Treppe in einem Bürogebäude mit Hotel (Hark Treppenbau)

**D.05** Spindeltreppe in der Universitätsbibliothek in Jena (Hark Treppenbau)

**D.06** Treppenanlage mit teilweise gewendelten Bereichen in einem Einkaufszentrum (Hark Treppenbau)

einläufige, gerade Treppe

zweiläufige, gerade Treppe mit Zwischenpodest

zweiläufige, gewinkelte Treppe mit Zwischenpodest (als Rechtstreppe gezeichnet)

zweiläufige, gegenläufige Treppe mit Zwischenpodest (als Rechtstreppe gezeichnet)

dreiläufige, gegenläufige Treppe mit Zwischenpodest

einläufige, im Antritt viertelgewendelte Treppe (als Rechtstreppe gezeichnet)

einläufige, im Austritt viertelgewendelte Treppe (als Linkstreppe gezeichnet)

einläufige, zweimal viertelgewendelte Treppe (als Linkstreppe gezeichnet)

einläufige, gewinkelte viertelgewendelte Treppe (als Rechtstreppe gezeichnet)

einläufige, halbgewendelte Treppe (als Rechtstreppe gezeichnet)

Spindeltreppe (als einläufige Linkstreppe gezeichnet)

Wendeltreppe mit »Auge« (als einläufige Rechtstreppe gezeichnet)

Bogentreppe, zweiläufig gewendelte Treppe mit Zwischenpodest (als Rechtstreppe gezeichnet)

**D.07** Übersicht über die wichtigsten Treppenformen

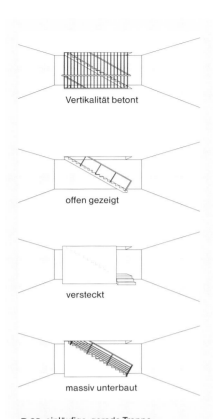

Vertikalität betont

offen gezeigt

versteckt

massiv unterbaut

**D.08** einläufige, gerade Treppe
Vertikale Umfassungselemente lassen
die Treppe entweder mit dem Raum
verschmelzen oder betonen ihre Eigenständigkeit.

## Treppen im Raum

Eine Treppe betont die Dreidimensionalität des
Raums und kann den Raumeindruck nachhaltig prägen. Die Treppengeometrie selbst und
die Wahl der vertikalen Begrenzungen wie
Wand und Geländer, Konstruktionsart, Gelän-
derfüllung und Handlauf sind entscheidend für
die räumliche Einbindung in den Raum.
Treppen können generell in ein Bauteilvolumen
eingeschnitten oder ihm hinzugefügt werden.
Auch ein Verschmelzen beider Ansätze kann
zu ansprechenden Raumwirkungen führen,
wenn beispielsweise die Nahtstelle zwischen
Alt und Neu bei einer Wohnhauserweiterung
deutlich gezeigt werden soll (**D.09**). Diese Treppe wechselt an der Nahtstelle konsequent ihre
Grundkonstruktion von auf den Wangen auf-
gelagerten zu von den Wangen abgehängten
Stufen.

**D.09** Treppe an der Schnittstelle zwischen alt und neu
Wohnhauserweiterung in Pullach, Architekten: Illig,
Weickenmeier + Partner, München, und Alexander
Reichel, Kassel/München, Statik: Konrad Dlaska,
München

Frei in den Raum gestellt wirken Treppen am
stärksten. **D.08** zeigt am Beispiel einer einläufi-
gen, geraden Treppe verschiedene Möglichkeiten der Integration bzw. der Freistellung einer Treppe im Raum. Das Durchschreiten des
Raums kann betont offen zelebriert, versteckt
geführt oder auf eine massive Basis gegründet
werden. Dabei spielen der Grad der Filigrani-
tät der umschließenden und unterstützenden

**D.10** Wendeltreppe, Verwaltungsgebäude Boehringer
in der Nähe von Mainz (Hark Treppenbau)

Bauteile und die Lage im Raum eine entscheidende Rolle.
Werden mehrere Treppenläufe über- oder nebeneinander angeordnet, so können Raum-
skulpturen erzeugt und Blickachsen betont
werden. Die siebengeschossige Wendeltreppe
in **D.10** wirkt durch ihre verkleideten Untersei-
ten und die geschlossenen Brüstungen sehr
skulptural.

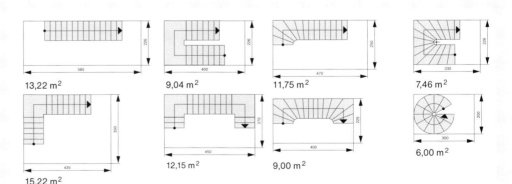

13,22 m²      9,04 m²      11,75 m²      7,46 m²

15,22 m²      12,15 m²      9,00 m²      6,00 m²

**D.11** Eine Auswahl an gebräuchlichen Treppenformen mit ihrem jeweiligen Flächenbedarf. Zum
besseren Vergleich wurden folgende Parameter
für jede Treppe festgelegt: Treppenbreite: 1,00 m,
Breite am Austritt: 1,00 m, Steigungsverhältnis:
15 Stg. 18 cm/27,5 cm.

Der Vergleich zeigt, dass Treppen mit teilweise
oder ganz gewendelten Läufen weniger Fläche
benötigen. Sie sind bei notwendigen Treppen
jedoch nicht immer erlaubt. Hierzu sind die
Sonderbauvorschriften der Länder zu beachten.
Neben einer ökonomischen Flächenausnutzung
sollte beim Planen einer Treppe jedoch auch immer auf ihre Wirkung im Raum, auf bequeme
Begehbarkeit und auf die Gesamtgestaltung
geachtet werden.

# Grundgeometrie

## Treppenbestandteile

Treppe und Treppenhaus setzen sich aus vielen Einzelteilen zusammen. Die wichtigsten Bestandteile werden in **D.12** dargestellt. Die einzelnen Grundkomponenten sowie die dabei notwendigen Umgangsweisen und normativen Grundlagen werden auf den nachfolgenden Seiten erklärt.

## Treppenstufen

### Steigungsverhältnis (D.13)

Stufen sind die auf das Schrittmaß eines Menschen abgestimmten Bauteile zur Überwindung von Höhenunterschieden. Für bequem und sicher begehbare Treppen gelten folgende drei Berechnungsmodelle für das Steigungsverhältnis. Sie sollten immer untereinander abgeglichen werden.

Die Schrittmaßregel $2s + a = 63\,cm$ ($\pm 3\,cm$) geht von einer durchschnittlichen Schrittlänge des Menschen von 63 cm aus. Allerdings lässt sie für hohe Steigungen sehr schmale und für niedrige Steigungen sehr breite Treppenauftritte zu, so dass das ermittelte Steigungsverhältnis mittels der Bequemlichkeitsregel $a - s = 12$ (berücksichtigt einen geringen Kraftaufwand beim Treppensteigen) und auch noch mittels der Sicherheitsregel $a + s = 46\,cm$ (gewährleistet ausreichend große Auftrittsflächen) überprüft werden muss. Das Steigungsverhältnis darf sich im Verlauf einer Treppe nicht ändern.

### Steigung und Auftritt

Stufen setzen sich aus Steigung s und Auftritt a zusammen (**D.14**), beide Komponenten werden im Folgenden einzeln betrachtet:
Die max. Steigung als Fertigmaß ist in DIN 18065 festgelegt (siehe **D.16**).
Nach der DIN sollte eine Steigung von 14 cm nicht unterschritten werden. Als generell bequeme Steigmasse gelten:

- für Nebentreppen bis 20 cm,
- für Treppen im Wohnhaus 17–19 cm,
- für Treppen in öffentlichen Gebäuden 16–17 cm,
- für Treppen in Versammlungsräumen, Theatern etc. ca. 16 cm,
- für Treppen im Freien ca. 14 cm.

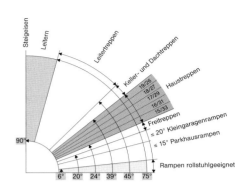

**D.13** Treppenneigungen (nach DIN 18065 und nach: Neufert, Bauentwurfslehre, S. 197)
Der Treppen-Neigungswinkel wird aus dem Verhältnis von Steigungshöhe und Auftritt errechnet. Der Neigungswinkel begrenzt die Anwendungsbereiche von Rampen, Treppen und Leitern.

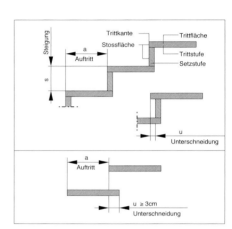

**D.14** Stufengeometrie
Die Stufe besteht aus Steigung und Auftritt.
– Steigung s: vertikaler Stufenteil bei geschlossenen Treppenläufen bzw. Abstand der Trittflächen bei offenen Treppenläufen ohne Setzstufen (max. 12 cm)
– Auftritt a: waagrechter Stufenteil

Steigungen können besonders hervorgehoben werden, so z.B. durch einen Wechsel in Farbe oder Material zwischen Setz- und Trittstufen oder bei offenen Treppen durch Beleuchtung des Raums zwischen den Auftritten. Steigungen in Fluren, die im Fluchtweg liegen, sind durch Rampen zu ersetzen, die eine griffige Oberfläche haben sollten. Hier ist zur Unfallverhütung ein Material- oder Farbwechsel sinnvoll.
Mindestauftritte nach DIN 18065 als Fertigmaße sind in **D.16** dargestellt. Der Auftritt ist in der Lauflinie zu messen. Nach der DIN sollte ein Auftritt von 37 cm nicht überschritten werden, um beim Abwärtsgehen das Hängenbleiben mit dem Absatz an der Stufenkante zu

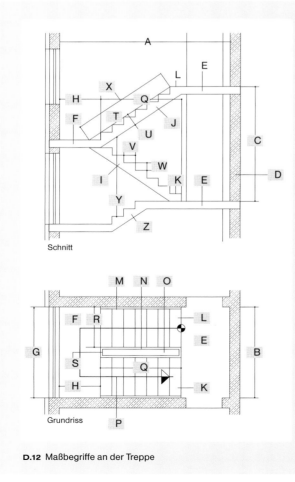

Schnitt

Grundriss

| | |
|---|---|
| **A** | Treppenhauslänge |
| **B** | Treppenhausbreite |
| **C** | Geschosshöhe |
| **D** | Treppenhauswand |
| **E** | Geschosspodest |
| **F** | Zwischenpodest |
| **G** | Podestbreite |
| **H** | Podesttiefe |
| **I** | Antrittslauf |
| **J** | Austrittslauf |
| **K** | Antrittsstufe |
| **L** | Austrittsstufe |
| **M** | Wandwange (Außenwange) |
| **N** | Freiwange (Lichtwange) |
| **O** | Treppenauge |
| **P** | Lauflinie |
| **Q** | Lauflänge, waagrecht |
| **R** | Laufbreite |
| **S** | Wendepfosten |
| **T** | Treppenneigung |
| **U** | Treppendicke |
| **V** | Steigung |
| **W** | Auftritt |
| **X** | Lauflänge in Neigung |
| **Y** | Durchgangshöhe |
| **Z** | Differenztreppe |

**D.12** Maßbegriffe an der Treppe

vermeiden. Schmale Auftritte bieten dem Fuß keinen vollen Auftritt mehr, daher fordert die DIN für bestimmte Fälle eine Auftrittsverbreiterung durch Untertritte (vgl. DIN 18065, Tab. 1, Anmerk. 4 und 5). Diese Verbreiterung ist jedoch nur beim Aufwärtsgehen wirksam und kann zur Stolperfalle werden. Sonderbauvorschriften, z. B. die Krankenhausbauverordnung, verbieten aus diesem Grund Unterschneidungen.

Die Vorderkante des Auftritts kann zur besseren Orientierung besonders hervorgehoben werden. Abhängig vom Material der Stufe sind hier vielfältige Ausführungen denkbar, z.B. farbliche Abstufungen, Beleuchtung in den Stufen oder seitlich an der Treppenhauswand oder rutschhemmende Kanten bzw. Kantleisten mit integrierter Leuchtfolie, die auch im Dunkeln oder bei Rauch (Fluchtweg) den Weg weisen. Auftritte mit einer hellen Farbgebung sind v. a. beim Abwärtsgehen besser erkennbar als dunkle Auftritte.

Wird der erste Auftritt verbreitert und als Antrittspodest ausgeführt, so sollte dieses nicht mit dem gleichen Belag wie der umgebende Fußboden belegt werden, da sonst v. a. beim Abwärtsgehen die Podestkanten leicht über-

sehen werden und das Sturzrisiko erhöht wird. Bei gewendelten Stufen entspricht die Auftrittslänge der Strecke zwischen den Schnittpunkten, welche der Lauflinienradius mit den Stufenvorderkanten bildet. Diese Strecke sollte 15 cm und neben der schmalsten Stelle mind. 10 cm breit sein.

Zu kontrastreichen und taktil erkennbaren Gestaltungen von Treppen siehe auch das Kapitel »Barrierefrei«.

### Stufenformen

**Blockstufe (D.15 a)**
volle oder hohle Stufe mit rechteckigem Querschnitt in voller Steigungshöhe; ein möglicher Falz verhindert den Schub nach vorne

**Keilstufe (D.15 b), Dreiecksstufe**
volle oder hohle Stufe mit dreieckigem Querschnitt; ein möglicher Falz verhindert den Schub nach vorne

**Plattenstufe (D.15 c, d)**
Stufe mit plattenförmigem Querschnitt

**L-Stufe, Winkelstufe (D.15 e, f)**
Stufe mit winkelförmigem Querschnitt, entweder als Setzstufe mit Trittstufe oder umgekehrt (Außen- oder Innenwinkel)

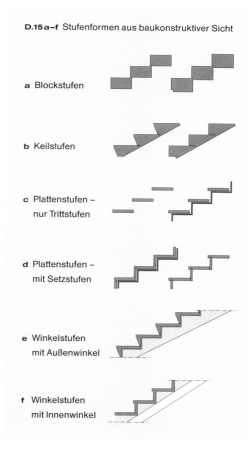

**D.15 a–f** Stufenformen aus baukonstruktiver Sicht

a Blockstufen

b Keilstufen

c Plattenstufen – nur Trittstufen

d Plattenstufen – mit Setzstufen

e Winkelstufen mit Außenwinkel

f Winkelstufen mit Innenwinkel

| Gebäudeart | Treppenart | Nutzbare Treppenlauf- breite b (min.) | Treppen- steigung s (max.) | Treppenauftritt a (min.) | Festlegung nach |
|---|---|---|---|---|---|
| Wohngebäude mit bis zu zwei Wohnungen und auch Maisonette- Wohnungen | Treppe, die zu Aufenthalts- räumen führt | 80 cm | 20 cm | 23 cm, jedoch dann mit Unter- schneidung, um Mindestauftritt von 26 cm zu erlangen | DIN 18065: 2000 – 01 |
| | Kellertreppe, die nicht zu Aufenthaltsräumen führt | 80 cm | 21 cm | 21 cm, jedoch dann mit Unter- schneidung, um Mindestauftritt von 24 cm zu erlangen | |
| | Bodentreppe, die nicht zu Aufenthaltsräumen führt | 50 cm | 21 cm | 21 cm, jedoch dann mit Unter- schneidung, um Mindestauftritt von 24 cm zu erlangen | |
| | nicht notwendige Treppe | 50 cm | 21 cm | 21 cm | |
| Sonstige Gebäude | notwendige Treppe | 100 cm | 19 cm | 26 cm | DIN 18065: 2000 – 01 |
| | nicht notwendige Treppe | 50 cm | 21 cm | 21 cm | |
| Verkaufsstätten | notwendige Treppe für Verkaufsräume mit bis zu 500 m² Fläche | 125 cm | lt. DIN | lt. DIN | VkVO |
| | notwendige Treppe für Verkaufsräume über 500 m² Fläche | 200 – 250 cm | lt. DIN | lt. DIN | |
| Gaststätten | Treppe für den allg. Besucherverkehr | lt. DIN | 17 cm | 28 cm | GastBauVO |
| Schulen | notwendige Treppe | 125 – 250 cm | lt. DIN | lt. DIN | SchulBauR |
| Krankenhäuser | notwendige Treppe | 150 – 250 cm | 17 cm | 28 cm | KhBauVO |

**D.16** Beispiel für Festlegungen zur nutzbaren Breite, Steigung und Auftritt von Treppen in unterschiedlichen Bereichen
Hinweis: VkVO, GastBauVO, SchulBauR und KhBauVO entnommen aus der LBO Nordrhein-Westfalen, Sonderbauvorschriften, 5., überarbeitete Auflage 2001, Abweichungen in anderen Bundesländern sind zu beachten.

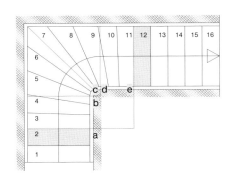

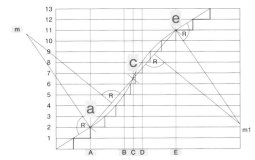

**D.17** Verziehen der Stufen in Grund- und Aufriss: Abwicklungsmethode am Beispiel einer viertelgewendelten Treppe

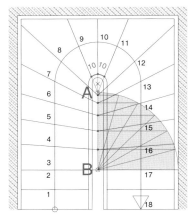

**D.18**

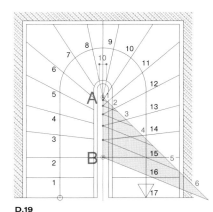

**D.19**

**D.18–19** Verziehen der Stufen im Grundriss am Beispiel von halbgewendelten Treppen: Viertelkreismethode, oben: am Beispiel einer halbgewendelten Treppe mit gerader Stufenzahl, Proportionalteilung, unten: am Beispiel einer halbgewendelten Treppe mit ungerader Stufenzahl

## Das Verziehen von Stufen

Gewendelte Stufen verringern den Platzbedarf einer Treppe und werden aus diesem Grund gerne in Wohnbereichen verwendet. Um gut begehbare Treppen mit teilweise gewendelten Bereichen zu erhalten, müssen diese Stufenbereiche verzogen werden. Hierbei gibt es verschiedene Methoden, die wichtigsten sind untenstehend aufgeführt und schrittweise beschrieben. Bei allen Methoden sollte darauf geachtet werden, dass die Stufenkante niemals genau in die 90°-Ecke des Treppenhauses gelegt wird, sonst entstehen dort dunkle Ecken, die sich nur schlecht putzen lassen. Treppen mit gewendelten Bereichen sind in verschiedenen Fällen gänzlich untersagt. Die Sonderbauvorschriften der Länder sind zu diesem Punkt zu beachten.

### Abwicklungsmethode (D.17)

- Im Grundriss werden zuerst die Treppenumfassungen sowie die geraden Antritts- und Austrittsbereiche des Laufs festgelegt. Im Beispiel sollen zwischen Stufe 2 und Stufe 12 neun Wendelstufen angeordnet werden (Punkt a und e).
- Im Aufriss wird die zuvor ermittelte Stufenhöhe (Geschosshöhe: Steigungszahl) in Parallelen angetragen, die geraden Auftritte bis Punkt a werden daran abgetragen (Linie A).
- Die Länge der Innenwange zwischen Punkt a und e wird im Aufriss abgewickelt angetragen (Linie E), ab Punkt e werden die oberen geraden Auftritte angetragen. Da die oberen, geradlinigen Stufen für die Wendelung unerheblich sind, werden im gezeigten Beispiel nur noch Stufe 12 und 13 dargestellt.
- Im Aufriss wird die Strecke a–e durch den Punkt c halbiert, danach die Strecke a–c und c–e. Im Mittelpunkt von c–a und c–e werden Lote angetragen und mit dem Lot auf den Steigungslinien in a und e verbunden: man erhält die Punkte m und m1.
- Die Bogenlinien zwischen a–c bzw. e–c (mit den Mittelpunkten m bzw. m1) schneiden die Stufenhöhen an der Vorderkante der zu ermittelnden Stufen.
- Dadurch ergeben sich im Aufriss die Auftrittsbreiten an der Innenwange, die nun in den Grundriss übertragen werden können.

- Nun werden im Grundriss die Auftrittsbreiten auf der Lauflinie angetragen, diese Punkte werden mit den vorher ermittelten Punkten an der Innenwange verbunden und bis zur Außenwange durchgezogen.

### Viertelkreismethode (D.18)

- Wie bei der Abwicklungsmethode beschrieben, wird zunächst die Anzahl der zu verziehenden Stufen festgelegt (hier Stufe 3–16).
- Eine Breite b = 10 cm wird an der Krümmung der Mittelstufen festgelegt: Die Verbindung beider Stufenvorderkanten ergibt den Schnittpunkt A.
- Die letzten geraden Stufen werden durch eine Horizontale verbunden und mit der Treppen-Mittelachse durch A geschnitten: ergibt Punkt B.
- Nun wird ein Viertelkreis mit Radius AB durch B geschlagen und in die den nötigen Wendelstufen entsprechenden Teilwinkel (hier 6) unterteilt. Diese Teilpunkte werden durch Horizontalen mit der Mittelachse AB verbunden. Die entstandenen Schnittpunkte auf der Mittelachse werden nun mit den Teilungspunkten auf der Lauflinie (Vorgehensweise wie bei der Abwicklungsmethode) verbunden: Man erhält die Stufen 11–16, welche durch Spiegelung an der Mittelachse die noch fehlenden Stufen 3–8 ergeben.

### Proportionalteilung (D.19)

- Stufe 9 in Treppenachse mit b = 10 cm an der Krümmung festlegen
- Ermittlung A und B wie bei der Viertelkreismethode beschrieben
- Die Strecke AB der erforderlichen Stufenzahl entsprechend proportional im Verhältnis 1 : 2 : 3 usw. aufteilen und diese Punkte mit Teilungspunkten auf der Lauflinie (wie bei Methode 2) verbinden: Man erhält die Stufen 10–15.
- Die Stufen 10–15 an der Mittelachse gespiegelt ergeben die noch fehlenden Stufen 3–8.

**D.20** Einkaufszentrum »Sevens« in Düsseldorf, Arch.: Achim Neeb, Mainhausen (Hark Treppenbau) Architektonische Treppenlösungen, bei denen die Podestflächen eine Sonderfunktion übernehmen, stellen einen Höhepunkt in der Treppenplanung dar.

## Treppenlauf und Podest

### Treppenlauf

Der Treppenlauf wird als Folge von mind. drei Stufen definiert, er kann offen oder geschlossen, d. h. ohne oder mit Setzstufen, ausgeführt werden.

### Nutzbare Laufbreite

- waagrechtes Fertigmaß an der engsten Stelle, i. d. R. in Handlaufhöhe, zwischen begrenzenden Oberflächen, Bauteilen und/oder Handlaufinnenkanten
- bei einseitigem Handlauf: Maß zwischen Außenwand und Handlauf bzw. innerstem Geländerpunkt (**D.25** und **D.26**)
- bei zweiseitigem Handlauf: Maß zwischen den Handläufen (**D.25** und **D.26**)
- Mindestlaufbreiten als Fertigmaße nach DIN 18065: siehe **D.16**

### Lauflinie

- Die Lauflinie liegt im Gehbereich der Treppe, sie entspricht der gedachten Linie, die den üblichen Weg des Benutzers angibt. Der gewählte Weg des Benutzers ist abhängig von Treppenbreite, Lage des Handlaufs, der Aufwärts- oder Abwärtsbewegung, dem Alter, der Größe und der Konstitution des Nutzers.

- Für gerade Stufenfolgen gilt: Die Lauflinie liegt in der Treppenmitte.
- Für gewendelte und »verzogene« Stufenfolgen gilt: Die Lauflinie kann frei im Gehbereich der Treppe gewählt werden, sie muss durchlaufen und darf keine Knicke enthalten, Krümmungsradien müssen mind. 30 cm betragen.

### Gehbereich nach DIN 18065

Für gerade Treppen, gerade Treppen mit gewendelten Teilen und Wendeltreppen (**D.21, D.22, D.23**) gilt:

- Bei einer nutzbaren Laufbreite bis 100 cm liegt der Gehbereich mit einer Breite von 2/10 der nutzbaren Laufbreite in der Treppenmitte, wobei bei gewendelten Bereichen die Krümmungsradien der Gehbereichsbegrenzungen mind. 30 cm betragen müssen.
- Bei einer nutzbaren Treppenlaufbreite über 100 cm liegt der Gehbereich mit einer Breite von 20 cm in einem Abstand von 40 cm von der inneren Begrenzung der nutzbaren Treppenlaufbreite.
- Für Spindeltreppen (**D.24**) gilt: Der Gehbereich mit einer Breite von 2/10 der nutzbaren Treppenlaufbreite liegt außermittig, wobei der kleinere Radius in der Treppenmitte liegt.

### Podest

- Ein Podest ist der waagrechte Absatz zur Unterteilung der Treppe, gefordert nach 13–18 Steigungen je nach Landesbauordnung bzw. nach 18 Steigungen laut DIN 18065.
- Nach der Lage unterscheidet man Treppenpodest (am Anfang oder Ende eines Treppenlaufs, meist Teil der Geschossdecke) und Zwischenpodest sowie Ruhepodest (Treppenabsatz zwischen den Geschossdecken, zwischen den einzelnen gleichgerichteten Treppenläufen), **D.20**.
- Nach der Form unterscheidet man Halbpodest (Absatz zwischen im 180°-Winkel zueinander angeordneten Treppenläufen) und Viertelpodest (Absatz zwischen im 90°-Winkel zueinander angeordneten Treppenläufen).
- Die Podesttiefe muss mind. gleich der Laufbreite sein. Um den Lauffluss nicht zu unterbrechen, sollte bei geraden Treppen das Podest im Gehbereich eine Tiefe

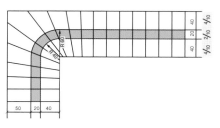

**D.21** Gehbereich einer viertelgewendelten Treppe nach DIN 18065

Treppen setzen sich aus dem Treppenlauf, oft in Verbindung mit Podest(en) zusammen. Für beide Bestandteile legt die DIN 18065 bestimmte Anforderungen fest.

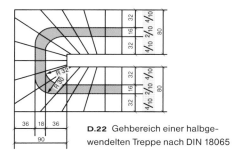

**D.22** Gehbereich einer halbgewendelten Treppe nach DIN 18065

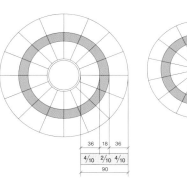

**D.23** Gehbereich einer Wendeltreppe nach DIN 18065

**D.24** Gehbereich einer Spindeltreppe nach DIN 18065

von n × 63 cm + 1 × Auftritt besitzen. Die Podesttiefe darf auch bei schmalen Läufen laut den meisten Landesbauordnungen eine Breite von 100 cm nicht unterschreiten. Bei Viertel- und Halbpodesten ist eine größere Breite für den Transport von großen Gegenständen empfehlenswert, besonders wenn die Brüstung am Treppenauge raumhoch ausgeführt ist.

- Bei notwendigen Treppen darf keine Tür in den Gehbereich von Podestflächen aufschlagen.

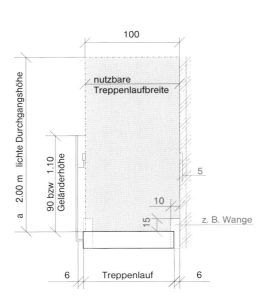

**D.25** Lichtraumprofil und Seitenabstände einer notwendigen Treppe nach DIN 18065

**D.26** Lichtraumprofil und Seitenabstände bei einer nicht notwendigen Treppe nach DIN 18065

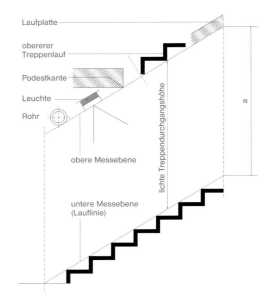

**D.27** obere Grenzen der lichten Durchgangshöhe nach DIN 18065

## Lichtraumprofil und Seitenabstände nach DIN 18065

DIN 18065 legt die notwendigen Wandabstände von Stufen und Geländern, die nutzbare Treppenlaufbreite bei einseitigem und zweiseitigem Handlauf sowie die lichte Durchgangshöhe fest. Außerdem werden erlaubte Einschränkungen im so genannten »Lichtraumprofil«, d. h. in der umgebenden Treppenraumgeometrie, erläutert. Hierbei wird nach notwendigen (**D.25**) und nicht notwendigen Treppen (**D.26**) unterschieden. Die in den Abb. rot dargestellten Eintragungen sind als zugelassene, alternative Konstruktionsmöglichkeiten zu betrachten. Für notwendige Treppen und nicht notwendige Treppe gilt gleichermaßen:

**Die nutzbare Treppenlaufbreite**
ist als lichtes Fertigmaß waagrecht zwischen begrenzenden Oberflächen, Bauteilen und/oder Handlaufsinnenkanten zu bemessen. Sie beträgt bei notwendigen Treppen mind. 100 cm und bei nicht notwendigen Treppen mind. 80 cm.

**Der Treppenraum**
darf an beiden Seiten im unteren Bereich bis zu einer Höhe von 15 cm und einer Breite von 10 cm eingeschränkt werden, z. B. durch Treppenwangen, Tragprofile, Bischofsmützen oder seitliche Wandbekleidungen. Wird die Treppe von der Wand oder

wird das Geländer vom Treppenlauf abgesetzt, so darf ein seitlicher Abstand von 6 cm nicht überschritten werden.

**Die lichte Treppendurchgangshöhe**
darf 2 m nicht unterschreiten, die unteren und oberen anzunehmenden Begrenzungspunkte der Höhe sind in **D.27** dargestellt. Für nicht notwendige Treppen (**D.26**), auch für Treppen in Wohngebäuden mit nicht mehr als zwei Wohnungen und für Bodentreppen, die nicht zu Aufenthaltsräumen führen, gilt außerdem: Der Treppenraum darf im oberen Bereich durch ein Dreieck mit einer Kathetenlänge bis 25 cm eingeschränkt werden, z. B. durch Dachschrägen.

## Konstruktion

Das Erscheinungsbild einer Treppe hängt in hohem Maß von der Wahl der Treppenlaufkonstruktion ab (**D.28**, **D.29**, **D.30**). Treppenkonstruktionen können nach der Art ihrer Stufenauflager unterschieden werden:

**Wangentreppen (D.31 a)**
Stufen werden zwischen zwei seitlichen Wangen gelagert.

**Holmtreppen (D.31 b)**
Zwei Holme in Laufrichtung, die an ihren Auflagern torsionssteif eingespannt werden, unterstützen die Stufen.

**Einholmtreppen (D.31 c)**
Ein mittiger Holm, der an seinen Auflagern torsionssteif eingespannt wird, trägt auskragende Stufen.

**Wangen-Holmtreppen**
Bei Wangen- und Holmtreppen kann der Anschluss an Podeste auf viele Arten gelöst werden (**D.32**).

**Kragtreppen (D.31 d, e)**
Trittstufen oder Tritt- und Setzstufen eines Treppenlaufs werden an einer Treppenseite aufgelagert oder eingespannt und kragen frei aus. Auch Spindeltreppen gehören zu den Kragtreppen.

**Abgehängte Treppen (D.31 f, g)**
Stufen werden direkt von der Decke oder von der tragenden Brüstung abgehängt.

**Massivtreppen (D.31 h)**
Treppenläufe mit Stufen und Podeste werden in einem Stück, i. d. R. aus Ortbeton oder Stahlbetonfertigteilen, hergestellt. Die Stufen können sichtbar bleiben oder mit verschiedenen Materialien belegt werden.

Der geometrische Zusammenhang zwischen Stufenanordnung, Handlauf und Treppenuntersicht bei geraden Treppen mit Halb- oder Viertelpodest (**D.33**) sieht wie folgt aus: Zur Vereinfachung werden die folgenden Überlegungen am Beispiel einer Treppe mit Halbpodest erläutert. Sie können gleichermaßen auf Treppen mit Viertelpodesten angewendet werden. Auch die Knickpunkte des dargestellten massiven Laufs lassen sich analog auf die Wangen oder Holmen übertragen.) Folgende Forderungen werden an die Treppe gestellt:

- Forderung 1: Die Läufe sollen so an die Podeste anschließen, dass die Knicklinien in der Treppenuntersicht eine Linie bilden.
- Forderung 2: Der innere Handlauf soll bei gleichbleibender Höhe ohne Versprung am Treppenauge ausgeführt werden.

Liegen Austritts- und Antrittsstufe in einer Linie (**D.33a**), wird die Forderung 1 nur dann erfüllt, wenn das Podest dicker als statisch erforderlich ausgeführt wird.

Forderung 2 wird nur mit Einschränkungen erfüllt, nämlich nur, wenn die beiden Handläufe bis zu ihrem Schnittpunkt weitergeführt werden. Sie ragen dann in das Treppenpodest hinein, schränken den Podestraum ein und können somit sogar Verletzungen verursachen. Versucht man nun den inneren Handlauf an der Podestkante zu führen, entsteht ein unschöner Höhenversprung. Ist das Treppenauge entsprechend breit, kann mit einem Übergangskrümmling gearbeitet werden, wobei der Anschluss von Geländerfüllungen mit Obergurt an den Krümmling nicht sauber zu lösen ist. Werden Antritt und Austritt um eine Auftrittsbreite verschoben (**D.33b**), wird die Forderung 1 wiederum durch Anpassen der Podestdicke erfüllt.

Auch die Forderung 2 lässt sich hierbei problemlos lösen, da die Schnittpunkte der beiden Handläufe nun an der Podestkante zusammenlaufen und im Treppenauge durch ein waagrechtes Stück verbunden werden können. In diesem Fall wird eine größere Gesamtlänge der Treppenanlage benötigt, was schon beim Entwurf berücksichtigt werden sollte. Generell kann eine saubere Treppenuntersicht auch dann erreicht werden, wenn die Verschiebung der beiden Läufe um eine halbe Auftrittsbreite erfolgt und die Podestdicke dementsprechend angepasst wird.

Für die Handlaufführung und eine saubere Oberbodenlösung mit durchlaufendem Fugenraster empfiehlt sich jedoch die dargestellte Lösung.

**D.28** Wangentreppe im Dresdner Landtag, Arch.: Peter Kulka, Dresden/Köln

**D.29** Treppe zur Brühlschen Terrasse in Dresden Schauplatz städtischen Lebens. Die massiven Blockstufen halten dem Wetter stand.

**D.30** flächig ausgeführte Wangentreppe in einem Bürogebäude, Arch.: Schneider & Schuhmacher, Frankfurt/Main (Hark Treppenbau)

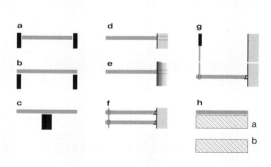

a Wangentreppe
b Holmtreppe
c Einholmtreppe
d Kragtreppe
e Spindeltreppe
f Tragbolzentreppe
g abgehängte Treppe
h Massivtreppe:
   mit Belag
   ohne Belag

**D.31** Stufenauflager-Arten aus statischer Sicht

**D.32** Auflagerarten bei Wangen- und Holmtreppen

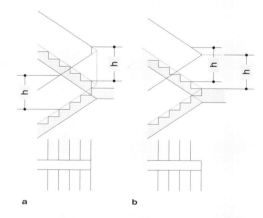

**D.33** Zusammenhang zwischen Stufenanordnung, Handlauf und Treppenuntersicht

Beim Entwurf einer Halbpodesttreppe wird die Vorderkante der Antrittsstufe des zweiten Laufs oft in Verlängerung der Hinterkante der Austrittsstufe des ersten Laufs gesetzt (**a**). Für die saubere Lösung aller Anschlusspunkte wird beim Detaillieren der Treppe meist der zweite Lauf um eine Auftrittsbreite verschoben (**b**).

**D.34** Treppe in der Erweiterung der HypoVereinsbank, München, Arch.: Betz Architekten, Müchen / Berlin. Der Verlauf des Handlaufs wird durch die Beleuchtung in den Stufen noch unterstrichen.

## Handlauf

Der Handlauf gewährleistet durch die sichere Führung der Hand ein gefahrloses Begehen von Treppen. Er ist v. a. für geh- und sehbehinderte sowie für alte Menschen eine wichtige Hilfe und sollte daher ohne Unterbrechung um alle Wendungen herum bis zum Ende der Treppe führen. Zur besseren Orientierung kann eine farbliche Gestaltung oder das Hinterleuchten von Wandhandläufen sinnvoll sein.

### Lage

Der Handlauf kann direkt an der Treppenhauswand, als oberer Abschluss des Geländers oder seitlich am Geländer angebracht werden, er bestimmt also nicht automatisch die Geländerhöhe. Der Seitenabstand des Handlaufs zu benachbarten Bauteilen ist in DIN 18065 mit mind. 5 cm festgelegt, um Verletzungen zu vermeiden.

### Ein- oder zweiseitige Führung

Treppen mit einer Laufbreite unter 1,50 m benötigen den Handlauf an einer Seite, Treppen mit einer größeren Laufbreite müssen an beiden Seiten einen Handlauf besitzen. Überschreitet eine Treppenbreite 2,50 m, wird in den meisten Bundesländern ein mittiger Handlauf gefordert.

### Handlaufhöhe

Die Handlaufhöhe wird an der Stufenvorderkante lotrecht bis zur Handlaufoberkante gemessen. Sie ist folgendermaßen festgelegt:
- zwischen 80–115 cm,
- für zusätzliche Kinderhandläufe: ca. 60 cm,
- in barrierefreien Bereichen: 85 cm.

Der innere Handlauf am Treppenauge sollte ohne Höhenversprung ausgeführt werden. Dies ergibt sich aus einer günstigen Beziehung zwischen Treppenlauf, Podest und Handlauf, wie in **D.33 b** dargestellt.

Die Industrie bietet v. a. im Stahlbereich eine Vielfalt von Befestigungsdetails für Handläufe an Geländern und Wänden an. Einige sind in **D.35** und **D.36** dargestellt.

Auch das deutliche Kennzeichnen des Beginns oder Endes der Treppe durch Sonderausführungen des Handlaufs an diesen Stellen trägt zur Sicherheit bei (**D.36**).

### Griffigkeit und Form

Handläufe sollten angenehm zu greifen sein, ihre Form muss ein leichtes Gleiten gewährleisten und einen sicheren Griff unterstützen: Holz und Nylon vermitteln dank ihrer Materialbeschaffenheit vielen Menschen ein Gefühl von Wärme, während kühles Metall als unangenehm empfunden werden kann. Die Befestigungsdetails des Handlaufs dürfen dem Gleiten der Hand nicht im Wege stehen und sollten somit unten an den Handlauf anschließen.

Die Hand eines Erwachsenen hat eine »Greiflänge« von ca. 16 cm. Ist das Handlaufprofil in der Greiflänge zu kurz, so ergibt sich ein Hohlraum zwischen Hand und Handlauf: Die Hand kann nicht fest zugreifen (**D.37**).

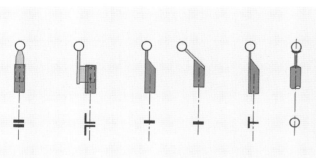

**D.35** Handlaufbefestigungen über Brüstungen (Spreng GmbH)
Die Handlaufbefestigung muss ein leichtes Gleiten der Hand ermöglichen, deshalb sind oftmals unterseitig befestigte Handläufe zu bevorzugen. Außerdem sollten sich zur Unfallvermeidung keine scharfkantigen Teile auf der begehbaren Seite des Geländers befinden.

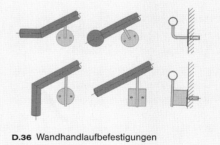

**D.36** Wandhandlaufbefestigungen (Spreng GmbH)
Um ein Hängenbleiben mit Kleidungsstücken zu verhindern, werden Anfangs- und Endpunkt des Wandhandlaufs gerne verbreitert oder nach unten oder zur Wand hin gebogen.

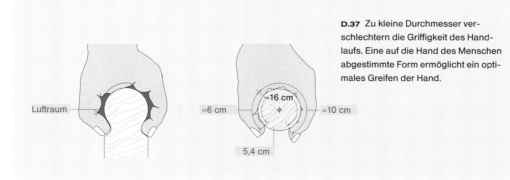

**D.37** Zu kleine Durchmesser verschlechtern die Griffigkeit des Handlaufs. Eine auf die Hand des Menschen abgestimmte Form ermöglicht ein optimales Greifen der Hand.

Luftraum ≈6 cm ≈16 cm ≈10 cm

5,4 cm

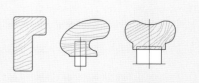

**D.38** ergonomische Handlaufformen aus dem Holzbau, althergebracht, jedoch heute noch gültig

# Geländer

Geländer bzw. Brüstungen erfüllen separate Aufgaben und werden zusätzlich zum Handlauf an den freien Seiten einer Treppe zum Schutz gegen Durchstürzen angebracht. Die Brüstung kann massiv ausgeführt oder aufgelöst werden.

## Geländerhöhe

Die Geländerhöhe wird nach DIN 18065 an der Stufenvorderkante lotrecht bis zur Geländeroberkante gemessen. Für Wohngebäude und Gebäude, die nicht der Arbeitsstättenverordnung unterliegen, muss sie mind. 0,90 m, für alle Gebäude, die der Arbeitsstättenverordnung unterliegen, mind. 1,00 m und bei einer Absturzhöhe von mehr als 12 m, wenn das Treppenauge breiter als 20 cm ist (gilt für alle Gebäude), mind. 1,10 m betragen.

## Geländerausführung

Geländer setzen sich meist aus Pfosten und Füllelementen (**D.40**) zusammen, die Pfosten tragen i.d.R. den Handlauf. DIN 18065 legt dabei folgende Punkte fest:

- Bei senkrechten Geländerstäben darf der Abstand max. 12 cm (Kinderkopfgröße) betragen, um das Durchfallen von Kindern zu verhindern. Besser ist ein kleinerer Abstand, da sich auch bei 12 cm ein Kind leicht mit der Hüfte voraus durch ein Geländer schieben kann und dann mit dem Kopf stecken bleiben würde.
- In Bereichen, in denen mit der Anwesenheit von unbeaufsichtigten Kleinkindern gerechnet wird (Ausnahme: Wohngebäude mit max. zwei Wohnungen), sollte das Geländer so gestaltet werden, dass ein Überklettern erschwert wird. Durch ein Versetzen des Handlaufs mit möglichst großem Abstand zur Innenkante des Geländers kann der Leitereffekt teilweise außer Kraft gesetzt werden. Allerdings wird die nutzbare Laufbreite hierbei eingeschränkt. Auch temporäre Verkleidungen von Geländern (bis die Kinder die Gefahr einschätzen können) sind denkbar.
- Die Abstände vom unteren Geländerabschluss zum Treppenlauf werden in DIN 18065 festgelegt (**D.39**).

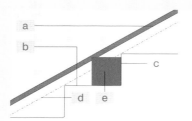 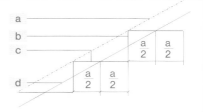

Geländer über dem Treppenlauf: Zwischen Treppe und Geländer darf ein Würfel mit einer Kantenlänge von 15 cm nicht hindurchfallen.
- **a** Treppengeländer-Unterkante wie z. B. durchlaufender Untergurt
- **b** Trittfläche (Auftritt)
- **c** Setzstufe
- **d** Lauflinie
- **e** Messwürfel, Kantenlänge 15 cm

Geländer neben dem Treppenlauf: Geländerunterkante muss auf der gedachten Verbindungslinie zwischen den halben Auftritten liegen, wobei der lichte Abstand zwischen Treppenlauf und Geländer max. 6 cm betragen darf.
- **a** Lauflinie
- **b** Setzstufe
- **c** Trittfläche
- **d** Unterkante Treppengeländer

**D.39** maßliche Festlegungen zum unteren Geländerabschluss nach DIN 18065, getrennt nach Geländern über und neben dem Treppenlauf

## Geländer über Podesten

Der Abstand zwischen Podestoberkante und Geländerunterkante darf max. 12 cm betragen. Um ein Hinabstoßen von kleinen Gegenständen mit der Fußspitze zu vermeiden, kann eine höhergezogene Kante als Podestabschluss sinnvoll sein. Als oberer Abschluss bei Geländern über Podesten bietet sich anstelle eines Handlaufs zur Unterstützung des Treppenraums als Kommunikationsraum eine breite Auflagerfläche an, auf die sich die Nutzer lehnen und ein Gespräch führen können.

## Befestigungselemente

Die Industrie bietet v. a. im Stahlbereich eine große Vielfalt von Befestigungspunkten für Geländerpfosten und für Füllelemente an. Eine Auswahl ist in **D.41** dargestellt. Um Verletzungen vorzubeugen, sollten scharfkantige Anschlüsse vermieden bzw. durch gerundete Ecken gemildert und Verschraubungen versenkt werden.

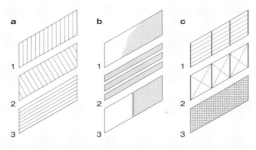

- **a** *Lineare Füllungen*
- 1 Stabfüllung senkrecht zum Fußboden
- 2 Stabfüllung senkrecht zum Treppenlauf
- 3 Gurtfüllung parallel zum Treppenlauf
- **b** *Flächen-Füllungen*
- 1 Tafelfüllung transparent oder opak
- 2 Streifenfüllung
- 3 Einzeltafeln, im Rhythmus, auch im Wechsel
- **c** *Sonstige Füllungen*
- 1 Verspannung parallel zum Treppenlauf
- 2 Verspannung diagonal (z. B. mit zusätzl. Glasfüllung)
- 3 Drahtgitter- oder Lochblechfüllung

**D.40** Arten von Geländerfüllungen, mögliche Einteilung:

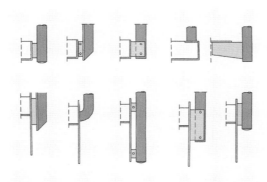

**D.41** Eine Auswahl an Anschlüssen zwischen Treppenwange und Geländerpfosten (Spreng GmbH) Geländer sind oft einer erheblichen seitlichen Belastung ausgesetzt, deswegen ist auf solide Befestigungen zu achten.

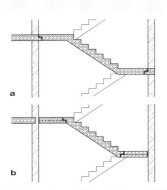

**D.42** Grundsätzliche Möglichkeiten für die elastische Auflagerung von Massivtreppen

a Lauf- und Podestplatte längsgespannt und auf Konsolen elastisch aufgelagert

b Podestplatten quergespannt und elastisch aufgelagert (oder mit schwimmendem Estrich versehen, der an den Wohnungsabschlüssen durch Trennfugen abgelöst ist), Laufplatten auf den Podesten elastisch aufgelagert

# Brand- und Schallschutz

## Brandschutz

Notwendige Treppen und ihre Treppenräume bilden zusammen mit den notwendigen Fluren den ersten Rettungsweg in einem Gebäude und unterliegen bestimmten Brandschutzanforderungen, die sich nach der Gebäudeklasse (A – G, Hochhäuser) richten. Die Gebäudeklassen sind in den jeweiligen LBOs festgelegt, nach ihnen richtet sich das Material der Treppen, welches einer Feuerwiderstandsklasse zwischen F 30 und F 90 entsprechen muss. In

jedem Fall müssen notwendige Treppen geschlossene Untersichten aufweisen und von Aufenthaltsräumen in weniger als 35 m Entfernung, gemessen von der Raummitte, erreichbar sein. Sie müssen in einem eigenen, durchgehenden Treppenraum liegen, d. h. alle Geschosse sollen über den Treppenraum selbst erreichbar sein. Bei Gebäuden ab fünf Vollgeschossen ist an der höchsten Stelle des Treppenraums ein Rauchabzug einzuplanen, dessen lichter Querschnitt 5 % der Treppengrundfläche, mind. jedoch 1,0 m² betragen und der sowohl vom obersten Geschoss als auch vom Erdgeschoss aus zu öffnen sein muss.

Die Treppenraumwände sind für Gebäude geringer Höhe in F 90 AB, ansonsten »in der Bauart von Brandwänden« (d. h. notwendige Türen und Fenster dürfen vorgesehen werden) auszuführen. Im Treppenraum einer notwendigen Treppe sind Türen bzw. Öffnungen zum Kellergeschoss, zu nicht ausgebauten Dachräumen, Werkstätten, Läden oder Lagerräumen als selbstschließende T 30-Türen zu planen.

Je nach Lage des Treppenraums unterscheidet man:

### Außen liegende Treppenräume

Bei außen liegenden Treppenräumen muss pro Geschoss eine Fensterfläche von mind. 60 × 90 cm angeordnet werden, die ohne Hilfsmittel zu öffnen ist und deren Brüstung nicht höher als 1,20 m ist. Diese Fenster dienen zur Belichtung, Belüftung, Entrauchung und Durchführung von Rettungs- und Brandbekämpfungsmaßnahmen. Wegen der Gefahr des Brandüberschlags werden an sie spezielle Anforderungen gestellt (**D.43a,b,c**). Der Treppenraum sollte direkt ins Freie führen, wobei der Ausgang mind. Treppenbreite haben muss.

### Innen liegende Treppenräume

Eine notwendige Treppe im Gebäudeinneren wird dann gestattet, wenn ihre Benutzung durch Raucheintritt nicht gefährdet werden kann. Da hierbei keine Fenster angeordnet werden können, ist der Einbau einer Rauchabzugseinrichtung gefordert, die im Brandfall Frischluft in den rauchfrei zu haltenden Raum einbringt, dadurch einen Überdruck erzeugt und somit das Eindringen von Rauch verhindert. Um die Treppenhaustüren trotz Überdruck leicht öffenbar zu halten, darf dieser Überdruck nicht mehr als 50 Pa betragen. Außerdem muss dem Treppenraum ein Vorraum vorgelagert werden, der an ein separates Druckbelüftungssystem angeschlossen wird.

## Schallschutz

DIN 4109 legt die allgemeinen Anforderungen an den Trittschallschutz von Treppen fest, die nötigen Schallschutzwerte finden sich in der VDI-Richtlinie 4100. Treppenräume sollten nicht an Schlafräume angrenzen, bei besonders hohen Schallschutzanforderungen kann eine zweischalige Wandausführung im Treppenhaus in Betracht kommen. Schalltechnisch getrennte Wände sind bei aus den Wänden auskragenden Stufen unabdingbar. Die Übertragung von Trittschall in Treppenräumen wird meist durch die konstruktive Trennung von Treppenlauf und Umfassungswand bzw. benachbarter Decke/Podest gewährleistet. Bei Massivtreppen wird dies durch elastische Auflager und Fugen erreicht (**D.42a,b**). Werden Treppen ohne Treppenräume als Stahl- und Holzkonstruktionen ausgeführt, wird durch elastische Auflagerungen bzw. Abstützungen gegen benachbarte Bauteile die Trittschallübertragung verhindert.

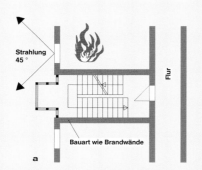

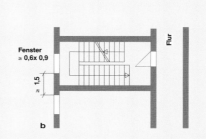

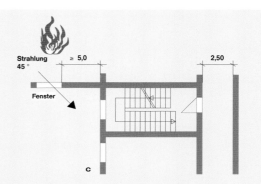

**D.43** Brandschutzanforderungen an Fenster in außen liegenden Treppenräumen von notwendigen Treppen

a Verglaste Treppenhausaußenwände ohne ausreichende Feuerwiderstandsfähigkeit sind nur zulässig, wenn ihnen keine ungeschützten Fensteröffnungen oder brennbare Teile gegenüberliegen.

b Abstand von Treppenhausfenstern zu Fenstern anderer Nutzungseinheiten in der gleichen Wand mind. 1,5 m

c Abstand von Treppenhausfenstern zu Fenstern anderer Nutzungseinheiten in gegenüberliegenden Wänden mind. 5,0 m

aus: Bock/Klement, Brandschutz-Praxis, S. 58

**D.44** Haupttreppe eines Verwaltungsgebäudes in München, Arch.: Betz Architekten, München/Berlin, Lichtinstallation: Dan Flavin
Die Massivtreppe ist nur über ihre Podeste mit dem Gebäude verbunden, die Lichtinstallation verstärkt den leichten, fast schwebenden Charakter.

# Treppenarten

## Stahlbetontreppen

Die meisten Treppen werden heute aus Ortbeton oder Stahlbeton-Fertigteilen hergestellt. Solche Massivtreppen erfüllen die Brandschutzanforderungen an notwendige Treppen. Sie sind aus wirtschaftlichen Gründen empfehlenswert, lassen sich schalltechnisch ohne Probleme abkoppeln und sind vielfältig zu gestalten, da sie mit verschiedensten Materialien belegt werden können.

### Tragsysteme

Bei Stahlbetonmassivtreppen werden meist nur Treppenlauf und Podeste in Beton gefertigt.

Folgende drei Tragsysteme sind üblich:
- Lauf und Podest werden in einem Stück gefertigt und als geknickte Träger ausgeführt (**D.45a**).
- Laufplatten bzw. Wangen oder Holme werden als Einfeldträger auf die tragenden Podeste aufgelagert (**D.45b**). Vor allem bei vorgefertigten Läufen ist auch eine gefaltete Treppe möglich (**D.45c**), bei ortbetonierten Treppen ist der Schalungsaufwand hierbei sehr groß.
- Laufplatte oder Einzelstufen werden in die seitliche Treppenhauswand eingespannt und wirken als Kragträger (**D.45d**). Je nachdem, ob Lauf und Podest einzeln oder getrennt angefertigt werden, ist auf eine schallschutztechnische Trennung zwischen Lauf und Podest bzw. zwischen Podest und Treppenhauswand zu achten (vgl. »Schallschutz« in diesem Kapitel).

### Stufen

Bei Treppenläufen aus Stahlbeton werden die Stufen meist durch den Lauf geformt. Erhalten sie als Gehbelag lediglich einen Glattstrich, sollten Randprofile eingelegt werden, um die stark beanspruchten Stufenvorderkanten zu schützen. Vorgefertigte Stufen oder Ortbetonstufen mit Glattstrich können, wenn der Brandschutz ihren Einsatz erlaubt, direkt mit Teppich oder anderen Bahnenbelägen beklebt werden. Auch hier sollte mit Kantenschutzprofilen gearbeitet werden. Meist werden die Stufenbeläge aus Natur-, Werkstein- oder Keramikplatten hergestellt, welche im Mörtelbett verlegt werden, v. a. im keramischen Bereich werden viele Varianten und Oberflächenprofilierungen angeboten (**D.46a–f**). Besteht der Treppenlauf aus einer Platte mit oberseitig glatter Fläche,

**a** Lauf und Podest als geknickter Träger ausgebildet, Auflagerung in den Umfassungswänden

**b** Lauf bzw. Wangen und Holme auf Podeste aufgelegt

**c** Fertigteiltreppe mit abgetrepptem Lauf

**d** Laufplatte oder Stufen seitlich eingespannt

**D.45** Tragsysteme bei Stb.-Massivtreppen

werden vorgefertigte Block- oder Hohlstufen aus Natur- oder Betonwerkstein aufgelegt.

### Brüstungen

Massive Brüstungen aus Beton oder Mauerwerk, verputzt oder roh, mit oder ohne oberer Abdeckung und mit seitlich oder oberseitig angebrachtem Handlauf sind denkbar. Häufig kommen aufgelöste Geländer, z.B. aus Stahl, vor, die auf oder seitlich am Treppenlauf angebracht werden. Bei ortbetonierten Treppen ist im Fall einer seitlichen Befestigung vor dem Betonieren das Einlegen von Ankerplatten in die Verschalung sinnvoll.

### Stufenbeläge aus Keramikplatten

Bei einem Untergrund aus Rohbeton werden keramische Beläge im Dickbett, bei planen Untergründen im Dünnbett verlegt. Auf den Einsatz von Fliesen mit geeigneter Rutschfestigkeitsklasse ist zu achten. Von Seiten der Industrie werden verschiedene Systeme angeboten, die auf die Rand- und Kantenlösungen und Auftrittsprofilierungen eingehen (**D.46a–f**).

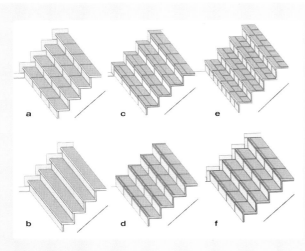

**a** Florentiner Stufensystem mit seitlichen Spezialsockelplatten (meist Spaltplatten)
**b** Florentiner Grande mit seitlichen Spezialsockelplatten (meist Spaltplatten)
**c** System mit Schenkelplatten und Hinterleger, seitlicher Abschluss mit Sockelfliese
**d** profilierte Platten mit seitlicher Aufkantung
**e** System mit Schenkelplatten und Hinterleger, seitlicher Abschluss mit Sockelfliese
**f** Treppenplatten mit Sicherheitsriemchen und Hinterleger, seitlicher Abschluss mit Sockelfliese

**D.46** Treppenplattensysteme (Deutsche Steinzeug)

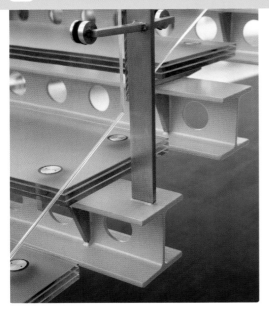

**D.47** filigrane Treppe mit Kragstufen, punktgehaltenen Stufen und Geländerelementen (Hark Treppenbau)

## Stahltreppen

Stahl ermöglicht wie kein anderes Material leichte und filigrane Konstruktionen und spornt zu immer neuen Versuchen an, interessante Ergebnisse zu erzielen.

Stahltreppen sind als notwendige Treppen nur zulässig, wenn tragende Bauteile durch Beton, Feuerschutzplatten oder in bestimmten Fällen durch Anstriche ummantelt werden.

### Tragsystem

Das Tragsystem einer Treppe ist für ihre Wirkung entscheidend. Wangen und Holme aus Profilstahl, Hohlprofilen oder Stahlblech können optisch aufgelöst werden, wenn sie mittels

**D.49** Spindelquerschnitte

**D.48** Spindel mit angeschweißtem Stahlblechlauf

**D.50** typische Stufenform bei Spindeltreppen

Flachstählen und Trägern durch ein Fachwerk ersetzt werden. Die Brüstung kann in dieses freitragende Fachwerk miteinbezogen werden (**D.51 e**).

### Stufen

Die Wahl des Stufenmaterials ergibt sich aus den Betrachtungen von Statik, Langlebigkeit, Gebrauchstauglichkeit und Gestaltungsansatz.

- Ebene Stahlbleche oder ein- oder mehrfach abgekantete Stahlbleche dienen entweder direkt als Einzel-Trittstufen (Dröhngefahr beachten), werden nachträglich belegt oder zur Aufnahme von anderen Materialien wannenförmig ausgebildet. Treppenläufe können auch in einem Stück aus gekanteten Stahlblechen gefertigt und seitlich in eine Wand eingespannt werden (**D.51 f**).
- Natürlich besteht die Möglichkeit, andere Stufenmaterialien wie Gitterroste, Holz, Naturstein, Glas etc. auch mit Winkeln, Winkelrahmen o. Ä. auf verschiedenste Arten direkt mit den Wangen bzw. auf dem Holm zu befestigen (**D.51 a–d**). Entfallen die Setzstufen, sollten die Auftritte möglichst tief gewählt und weit übereinander geschoben werden, um Durchblicke zu vermindern und ein gewisses »bodenständiges«, sicheres Gefühl beim Begehen der Treppe zu gewährleisten. Aus diesem Grund darf niemals Klarglas für Stufen verwendet werden (**D.47**). Beim Einsatz von Glasstufen sind, wie auch bei Glasgeländern, Einzelnachweise erforderlich. Die hierfür anwendbaren Technischen Regeln für die Verwendung von absturzsichernden Verglasungen (TRAV) sind zurzeit noch im Entwurf.

### Brüstungen

Werden die Brüstungen nicht wie bereits angedeutet in das Tragfachwerk eingebunden, können die Brüstungspfosten auf oder seitlich an den Wangen angeschweißt oder verschraubt werden. Die Füllungen werden massiv durch Platten z.B. aus Glas, Holz, Lochblech oder aufgelöst in Stäbe, Gurte etc. ausgeführt.

### Sonderfall Spindeltreppen

Spindeltreppen (**D.48**) werden dank der günstigen Materialeigenschaften meist in Stahl ge-

fertigt. Der Spindelquerschnitt muss nicht unbedingt als Rohrprofil ausgeführt werden (**D.48, D49**).

Eine bewährte Methode, um mit wenig Verschnitt konische Stufen aus rechteckigen Blechen herzustellen, ist in **D.50** dargestellt. Die längeren Abkantungen an der Spindelseite werden vollflächig mit der Spindel verschweißt und wirken den bei der Spindeltreppe auftretenden Biegekräften an der Stufenaußenkante entgegen.

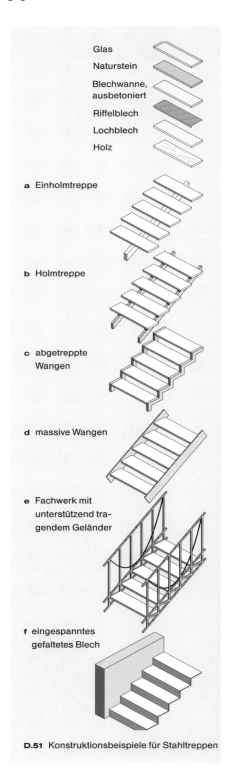

Glas
Naturstein
Blechwanne, ausbetoniert
Riffelblech
Lochblech
Holz

a Einholmtreppe

b Holmtreppe

c abgetreppte Wangen

d massive Wangen

e Fachwerk mit unterstützend tragendem Geländer

f eingespanntes gefaltetes Blech

**D.51** Konstruktionsbeispiele für Stahltreppen

## Holztreppen

Holz spielt im Treppenbau traditionell eine Rolle. Heute werden häufig nur noch Stufen und Handlauf in Holz gefertigt, dabei können sich aber auch reine Holztreppen selbstverständlich in die moderne Architektur einfügen, ohne rustikal zu wirken (**D.52**). In den meisten Bundesländern sind sie allerdings nur in Gebäuden mit bis zu zwei Vollgeschossen zugelassen. Die Feuerwiderstandsfähigkeit kann

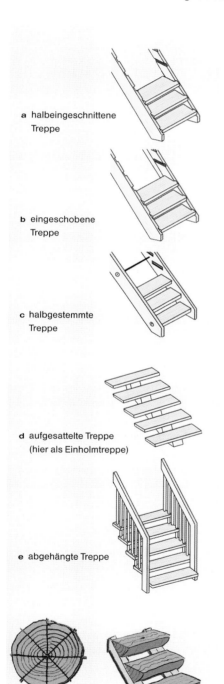

a halbeingeschnittene Treppe

b eingeschobene Treppe

c halbgestemmte Treppe

d aufgesattelte Treppe (hier als Einholmtreppe)

e abgehängte Treppe

f Blocktreppe

**D.53** Konstruktionstypen von Holztreppen

durch Bekleidungen oder durch Erhöhung der Querschnitte gemäß DIN 4102 erhöht werden.

### Tragsystem und Stufen

Bei der reinen Holztreppe dienen Wangen oder Holme aus Holz zur Befestigung der Tritt- und Setzstufen. Je nach Befestigungsart unterscheidet man:

**Eingeschnittene Treppen**
Sowohl Tritt- als auch Setzstufen werden aus der Wange ausgefräst, die Ausfräsungen der Trittstufen verlaufen über die gesamte Wangenbreite. Die Trittstufe ist an den Vorderkanten ausgeklinkt und mit einem Holznagel an den Wangen befestigt oder wird seitlich in die Wangen eingedübelt.

**Halbeingeschnittene Treppen (D.53 a)**
Wie eingeschnittene Treppen, jedoch ohne unterstützende Setzstufen, daher wird die Trittstufe hier etwas dicker ausgeführt.

**Eingeschobene Treppen (D.53 b)**
Ca. 5 cm starke Trittstufen werden in die Seitenwangen »auf Grat«, d. h. bündig mit der Wangenoberkante, eingeschoben, sie stehen mit ihrer Vorderkante mind. 3 cm vor der Wange. Im Gegensatz zur eingeschnittenen Treppe erstrecken sich die Ausfräsungen der Trittstufen nicht über die gesamte Wangenbreite. Setzstufen entfallen.

**Eingestemmte Treppen**
Wangen mit Nutungen für die einzelnen Stufen, mit ca. 5 cm Abstand zur Wangenober- und -unterseite. Setzstufen (2–2,5 cm stark) werden ca. 1 cm in die Trittstufen (ca. 5 cm stark) eingenutet und bilden mit den Wangen ein räumliches Tragwerk.

**Halbgestemmte Treppen (D.53 c)**
Wie gestemmte Treppen, jedoch ohne unterstützende Setzstufen, daher wird die Trittstufe hier etwas dicker ausgeführt.

**Aufgesattelte Treppen (D.53 d)**
Wangenoberkanten werden stufenförmig ausgeschnitten, die Trittstufen (ca. 5 cm stark) werden auf den Wangenoberseiten befestigt und können auskragen. Setzstufen werden ggf. noch vor der Treppenmontage mit den Trittstufen zu L-Stufen verbunden. Sowohl ein als auch zwei Holme sind möglich.

**Abgehängte Treppen (D.53 e)**
Die Stufen werden vom tragenden Geländer abgehängt.

**D.52** Treppe in einer Kindertagesstätte auf der Insel Hombroich (Arch.: Oliver Kruse, Neuss)

**Blocktreppen**
Massive Block- oder Keilstufen, vorzugsweise brettschichtverleimt (verhindert ein Einreißen der Stufen), werden auf Tragholmen so befestigt, dass sich unterbrochene oder geschlossene Untersichten ergeben. Archaische Methode: Durch Segmentierung eines Baumstamms entstehen einfache Blocktreppen (**D.53 f**).

### Geländer

Geländer und Handlauf werden entweder auf oder seitlich an den Wangen befestigt. Auf torsionssteife Verbindungen ist zu achten.

### Materialien

Für tragende Bauteile sind v. a. Massivhölzer, fachmännisch verleimte Massivhölzer oder brettschichtverleimte Hölzer aus Fichte, Kiefer, Lärche, Douglasie, Ahorn, Esche, Eiche oder Nussbaum empfehlenswert, sie weisen die erforderliche Biegefestigkeit auf. Für die stark beanspruchten Stufen sind harte Hölzer wie Eiche oder Rotbuche, aber auch ausländische Harthölzer denkbar.

### Oberflächenbehandlung

Holztreppen, v. a. die Stufen, benötigen eine relativ harte Oberfläche. DD-Lack und Epoxydharzlack werden noch oft verwendet, besser ist jedoch der Einsatz von dreilagigem Hydrolack, Hartöl oder Hartwachs, wobei bei Letzterem eine intensivere Nachpflege nötig ist.

# Grundbetrachtung

Türen, Ein- und Ausgänge, verlangen nach einer besonderen Auseinandersetzung mit ihren gestalterischen und funktionalen Aufgabenstellungen. Deren Komplexität ist meist größer, als es ein flüchtiger Blick erfassbar machen kann. Beispielhaft seien hier die wichtigsten Funktionen von Eingangstüren genannt:

- Ein- und Ausgang für berechtigte Nutzer,
- Geschlossenheit für Unbefugte,
- Einbruchschutz,
- Erschließung des Gebäudes,
- Gestaltung des Eingangsbereichs,
- Fassadenbestandteil,
- Teil der Klimahülle,
- Schutz vor Witterung,
- Lärmschutz,
- Brandschutz, als Abdichtung bzw. Teil der Brandwand sowie des Fluchtwegs.

Je nach Gebäudeart dominieren einzelne Aufgaben, darüber hinaus kommen auch noch zeitgeschichtliche Themen hinzu. Der Vergleich einer historischen (**E.01**) und einer modernen Eingangstür (**E.02**) verdeutlicht deren Besonderheiten. Bei speziellen Bauaufgaben können auch heute noch die Belange der historischen bzw. klassischen Türen wieder von Bedeutung sein.

## Beschläge

Mit dem historisch gewachsenen Begriff »Beschlag« werden diejenigen Teile bezeichnet, die bei Türen, Fenstern oder Möbeln die beweglichen Teile miteinander verbinden und gangbar machen. Der Begriff Beschlag oder »das Beschläg« enthält einen Hinweis auf seine Herkunft aus dem Schmiedehandwerk. Heute finden wir handwerkliche »Beschlagselemente« nur noch an antiken Türen, Fenstern und Möbeln. Besonders alte Türen besitzen heute oft nicht mehr geläufige Beschlagelemente wie Nägel oder Zierbleche, außerdem wurden als »Vorläufer« der Türdrücker Ziehgriffe eingesetzt (**E.03**). Entsprechend der unterschiedlichsten Türarten, Türgrößen und deren Einsatzorte wurden passende Beschläge angefertigt. Kunstschmiede, Schlosser und Schreiner mussten dabei eng zusammenarbeiten, um trotz der handwerklichen Individualität der Elemente

**E.03** Detail der Eingangstür einer Kapelle, Fiesole, Italien

eine gute Funktionalität zu gewährleisten. Bis heute bestehen Türbeschläge immer aus unterschiedlichen Komponenten wie Türdrücker, Schilder oder Rosetten und Türbändern. Sie funktionieren nur »im Verbund« untereinander und natürlich gemeinsam mit Schlössern, Schlüsseln und bei modernen Türen mit Schließzylindern.

## Von der Individualität zum Systemdesign

Aufgrund seiner zentralen Anordnung im Erscheinungsbild der Tür und der dominanten Funktion des Türöffnens wurde der Türdrücker zum wichtigsten gestaltbaren Produkt im Baubeschlagbereich. So hat jede baugeschichtliche Epoche ihre speziellen Formen, die sehr individuell gestaltet und gefertigt wurden. Besonders schöne Beispiele brachte der Jugendstil hervor, als dem »Gesamtkunstwerk« eine große Bedeutung beigemessen wurde. Über das bauliche Gesamtkonzept hinaus wurden von den Architekten eine Vielzahl von Details für das Gebäude und seine Einrichtung entworfen – Beschläge und besonders Türdrücker (**E.04**) gehörten selbstverständlich dazu. Die Bestrebungen der Moderne führten zu einer standardisierten, industrialisierten Denk- und Arbeitsweise. Dabei geht es um die selbstverständliche Funktion, das Einfügen in das Gesamtbild zeitgemäßer Architektur, um Wirtschaftlichkeit sowie den Einsatz von Technik.

**E.01** historische Eingangstür, ca. 1780

*historische Eingangstür*
- handwerkliche Fertigung
- Architektur und Handwerkskunst
- individuelles Element
- Traditionsverbundenheit

*spezielle Eigenschaften*
- Zeichenhaftigkeit
- Tageslicht hineinlassen, aber Einblicke ins Gebäude verwehren
- kunsthandwerkliche Ästhetik

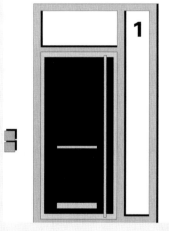

**E.02** heutige Eingangstür

*heutige Eingangstür*
- meist industrielle Fertigung der Einzelkomponenten
- Architektur und technisches Knowhow
- Standardelement
- Technikverbundenheit

*spezielle Eigenschaften*
- Tageslicht hineinlassen
- Ausblicke ins Freie gestatten
- Einblicke ins Gebäude teilweise gestatten oder flexibel handhabbar machen
- Kommunikation (Briefkasten, Sprechanlage)
- Lüftung
- sachlich-technische Ästhetik

Als eine der beiden wichtigen Entwicklungen dieser Zeit gilt der von Walter Gropius entwickelte Türdrücker (**E.05**), der von ihm zunächst in seinen eigenen Entwürfen eingesetzt wurde, bald darauf aber bereits in Serie ging. Nachdem die Vorteile dieses neuartigen Produkts gegenüber den damals typischen und aufwendig herzustellenden stilbehafteten Drückern erkannt wurden und sich geschäftliche Erfolge einstellten, wurde der »Gropius-Drücker« sogar zum Streitfall: Wer durfte ihn herstellen? Die Rechte waren an die Firma Loevy vergeben worden, jedoch gab es schon bald Nachahmer. 1933 kam es dann in dritter Instanz zu einem Rechtsspruch des Reichsgerichts in Leipzig: »...der Drücker stellt keine eigentümliche Schöpfung dar« und »fällt somit nicht unter das Kunstgesetz«. Die Einfachheit

und das Selbstverständnis dieses Produktes hatten zu dieser eigentlich tragischen Rechtssprechung geführt. Der Türdrücker kam nun, von verschiedensten Herstellern gefertigt und vertrieben, in unzähligen Gebäuden zum Einsatz und trug so zu einer starken Akzeptanz der einfachen, funktionalen Ausprägung von Türdrückern bei.

Die Entwicklung der »Frankfurter Tür« ist ebenso von herausragender Bedeutung: In Frankfurt entstanden zwischen 1925 und 1930 zehn große Siedlungen mit 12 000 Sozialwohnungen, wo die sozialen Ansprüche des »Neuen Bauens« besonders berücksichtigt wurden. In diesem Rahmen arbeitete der Architekt Ferdinand Kramer u.a. innerhalb der im Hochbauamt eingerichteten Abteilung für Typisierung an einer Standardtür. Das Resultat war eine einfache, funktionale Tür mit Sperrholzblatt und Stahlzargen. Dazu entwarf Kramer einen winklig gebogenen und im ovalen Profil hin zur Handhabe konisch dicker werdenden Drücker (**E.06**) mit runder Rosette und rundem Schlüsselschild und entwickelte eine passende Fensterolive. Die Verwendung dieser Türen mit ihren Beschlägen war beispielhaft und stand nicht nur für funktionale Klarheit der Elemente einer Tür, sondern gleichzeitig auch für eine wirtschaftliche und fortschrittliche Lösung.

Mit der Geburt des Systemdesigns, stark beeinflusst durch die Ulmer Hochschule für Gestaltung, wurden ab den 1965er Jahren von verschiedenen Herstellern regelrechte »Beschlagsysteme« entwickelt, die wie eine Art Gestaltungs- bzw. Ausstattungsbaukasten für Türen und andere Bereiche auch noch heute nutzbar sind. Zu nennen sind besonders die Beschlägesysteme »Modric« (**E.07**) und »D-Line« (**E.08**). Für den deutschen Markt besonders bedeutsam wurde das 1969 von Rudolf Wilke und Winfried Scholl entwickelte Hewi-System (**E.09**). Dazu gehörten Bau- und Möbelbeschläge, Sanitäraccessoires, Garderobe und Beschilderungen; sie ermöglichten ein zusammenhängendes Gestaltungskonzept im Gebäude. Neu an diesen Systemkomponenten war auch deren Materialität und Farbgebung, die mit dem besonders »griffsympathischen« Material Nylon realisiert wurden. Heute spielen derartige »Systembaukästen« immer noch eine wichtige Rolle im Bereich der Baubeschläge, verschiedene Hersteller bieten dem Planer ein umfangreiches Spektrum an.

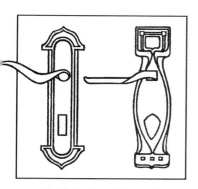

**E.04** Türdrücker Haus Behrens, Darmstadt, 1901 (Wehag)

**E.05** Gropius-Türdrücker, 1922

**E.06** Türdrücker für die Frankfurter Tür, 1925 (Wehag)

**E.07** System-Elemente für die Türausstattung, »modular geoemetric« (»Modric«), 1965

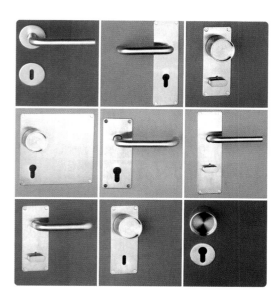

**E.08** systemhafte Türbeschlag-Varianten, »D-Line«, 1971

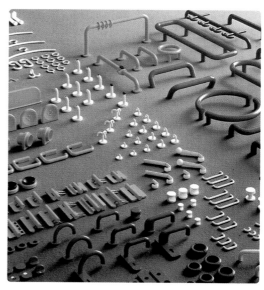

**E.09** Nylon-Beschläge, frühe 1970er Jahre (Hewi)

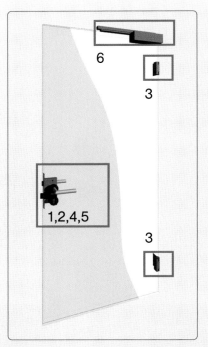

**E.10**
1 Türdrücker oder 2 -griff
3 Bänder
4 Schloss
5 Schlüssel und Schließzylinder
6 Türschließer

# Türkomponenten

Die Auswahl und Zusammenstellung von Tür-
ausstattungen muss unter gestalterischen,
funktionalen und technischen Aspekten erfolgen. Der nachfolgende Überblick soll ihre
wichtigen Komponenten und deren Zusammenwirken (**E.10**) vorstellen, grundlegende
Sachverhalte klären und dabei helfen, die Pro-
duktbereiche und Sortimente der Beschläge-,
Schloss- und Türzubehör-Hersteller besser zu
verstehen.

• Die einzelnen Komponenten erfüllen gemeinsam die an eine Tür gestellten Anforderungen, die Auswahl der richtigen Komponenten geschieht immer im direkten
  Zusammenhang mit den Aufgaben der jeweiligen Tür.
• Es gibt aufgrund der jeweiligen Besonderheiten oft auf eine Komponentengruppe
  spezialisierte Hersteller.
• Eine Kompatibilität der Komponenten in
  funktionaler, technischer, gestalterischer
  sowie sicherheitsbedingter Hinsicht ist zu
  gewährleisten.
• Nicht zu vergessen ist das Türzubehör,
  wozu Briefeinwürfe, Türpuffer und -fest-
  steller, Türabdichtungen und Tür-Schutz-
  vorrichtungen gehören.

Hier ein kurzer Überblick über die auf den folgenden Seiten vorgestellten Komponenten
und ihre Aufgaben (**E.11**):
Die Aufgabe des Türdrückers (**a**) im Zusammenhang mit den anderen Elementen des Bau-
beschlags ist zunächst, wie der Name schon
sagt, das »Aufdrücken« der Tür. Dabei wird die
Falle betätigt und der Türflügel kann geöffnet
werden.
Türgriffe (**b**) kommen an Hauseingangstüren
und an stark frequentierten Türen (z.B. Boutiquen) zum Einsatz und dienen als sichere
»Hand-Griffe« zum Öffnen von unverriegelten
Türen.
Bänder (**c**) sind für Türen und Tore mit Dreh-
flügeln erforderlich, durch ihren Einsatz wird
die Drehbewegung des Türflügels ermöglicht.
Sie müssen eine hohe statische und mechanische Stabilität aufweisen.
Obwohl nur ansatzweise sichtbar, sind Schlösser (**d**) das eigentliche »Herz« einer Tür. Sie gewährleisten zwei Funktionen: Verriegeln und
Zuhalten. Heute werden meistens Einsteckschlösser eingebaut, die Riegel und Falle besitzen.

Schlüssel und Schließzylinder (**e**) ermöglichen
es, die Funktion des Schlossriegels und bei
Wechselschlössern auch der Schlossfalle
auszulösen. Eigentlich sind Schlüssel »Codie-
rungen« und Schließzylinder stellen die dazu
notwendigen »Lesegeräte« dar, wobei hier
auch elektronische Lösungen von Interesse
sind.
Wie der Name schon sagt, gewährleisten Türschließer (**f**) das Schließen der Tür, was bei
Hauseingangs- und Brandschutztüren besonders wichtig ist. Es gibt Oben- und Unten-
Türschließer sowie in die Tür eingebaute Türschließer. Das automatische Öffnen von Türen
hingegen kann durch Türautomatik mittels Tür-
antrieben oder Automatik-Türlösungen realisiert werden.

## Türdrücker

### Aufbau

**Garnitur-Bestandteile**
Grundsätzlich besitzt eine normale Tür-
drücker-Garnitur zunächst einmal zwei
Drückerteile. Der eine wird als Drücker-
Lochteil und der andere als Drücker-Stiftteil
bezeichnet. Der Drückerstift ist ein Vierkant-
stahl, der die Drehbewegung vom Türdrücker zur Schlossnuss überträgt. Die Aufgabe der Lagerung übernehmen Schilder
(Lang-, Kurz- oder Quadratschilder) oder
Rosetten (Rund- oder Ovalrosetten).
**E.12** zeigt den klassischen Aufbau des Türdrückers mit seinen wichtigsten Komponenten.

**Patentierte Techniken**
Die Hersteller von Türdrückern bieten heute
unterschiedliche Patentlösungen in Verbin-
dungs- und Lagerungstechnik an, ebenso
ist die Befestigungstechnik zu nennen, die
wichtige Entwicklungen erfuhr. In **E.13** ist
die so genannte R-Technik von Hewi dargestellt, die in speziellen Rosettenunterteilen

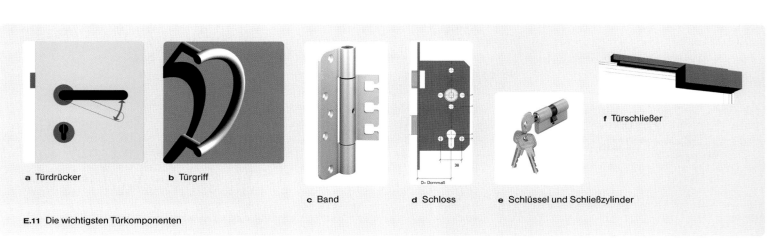

a Türdrücker   b Türgriff

c Band   d Schloss   e Schlüssel und Schließzylinder

f Türschließer

**E.11** Die wichtigsten Türkomponenten

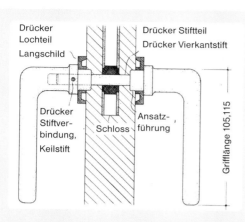

**E.12** Türdrücker (Zeichnung: Ulrich Reitmayer 1970)
Die grundsätzlichen Bestandteile von Türdrücker-
garnituren haben sich bis heute nicht verändert.
Weiterentwickelt haben sich jedoch Lagertechniken,
Materialarten und -qualitäten und das Design.

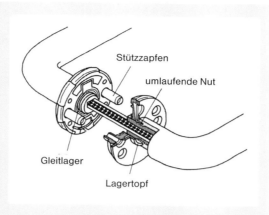

**E.13** Türdrücker-Lagertechnik (Hewi)
Die am Markt erhältlichen Drückergarnituren besitzen
je nach Hersteller unterschiedliche Lagertechniken.
Diese sind ein wichtiger technischer Faktor für die
mögliche Benutzungshäufigkeit und die damit verbundene Lebensdauer.

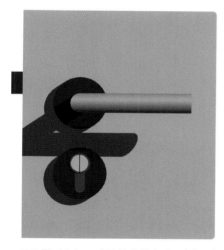

**E.14** Türdrücker auf Türblatt, Variante mit Rundrosetten
Die Drückerteile und die Rosetten bzw. Schilder
sind die am Türblatt sichtbaren Bestandteile
einer Drückergarnitur.

zwei Lagerstellen im Bereich des Drücker-
halses beinhaltet, um eine hohe Funktionalität und lange Lebensdauer zu garantieren.
Wichtig ist außerdem die Schraubverbin-
dung zwischen den beiden Rosetten, im
klassischen Beispiel werden die Schilder
oder Rosetten lediglich am Türblatt festge-
schraubt.

## Sichtbare Bestandteile

Die an der Tür sichtbaren Bestandteile (**E.14**)
sollten vor allem unter gestalterischen
Aspekten immer im Zusammenhang mit
dem funktional bedingten Gesamtaufbau

einer Türdrückergarnitur betrachtet werden.
Die verwendeten Technik-Komponenten
und deren Formensprache tragen nicht un-
wesentlich zur meist auch systemhaften
Formgebung bei.

## Drückerstifte

Neben den auf beiden Seiten gleichmäßig
ausgestatteten Drückergarnituren (**E.15 a**)
gibt es die Notwendigkeit, unterschiedliche
Ausstattungen von Türen außen und
innen vorzunehmen, wie es beispielsweise bei Wohnungsabschlusstüren und
Hauseingangstüren (**E.15 b**) der Fall ist.
Nicht nur die zur Verwendung kommenden
äußeren Bestandteile müssen dabei ihre
bestimmte Ausprägung und Gestaltung
bekommen, auch das im montierten Zustand dem Auge verborgene Innenleben
der Drückergarnituren muss auf die

jeweiligen Aufgaben abgestimmt sein. So
sollte man Drückerstifte (**E.16 a – c**) einsetzen, die in Länge und Aufbau dem jeweiligen Einsatz entsprechen und hinsichtlich
der aufzunehmenden Teile (Drücker oder
Knauf) gestaltet sind. Ausgeliefert werden
Türdrückergarnituren als Stiftteil und Lochteil, d. h., der Stift ist bereits an einem
Drücker befestigt.

## Lagertechniken

Türdrücker müssen einiges aushalten, werden
sie doch an frequentierten Türen in öffentlichen
Gebäuden unzählige Male am Tag betätigt.
Deshalb sind auf die Nutzung abgestimmte Lagertechniken entscheidend für Qualität und
Lebensdauer. Drei grundsätzliche Lösungen
für die Aufnahme und Weiterleitung axialer und
vertikaler Kräfte seien beispielhaft genannt:

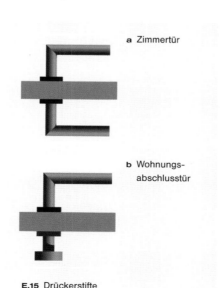

**E.15** Drückerstifte

a Zimmertür

b Wohnungs-
abschlusstür

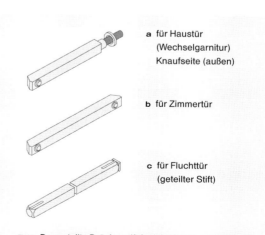

a für Haustür
(Wechselgarnitur)
Knaufseite (außen)

b für Zimmertür

c für Fluchttür
(geteilter Stift)

**E.16** Der geteilte Drückerstift funktioniert nur mit einem
Türschloss, das eine ebenfalls geteilte Schlossnuss aufweist. Damit ausgestattet kann man die Tür von innen jederzeit öffnen, von außen bleibt sie jedoch verschlossen.

E.17 a–e wichtigste Garniturtypen

### Normallagerung (E.18 a)

Sie geschieht durch ein Führungslager mit verschleißfestem Kunststoff innerhalb der Schilder oder Rosetten.

### Festdrehbare Lagerung (E.18 b)

Zusätzlich zu der Normallagerung wird bei dieser Lagertechnik mittels Ausgleichsscheiben und Sicherungsringen eine festdrehbare Verbindung der Türdrücker mit den Schildern bzw. den Rosetten hergestellt. Der Vorteil liegt in der sehr sicheren Aufnahme der axialen Kräfte.

### Objektlagerung (E.18 c),
### auch einstellbare Lagerungstechnik

Spezielle Führungslager nehmen die Kräfte auf. Durchgehende Befestigungsschrauben sorgen für zusätzliche Stabilität.

### Wichtigste Garnitur-Typen

Die gängigsten Typen aufgrund ihrer Kombination mit bestimmten Schild- oder Rosettenformen sind Türdrücker mit Kurzschildern (E.17 a), mit Langschildern (b), mit Quadratschildern (c), mit Rundrosetten (d) und mit Ovalrosetten (e).

### Richtungsangabe

Die in DIN 107 festgelegten Richtungen haben Konsequenzen für die richtige Türdrücker-Garnituren-Auswahl und deren exakte Bestellangaben. Es gibt die in E.19 a–d gezeigten Varianten; »Anschlag« und »Richtung« einer Tür sind jeweils für die Unterscheidung zu beachten, die DIN-Richtung wird dabei immer von der Bandseite her betrachtet:

### Materialien für Drückergarnituren

#### Schmiedeeisen

Als ältestes und jahrhundertelang wichtigstes Material für Türdrücker wird es heute oft – mit speziellem Oberflächenschutz – für historische Türen und Renovierungen für innen und außen verwendet.

#### Messing, hochwertige Kupfer-Zink-Legierungen

Als Oberflächenschutz wird ein, nicht unumstrittener, transparenter Schutzlack aufgetragen. Besonders in Norddeutschland ist jedoch die Patina ein willkommener Schutzeffekt an Messingoberflächen – es werden keine Lackierungen vorgenommen, und durch Putzen mit Pflegemitteln bleibt der Glanz ebenfalls erhalten.

#### Aluminium

Hier ist die Oberfläche meist mittels des Veredelungsverfahrens »anodische Oxidation« gegen Witterungseinflüsse mit einer transparenten Deckschicht geschützt. Es besteht eine höhere Kratzempfindlichkeit gegenüber Edelstahlprodukten. Mögliche Farbvielfalt (durch Eloxierungen): natur-, neusilber-, messing-, bronzefarben, jeweils hell und dunkel.

#### Edelstahl, in Chrom-Nickelstahl

Bei dem korrosionsbeständigen, abriebfesten, stoß- und kratzunempfindlichen Material ist keine besondere Oberflächenbeschichtung notwendig, da sich eine unsichtbare Passivschicht durch die Elemente Chrom und Nickel bildet – Einsatz außen und innen problemlos.

#### Polyamid, Handelsname Nylon

Besitzt viele nützliche Eigenschaften innerhalb der Kunststoffe wie griffsympathisch, da immer handwarme Temperatur, chemisch beständig, pflegeleicht, hygienisch; das Material altert nicht und ist abriebfest.

a Normallagerung

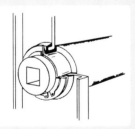

b festdrehbare Lagerung

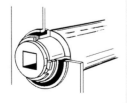

c Objektlagerung

E.18 a–c Lagertechniken
(aus: Schmitz, Baubeschlag-Taschenbuch, S. 114–115)

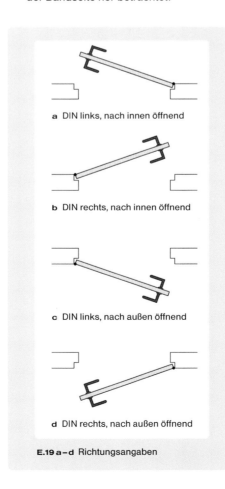

a DIN links, nach innen öffnend

b DIN rechts, nach innen öffnend

c DIN links, nach außen öffnend

d DIN rechts, nach außen öffnend

E.19 a–d Richtungsangaben

Im Außenbereich ist der Einsatz umstritten, zukünftig sollen neuere Nanotechnologien den Oberflächen besseren UV-Schutz verleihen.

### Andere Materialien und Sonderverwendungen

Beispielhaft seien Duro-horn-R sowie Terrazzo genannt. Mit neuen Materialien beschäftigen sich v. a. italienische Hersteller – hauptsächlich aus Designaspekten.

### Benutzungs-Kriterien

Der Umgang mit Türdrückern geschieht beim Öffnen und Schließen meist unbewusst. Dabei kann es schon entscheidend sein, wie oft, von wem und in welcher Weise die Benutzung stattfindet, um eine lange Funktionsdauer und Funktionssicherheit zu gewährleisten. Vor allem im Objektbereich (alle nicht privaten Einsatzgebiete) ist es wichtig, sich mit den Benutzungskategorien vertraut zu machen:

### Benutzerkategorien nach DIN EN 1906

* Klasse 1: mittlere Benutzungshäufigkeit durch Personen, die zu großer Sorgfalt motiviert sind und von denen ein geringes Risiko falscher Anwendung ausgeht, z. B. Innentüren von Wohnhäusern
* Klasse 2: mittlere Benutzungshäufigkeit durch Personen, die zu großer Sorgfalt motiviert sind, wobei jedoch ein gewisses Risiko falscher Anwendung besteht, z. B. Innentüren in Bürogebäuden
* Klasse 3: häufige Benutzung durch Publikum oder andere Personen mit geringer Motivation zur Sorgfalt, und bei denen ein hohes Risiko falscher Anwendung besteht, z. B. Türen in Bürogebäuden mit Publikumsverkehr
* Klasse 4: zum Einsatz von Türen, die häufig Gewaltanwendung oder Sachbeschädigung ausgesetzt sind, z. B. in Fußballstadien, Kasernen, Schulen, öffentlichen Toiletten

Durch entsprechende Prüfungen werden die Produkte in die Klassen eingeteilt, die Hersteller informieren über die jeweilige Kategorie und bieten meist unterschiedliche Ausführungen an, die sich durch Materialien, Einzelteile und v. a. durch die Lager- und Befestigungstechniken unterscheiden. Die meisten Hersteller bieten entweder zwei Qualitäten (Privatgebrauch bzw. Objektbereich) an oder erfüllen ohnehin die höchste Kategorie (**E.20**).

### Einbruchsicherheit

Um Einbrecher an Außentüren genügend Widerstand entgegenzuhalten, gibt es Schutzbeschläge. Zum einen ist dabei der Profilzylinder gegen Abdrehen zu sichern sowie ein Angriff auf den Schlossmechanismus zu erschweren. In der praktischen Umsetzung geschieht dies durch Schutzbeschläge, die eine spezielle Sicherheitsausstattung aufweisen. Ein Schutzbeschlag besteht aus einem Innen- und Außenschild mit den dazugehörigen Verbindungsschrauben, die Abbildung verdeutlicht die benötigten Komponenten (**E.21**). Die Verwendung von gehärteten Stählen sowie hochfesten metrischen Schrauben für die Befestigung der Schilder ist für Schutzbeschläge vorgeschrieben. Die Abdeckung des Schließzylinders mit Zylinderabdeckungen ist ebenso Bestandteil von Schutzbeschlägen. Alternativ können Schutzrosetten verwendet werden, diese bieten aber wegen ihrer geringeren Abdeck-Fläche nur einen Schutz gegen das Abdrehen oder Herausziehen des Schließzylinders und nicht beim Angriff auf den Schlossmechanismus. Bei den mit feststehenden Knöpfen oder Griffen versehenen Wohnungseingangstüren ist zu bedenken, dass auch ein Schutzbeschlag nur dann zuverlässigen Schutz bietet, wenn die Tür mit dem Schlüssel abgeschlossen wird und der Riegel zum Einsatz kommt. **E.22** zeigt die Ansichten der Türinnen- und -außenseite eines Schutzbeschlags (Vieler International).

Die Euro-Norm (EN 1906) sieht eine Einteilung in fünf Klassen hinsichtlich des Widerstands gegen Einbruch vor:

* Klasse 0: nicht zum Einbau in einbruchhemmende Türen geeignet,
* Klasse 1: gering,
* Klasse 2: mäßig,
* Klasse 3: stark,
* Klasse 4: extrem einbruchhemmend.

Dementsprechend sind die Klassen-Angaben für Schutzbeschläge von den Herstellern einzuholen.

### Bemerkung zu den Normen

Die derzeit wichtigsten Normen für Beschläge sind DIN 18255 und DIN EN 1906, die als Europäische Norm die alte DIN bald ganz ablösen soll. Festgelegt werden jeweils für den Einsatzbereich notwendige Maße und Anforderungen sowie Kennzeichnungen. Für die Sicherstel-

lung der am Einsatzbereich geforderten Eigenschaften ist auf eine Übereinstimmung der angegebenen Kategorien der Einzelkomponenten zu achten, das betrifft die Beschlag- und auch die Schlosskomponenten. Für den Planer sind auch noch die auf den Seiten 96 – 98 dargestellten Themen Brandschutz und Türausstattung von Fluchtwegen hervorzuheben.

E. 20 Eine besondere Kugellagertechnik integriert der Hersteller Vieler in seine Drückergarnituren, die nach DIN 1906 Benutzerkategorie 4 erfüllen.

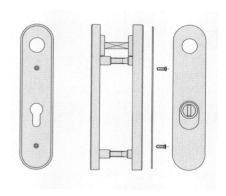

E.21 Aufbau Sicherheitsbeschlag (Vieler)

außen        innen

E.22 Sicherheitsbeschlag (Vieler)

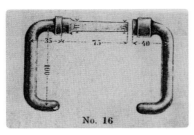

E.23 geschmiedeter Türdrücker aus Eisen,
Frankfurt 1884 (Hewi-Archiv)

### »Archetypen«

In den vergangenen Jahrzehnten sind eine
Vielzahl an Varianten von Türdrückern entwickelt und hergestellt worden. Formen kamen
und gingen, tauchten sporadisch wieder auf,
um in »neuem Gewand« in Material, Dimension
und Technik modifiziert etwas Neues darzustellen. Daneben gibt es jedoch Formen, die als
»Archetypen« (Urbilder oder Urformen) gelten.
Dazu zählt die so genannte C-Form oder auch
U-Form eines Türdrückers (**E.23**). Zwei 90°-
Bögen und ein Stück geraden Profils ergeben
diese schlichte, geometrische Form. Eine Variante ist die Verbindung von Bogen und geradem Stück, die zusammen ein »L« bilden. Man
kennt diese Formen von Gegenständen des
täglichen Gebrauchs, wie z.B. Henkel an Gefäßen, Griffe an Spazierstöcken, Möbeln und
Handwerkszeugen. Ursprünglich soll die U-
Form eines Türdrückers zur Ausstattung von
Pferdestalltüren verwendet worden sein. Der
Halsriemen des Pferdes konnte sich dank des
wieder an das Türblatt zurückgebogenen Drückers nicht mehr verfangen. Bald kamen auch
verschiedene Hersteller der Baubeschlag-
branche den Qualitäten dieser Form auf die
Spur. Heute finden wir ihn häufig im Einsatz in
Krankenhäusern und Pflegeheimen, wohl nicht
zuletzt wegen seiner enormen Qualitäten hin-
sichtlich der Bedienbarkeit und des Nicht-
Hängenbleibens mit der Kleidung. Eben ein
Archetyp.

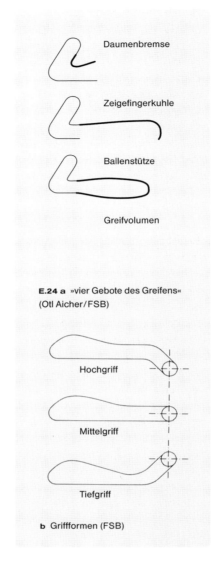

E.24 a »vier Gebote des Greifens«
(Otl Aicher / FSB)

b Griffformen (FSB)

### Design von Türdrückern

Das Design hat in der Entwicklung von Türdrückern einen wichtigen Platz eingenommen,
neben Industriedesignern beschäftigten sich
auch viele Architekten damit. Dabei werden
unterschiedliche Ansätze verfolgt, die nahe
liegende »Einflussgrößen« wie Ergonomie,
Materialbewusstsein, Technologieverbunden-

heit und Systemhaftigkeit aufgreifen. Die von
Otl Aicher analysierten »Gebote des Greifens«
bilden beim Hersteller FSB eine wichtige Ergo-
nomiegrundlage (**E.24 a**).
Eine weitere Gestaltungs-Differenzierung kann
durch die Einteilung in drei Grundgeometrien
erfolgen (**E.24 b**).
Für das Hochschulcamp des neuen Bauhauses in Dessau entstand mit dem Türdrücker
1149 von FSB ein »Griffprogramm«, welches
die Richtung des Türblatts an seiner Front auf-
nimmt (**E.25**). Den Türdrücker 530 von Vieler
prägen die Einflüsse puristischer Gestaltung
sowie eine ausgefeilte Oberflächentechnologie (**E.26**). Über die Grundfunktionen hinaus
kann das Drückermodell »Blinddate« (**E.27 a**)
Bestandteil eines Gebäudeleitsystems für Blinde sein. Eine Loslösung vom strengen Baukastensystem wurde mit dem Türdrücker »Band'O«
angestrebt, dessen Türschild mit dem Drücker
eine formale Einheit bildet (**E.27 b**). Beide letzt-
genannten Entwürfe entstammen dem Wett-
bewerb Hewi-metal, wurden jedoch nicht in
Serie realisiert.

### Griffe und Stangen

Die Notwendigkeit, anstelle von Türdrückern
Türgriffe einzusetzen, besteht dort, wo eine hohe Nutzungsfrequenz der Tür auftritt, also z.B.
an sämtlichen Eingangstüren in öffentlichen
Gebäuden, insofern es sich um Drehflügeltüren mit einem oder zwei Öffnungsflügeln
handelt. Dafür kommen die verschiedensten
Formen in Frage, so gibt es kompaktere und
mittelgroße – gebogene oder gerade – Stan-
genformen (**E.28 a–c**) und auch solche, die als
»Stoßgriffe« (**E.28 d**) bezeichnet werden, weil
sie der Hand eine größere Angriffsfläche bieten, wodurch Türen »aufgestoßen« werden
können. Sie sind hauptsächlich an großen Eingangstüren bei hohem Publikumsverkehr vorzusehen.

E.25 FSB 1149 (Design: Rahe
und Rahe)

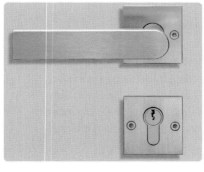

E.26 Vieler 530

E.27 a »Blinddate« (Hewi)

b »Band'O« (Hewi)

Ebenso gelten elegant wirkende, vertikale Griffstangen (**E.28 e**) als eine weitere Möglichkeit, oft begangene Türen sinnvoll mit Griffelementen auszustatten. Solche durchgehenden Vertikalelemente bieten insofern einen Vorteil, als Personen unterschiedlicher Größe, Erwachsenen, Kindern und Rollstuhlfahrern eine flexible Greifhöhe angeboten wird. Natürlich werden an eine Tür oft auch ästhetische Ansprüche gestellt, die es erfordern, dem Griff den Vorzug vor dem Drücker zu geben, z.B. bei Ladengeschäften.

### Spezielle Lösungen

Für Türen, die häufig begangen werden und manchmal auch – wenn die Hände Lasten tragen – mit dem Ellenbogen oder der Schulter geöffnet werden müssen, für Türen, die besonders schwer sind sowie für Rauch- und Feuerschutztüren gibt es so genannte »Drückergriffe« (**E.28 f**), eine Kombination aus Türdrücker und Griff. Auf der Außenseite von Hauseingangstüren können ebenfalls Griffe verwendet werden, die auf der Innenseite mit einem Tür-

drücker kombiniert werden (**E.28 g**), sie stellen eine gute Alternative zum Knauf dar.

### Griffsysteme

Es ist nahe liegend, für die durchgehende Gestaltung der Baubeschläge eines Gebäudes geometrisch einheitliche, jedoch auf Türgrößen abgestimmte Türgriffe einzusetzen. Dafür haben manche Hersteller regelrechte Baukastensysteme entwickelt, die es ermöglichen, für jede Tür die passende Griff-Lösung zu finden.

### Sicherheitsregeln

Die Sicherheit der Nutzer hat oberste Priorität. Die Befestigungspunkte müssen außerhalb der Greifhöhe angebracht werden. Bei den abgebildeten Stangensystemen für Rahmentüren (**E.29 a**) sind entsprechende Mindesthöhen eingetragen; v. a. bei Rahmentüren ist wie bei Türdrückern ein Mindestabstand zur Schließkante der Tür einzuhalten. Dies geschieht durch die Anbringung im Abstand von mind. 25 mm (**b**) oder durch die Verwendung von abgewinkelten Griffbefestigungen (**c**).

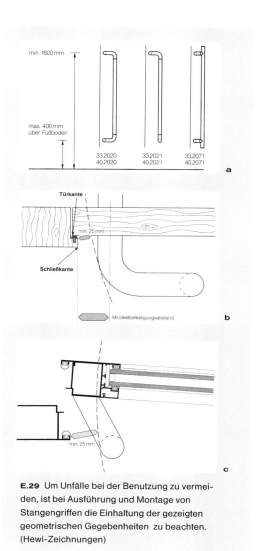

**E.29** Um Unfälle bei der Benutzung zu vermeiden, ist bei Ausführung und Montage von Stangengriffen die Einhaltung der gezeigten geometrischen Gegebenheiten zu beachten. (Hewi-Zeichnungen)

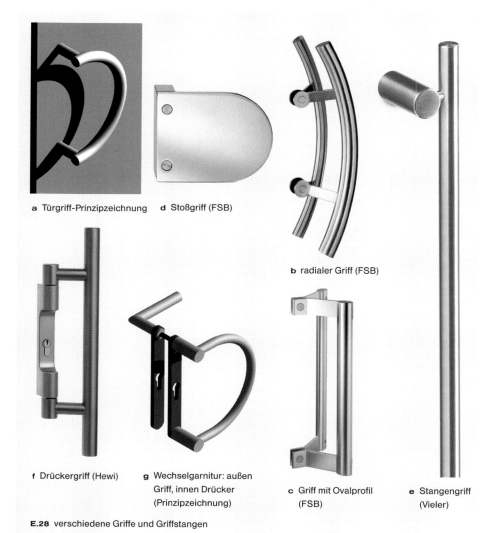

a Türgriff-Prinzipzeichnung    d Stoßgriff (FSB)

b radialer Griff (FSB)

f Drückergriff (Hewi)    g Wechselgarnitur: außen Griff, innen Drücker (Prinzipzeichnung)

c Griff mit Ovalprofil (FSB)    e Stangengriff (Vieler)

**E.28** verschiedene Griffe und Griffstangen

### Bänder

Für die Auswahl der Bänder ist zunächst die Art der Tür hinsichtlich Konstruktion und Material von Bedeutung. Den unterschiedlichen Ausführungsarten von Türen – gefälzt und ungefälzt – entsprechend gibt es Türbänder jeweils in gefälzter und ungefälzter Ausführung. Je nach Befestigungsart und der daraus resultierenden Form werden folgende Bandarten unterschieden (**E.30**):

- Einbohrbänder, deren Tragbolzen in den Türflügel und in den Türrahmen einzubohren sind (**a, b**),
- Einfräsbänder, deren Konstruktion tragende »Bandlappen« beinhaltet, die in den Türflügel und die Zarge (bei Holztüren) eingefräst werden (**c, d**),

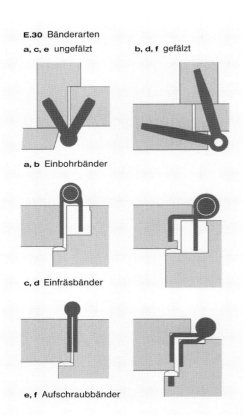

**E.30** Bänderarten
a, c, e ungefälzt     b, d, f gefälzt

a, b Einbohrbänder

c, d Einfräsbänder

e, f Aufschraubbänder

- Aufschraubbänder, die an den Schmalseiten von Türflügeln und Türrahmen befestigt werden (e, f).

Abhängig von der Materialart und deren konstruktiven Möglichkeiten kommen Schraub-, Klemm- oder Schweißverbindungen zur Anwendung. Zum Lieferumfang von Bändern gehören i.d.R. die so genannten Bandaufnahmen nicht, die fester Bestandteil von Türen sind und von Türherstellern bereits eingebaut werden.

## Konstruktiver Aufbau

Bänder besitzen Flügelteile und Rahmenteile wie in **E.31 a** und **b** ersichtlich. Nach der Anzahl der maßgeblich beteiligten Elemente unterscheidet man zwei- und dreiteilige Bänder. Der konstruktive Unterschied besteht darin, dass dreiteilige Bänder eine separate Achse besitzen, die bei der Montage eingeschoben und befestigt wird. Dreiteilige oder »Dreirollenbänder« können höheren Belastungen standhalten als zweiteilige. Im Objektbereich sind dreiteilige Bänder generell die bessere Wahl, im Wohnungsbau werden hauptsächlich Wohnungseingangs- sowie Haustüren damit ausgestattet.

## Objektbänder

Einen dauerhaften Einsatz häufig frequentierter Türen aufwendigerer Bauart müssen so genannte Objektbänder gewährleisten. Höhere konstruktive Aufwendungen hinsichtlich der Materialien, lange Haltbarkeit und möglichst wartungsfreie Mechanik sowie eine Einstellbarkeit und Feinjustierung bei eingehängten Türflügeln zeichnen diese meist dreiteiligen Bänder aus.

## Bänder für Feuerschutztüren

Sie müssen verhindern, dass sich die Tür im Brandfall absenken kann und nicht mehr öffnen lässt. Nach DIN 4102 haben sie einer Dauerfunktions- und Funktionsprüfung im Brandfall standzuhalten. Diese Bänder werden zusammen mit der Brandschutztür geprüft und gehören zu deren Lieferumfang; entsprechende Nachweise müssen von den Herstellern erbracht werden.

## Renovierbänder

Für das Umrüsten neuer, schwerer Türblätter, die in bestehende Stahlzargen eingebaut werden sollen, gibt es z.B. so genannte Umrüstbänder (auch Renovierbänder genannt). Passende Adaptionslösungen existieren für eine Reihe weiterer Türarten in Abstimmung auf ältere Zargenkonstruktionen.

## Speziallösungen

Auf dem Markt finden sich eine Reihe spezieller Lösungen für spezifische Türarten und Anwendungsbereiche, beispielhaft soll hier ein besonders »architektonisches« Band-System vorgestellt werden:
Mit dem lateinischen Wort »tectus« (»versteckt«) bezeichnet Simonswerk sein neu entwickeltes, komplett verdeckt liegendes Bandsystem (**E.32 a**), das den Ansprüchen moderner Architektur gerecht wird. Die Lösung, auf kleinstem Raum alle erforderlichen technischen Funktionen eines hochwertigen Bandsystems, und dieses selbst innen liegend, unterzubringen ermöglicht eine flächenbündige Gestaltung von Türen – auch auf der Bandseite. Die wichtigsten Merkmale sind ein Öffnungswinkel von 180° (**E.32 b**), hohe Belastbarkeit bis 100 kg, wartungsfreie Gleitlagertechnik und komfortable 2D-Verstellung/Einjustierung.

## Auswahlkriterien

Für die richtige Bandauswahl sind Tür-Nutzungshäufigkeit und Einsatzort, Materialart des Türflügels, Türgröße (mögliche Überbreite), Anordnung und Montageart der Bänder und zusätzliche Windkräfte bei Außentüren zu beachten.

**E.32 a** »Tectus«,
Innenansicht Band

**E.32 b** »Tectus«,
Öffnungswinkel 180°

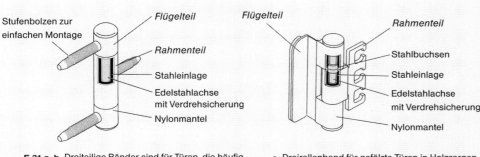

Stufenbolzen zur
einfachen Montage    Flügelteil

Rahmenteil

Stahleinlage

Edelstahlachse
mit Verdrehsicherung

Nylonmantel

Flügelteil    Rahmenteil

Stahlbuchsen

Stahleinlage

Edelstahlachse
mit Verdrehsicherung

Nylonmantel

**E.31 a, b** Dreiteilige Bänder sind für Türen, die häufig begangen werden, sowie für schwere Türblätter immer die bessere Wahl.

a Dreirollenband für gefälzte Türen in Holzzargen (Hewi)
b Dreirollenband für ungefälzte Türen in Stahlzargen (Hewi)

180°

90°

110°

## Schlösser

Die unterschiedlichen Anforderungen, die an das Öffnen, Schließen und Verriegeln gestellt werden, gewährleistet das Zusammenspiel der verschiedenen Produkte der Tür. Das in das Türblatt zu schiebende »Einsteckschloss« stellt die meistverbreitete Variante eines Schlosses dar und hat das früher gebräuchliche Kastenschloss (**E.33 a,b**) weitgehend abgelöst. Das im Türblatt bis auf seine Schmalseite verborgene Einsteckschloss (**E.34**) enthält in der Regel zwei Elemente, die für das Schließen und das Verriegeln stehen: Falle und Riegel (**E.35**). Die Bedienung der Falle erfolgt durch Betätigung des Türdrückers oder – bei der Variante Wechselgarnitur – zusätzlich durch den Schlüssel. Die Betätigung des Riegels erfolgt durch den Schlüssel.

Die klassischen Funktionskomponenten sind in der Reihenfolge ihrer Anordnung am bzw. im Türblatt dargestellt (**E.36**). Die Wirkung einer jeden Komponente ist wie bei einem Zahnradgetriebe gleichermaßen wichtig für die gesamte Funktionsweise des Schließens bzw. Öffnens sowie des Verriegelns einer Tür.

Man sollte die wichtigsten Bestandteile eines Einsteckschlosses kennen, um daraus dessen

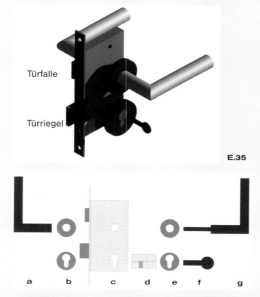

Türfalle

Türriegel

E.35

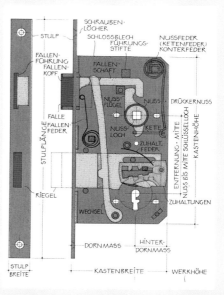

a    b    c    d   e   f    g

**E.36**
a   Türdrücker
b   Rundrosetten
c   Einsteckschloss
d   Profilzylinder
e   Rundrosetten
f   Schlüssel
g   Türdrücker

**E.37** Die Zeichnung eines Einsteckschlosses von Ulrich Reitmayer aus den 60er Jahren zeigt bereits alle wichtigen Details, die auch heutige Einsteckschlösser (natürlich in technischer Weiterentwicklung) besitzen.

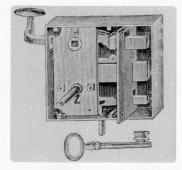

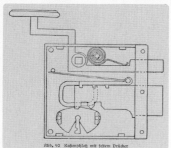

Abb. 92 Kastenschloß mit festem Drücker

**E.33 a, b** Zeichnungen von Kastenschlössern
a   aus: Hoch, Der praktische Schlosser, Leipzig 1904
Lange Zeit bestimmten Kastenschlösser mit hebender Falle und zwei Riegeln das Erscheinungsbild von Türen.

b   aus: Hoch, Schlosserarbeiten für den Hausgebrauch, Leipzig 1920

**E.34** ausgereiftes, hochpräzises Einsteckschloss (Dorma)
Mit der einsetzenden Industrialisierung wurden immer häufiger Einsteckschlösser verwendet, die nur noch an der Schmalseite der Tür sichtbar bleiben, diesen seitlichen Bereich nennt man »Stulp«. Heute sind Einsteckschlösser zum allgemeinen Standard im Innenleben von allen wichtigen Türen geworden.

Eigenschaften und deren Auswirkungen auf die Funktionsweise einer Tür ableiten zu können. Die Zeichnung **E.37** gewährt einen Einblick in das im »Schlosskasten« verborgene Innenleben eines Schlosses.

Falle und Riegel haben jeweils ihre eigene Mechanik. Im Zusammenspiel mit den Drehbewegungen, die durch Türdrücker und Schlüssel ausgelöst, übertragen werden, übernehmen die Federn wichtige Funktionen der richtigen Positionierung dieser Funktionselemente. Eine besondere Rolle kommt dem »Wechsel« zu, einer Vorrichtung zum Zurückziehen der Falle mit dem Schlüssel, wie es bei Wohnungseingangstüren notwendig ist. Moderne und präzise ausgestattete Einsteckschlösser sorgen heute für reibungslose Funktionalität und Sicherheit. Für bestimmte Einsatzbereiche sind sie in DIN 18251 in vier Klassen eingeteilt:

- für Innentüren (Kl. 1),
- für Innentüren mit hohen Anforderungen (Kl. 2),
- für Wohnungsabschlusstüren (Kl. 3),
- für erhöhte Einbruchhemmung und hohe Benutzfrequenz (Behördenschloss; Kl. 4).

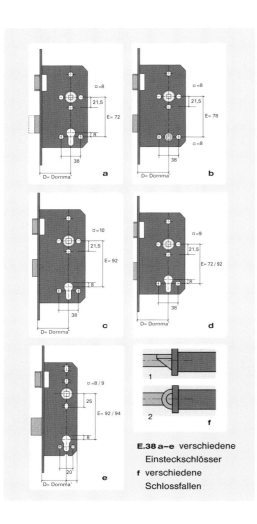

E.38 a–e verschiedene
Einsteckschlösser
f verschiedene
Schlossfallen

## Einsteckschlösser

Einsteckschlösser werden in verschiedenen Ausführungen für die unterschiedlichen Türarten und deren Anforderungen hergestellt. Obwohl man sie optisch kaum wahrnimmt, stellen sie eine Hauptfunktion der Türtechnik dar. Deshalb muss eine hohe Qualität und Funktionssicherheit garantiert sein. Ein Überblick über die gängigsten Einsteckschlösser ist hilfreich, um die Funktionsweise der Türbeschläge an den unterschiedlichen Türarten im Zusammenspiel mit den Schlössern zu verstehen. Eine genaue Einteilung ist in DIN 18251 zu finden.

**Zimmertür-Einsteckschloss (E.38 a)**
Drückervierkant: 8 mm
Lochentfernung: 72 mm
Lochungsart: Profilzylinder

**Bad- bzw. WC-Tür-Einsteckschloss (E.38 b)**
Drückervierkant: 8 mm
Lochentfernung: 78 mm
Riegelvierkant: 8 mm

**Haustür-Einsteckschloss (E.38 c)**
Drückervierkant: 10 mm
Lochentfernung: 92 mm
Lochungsart: Profilzylinder

**Feuerschutztür-Einsteckschloss (E.38 d)**
Drückervierkant: 9 mm
Lochentfernung: 72/92 mm
Lochungsart: Profilzylinder

**Rahmentürschloss (E.38 e)**
Drückervierkant: 8/9 mm
Lochentfernung: 92/94 mm
Lochungsart: Profilzylinder

Die wichtigsten Maße sind D = Dornmaß sowie E = Entfernung Drückervierkant – Riegelvierkant bzw. Riegelschlossmitte. Die »Lochungsart« bezieht sich auf die Ausformung hinsichtlich des passenden Schlüsselsystems und darauf abgestimmter Schließzylinder bzw. anderer Schließlösungen. Auf eine Übereinstimmung ist bei der Auswahl von Einsteckschlössern zu achten. Die verschiedenen Hersteller haben im Lauf der Zeit eine Vielzahl von Schließzylinder-Formen entwickelt, einige dazu notwendige Lochungsarten der Einsteckschlösser sind in E.39 dargestellt. Einsteckschlösser besitzen meistens die zwei Elemente Riegel und Falle. Die gängigsten Fallen sind so genannte »Normalfallen« für Drehflügeltüren (E.38 f – 1). Für bestimmte Zwecke gibt es auch

andere Fallen, z. B. »Rollfallen« für Pendeltüren (E.38 f – 2), die ein Durchschwingen der Tür in beide Richtungen ermöglichen. Je nach Schlossart sind die Fallen mittig (universell einzusetzen) angeordnet oder auf DIN-L oder DIN-R abgestimmt, hier ist auf die konkrete Richtungsangabe zu achten. Für spezielle Anwendungen, wie sie bei Fluchttüren und auch in Verbindung mit Anti-Panikbeschlägen gefragt sind, existieren spezielle Lösungen.

### Schließzylinder und Schlüssel

Es gibt unterschiedliche Technologien und formale Varianten, jedoch ist die zugrunde liegende Struktur von Schließzylindern (E.40) und Schlüsseln sehr ähnlich. Die wesentlichen Schließzylinder-Bestandteile (E.41) sind »Stator«, Zylindergehäuse, und »Rotor«, ein drehbar gelagerter Zylinderkern, der einen Schlüsselkanal besitzt, sowie die so genannten »Zuhaltungen«, die die Bewegung des Zylinderkerns verhindern, wenn kein geeigneter Schlüssel genutzt wird. Der passende Schlüssel (E.42) kann gedreht werden, dann nimmt der Zylinderkern in seiner Drehbewegung den Schließbart mit uns setzt den Schlossmechanismus in Gang. Am weitesten verbreitet ist der Profilzylinder.

Neue mechanische Sicherheitstechnologien ermöglichen es, höchste Sicherheit mit Profilzylindern zu erfüllen, die Schlüssel sind mit Codenummern versehen und individuell nicht mehr nachzufertigen. Am Markt existieren neben den Kernstiftlösungen weitere, zum Teil auch kombinierte Systeme mit feinmechanischen Scheiben oder Kugeln, mehreren Lagen von Kernstiften etc.

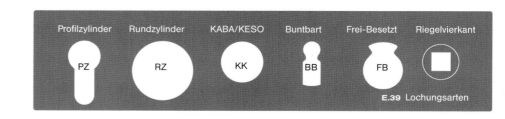

E.39 Lochungsarten

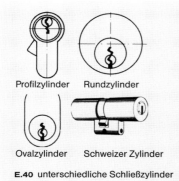

E.40 unterschiedliche Schließzylinder

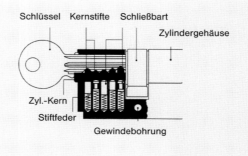

E.41 Aufbau Profilzylinder (Kernstiftlösung)

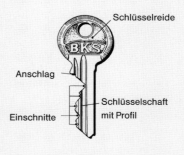

E.42 Aufbau Schlüssel

## Schließanlagen

Sichere und nutzergerechte Zutrittslösungen werden seit Jahrzehnten mit Schließanlagen realisiert. Das Grundprinzip von Schließanlagen ist eine funktional-hierarchische Organisation der Schließzylinder und der dazu passenden Schlüssel.

Geplant und verwaltet werden Schließanlagen mit einem Schließplan, der die »Schließkompetenzen« und den organisatorischen Aufbau dokumentiert.

### Zentralschlossanlage (E.43 a)

meist in Geschosswohnungsbauten genutzt. Der Schlüssel der Wohnungsabschlusstür schließt auch alle allgemeinen und zentralen Türen, die von allen Mietern genutzt werden sollen, wie z. B. Hoftor, Kellerzugang, Technikraum, Haustür.

### Hauptschlüsselanlage (E.43 b)

Verschiedene einzelne Zylinder können nur mit jeweils einem zugeordneten Schlüssel genutzt werden. Ein übergeordneter Hauptschlüssel schließt alle Zylinder der gesamten Anlage; üblicher Einsatzbereich ist das Einfamilienhaus, aber auch kleinere Schulen, Restaurants, Büros sind damit ausstattbar. Durch Erweiterung oder Kombination der Funktionen der beiden Grundarten können weitere Formen gebildet werden:

### Kombinierte Hauptschlüssel-Zentralschlossanlage (E.43 c)

Die Merkmale von Hauptschlüssel- und Zentralschlossanlage werden hier kombiniert. An der obersten Stelle der Schlüsselhierarchie steht der Hauptschlüssel oder General-Hauptschlüssel, der alle Zylinder dieser Anlage schließt. Teile der Schließanlage sind wiederum mit Zentralzylindern ausgestattet. Typischer Einsatzbereich ist etwa eine Altenwohnanlage, in der der Wohnteil als Zentralschlossanlage konzipiert ist und der Verwaltungsteil als Hauptschlüsselanlage.

### General-Hauptschlüsselanlage (E.43 d)

Mehrere Hauptschlüsselanlagen ergeben sinngemäß eine General-Hauptschlüsselanlage. Der General-Hauptschlüssel ermöglicht autorisierten Personen Zutritt zu allen Räumen, während eine weitere Bereichstrennung durch Haupt- und Gruppenschlüssel erfolgen kann, andere Schlüssel sind Einzelschlüssel und schließen nur jeweils einen Zylinder. Notwendig für Industriebetriebe, Gewerbebereiche, Hotels, Flughäfen etc.

### Elektronische Schließanlagen und Zutrittskontrollsysteme

Besonders in Bereichen, die ein hohes Maß an Sicherheit und gleichzeitig Flexibilität der »Zutrittsberechtigungen« erfordern, bieten elektronische Schließanlagen eine interessante Alternative zu rein mechanischen Anlagen. Neben den Grundaufgaben mechanischer Schließanlagen erfüllen sie weitere Aufgaben wie Schlüsselschutz, zeitlich und örtlich steuerbare Zutrittsberechtigungen oder Überwachungsfunktionen. Die Hauptvorteile sind:

- Sicherheit durch elektronische Schließfunktion erhöht,
- einfaches und schnelles Sperren von verlorenen oder gestohlenen Schlüsseln,
- kein teures Austauschen der Schlösser und Schlüssel,
- mehr Flexibilität durch Vergabe von elektronischen Schließberechtigungen mit der Möglichkeit des jederzeitigen Umprogrammierens,
- zeitliche Einschränkung von Schließberechtigungen,
- Registrierung von Schließvorgängen und Schließversuchen,
- Überwachungsfunktion der Türöffnung und Entriegelung,
- elektronischer Schlüssel, Chipkarte auch für weitere Funktionen nutzbar (Aufzugssteuerung, Zeiterfassung, Kantinenwährung etc.).

### Bestandteile, Betriebsarten und Zusatzfunktionen

Hauptsächlich Büros, Kliniken, Seniorenresidenzen, Hotelkomplexe und Verkehrsbauten wie Flughäfen benötigen intelligente Schließanlagen, die genau auf die jeweiligen Sicherheitsanforderungen eingestellt werden können und in sich flexibel bleiben.

### Der E-Zylinder

Der Elektronische Schließzylinder (E-Zylinder) beinhaltet als neueste Schlosstechnologie drei Hauptfunktionen: extrem hoher Schlüsselschutz (»das echte Unikat«), flexible Handhabung der Zutrittsberechtigung und umfassende Zutrittskontrolle.

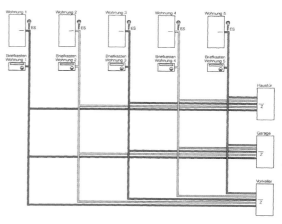

a Zentralschlossanlage

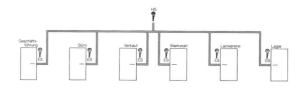

b Hauptschlüsselanlage

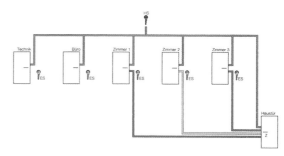

c kombinierte Hauptschlüssel-Zentralschlossanlage

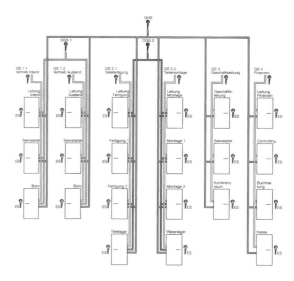

d General-Hauptschlüsselanlage

E.43 a–d   Schließanlagen, Systemzeichnungen (Ikon)

**Variante mechanisch plus Elektronik**

Der E-Zylinder kann dieselbe Profilierung wie ein mechanischer Zylinder erhalten (**E.44**) und bietet somit weiter alle Vorteile der mechanischen Sicherheit (Z-/HS-/GHS-Anlage). Diese Art, Mechatronik genannt, ist deshalb besonders sinnvoll, weil nur bestimmte, besonders wichtige Türen elektronisch ausgestattet werden und die anderen eine mechanische Ausstattung erhalten. Natürlich besteht dabei die Option einer späteren Umrüstung.

**Variante nur elektronisch**

Rein elektronische Zylinder, die auf die mechanische Komponente des Schlüsselschutzes verzichten. Wenige Hersteller verfolgen ausschließlich diese Form, da sie teuer ist und oft nicht für alle Türen der E-Zylinder notwendig ist.

**Schlüsselschutz**

Durch elektronische Codierung ist jeder Schlüssel ein Unikat. Die werksseitig nur einmal vorprogrammiert vergebene Schlüsselidentität kann durch den Nutzer durch individuelle Programmierung mit bestimmten Zutrittsmerkmalen versehen werden:

- Zusätzliche Nutzerschlüssel können in der elektronischen Steuerung angemeldet werden und mit Zutrittsberechtigung in der Schließanlage versehen werden.
- Problemloses »Löschen« des Schlüssels bei Verlust, der Schlüssel wird aus dem System entfernt und bei etwaiger Verwendung zurückgewiesen.
- Die Mechanik des Schließzylinders bleibt in beiden Fällen unangetastet, kein Zylinderprofilwechsel notwendig.

**Zutrittsberechtigung und Zutrittskontrolle**

- zeitlich genau differenzierbare Zutrittsberechtigung, individuell abstimmbar auf Betriebszeiten von Industrieunternehmen, Behörden etc. wie tägliche Arbeitszeiten, bestimmte Werktage
- Definition bestimmter Zutrittsrechte ist nutzerspezifisch genau einstellbar, und zwar nach Zutrittsort und -Berechtigungszeitraum.

**Betriebsarten**

1. offline-Betrieb:
- Jeder einzelne E-Zylinder hat seine eigene Steuereinheit in unmittelbarer Nähe (Türblatt, Zarge), genannt E-Zentrum.
- Ein tragbares Handgerät kann per Funk mit diesem E-Zentrum zu Programmierungszwecken Kontakt aufnehmen (jedes einzelne E-Zentrum muss angelaufen werden), eine Vernetzung der einzelnen E-Zentren entfällt dabei.
- verschiedene Zusatzfunktionen zuschaltbar, wie z. B. ein lokaler Alarmgeber, daher geeignet für kleine und mittelgroße Schließanlagen mit fest definierten Nutzergruppen

2. online-Betrieb:
- Vernetzung der einzelnen E-Zylinder einer Schließanlage und zentrale Steuerung mit spezieller Software
- Jedes einzelne E-Zentrum lässt sich von der zentralen Steuerung ansteuern.
- Alle Maßnahmen der Zutrittsberechtigung und Kontrolle können zentral geregelt werden (Fernsteuerung am PC).
- Kontrollieren und Auswerten der Ereignisse am PC

- verschiedene Zusatzfunktionen wie Alarmgeber, stiller Alarm mit Übermittlung eines Videobildes etc.
- Übergang von offline-Systemen auf die online-Betriebsart bei einigen Systemen möglich (Steuergeräte und Verkabelung darauf abgestimmt)

Unabhängig von der Betriebsart ist es ratsam, die Möglichkeit der Notöffnung in Betracht zu ziehen und nur dementsprechende Systeme einzuplanen. Der Aufbau der Steuerung und deren Komponenten von elektronischen Schließanlagen und Zutrittskontrollsystemen zeigt **E.46**. Für den Nutzer ist das reibungslose Zusammenspiel von Identmitteln und Lesegeräten am wichtigsten:

**Identmittel (Transponder)**

Es gibt kontaktlose oder -behaftete Verfahren und die Möglichkeiten des Einsatzes der Chips in verschiedenen Kontaktgeber-Instrumenten (**E.45**) sowie die Kombination von mechanischen und mechatronischen Lösungen.

**Lesegeräte**

Die Hersteller bieten unterschiedlich gestaltete Lesegeräte mit und ohne Codenummer, spezielle Sicherheitsausrüstungen mit Fingerabdruck- oder Iriserkennung an. Elektronische Lösungen, die sich in der Handhabung sehr weit von dem konventionellen Umgang mit Schlüsseln und Profilzylindern entfernen, bringen oft Akzeptanzprobleme und Unsicherheiten beim Nutzer mit sich. Dementsprechend muss unter Einbeziehung der Beteiligten abgewogen werden, welche Lösung realisiert werden soll.

**E.44** »Ikotron«-Schließzylinder

**E.45** Passiv-Transponder mit oder ohne Schlüssel, Scheckkarte (Transponder-Systeme von Dom)

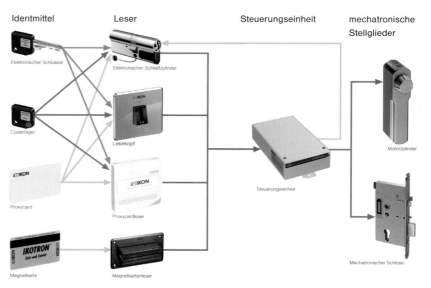

**E.46** Systemkomponenten und Steuerungswege des mechatronischen Systems »Ikotron« (Ikon)

# Türschließer

## Einsatzbereiche und Arten

Türschließer sorgen für ein selbstständiges Schließen von Türen. Die Anordnung und der Einbau empfehlen sich an Gebäude-Eingangstüren, die aus Sicherheits- und aus Witterungsgründen stets geschlossen zu halten sind, an Büroetagen- und teilweise auch Wohnungs-Abschlusstüren aus Sicherheitsgründen; vorgegeben ist der Einsatz an Feuer- und Rauchschutztüren. Hier sind die Montageart und die Positionierung an der Tür genau vorgeschrieben. Nach der Bauweise unterscheidet man:

### Obentürschließer

Die weiteste Verbreitung haben Obentürschließer (**E.47 a, b**) gefunden. Das Betätigen des Türflügels geschieht durch eine mit einem Hydraulikzylinder bzw. anderen hydraulischen, patentierten Systemen gekoppelte Mechanik. Verschiedene Techniken sind im Handel verfügbar, die sich hauptsächlich durch die Art der mechanischen Kraftübertragung vom integrierten Hydraulikzylinder zur Tür über Scherengestänge (**E.47 a**), Gleitschienen (**b**) oder Zahntriebe unterscheiden. Neuere Gleitschienen-Systeme (**c**) fallen optisch nicht mehr auf und werden auch als integrierte Türschließer bezeichnet. Für nachträglichen Anbau sind Obentürschließer gut geeignet.

### Bodentürschließer (**E.47 d**)

Die Kraftübertragung zum Türflügel geschieht über eine Schließfeder. Bodentürschließer sind im Fußbodenaufbau versenkt und können neben der Schließfunktion auch die untere Lagerung des Türflügels übernehmen. Hier ist darauf zu achten, dass alle Bänder korrekt montiert werden. Optisch treten Bodentürschließer kaum in Erscheinung. Nachteilig gegenüber dem deutlich sichtbaren Obentürschließer sind die notwendigen Stemmarbeiten im Fußboden, was bei einer Nachrüstung zu Schwierigkeiten führen dürfte, sowie die Problematik des Verschmutzens und des Wassereindringens, die spezielle Abdichtungen erfordert.

### In die Tür eingebaute Türschließer

Sie finden Platz im Falz, Türsockel, Kopfrahmen oder oberen Querprofil. Alle Bauteile liegen unsichtbar im Profil und sind so vor Verschmutzung und Witterungseinflüssen geschützt. Es werden keine Stemmarbeiten bei nachträglichem Einbau notwendig (günstig bei Fußbodenheizungen), und eine Vormontage beim Türenhersteller ist möglich. Anwendung finden sie eher im Privatbereich.

## Feststellanlagen – Rauch- und Wärmeerkennung

Vor allem Oben-, teilweise auch Bodentürschließer werden für den Einsatz an Feuer- und Rauchschutztüren verwendet. Hier existieren bauaufsichtlich zugelassene Lösungen. In die Tür eingebaute Türschließer bedürfen eines Einzelnachweises.

## Regelungsmöglichkeiten

Einstellmechanismen ermöglichen ein Anpassen an die vorherrschenden Bedingungen und Anforderungen:
- Schließgeschwindigkeit, Schließkraft,
- Schließverzögerung, Öffnungsdämpfung,
- Endschlag (und den Türriegel in die Falle bringen).

## Leichtgängigkeit

Besonders bei der Ausstattung von Türen in barrierefreien Bereichen ist auf absolute Leichtgängigkeit zu achten, die Hersteller beraten hinsichtlich passender Türschließer-Typen. Alternativ stehen Automatiklösungen zur Verfügung (Öffnen und Schließen).

## Schließfolgeregelung

Zweiflügelige Anlagen bedürfen einer Schließfolgeregelung, damit der Stand- vor dem Gangflügel wieder geschlossen und ein sauberes Schließen ermöglicht wird (**E.48**). Das gewährleistet Sicherheit im Brandfall und bei Rauchentwicklung.

## Ausstattung von Feuer- und Rauchschutztüren

Diese Türen sind mit einem Schließmittel auszustatten! Türen zwischen Brandabschnitten müssen neben ihrer F-Qualität im Gefahrenfall selbstständig dicht schließen, um eine weitere Brand- und Rauchausbreitung in andere Bauabschnitte zu verhindern. Bei der normalen Nutzung werden Türen in Fluren usw. meist offen gehalten, nur im Brandfall ist das Schließen zur Abschottung notwendig. Dafür ist die Ausstattung mit einer Feststellanlage, die im nor-malen Ablauf für ein Offenhalten der Tür sorgt, jedoch im Brandfall über eine Auslösevorrichtung automatisch verschlossen wird, notwendig.

Feststellanlagen beinhalten in der Regel Brandmelder (Thermo- bzw. Rauchschalter), Schließmittel (Türschließer oder Federseilrollen) und Energieversorgung (Netzgerät). Das System unterliegt genauen Kriterien bezüglich Auswahl der richtigen Komponenten und Einbau:
- Allg. bauaufsichtliche Zulassung aller Komponenten und der Befestigungsmittel einschließlich der Bohrschablonen,
- ständiges Freihalten des für den Türabschluss notwendigen Raumbereichs,
- neben der Automatik muss auch ein manuelles Betätigen (Türschließen) mit einem Auslösetaster erfolgen können (rote Aufschrift TÜR SCHLIESSEN), nur bei Türschließern mit elektromechanischen und elektrohydraulischen Feststellern kann die Handauslösung über den Taster entfallen,
- Abschlüsse in Rettungswegen sollen mit Rauchmeldern ausgestattet sein,

Für Feuerabschlusstüren gilt DIN 4102, Teil 5, und für Rauchschutzabschlusstüren DIN 1809. An Feuer- und Rauchschutztüren zugelassene Türschließer sind nach DIN EN 1154 oder 1155 geprüft.

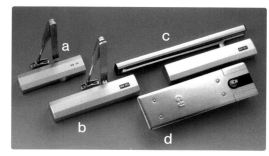

**E.47** Türschließerarten (G-U, BKS)
**a, b** Obentürschließer mit Scherengestänge
**c** Obentürschließer mit Gleitschienen
**d** Bodentürschließer

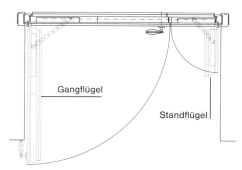

Gangflügel

Standflügel

**E.48** Schließfolgeregelungen betreffen zweiflügelige Türen (Dorma-Zeichnung).

# Konfigurationen

## Innentüren

Aus den notwendigen Eigenschaften der Bedienweise der Tür ergeben sich die Anforderungen an ihre Beschläge. Dabei sind folgende Fragen zu stellen:

1. Allgemeine Funktionen
- Wie soll die Tür geöffnet werden können?
- Wie soll sie verriegelt werden können?
- Welche »Bedienelemente« sind außen, und welche innen notwendig? (Wichtig: die Außenseite und die Innenseite müssen getrennt betrachtet werden.)
- Welche DIN-Richtung hat die Tür?

2. Einzelelemente der Drückergarnituren
- Art der Lagerung des Türdrückers
- Art und Querschnitt des Drückerstifts
- Art und Querschnitt des Riegelstifts
- Entfernung der Mittelpunkte von Drückerstift und Schloss?
- Entfernung der Mittelpunkte von Drückerstift und Riegelstift (**D.49**)?

3. Art des Schließzylinders und des Schlüssels
4. Art des benötigten Einsteckschlosses
5. Art der benötigten Bänder
- Aus welchem Material besteht die Tür?
- Aus welchem Material ist der Rahmen?
- Ist die Tür gefälzt oder ungefälzt?
- Gibt es weitere besondere Bedingungen für die Bänder?

6. Für alle Komponenten muss die Nutzungsklasse und – wenn notwendig – die Brand-, Rauch- sowie Panikschutz-Funktion abgeklärt sein.

Die Ausstattung mit Türzubehör wie mit zusätzlichen Riegeln, Stoßblechen, Spion und mit zusätzlichen Komponenten wie Türpuffern, -feststellern, -schildern, Briefeinwürfen oder Klingelplatten bleibt hier unberücksichtigt. Die Angaben und Empfehlungen der Hersteller zu ihren Türzubehör-Sortimenten sind zugrunde zu legen.

### Bad-WC-Tür (E.50–E.52)

Die Tür soll beim Betreten des Raums mittels Türdrücker geöffnet werden können und von innen verschließbar und zu verriegeln sein. Es muss außerdem gewährleistet sein, dass im Notfall diese Verriegelung von außen wieder geöffnet werden kann. In dem Abbildungskasten wird ersichtlich, welche Parameter und Angaben man beachten muss, um für eine solche Tür die richtige Türdrückergarnitur zu finden.

### Zimmertüren mit Rosetten (E.53)

Die Ausstattungskriterien von Zimmertüren mit Rosetten werden in **E.53** erläutert.

### Zimmertüren mit Schildern (E.54)

Drückergarnitur für Zimmertüren-Variante mit Kurz- oder Langschild.

Parameter und Merkmale entsprechen der Variante mit Rundrosetten, einziger Unterschied ist die Lagerung des Drückers durch Kurz- bzw. Langschild, was meist eine Frage des gewünschten Designs ist.

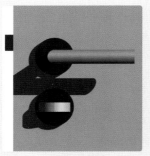

**E.50** Bad-WC-Tür-Garnitur

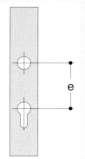

**E.49** e = Entfernung    **E.51** Aufbau Badgarnitur

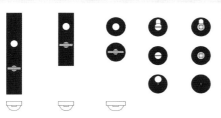

**E.52** Varianten Drehknauf und Notentriegelung für Bad- und WC-Türen

**Drückergarnitur für WC- bzw. Badtür**

*Funktion:* Drücker betätigen die Falle, Türverriegelung von innen, Notentriegelung von außen
*Türinnenseite:* Drücker
*Türaußenseite:* Drücker
*Drückerlagerung:* Schilder oder Rosetten
*Drückerstift:* 8 mm Vierkant
*Riegelstift:* 8 mm Vierkant
*Entfernung:* 78 mm
Einsteckschloss für Badtüren
*Bänder:*
- im Fall Trennwandtür: ungefälzte Türen-Aufschraubbänder
- im Fall Badezimmertür: Einbohr- oder Einfräsbänder

*Bestellangaben:* DIN-Richtung, Türstärke, Lochung, Drückervierkant, Riegelvierkant, Abstand, Drehknauf und Notöffnungsart-Variante auswählen
*Angaben zum gewünschten Modell bzw. Design:* Manche Hersteller haben numerische Modellbezeichnungen, andere bestimmte Namen für ihre Produkte.

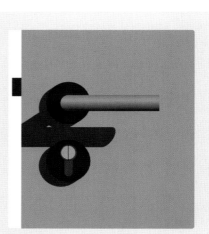

**E.53** Zimmergarnitur mit Rundrosetten

**Drückergarnitur für Zimmertüren: Variante mit Rundrosetten**

*Türinnenseite:* Drücker
*Türaußenseite:* Drücker
*Drückerlagerung:* Rosetten
*Drückertechnik:* Fest-Drehbar-Technik für Objekttüren
*Drückerstift:* 8 mm Vierkant
*Abstand:* 72 mm
*Einsteckschloss:* Zimmertür- oder Objektschloss
*Funktion:* Drücker betätigen beidseitig die Falle
*Bänder Zimmertüren:* Einbohrbänder für Türgewichte bis 35 kg
*Objekttüren:* Einfräsbänder, bei hohem Gewicht mit Tragbolzen
*Bestellangaben:* DIN-Richtung, Türstärke, Lochung, Drückervierkant, Abstand sowie die Angaben zum gewünschten Modell bzw. Design

E.54 Zimmertüren
a mit Kurzschild

b mit Langschild

### Rosetten oder Schild?

Die Gründe für die Auswahl können funktional und gestalterisch sein: Rundrosetten markieren die Funktionen und die Lage der Drehpunkte von Türdrücker und Schließzylinder oder Schlüssel selbstredend. Sie harmonieren mit Drückerhals und Türdrückern mit Rundprofilen. Versuche von Herstellern, quadratische Rosetten zu entwickeln, gibt es, sie finden aber selten Verwendung. Kurz- und Langschilder schützen das Türblatt im Bereich des Einsteckschlosses, was früher bei dünnen Türblättern gern genutzt wurde, um diese kritischen Bereiche statisch zu stabilisieren. Kurzschilder (**E.54 a**) passen gut zu Türdrückermodellen, die eine auffälligere Form haben, die im Zusammenklang mit dem Kurzschild besser wirken soll. Langschilder (**E.54 b**) können gut bei Renovierungen von Türen verwendet werden, wenn alte Löcher abgedeckt werden müssen. Speziell bei den bereits beschriebenen Sicherheitsbeschlägen sind Schilder die konstruktiv stabilere Wahl.

## Wohnungs-Eingangstüren

### Außen mit Knopf (E.55)

Die Ausstattungskriterien von Wohnungstüren, die außen einen Knopf haben, werden in **E.55** erläutert.

### Außen mit Griff (E.56)

Da diese Türen ein »Wechselschloss« benötigen, dessen Falle und Riegel von außen nur mit dem Schlüssel betätigt werden können, werden auch die Beschläge als Wechselgarnituren bezeichnet.
Zu den Ausstattungskriterien siehe **E.56**.

## Gewerbetüren – viel benutzte Türen

### Breit- oder Quadratschild (E.57)

Zu den relevanten Parametern für diesen Türtyp siehe **E.57**.
Neben der Verwendung für Gewerbetüren ist aus Designaspekten auch eine breitere Anwendung möglich – manche Hersteller bieten interessante Quadratschild-Garnituren an.

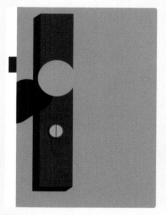

E.55

E.56

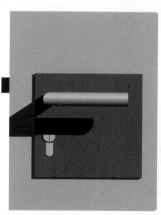

E.57

**Wechselgarnitur mit Knopf:**

*Türinnenseite*: Drücker als Lochteil
*Türaußenseite*: Feststehender Knopf als Stiftteil
*Drückerlagerung*: Schilder oder Rosetten
*Drückertechnik*: Fest-Drehbar-Technik für hochfrequentierte Türen
*Wechselstift*: 8, 9 oder 10 mm
*Abstand*: 72 mm bei 8 oder 9 mm, 92 mm bei 10 mm Vierkant
*Einsteckschloss*: Zimmertür- oder Haustürschloss mit Wechsel
*Funktion*: Drücker betätigen innen die Falle, außen Betätigung nur mit Schlüssel
*Bänder*: Einfräsbänder, bei schweren Türen mit Tragbolzen
*Bestellangaben*: DIN-Richtung, Türstärke, Lochung, Drückervierkant, Abstand, Knopf, Angaben zum Modell/Design

**Wechselgarnitur mit Griff:**

*Türinnenseite*: Drücker als Lochteil
*Türaußenseite*: Griff
*Drückerlagerung*: Schilder oder Rosetten
*Drückertechnik*: Fest-Drehbar-Technik für hochfrequentierte Türen
*Wechselstift*: 8, 9 oder 10 mm
*Abstand*: 72 mm bei 8 oder 9 mm, 92 mm bei 10 mm Vierkant
*Einsteckschloss*: Zimmertür- oder Haustürschloss mit Wechsel
*Funktion*: Drücker betätigen innen die Falle, außen Betätigung nur mit Schlüssel
*Bänder*: Einfräsbänder, bei schweren Türen mit Tragbolzen
*Bestellangaben*: DIN-Richtung, Türstärke, Lochung, Drückervierkant, Abstand, Griff, Angaben zum Modell/Design

**Drückergarnitur mit Quadratschild:**

*Türinnenseite*: Drücker
*Türaußenseite*: Drücker
*Drückerlagerung*: Quadratschild
*Drückertechnik*: Fest-Drehbar-Technik für Objekttüren
*Drückerstift*: 8 mm Vierkant
*Abstand*: 72 mm
*Einsteckschloss*: Zimmertür- oder Objektschloss
*Funktion*: Drücker betätigen beidseitig die Falle
*Bänder Objekttüren*: Einfräsbänder, bei hohem Gewicht mit Tragbolzen
*Bestellangaben*: DIN-Richtung, Türstärke, Lochung, Drückervierkant, Abstand sowie die Angaben zum gewünschten Modell bzw. Design

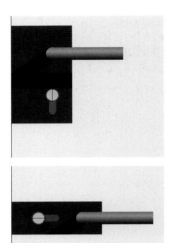

E.58 Lösungen für Ganzglastüren

E.60 Türgriff mit Turnhallenmuschel

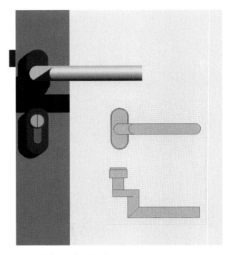

E.61 Rahmentürdrücker

## Ganzglastüren (E.58)

Zwei Grundvarianten sind möglich: Auf der Türinnenseite ist das Schloss, eine Art Kastenschloss, befestigt, auf der Außenseite ein Abdeckschild. Die erste Variante (a) verfügt über das klassische Riegel-Schloss-Prinzip, die zweite (b) besitzt ein Schloss mit einer schließenden Falle, ist in den Abmessungen zierlicher und somit auf den Transparenz-Charakter einer Glastür abgestimmt. Nachteilig ist dabei jedoch das »liegende« Zylinderschloss, welches optisch und funktional gewöhnungsbedürftig ist.

## Sonderlösungen für Ganzglastüren

Eine individuelle Möglichkeit für die Ausstattung von Glastüren wurde vom Architekturbüro Gerkan, Marg und Partner in Zusammenarbeit mit dem Beschlägehersteller WSS und dem Glasbauzentrum F. W. Ulrich entwickelt, ohne auf die vorgestellten speziellen Glastürschilder zurückzugreifen. Die Türen wurden mit einer Standard-Drückergarnitur (FSB 1076) mit Rosetten auf einem das satinierte Glastürblatt einseitig einfassenden U-Profil und geschwungenen Bändern mit Punkthalterung ausgestattet (E.59 a–c).

## Turnhallentüren mit Turnhallenmuschel (E.60)

Diese Türdrückervariante findet v. a. in Sporthallen und Stadien Anwendung. Durch den flächenbündigen Einbau in die Tür- oder Torblätter ist eine Verletzungsgefahr beim Sport nahezu ausgeschlossen. Es gibt verschiedene Ausführungen hinsichtlich der Geometrie der Griffmulde und der flächenbündigen Gestaltung der Drücker. Neben der ursprünglichen Verwendung im Sportbereich ist auch die Verwendung an Schiebewänden zwischen aufteilbaren Besprechungsräumen möglich.

## Rahmentüren mit Ovalrosetten (E.61)

Für Rahmentüren, die in der Regel in Form von Stahlzargentüren mit Glasfüllungen eingesetzt werden, besteht die Notwendigkeit, so genannte »gekröpfte« Türdrücker (E.62) anzuwenden oder auf so genannte Adapterlösungen (E.63) auszuweichen, die die Verletzungsgefahr reduzieren. Verletzungen durch die scharfen Kanten der Stahlrahmen der Tür werden durch die maßlich vorgeschriebene Abkröpfung vermieden (E.64). Rahmentürdrücker haben außerdem aufgrund der engen Platzverhältnisse für die Befestigungsmittel besondere Befestigungslösungen.

## Rauch- und Feuerschutztüren

In DIN 18273 (zukünftig die EN 1634, Teil 1, sind Begriffe, Maße, Anforderungen und Prüfungen

E.59 Details Büroraumtüren im Hapag-Lloyd-Gebäude, Hamburg, Arch.: von Gerkan, Marg und Partner, Hamburg
a Standard-Türdrücker mit Rosetten auf U-Profil
b Türband in der Aufsicht
c Türband in der Ansicht

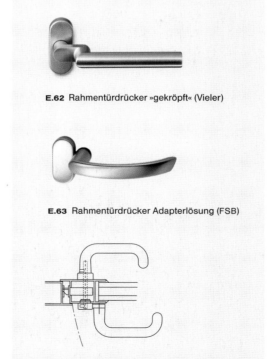

E.62 Rahmentürdrücker »gekröpft« (Vieler)

E.63 Rahmentürdrücker Adapterlösung (FSB)

E.64 Verletzungsgefahr an scharfkantigen Türrahmen verringern (Prinzipzeichnung FSB)

für Rauch- und Feuerschutzgarnituren angegeben. Die Normanforderungen gelten für ein- und zweiflügelige Türen, Zimmer-(Standard-), Panik- und Wechselgarnituren:

1. Drückerstifte müssen aus 9 mm quadratischem Vierkant in definiertem Stahl bestehen. In Längsrichtung soll der Vierkant ungeteilt sein, ohne Querschnittsminderung.

2. Türdrücker dürfen nicht leicht entflammbar sein, höchstens normal entflammbar – Baustoffklasse B2.

3. Türdrücker aus schmelzenden Materialien haben über einen Stahlkern zu verfügen, dessen Querschnitt mind. 80 mm tief in den Drücker hineinreichen muss. Schmelzpunkt des Stahls bei Feuerschutztüren 1000 °C, bei Rauchschutztüren 300 °C.

4. Türdrückerlager müssen mind. 5 mm tief sein und eine Materialabdeckung besitzen, die erst oberhalb von 1000 °C schmilzt.

5. Alle Öffnungen, die durch Schlüssellöcher entstehen, müssen mit selbstschließenden Blenden verdeckt werden, deren Materialbeschaffenheit ein Standhalten von Temperaturen bis 1000 °C gewährleistet.

6. Unterkonstruktionen von Schildern und Rosetten müssen aus mind. 1 mm dicken Materialien bestehen, die Temperaturen bis 1000 °C standhalten.

7. Um Unfällen auf Rettungswegen vorzubeugen, müssen die Enden der Drücker zur Tür hin zurückgebogen sein.

8. Einseitig dürfen feste oder drehbare Türknöpfe in Kombination mit Türdrückern nur verwendet werden, wenn Türdrücker immer in Fluchtrichtung, auf der dem Flüchtenden zugewandten Seite, montiert sind.

9. Schilder und Rosetten mit Nocken, die in die Tür eingreifen, müssen mit mind. zwei lockerungsgesicherten Schrauben befestigt sein. Alle zusätzlich angebrachten Verschraubungen dürfen die Türen nicht durchdringen.

10. Drückerstifte dürfen Kräfte, die beim Öffnen von Türen auftreten, nicht auf Schlossnüsse übertragen.

11. Türdrücker in Antipanikschlössern müssen zugfest und drehbar gelagert sein.

Antipanikschlösser können in Fluchtrichtung bei verriegelten Türen über Drücker entriegelt und geöffnet werden. Bei Antipanikschlössern mit geteilter Schlossnuss sind zweiteilige, gegeneinander drehbare und zugfest miteinander verbundene Antipanikstifte zu verwenden.

12. Fachgerechte Montage ist nur mit Montagehilfen wie Bohr- und Anschlaglehren möglich.

13. Ein ausreichender Korrosionsschutz ist notwendig, um die Langlebigkeit sicherzustellen.

Die Beanspruchungskriterien müssen von den Herstellern nachweislich für alle Bestandteile des jeweiligen Feuerschutzbeschlags erfüllt und für alle Produkte ständig überprüft und gekennzeichnet werden. Bei der Verwendung von Griffen ist darauf zu achten, dass eine nachträgliche Montage an bereits eingebauten Feuerschutztüren nicht zulässig ist, deshalb ist dies frühzeitig mit den Türenherstellern abzusprechen.

## Brandschutz – Was gilt es zu beachten?

Alle zur Tür gehörenden Elemente und Produkte stehen in ihrer Gesamtheit für die Einhaltung der jeweiligen Brandschutzklasse T30 bis T180 für eine so genannte »raumabschließende Wirkung gegen Feuer und Rauch im Brandfall«.

## Welche Garnituren dürfen verwendet werden?

Für die so genannten FS-Türen benötigt man FS-Türdrückergarnituren, also Feuerschutzgarnituren sowie -bänder. Ebenso sind Einsteckschlösser mit FS-Kennzeichnung vorgeschrieben. Die entsprechenden Kennzeichnungen müssen auf den Produkten und deren Verpackungen ersichtlich sein.

### FS-Drückergarnituren

Die Ausstattungskriterien sind in **E.65** dargestellt.

### FS-Wechselgarnituren

Die Ausstattungskriterien sind in **E.66** dargestellt.

**E.65**

**FS-Drückergarnituren**

*Türinnenseite*: FS-Drücker
*Türaußenseite*: FS-Drücker
*Drückerlagerung*: FS-Schilder oder FS-Rosetten
*Drückertechnik*: Fest-Drehbar-Technik
*Drückerstift*: 9 mm Vierkant
*Abstand*: 72 mm
*Einsteckschloss*: für Feuerabschlüsse
*Funktion*: Drücker betätigen beidseitig die Falle
*Bänder*: FS-Einfräsbänder, bei hohem Gewicht mit Tragbolzen
*Bestellangaben*: DIN-Richtung, Türstärke, Lochung, Drückervierkant, Abstand sowie die Angaben zum bei FS möglichen Modell bzw. Design

**E.66**

**FS-Wechselgarnituren**

*Türinnenseite*: FS-Drücker als Lochteil
*Türaußenseite*: Feststehender FS-Knopf als Stiftteil
*Drückerlagerung*: FS-Schilder oder FS-Rosetten
*Drückertechnik*: Fest-Drehbar-Technik
*Drückerstift*: 9 mm Vierkant
*Abstand*: 72 mm
*Einsteckschloss*: Wechselschloss für Feuerabschlüsse
*Funktion*: Drücker betätigt von innen die Falle, von außen nur der Schlüssel
*Bänder*: FS-Einfräsbänder, bei hohem Gewicht mit Tragbolzen
*Bestellangaben*: DIN-Richtung, Türstärke, Lochung, Drückervierkant, Abstand sowie die Angaben zum bei FS möglichen Modell bzw. Design

**E.67** Fluchtweg-Kennzeichnung (Erco-Piktogramme)

## Türen an Fluchtwegen

Neue einheitliche Normen sollen dafür sorgen, dass dem Schutz des Menschen nicht nur im Brandfall, sondern auch in alltäglich möglichen Paniksituationen eine größtmögliche Bedeutung beigemessen wird. An die Fluchttüren werden folgende Anforderungen gestellt:

• Mit einer Handbetätigung müssen sie sich innerhalb einer Sekunde ohne Schlüsselbetätigung öffnen lassen.

• Die Öffnungsrichtung der Tür weist in Fluchtrichtung.

• Rettungswege dürfen nicht versperrt sein.

• Türbeschläge müssen so ausgebildet sein, dass Personen nicht mit der Kleidung hängen bleiben können, und das freie Ende so gestaltet, dass Verletzungen vermieden werden können.

Es gibt zwei Arten von Fluchttüren: Notausgänge und Paniktüren. Die Verschlüsse müssen dabei aufgrund der verschiedenen funktionalen Anforderungen jeweils spezifische Parameter erfüllen, um zu garantieren, dass die Türen im Notfall wirklich geöffnet werden können. Nicht zu vergessen und frühzeitig einzuplanen sind die entsprechenden Fluchtwegzeichen u.a. über den Türen, die es auch in ästhetisch ansprechenden Ausführungen gibt (**E.67**).

### Notausgänge

Sie sind nach DIN EN 179 für Gebäude bestimmt, die keinem öffentlichen Publikumsverkehr unterliegen und deren Besucher die Funktionsweise der Fluchttüren kennen. Das können auch Nebenausgänge in öffentlichen Gebäuden sein, die nur von autorisierten Personen genutzt werden. Die neue DIN EN 179 schreibt Folgendes vor:

1. Bei der Verwendung von Türdrückern muss dieser so ausgeführt sein, dass Verletzungen ausgeschlossen werden und das freie Ende des Drückers zur Türoberfläche zeigt, um ein Hand-Verletzungsrisiko auszuschließen (**E.68 a**).

2. Die Verriegelungselemente der Tür sollen dabei mit einem senkrechten Druck auf den Drücker von 70 N entriegelt werden können, und die Tür muss sich selbstständig öffnen, hier ist eine hohe Präzision aller Komponenten erforderlich (**E.68 b**).

3. Die Beschlaggarnituren können als Drücker- oder Wechselgarnituren ausgeführt sein, die Verschraubung muss durchgängig erfolgen, und auch das Montagezubehör ist Bestandteil der Prüf- und Verpackungseinheit.

### Paniktüren

Nach DIN EN 1125 werden diese in öffentlichen Gebäuden eingesetzt, bei denen die Besucher die Funktionsweise der Fluchttüren nicht kennen und diese im Notfall auch ohne Einweisung betätigen können. Davon betroffen sind z.B. Schulen, Krankenhäuser, öffentliche Verwaltungen, Flughäfen und Einkaufszentren. Folgende Vorschriften sind einzuhalten:

1. Stangengriffe oder Druckstangen sind auf der Fluchtseite (Innenseite) der Tür zwingend vorzusehen (**E.69 a, b**). Auf der Außenseite sind Drücker-, Knopf- oder Blindschilder anzubringen.

2. Eine durchgehende Verschraubung ist zu gewährleisten.

3. Die Panik- und die Außenbeschläge sowie das Montagezubehör sind Bestandteil der Prüf- und Verpackungseinheiten.

4. Bei zweiflügeligen Türelementen ist bei Verwendung eines Treibriegelschlosses am Gangflügel ebenfalls ein Stangengriff einzusetzen.

5. Der Auslösedruck ist ebenfalls nach DIN EN 1125 geregelt, hier sind zwei Fälle anzunehmen: Ohne Vorlast erfolgt die Öffnung mit waagerechtem Druck auf die Stange von 80 N, bei Vorhandensein einer Vorlast von 1000 N (Menschen, die dagegen drücken) darf der Auslösedruck 220 N nicht überschreiten (**E.69 c**). Bei der Verwendung von Schloss- und Beschlagsystemen unterschiedlicher Hersteller ist auf das reibungslose Zusammenwirken und die notwendigen Kennzeichnungen zu achten.

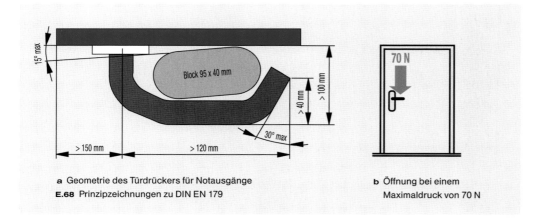

**a** Geometrie des Türdrückers für Notausgänge
**E.68** Prinzipzeichnungen zu DIN EN 179

**b** Öffnung bei einem Maximaldruck von 70 N

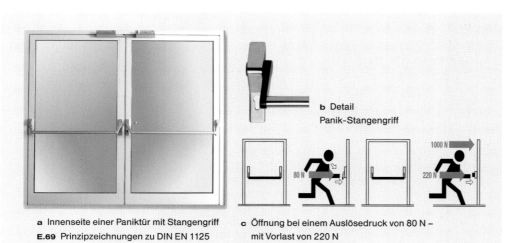

**a** Innenseite einer Paniktür mit Stangengriff
**E.69** Prinzipzeichnungen zu DIN EN 1125

**b** Detail Panik-Stangengriff

**c** Öffnung bei einem Auslösedruck von 80 N – mit Vorlast von 220 N

# Grundbetrachtung

## Der Umgang mit Wasser

Die Beschreibungen römischer Thermen und Latrinen zeigen, dass man vor 2000 Jahren bereits Einrichtungen und Vorrichtungen geschaffen hatte, die einen enormen Luxus ermöglichten. Hygiene und wohltuende Bäder waren bei den Römern selbstverständlich. Das dafür benötigte Wasser wurde über lange Strecken hinweg mit Hilfe von Aquädukten herbeigebracht und floss stetig innerhalb eines ausgeklügelten, ästhetisch abgestimmten Systems durch die Städte und deren »Sanitäreinrichtungen«. Der Umgang mit sauberem Wasser und dem abzuführenden Abwasser war exzellent gelöst worden: Hausanschlüsse mit »Wasserhähnen« (**F.01**) waren ebenso vorhanden wie luxuriöse Großbäder und großartige Kaskadenbrunnen. Wasser sparen war damals kein Thema.

**F.02** Badewanne, die in der namibischen Wüste ein Opfer des Wüstensands geworden ist.

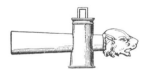

**F.01** römische Wasserhähne

Heute muss man sich mit Wasserverknappung auseinandersetzen, besonders angesichts anstehender globaler Probleme (**F.02**). Der Umgang mit Wassr muß folglich beim Baden, Waschen und der Körperpflege bedacht werden. Der Pro-Kopf-Verbrauch in Zentraleuropa liegt an einem Tag bei durchschnittlich 126 l Wasser, das erst einmal zur Verfügung stehen muss. Die Einzelnutzungen dieser großen Wassermenge sind aus **F.03** ersichtlich. Interessant ist hierbei, welchen überaus großen Anteil der Sanitärbereich (Baden, Toilette, Dusche, Waschen) am täglichen Wasserverbrauch hat. Heute stehen Wellness und Luxus im Bad auf dem Produkt- und Ausstattungsprogramm vie-

ler Hersteller. Besonders wichtig sind daher Lösungsansätze, die einen vernünftigen Umgang mit dem Wasser anstreben – und das nicht nur unter wirtschaftlichen, sondern besonders unter ökologisch notwendigen Gesichtspunkten.

Die Bedeutung von Wasser sparenden Systemen und Produkten kann nicht hoch genug geschätzt werden. In den letzten Jahrzehnten wurde damit eine stetige Einsparung erreicht: So ist in Deutschland der Verbrauch in den vergangenen Jahren spürbar zurückgegangen. Nach den Angaben des Statistischen Bundesamtes lag der tägliche Pro-Kopf-Trinkwasserverbrauch 1991 bei 144 l, 1998 bei 129 l und wird 2003 bei ca. 123 l liegen. Die Tatsache, dass das Jahr 2003 von den Vereinten Nationen zum »Internationalen Jahr des Süßwassers« erklärt wurde, blieb nicht ohne Wirkung. Durch entsprechende Formung und Ausstattung der »Wasser nutzenden« und »Wasser spendenden« Produkte und ihrer Einsatzbereiche kann ein wichtiger Beitrag zum bewussten Umgang mit Wasser geleistet werden. Hier sind nicht nur Techniker, die das Innenleben der Sanitäreinrichtungen und »Wassermanagement« bearbeiten, sondern auch Gestalter und Planer von Bädern und Sanitäreinrichtungen aufgefordet, sich neben den Themen hochwertiges Design, Prestige und »Fun«, die seit Jahren den Sanitärmarkt prägen, auch mit dem Umgang mit Wasser auseinanderzusetzen. Als nachhaltiges Design kann z. B. die sich derzeit verbrei-

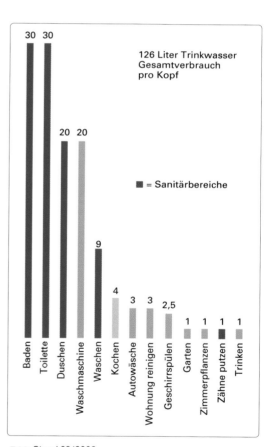

126 Liter Trinkwasser Gesamtverbrauch pro Kopf

■ = Sanitärbereiche

| Baden | Toilette | Duschen | Waschmaschine | Waschen | Kochen | Autowäsche | Wohnung reinigen | Geschirrspülen | Garten | Zimmerpflanzen | Zähne putzen | Trinken |
|---|---|---|---|---|---|---|---|---|---|---|---|---|
| 30 | 30 | 20 | 20 | 9 | 4 | 3 | 3 | 2,5 | 1 | 1 | 1 | 1 |

**F.03** Stand 09/2003, Quelle: www.wasser.de

tende puristische Formgebung von Sanitärprodukten angesehen werden, die – auf wenige und klare Formen reduziert – auch eine bewusste Umgehensweise mit Wasser fördert.

## Räume und Raumfunktionen

Die Darstellung typischer Grundrisse (**F.04**) von 1850 bis heute verdeutlicht die Entwicklung von Baderäumen aufgrund wichtiger Sachverhalte, die die Größe und Ausstattung der Räume beeinflussten.

### Bad und Küche

Von etwa 1850 bis 1900 waren viele Bäder bürgerlicher Wohnungen in Nebenräumen und Kammern gelegen und mit Zirkulationsöfen ausgestattet. Sie bedurften aufgrund der Warmwasserbereitung und der Abwasserentsorgung meist noch des benachbarten Küchenraums.

### Bad und Schlafraum

Im Zusammenhang mit der Weiterentwicklung der Wasserversorgung kam es in den 20er Jahren in Neubauten zu einer Zuordnung des Bads zum Schlafraum. Schon damals wurde ein separates Klosett als Notwendigkeit erkannt. In den 30er Jahren fand eine weitere Optimierung der Wohnungs- und auch Sanitärgrundrisse statt; die Raumstrukturen wurden geometrisch klarer.

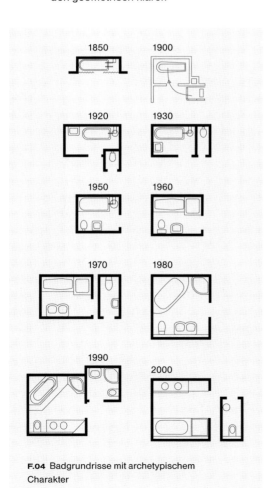

1850  1900

1920  1930

1950  1960

1970  1980

1990

2000

**F.04** Badgrundrisse mit archetypischem Charakter

### Bad und WC

Trotz unterschiedlicher Funktionen »wanderte« das WC oft mit ins Bad. Eine konsequente räumliche Trennung von Bad und WC wird seit den 50er Jahren im Wohnungsbau nicht verfolgt.
Es gibt stets beide Varianten: alles umfassendes Funktionsbad und Bad nebst separatem WC. Noch bis heute sind besonders kompakte Bäder aus den 50er Jahren in Benutzung, die die drei Grundfunktionen Badewanne, Waschtisch und WC beinhalten.

### Funktionsvielfalt

In den 60er Jahren kam eine separate Duschwanne als vierter Sanitärgegenstand hinzu. Das »Funktionsbad« etablierte sich. Spezielle Badmöbel wurden entwickelt und die Baderäume vergrößert.

### Gestaltungsthema Sanitärraum

In den 70er Jahren wurden meist großzügige Bäder gebaut, und in den 80ern führten innovative Produktformen wie z. B. Diagonalwannen zu neuen Raumgrößen und Proportionen. In den späten 80er Jahren prägten Raumgliederungen mittels Stufen und halbhohen Mauern die Baderäume.
Es wurde »zwangloser« gestaltet, wozu mittlerweile etablierte Fußbodenaufbauten inklusive -heizsystem und flexibel verlegbarer Abwasserinstallationen beitrugen.

### Alte und neue Funktionalitäten

Seit Mitte der 90er Jahre herrscht im Bad geometrische Klarheit vor, die Sanitärgegenstände bekommen wieder archaischere Formen, wie z. B. der Waschtisch mit tatsächlicher »Tisch-Schüssel«-Formgebung. Das Bad wird einerseits sehr funktional betrachtet und geplant, andererseits aber auch mit neuen Funktionen wie Wellnessbereichen ausgestattet. Bis heute sind Bäder vielfältige und besonders im Bereich des Wohnens sehr individuell gestaltete Räume.

## Erfindungen

Die Geschichte der Sanitäreinrichtungen, die schließlich zu unseren heutigen Ausstattungen führen, ist reich an Erfindungen und Patenten. Dabei spielte neben dem Grundbedürfnis nach Sauberkeit auch die wohltuende Wirkung von

**F.05** Darstellung einer Badewanne mit »Duschpumpe« aus der »Zeitschrift für Klempner, Kupferschmiede, Lampenfabrikanten und Gasbeleuchtung«, 1885

**F.06** Wannenarmatur mit Klappumstellhebel für die Brause und Thermometer, ca. 1900

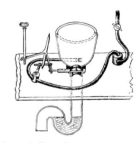

**F.07** Klosett von A. Cummings
Bereits 1775 ließ der Londoner Uhrmacher Alexander Cummings ein Schieberklosett mit darüber angeordnetem Spülwasserreservoir patentieren. Ein Metallschieber verschloss den Schüsselablauf und sollte aufsteigende Kanalgerüche und Ratten fernhalten. Cummings verwendete erstmals einen Siphon als Geruchsverschluss.

Wasser eine Rolle, wie die folgenden Beispiele zeigen:
Bevor Wasser, v. a. warmes Wasser, »aus der Wand kam«, musste man schon erfinderisch sein, um die Annehmlichkeiten des Badens und Duschens genießen zu können (**F.05**).
Der Luxus fließenden Wassers und einstellbarer Wassertemperaturen direkt an der Wanne war ein Meilenstein in der Entwicklung der Sanitärtechnik (**F.06**). Bereits im 18. Jahrhundert ist das Prinzip der Klosettspülung und des Geruchsverschlusses erfunden worden (**F.07**), durchzusetzen begann es sich jedoch erst Anfang des 20. Jahrhunderts; in ländlichen Gegenden dauerte der Prozess noch länger.

## Ausstattungen

### Hochhaus-Sanitärraum 1957

Le Corbusiers Auffassung vom »Gebäude als Maschine« findet auch in den Entwicklungen im Sanitärbereich ihre Bestätigung. Im 1957 eingeweihten Friedrich-Engelhorn-Haus der BASF (**F.08**) musste eine ganze »Maschinerie« von Sanitärräumen mit den notwendigen Einrichtungen geschaffen werden, um die Versorgung der ca. 1800 Angestellten zu gewährleisten. Die haustechnische Innovation lag einerseits in der Installation von ca. 10 km Wasserleitungen mit den notwendigen Ausrüstungen wie Pumpen sowie entsprechender Abwasserführung, andererseits in den Sanitärprodukten, mit denen die Sanitärräume ausgestattet waren. Einige sollen hier kurz betrachtet werden: Die Waschtische (**F.09**) sind mit Zweigriff-Traversenbatterien in Zwei-Loch-Ausführung versehen, die über ein Auslassrohr für das fertig temperierte Wasser verfügten – Funktion und Form liegen schon nahe beieinander. Die Hinterkanten der Waschtische verraten noch die Herkunft vom Möbel, aus dem nach der Etablierung von fließendem Wasser und Abwasserinstallationen keramische Waschtische hervorgegangen sind. Die schweren Keramikbecken mussten in den 50er Jahren noch mit separaten Unterkonstruktionen aus Stahl gehalten werden, die Flachspül-Klosettbecken mit Vorwand-Druckspüler gehörten bereits zum Standard – zumindest in einem öffentlichen Gebäude.

### Gestaltungsthemen im Wandel

Schon in den 50ern war kühler Chromglanz Symbol für Hygiene und Sauberkeit. In den 60er Jahren wurden Produkte geformt, die einen hohen Anspruch an Eigenständigkeit, Ergonomie und starke Funktionsverbundenheit hatten. Bekannte Designer wie Colani wurden damit beauftragt, »ganzheitliche Lösungen« für das Bad zu kreieren. Neue Materialien wie Kunststoffe ermöglichten neuartige Gestaltungsansätze, erste Auseinandersetzungen mit Serien begannen. In den 70er Jahren kam der multifunktionelle Raum mit Funktions-Orientierung zum Tragen, Aspekte wie Fitness und Gesundheitskontrolle hielten Einzug im Bad und – nicht zuletzt durch die Möglichkeiten neuer Kunststofftechnologien – auch Farbe. Die Produkte wurden nun aufeinander abge-

F.08   BASF-Hochhaus, Ludwigshafen, 1958

F.09   Sanitärraum im BASF-Hochhaus

stimmt; so sprach man bald selbstverständlich von »Badserien« oder »Sanitärgarnituren«. Das Thema »Fun« spielte in den 80ern in Form von Radios, Entspannungsliegen und aufwendigen Designs eine wichtige Rolle. Schnell fand eine größere Differenzierung der unterschiedlichen Badserien-Angebote statt. Hygiene-, Ergonomie- und Lifestyle-Ansätze sowie die unterschiedlich ausgerichteten »Bad-Architekturen« prägten die Entwicklung der 90er Jahre. Reduktion, Eleganz, filigrane Formensprache standen im Vordergrund, was v. a. Mitte der 90er im Wegfall der in den 80ern entstandenen Farbvielfalt spürbar war.

Heute kann man gerade im Bereich des Bads aus dem Fundus der vergangenen Jahrzehnte schöpfen: »Retro-Produkte« finden ihren Einsatzort im Privat- und Objektbad. Aber auch eine stärkere Hinwendung zu ruhigeren Formen und statischeren Lösungen ist zu beobachten: Das Bad wird als Ort der Ruhe und Entspannung, des Abschaltens von der Hektik des

F.10   Posttower, Bonn, 2000

F.11   Sanitärraum im Posttower (Waschbereich: Alape Dornbracht)

»mobilen Alltags« neu definiert; gut handhabbare Bedienfunktionen der Produkte verstärken diesen Effekt.

### Hochhaus-Sanitärraum 2003

Eine besondere Betrachtung verdienen auch ganz auf die Architektur abgestimmte puristische Sanitärlösungen wie im Posttower Bonn (Architekten Murphy – Jahn, Chicago), **F.10**. Durchgehend verspiegelte Wandflächen und eine stark reduzierte, beruhigt wirkende Formensprache sind vorherrschend. Die Installationen, die Speicher der Lotion- und Handtuchspender sowie die Abwasserarmaturen sind den Blicken entzogen, der Wasserablauf aus dem extrem flachen Waschtisch findet durch einen langen Ablaufschlitz in der Rückwand statt (**F.11**). Die Gesamtlösung der Sanitärbereiche korrespondiert mit der funktionalen und selbstbewussten Stahl-Glas-Architektursprache des Hochhauses.

F.12 Waschplatz, um 1860, Porzellanmuseum
Gustavsberg

F.13 Waschplatz mit Aufsatzbecken (Alape)

## Krug und Schüssel

Bevor Wasserleitungen und Abflusssysteme zum Standard wurden, waren Waschschüssel und Wasserkrug – die ersten Sanitärgegenstände im Wohnhaus – Grundzubehör (F.12). Das Waschen hatte noch etwas von einem täglichen Ritual. In seiner Einfachheit nur das Vergangene und vielleicht Primitive zu sehen, wäre falsch; vielmehr handelte es sich um einen bewussten und respektvollen Umgang mit der Ressource Wasser: Das Wasser im Krug stellte etwas sehr Kostbares dar, musste man dieses doch erst einmal mühsam herbeischaffen. Auch das Waschen selbst war sehr aufwendig, und danach war der Vorgang immer noch nicht abgeschlossen: Das benutzte Wasser musste entsorgt und dem »Wasserkreislauf« wieder manuell zugeführt werden.

Die Auseinandersetzung mit diesen Grundgegebenheiten führt auch Gestalter moderner Waschplätze zu archaischen Formen und selbstverständlichen Anordnungen (F.13).

## Bad

### Einflüsse der Antike

In der Antike existierten neben öffentlichen Badeanstalten wie den Thermen in Rom und dem Hammam im Orient bereits private Bäder. F.14 zeigt ein solches Bad, wie es jahrhundertelang in südeuropäischen und islamischen Ländern gebaut wurde. In diesen Bädern herrschten nicht die heute üblichen Einzelobjekte vor, vielmehr waren Wanne und die notwendigen Ablagen in den Raum eingebunden. In klarer, einfacher Formensprache wurde hier ästheti-

scher Luxus und zugleich hohe Funktionalität erreicht: Das Wasser floss aus einem Brunnen bis in das Bad, wo auch ein Abfluss existierte. Warmes Wasser jedoch musste separat erhitzt und herbeigeschafft werden.

### Warmes Wasser und mobile Badewannen

Was für uns heute selbstverständlich ist und für wohlhabende Menschen bereits in der Antike zum Standard gehörte, war lange für breite Volksschichten nur mit großem Aufwand möglich: das Wannenbad in den eigenen vier Wänden. Mit warmem Wasser, das auf dem Küchenherd in allen zur Verfügung stehenden Töpfen und Kesseln erwärmt wurde, füllte man eine Blechwanne (F.15), und meist wurde das Wasser von der gesamten Familie nacheinander zum Baden genutzt. Gerade in kleinen Wohnungen waren solche Wannen praktisch, da sie relativ leicht transportiert und nach dem Bad wieder aus dem Weg geräumt werden konnten. Alternativ wurden auch »Behelfsbadegelegenheiten« in Waschküchen eingerichtet, mit dem Vorteil, dass hier das Badewasser direkt im Waschzuber erhitzt werden konnte, was bedeutend schneller und einfacher ging als auf dem Küchenherd. Die »Badewanne mit

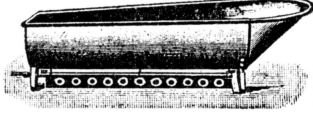

F.16 beheizbare Wanne, um 1870/71 (Archiv Hansgrohe)
Als Vorläufer spezieller Badeöfen gab es auch Versuche, die Badewanne selbst mit Gasflammen zu erwärmen.

F.14 Bad im »Haus Dar Essid« in Sousse, Tunesien, ca. 928

F.15 Krauß-Blechwannen in »Serienproduktion«, ca. 1926

F.17 Badewannendesign von Philippe Starck (Duravit)

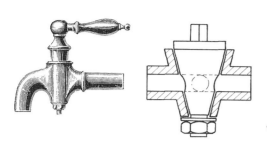

F.18 Konus-Zapf- und Durchlaufhahn, um 1865

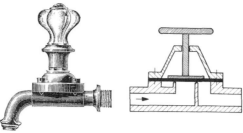

F.19 Niederschraubzapfhahn, um 1870

**F.20** Butzke-Hebelmischbatterie, um 1900
Dieser »Präzisions-Mischhahn« verfügte bereits über einen Schwenkhebel.

Gasbeheizung« (**F.16**) stellte um das Jahr 1870 einen – nicht sehr weit verbreiteten – Versuch dar, diesen Aufwand durch die Wassererwärmung unterhalb der Wanne zu ersetzen. Große Verbreitung fanden indes meist kupferne Badeöfen. Nun mussten Badewannen auch nicht mehr unbedingt mobil sein: Gusseiserne Wannen und später Einbauwannen fanden ihren Weg auch in die Wohnungen der einfachen Leute.

Heute sind die Wannen aus warmen, hautsympathischen Materialien, der Körpergröße angepasst, gut isoliert und zweckgerecht im Raum angeordnet. Das Wasser kommt aus der Wand, in jeder gewünschten Temperatur – und fließt nach Gebrauch in die Kanalisation ab.

## Bad oder Dusche?

In vergangenen Zeiten stand die Frage, ob Baden oder Duschen immer wieder im Raum: Baden galt eher als Luxus, während Duschen – z. B. als »Volksbrausebad« – schon 1883 von einem Berliner Hautarzt v. a. als hygienischere, Wasser und Platz sparendere Variante gepriesen wurde. Wie auch das Bad, hat das so genannte »Brausebad« dementsprechend seine Spuren in der Geschichte hinterlassen. Die Auseinandersetzungen mit dem Thema Hygiene und die Forderung, einmal wöchentlich ein Bad zu nehmen, brachten für beides einen Aufschwung, und es wurden sowohl geeignetere Badewannen als auch Duschvorrichtungen entwickelt. Heute ist die Entscheidung für Bad oder Dusche weniger wichtig geworden, da es zum einen gute Kombinationen gibt und zum anderen die Austauschbarkeit beider Einrichtungen aufgrund geänderter Lebenssituationen (z. B. bei Senioren) angestrebt wird. Heute stehen dem Badplaner hochwertige Lösungen

der Industrie zur Verfügung. Badewannen und Duschen bieten ein breites Spektrum an technischen und gestalterisch-funktionalen Möglichkeiten, und es kann aus Produkt-Kategorien von Standard bis zum höchsten Luxus mit Massagedüsen gewählt werden. Im Design spielen archaische Formen immer wieder eine wichtige Rolle, und sind auch ein Beitrag zum bewussten Umgang mit Wasser (**F.17**).

## Armaturen

Der umgangssprachliche »Wasser-Hahn« hat seinen Ursprung in der antiken Praxis des Verschließens von Fässern mittels eines hölzernen »Hahns«, dessen Spundloch mit einem kegelförmigen Holzstück versehen wurde. Diese Konus-Technik (**F.18**) kam bis ca. 1870 zum Einsatz. Jedoch gab es ständig Probleme mit Undichtigkeiten, da Wasserdrücke wechselten und teilweise für die simple Technik zu hoch waren. Deshalb wurden »Niederschraubhähne« (**F.19**) – man kann hier eigentlich von Ventilen sprechen – entwickelt, die recht bald schon im Zusammenwirken von Druck- und Gegendruckkammer für eine erheblich bessere Wirkung sorgten. Weitere Entwicklungen folgten, so z. B. das Selbstschlussventil bei der Toilettenspülung. Für die schnellere Entwicklung dringend benötigter, zuverlässiger Armaturen wurde im Jahr 1878 in Wien ein Konstruktionswettbewerb ausgeschrieben: Patente wurden angemeldet und neue Konstruktionen in Verbindung mit geeigneten Materialien entstanden. Für das Mischen von Warm- und Kaltwasser wurden gegen Ende des 19. Jahrhunderts Mischbatterien entwickelt, die zum Leitungswasser Niederdruckdampf aus der Heizanlage mischten. Die Verbrühungsgefahr durch den bis 105 °C heißen Dampf wurde durch intelligente Konstruktionen gebannt, und man hatte

bereits Mischbatterien, die den heutigen vom Grundaufbau ziemlich ähneln (**F.20**).

Die Sanitärarmaturen-Technik war bereits so ausgereift, dass es im 20. Jahrhundert nicht mehr viel zu erfinden gab. Die Verwendung von keramischen Scheiben, die für Hebelmischbatterien als Dichtungen verwendet wurden und erstmals in Amerika zum Einsatz kamen, war ein neuer Meilenstein. Seit 1970 ist dieses Prinzip, den Wasserfluss mittels Keramikscheiben- oder kugeln (**F.21**) zu regeln, allgemeiner Standard. Neuentwicklungen, die ihre Ursprünge aber bereits in den 50er Jahren haben, sind elektrisch bzw. elektronisch gesteuerte Armaturen. Für gleichmäßige Wassertemperatur sorgen Thermostatventile, für geregelten Ausfluss optoelektronische, ultraschallgesteuerte oder Radarsysteme. Bei den heutigen Sanitärarmaturen ist das Design nur einer von vielen Faktoren. Hinzu kommen neue Wasserspar-Technologien, Hygieneaspekte sowie technisch und formal-funktionale Abstimmungen mit den Anforderungen des Einsatzortes wie etwa hinsichtlich der Bedienfunktionen.

**F.21** Kugelmischsystem, bei dem das zuströmende heiße und kalte Wasser über eine Hohlkugel gemischt wird (Hansgrohe)

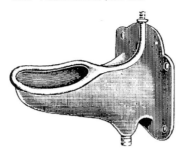

**F.24** »Frauenurinette«, um 1900

**F.26** Bidet, um 1900 (Villeroy & Boch)

**F.22** Toilettenstuhl, 1920er Jahre, (Villeroy & Boch)

**F.23** WC (Stark 3, Duravit)

**F.25** Urinal in Objektqualität (Duravit)

**F.27** Bidet und WC (Stark 3, Duravit)

## Klosett

Zeugnisse der Zeit, in denen Toiletten noch im Treppenhaus oder gar im Hofhäuschen untergebracht waren, legen so genannte Toilettenstühle ab. Im Winter und zur Hilfe für pflegebedürftige Menschen fanden sie in der Wohnung ihren Einsatz (**F.22**). Eine formale, konstruktive Verwandtschaft heutiger WCs mit diesen Toilettenstühlen mag vorhanden sein, hatten diese doch bereits eine Art »Toilettenbrille«, die zusammen mit dem »Deckel« hochzuklappen war, wollte man den Einsatz herausnehmen. Geruchsverschluss (1775 durch Alexander Cummings (s. **F.07**) und Spülung (wahrscheinlich Thomas Grapper, 1870) waren Erfindungen aus England, durch die eine hygienisch unbedenkliche Installation des Klosetts innerhalb von Wohnungen möglich wurde. WCs aus hochwertiger Keramik mit wandintegrierter Spülung in auf Ergonomie und Abläufe abgestimmten Formen (**F.23**) bauen konstruktiv auch auf den verschiedenen vorangegangenen Erfindungen und Patenten wie Spülrand, Druckspülung und Siphon auf und sind somit Ergebnisse einer langen historischen Sanitärtechnik- und Designgeschichte.

## Urinalbecken

Gegen Ende des 19. Jahrhunderts baute man in Geschossbauten neben Klosettbecken auch Urinale ein. In Berlin wurde die Hygiene beim Bau von Mietshäusern polizeilich eingefordert. Toilettenanlagen mussten in Abhängigkeit von der Nutzeranzahl mit den dafür notwendigen Sanitärprodukten vorgesehen werden. Neben gusseisernen Becken kamen auch »Fayence-Becken« zum Einsatz, wie damals die tonkeramischen Becken genannt wurden. Eine eingebrannte Zinnglasur, die entweder weiß oder sogar schon in verschiedenen Farben herzustellen war, bildete deren glatte Oberfläche. Man wusste zum einen die wirtschaftliche Installation (geringere Leitungsquerschnitte) zu schätzen, zum anderen konnten wertvolle Quadratmeter bei der Sanitärraumgestaltung eingespart werden.

Wasserspülung gehörte zu den Fayencebecken obligatorisch dazu. Aus dieser Zeit stammen auch erste Urinale für Frauen (**F.24**). Diese haben sich allerdings bis in unsere Tage nicht durchsetzen können.

Urinale werden heute meistens in öffentlichen Gebäuden eingesetzt, wobei es sich oft um Systeme handelt, die durch die Integration von Radar-Steuerungen für die Spülungsauslösung einen wichtigen Teil Hightech in sich tragen (**F.25**). Hygiene und Pflegeleichtigkeit sind die obersten Gebote.

## Bidetbecken

Bidets sind Sitzwaschbecken, die sowohl zur Unterkörperwaschung als auch zur Fußpflege bestimmt sind – keine Erfindung aus heutiger Zeit: In **F.26** ist ein altes Bidet gezeigt, das vornehmlich von Frauen genutzt wurde und noch manuell mit Wasser befüllt und wieder geleert werden musste.

Zusammen mit den passenden Bidetarmaturen stehen heute eine Vielzahl zu den Klosettbecken passende Formen und Arten zur Verfügung (**F.27**). In Mitteleuropa werden Bidets – besonders in Wohnhäusern – eher selten eingeplant, in den meisten südeuropäischen Ländern gehören sie jedoch zum Standard moderner Sanitärräume in Privathäusern und in steigender Anzahl auch in Hotels.

# Planung

## Waschplatz

### Waschtisch und Handwaschbecken

Ursprünglich von Möbel und Schüssel her kommend, sind Waschtische heute durch Zulauf und Ablauf an die Haustechnik angeschlossene Sanitäreinrichtungen. Aufeinander abgestimmte Formen von Armaturen und Becken sind zu koordinieren. Das Handwaschbecken hingegen findet meist in Verbindung mit einem Kaltwasserventil in separaten WC-Räumen Anwendung.

### Unterbau

Keine statischen Funktionen haben optional verwendbare Säulen oder Halbsäulen zum Verdecken des Siphons. Alternativ verdecken so genannte »Möbelwaschtische« den Siphon (**F.28 f**), die außerdem zusätzlichen Stauraum bieten.

### Befestigung

Stahlwinkel sind nicht mehr notwendig – die Befestigung erfolgt mit zwei Steinschrauben an der Wand. Darüber hinaus gibt es Montagesysteme für Einbaulösungen, die entsprechend der verwendeten Materialien über einen speziellen Aufbau und Dichtungen verfügen.

### Materialien und Beckengröße

Eingesetzt werden Sanitärporzellan, Acryl, Sanitärguss, Stahl emailliert, Edelstahl und Glas. Die Beckengrößen werden ergonomisch folgendermaßen definiert: Sie müssen so breit und so tief sein, dass die Unterarme bis zum Ellenbogen eingetaucht werden können, übliche Abmessungen zeigt **F.29**.

### Handwaschbecken

Standardmaße 45×35 cm, Abweichungen Breite bis 40 bzw. 53 cm, Tiefe bis 31,5 bzw. 39 cm

### Waschtische

Standardmaße 60×55 cm, Abweichungen Breite bis 55 bzw. 90 cm, Tiefe bis 44 bzw. 62 cm

### Doppelwaschtische

Standardmaße 115×55 cm, Abweichungen Breite bis 110 bzw. 130 cm, Tiefe bis 60 cm

### Montagehöhe

- für Erwachsene: 85–90 cm
- für Kinder von 1–3 Jahren: 40–45 cm
- für Kinder von 3–6 Jahren: 50–55 cm
- für Kinder von 6–9 Jahren: 60–65 cm
- für Kinder von 9–14 Jahren: 70–75 cm
- für behinderte bzw. alte Menschen/Rollstuhlfahrer: 82–85 cm (s. Kap. »Barrierefrei«)

### Formen

Für spezielle Raumsituationen und die unterschiedlichen gestalterischen Anforderungen bieten die Hersteller neben den Standardwaschtischen (**F.28 a**) eine Reihe weiterer Waschtischformen (**F.28**) an. Je nach auszustattendem Raumgefüge und Platzangebot sind aus der Vielzahl von Formen jeweils individuelle Waschplatzlösungen wählbar: Eck- (**b**), Einbau- (**c**), Halbeinbaulösung (**d**), Schalenbecken, »Brunnen« (**e**), Aufsatzwaschbecken (**f**), Blockformen (**g**), Doppel-Arrangements (**h**).

### Waschplatz-Zubehör

Im Privathaushalt eher individuell gehandhabt, ist das am Waschplatz benötigte Zubehör besonders in öffentlichen Sanitärbereichen sehr sorgfältig einzuplanen und auszusuchen. Dabei ist auf eine gestalterisch-funktionale Abstimmung mit Waschtisch und Armatur zu achten. Das Zubehör sollte entsprechend der Abläufe Waschen-Einseifen-Waschen-Trocknen aufeinander abgestimmt werden. Funktionalität und kurze Abstände sind gerade in hoch frequentierten Bereichen wichtig.

**Spiegel**
Breite an Waschbeckenbreite orientieren
Montagemaße: Mitte des Spiegels
für Erwachsene: 152–155 cm
für Kinder (7–14 Jahre): 120–130 cm

**Ablagefläche**
Breite an Waschbeckenbreite orientieren
Montagemaße: OK Ablage 30–40 cm über OK Waschtisch

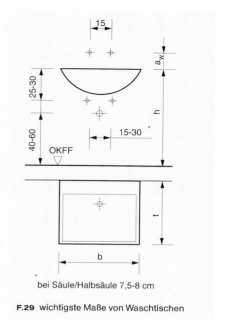

bei Säule/Halbsäule 7,5–8 cm

**F.29** wichtigste Maße von Waschtischen

**Papierkorb**
Oberkante 70 cm über OKFF
In Kombination direkt unter dem Handtuchspender anzuordnen

**Seifenspender**
12–20 cm über OK Waschtisch
nicht seitlich versetzen (Tropfen)
Abstand zu darüber befindlicher Ablage einhalten

**Händetrockner**
Unterkante über OKFF:
Männer: 120–130 cm
Frauen: 115–125 cm
Kinder bis 14 Jahre: 105–115 cm

**Haartrockner**
Unterkante über OKFF:
Männer: 170–180 cm
Frauen: 160–170 cm
Kinder (11 bis 14 Jahre): 140–150 cm

**weitere optionale Zubehörteile:**
Handtuchspender (Papier/Textil), Handtuchhalter, Seifenablage, Kosmetikspiegel, Kosmetiktuchspender, Haken bzw. Hakenleiste, Utensilienablage, Abfallbehälter, Haltegriff, Wandascher, Blumenvase, Wand-/Spiegelleuchte, Zahnbecher und Halter

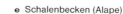
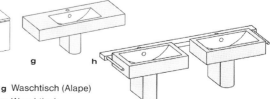

a Standardform
b Ecklösung Handwaschbecken
c Einbauwaschbecken
d Halbeinbauwaschbecken
e Schalenbecken (Alape)
f Aufsatzwaschtisch mit Stauraum (Alape)
g Waschtisch (Alape)
h Waschtisch Doppelanordnung (Alape)

**F.28 a–h** wichtigste Formen von Waschbecken und -tischen

**F.31** Waschplatz mit Metallmöbeln und Accessoires (Alape)

**F.32** Metallmöbel PA (Alape)

## Oberflächenbehandlung

Einige Hersteller veredeln die Waschbecken-oberfläche in speziellen Verfahren. Das Ergebnis: Wasser, Kalk- und Schmutzpartikel perlen ab, der Reinigungsaufwand wird deutlich verringert. Hier genügt dann oft schon ein feuchtes Tuch, aggressive Reiniger sind überflüssig. Produkte mit einer solchen Oberflächenbehandlung heißen je nach Hersteller z.B. »Wonder Gliss«, »Ceramic Plus«, »Email Plus« oder »Pearl Finish«.

## Zulaufarmaturen

Wandarmaturen sind hygienischer als Standarmaturen, da der Waschtisch frei bleibt und sich keine Ablagerungen bilden können. Im Krankenhaus gehören Wandarmaturen daher zur Pflichtausstattung.

## Armaturen bei Reihenwaschanlagen

Zulaufarmaturen sind als Wand- oder »Klemmarmaturen« üblich, die auf eine parallel zu Reihenwaschtischen frei verlegte Wasserleitung gesetzt werden. Es ist ein thermostatisch gesteuertes System – eventuell zentral gelegen – angebracht (Energiesparen), ein Mischsystem kann Waschplätze und auch Duschen mitversorgen.

## Ablaufarmaturen

Bestehend aus dem Geruchsverschluss (Siphon) und dem Ablaufventil, sind viele Varianten – vom einfachsten Fall als an einer Kette befindlicher Gummistopfen über mit Gestänge versehene Mechanismen bis hin zur Komplettarmatur mit Überlaufsicherung – verfügbar. Für die Wartung und Reinigung ist auf gute Zugänglichkeit zu achten.

## Überlauf

Integrierte Sicherheitsausläufe, um ein Überlaufen zu vermeiden, gehören zur Standardausstattung von Waschtischen. In klinischen Bereichen sind sie aus hygienischen Gründen nicht zugelassen, die Hersteller bieten jedoch verschiedene Alternativen an (**F.30**), bei denen ab einem bestimmten Wasserstand das Ablaufventil automatisch geöffnet wird.

**F.30** hygienische Überlauf-Lösung (Villeroy & Boch)

## Waschplatz-Gestaltung

Waschplätze erfordern je nachdem, ob es sich um private oder öffentliche Nutzung handelt, eine auf den Einsatzbereich abgestimmte Gestaltung. So sind Ablagen und Halterungen im unmittelbaren Greifbereich und die Ausstattung mit Spiegeln und Beleuchtung zu nennen. Hierfür bieten die Hersteller Lösungen an, die aus dem Bereich der Accessoires oder der Badmöblierung stammen. Als funktional besonders günstig erweisen sich dabei Ausstattungen, die die Wandflächen und gegebenenfalls den Waschtisch direkt zur Befestigung nutzen, da hierbei der Raumeindruck weniger eingeengt wirkt als bei Möbeln, die auf dem Fußboden stehen. Auch die Reinigung der Fußböden ist dadurch problemlos möglich. Die abgebildeten Lösungen (**F.31, F.32**) sind Bestandteile einer Metallmöbelserie von Alape.

## Wannen

Badewannen sind meist als Liegewannen ausgerichtet und dienen oft zusätzlich als Duschwanne. Sitzbadewannen finden dort Anwendung, wo wenig Platz zur Verfügung steht.

### Wannenformen

#### Parallelformwanne (F.34)

Die »Standardwanne« nach DIN 18022 mit den Maßen 170×75 cm ist bei heute üblichen Körpermaßen zu klein, folgende Abmessungen sind als Richtwerte für Einbauwannen zu empfehlen:

| l (cm) | b (cm) | h (cm) |
|--------|--------|--------|
| 175 | 75 | 56–65 |
| 180 | 80 | 56–65 |
| 185 | 85 | 56–65 |
| 190 | 90 | 56–65 |

Man sollte unbedingt daran denken, dass beim Fehlen einer separaten Dusche die Wanne auch als Duschwanne bzw. Kombiwanne funktionieren muss. Eine Ausbildung entsprechender Haltegriffe sowie ein rutschsicherer Wannenboden sind dafür vorzusehen. Die übliche Montage der Füllarmaturen erfolgt seitlich im Verhältnis 1/3 zu 2/3 (**F.33**) oder am Fußende der Wanne.

#### Körperformwanne (F.35)

Auf die durchschnittliche Körperform erwachsener Menschen abgestimmt, bietet sie Bewegungsraum, wo er notwendig ist, und kommt insgesamt mit weniger Wasser und Heizenergie aus als eine normale Wanne. Bei unterschiedlich großen Nutzern ist diese Form nicht immer angemessen. Eine Verwendung für alte und/oder körperbehinderte Menschen ist nicht immer sinnvoll, da das »Haupthindernis« mehr im Ein- und Ausstieg zu suchen ist.

#### Stufenbadewanne (F.36)

Hier handelt es sich i.d.R. um eine Spezialwanne für alte oder körperbehinderte Menschen in körpergerechter Form mit Sitzbank, rutschfestem Boden und bequemem Ein- und Ausstieg. Bei extremem Platzmangel ist sie eine alternative Lösung.

#### Duschwannen (F.37)

Diese Wannen sind sowohl in flacher als auch in tiefer Form verfügbar und mit hohem Rand zusätzlich als Fuß-, Zweit- oder Kinderbadewanne zu verwenden. Bei Platz-

**F.40** frei stehende Wanne (Design Philippe Starc, Duravit)

Frei stehende Wannen wirken eigenständiger und bieten dort, wo es die Raumkapazitäten erlauben, eine interessante Alternative zur Einbauwanne. Spezielle Designlösungen können auch spezielle Armaturenanordnungen haben.

mangel können sie auch als Kleinraumwannen mit abgeschrägter Ecke montiert werden; die handelsüblichen Maße sind:

| Form | l (cm) | b (cm) | h (cm) |
|------|--------|--------|--------|
| quadratisch | 80 | 80 | 15–30 |
| | 90 | 90 | 15–30 |
| rechteckig | 90 | 75 | 15–31 |
| | 120 | 80 | 15–28 |
| Ecklösungen | 80 | 80 | 15–28 |
| | 90 | 90 | 15–28 |
| | 133 | 133 | 16 |

Alternativ zu Duschwannen können auch bodengleiche Verfliesungen vorgenommen werden, die v. a. für barrierefreie Bereiche unabdingbar sind. Hierfür existieren Spezialsysteme hinsichtlich Abdichtung und Rutschsicherheit.

### Technisches Zubehör, Einbausysteme

Für den Einbau sind Wannenträger in speziell auf die Baukonstruktion abgestimmter Ausführung vorzusehen. Neben der statischen Funktion übernehmen sie auch Wärme- und Schalldämmung. Alternativ zum Wannenträger sind Fußgestelle oder die Aufstellung in »Rohbaunischen« möglich.

### Einbauhöhen und Prinzipien

**F.39** zeigt die unterschiedlichen Möglichkeiten auf. Normalhöhe (**a**) und eine teilweise »Versenkung« (**b**) sind problemlos hinsichtlich der Baukonstruktion realisierbar. Ein bodenbündiger Einbau (**c**) ist aufwendig und verlangt nach hohen Schallschutzmaßnahmen, die Installati-

on der Abwasserführung ist komplizierter und eine Revision schwieriger. Pflege und Reinigungsaspekte sprechen oft für die Realisierung in Normalhöhe.

### Übliche Fassungsvermögen

- Kombiwanne (Baden und Duschen): 134 l
- Körperformwanne: 100–120 l
- Studioformwanne mit ergonomischer Formgebung: 149 l
- Wanne für zwei Personen (gegenüber): 186 l
- große Eckwannen: 223 l

### Materialien

Materialien für Wannen sollten Temperaturschwankungen, Bad-Chemikalieneinwirkungen und mechanischer Belastung standhalten sowie kratzfest und alterungsbeständig sein. Darüber hinaus ist die Wärmeleitung hinsichtlich der Behaglichkeit ein wesentlicher Faktor. Übliche Materialien sind emailliertes Stahlblech sowie Acryl. Letzteres ist hautsympathischer, dafür kratzempfindlicher.

### Zulaufarmaturen

Sie werden, je nach Verwendungszweck, nach Wannenfüll- sowie Wannenfüll- und Duschbatterien unterteilt:

- Standbatterie auf Wannenrand oder Wandbatterie,
- Zweigriffbatterie oder Einhandbatterie,
- Einhandbatterie mit Thermostat-Mischventil beugt Verbrühung vor und spart Wasser.

### Ablaufarmaturen

Die Installation erfolgt in der Kombination von Badewannenablauf- und Überlaufgarnituren, dabei sind flache Rohrgeruchsverschlüsse üblich. Die Revisionsklappen bei Einbauwannen sind im Fliesenraster oberhalb der ersten Fliesenreihe anzubringen (**F.38**).

### Abmessungen Wannenzubehör

**Seifenschale**
über OK Wanne: 10–35 cm
seitlicher Abstand zum Fußende der Wanne: 40–60 cm

**Haltegriff**
über OK Wanne beginnend: 7–15 cm
günstigster Abstand zwischen Mitte Haltegriff und Wannenaußenkante:
75–85 cm

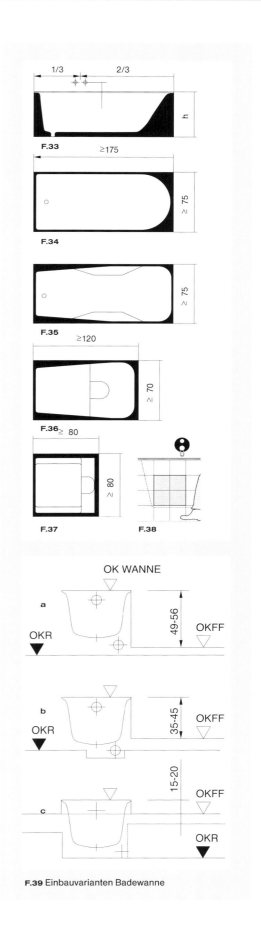

**F.39** Einbauvarianten Badewanne

F.41 Duschbereich
(Axor Citterio)

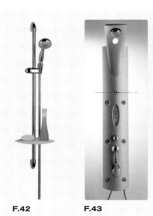

F.42

F.43

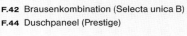

F.44

a Tellerkopfbrause    b verstellbare Kopfbrause

c Kompaktform    d Schwallbrause

F.45

F.42 Brausenkombination (Selecta unica B)    F.43 Handbrause »Raindance«
F.44 Duschpaneel (Prestige)    F.41–45 Produktbeispiele Hansgrohe

## Duschbereich-Ausstattung

Geduscht werden kann mit einer an einem Schlauch befindlichen Handbrause oder fest installierten Brauseköpfen.

### Brausenkombinationen

Meistens ist eine Handbrause an einem Duschgestänge befestigt und kann in der Höhe vom Nutzer eingestellt, sowie für freie Handhabung von der Halterung abgenommen werden. Hinsichtlich Flexibilität in der Höhe und pragmatischen Aspekten wie Duschwanne säubern, Alten- und Krankenpflege und dem leichten Einstellen der Höhe für Kinder fällt die Wahl

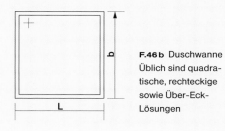

|  | Maße in cm |
|---|---|
| Kopfbrause | h = 190–230 |
| Nackenbrause | h = 170–200 |
| Schulterbrause | h = 140–160 |
| Rückenbrause | h = 100–130 |
| Beinbrause | h = 50–80 |
| Fußbrause | h = 55–75 |

110-120    h

▽ OKFF
▽ OKR

F.46a Anordnung der Brauseköpfe für Erwachsene
Mischbatteriehebel 110–120 cm über OKFF, eventuell Haltegriffe 110–120 cm über Standfläche, 15–30 cm aus der Mitte des Brausestands herausgerückt

b

L

F.46b Duschwanne
Üblich sind quadratische, rechteckige sowie Über-Eck-Lösungen

meist auf diese Kombinationen (F.42). Komfortabler sind Duschkombinationen aus fest installierten Kopf- und Handbrausen (F.41), die mit unterschiedlichen Hand- und Kopfbrauseköpfen ausgestattet sein können. Komfortable Duschköpfe und Handbrausen verfügen über Verstellmechanismen, um unterschiedliche Wasserstrahlformen zu erzeugen (F.44).

### Duschpaneele

Alternativ gibt es seit einigen Jahren auch so genannte Duschpaneele (F.43), die meistens neben der Hand- zusätzlich mit einer Kopfbrause ausgestattet sind. Der geringe Installationsaufwand aufgrund der Kompaktlösung (alles an einem Paneel) begünstigt ihren Einsatz auch bei Badrenovierungen. Lösungen für die flache Wandmontage und platzsparende Ecklösungen sind verfügbar.

### Feste Kopfbrausen

Unterschiedliche Einsatzorte erfordern darauf abgestimmte Brauseköpfe (F.45a–d). Richtung und Geometrie des Wasserstrahls, Menge und Druck können so auf die Anforderungen abgestimmt werden. Am verbreitetsten sind Kopfbrausen; unterschiedlich geformte Duschköpfe unterteilen dabei den Wasserstrahl in Stachel-, Regen- und Staubstrahl, dabei geht es um die »Härte« des Duschstrahls und die Wassermenge, die dabei verbraucht wird. Der Wasserverbrauch hängt auch von der Konstruktionsart des Duschkopfes ab und liegt zwischen 5–20 l/Min.

### Mehrere Brauseköpfe

Natürlich können auch mehrere feste Brauseköpfe, abgestimmt auf die Körperregionen,

installiert werden. Bei Massageduschen wird dafür ein bestimmter Fließdruck benötigt, der nicht überall vorhanden ist, hier sind dann haustechnische Zusatzeinrichtungen notwendig. Für fest installierte Brauseköpfe sind die in der Zeichnung F.46a angegebenen Einbauhöhen empfehlenswert. Bei Konfigurationen mehrerer Brauseköpfe sind Einzelabsperrungen sinnvoll, um eine auf den Nutzer abgestimmte Wasserabgabe zu ermöglichen.

### Duscharmaturen

Verfügbar sind Auf- oder Unterputzlösungen, ebenso kombinierte Wannen-/Duscharmaturen. Thermostatarmaturen sind zwar teurer, helfen jedoch Wasser sparen.

### Duschwannen-Installationen

Bei erhöhtem Einbau werden die Ablaufarmaturen oberhalb der Fußbodenebene bzw. teilweise eingelassen, bei bodengleichem Einbau wird die Duschwanne im Fußbodenbereich versenkt. Eine Aussparung für den Abwasseranschluss ist im Fußbodenaufbau vorzusehen; wenn die Wannentiefe größer als der Fußbodenaufbau ist, wird eine Deckenaussparung notwendig (besonderer Schall- und Brandschutz). Die Ablaufarmaturen sind denen der Wanne ähnlich, flache Brausewannen benötigen zusätzlich einen Bodeneinlauf im Raum. Ab einer Duschwannentiefe von 150 mm ist ein Standrohr (120 mm als Überlauf) notwendig.

### Duschwände

Je nach Einsatzort und Zweck sind ein-, zwei-, drei- oder allseitige Abtrennungen notwendig, um Spritzwasser und Wasserdampf zurückzuhalten. Die preiswerteste Lösung ist der

Duschvorhang auf Schiene oder Stange. Besser sind Abtrennungen aus Einscheiben-Sicherheitsglas (nach DIN 1249) in klarer, Siebdruck- oder Strukturglas-Ausführung, bei denen man Kalkablagerungen nicht so schnell sieht, oder Acrylglas, mit oder ohne Metallrahmen in faltbarer, klappbarer oder verschiebbarer Ausführung.

## Öffentlicher Bereich – Arbeitsstätten

Notwendige Waschräume müssen mit auf die Anzahl der Beschäftigten abgestimmten Waschgelegenheiten ausgestattet sein (ASR). Dabei ist bei den Duschen, die nach der ASR auch Waschgelegenheiten darstellen, auf Folgendes zu achten:

- Verwendung keramischer Duschwannen oder besser durchgefliese Ausführung,
- bei offenen Duschanlagen ist pro Duschstelle ein eigener Abfluss vorzusehen,
- Bodenablauf je 30 m² zur Reinigung,
- Ausstattung mit Seifenablagen im Duschbereich und Haken auf der »trockenen Seite«,
- Duschköpfe mit »geschlossenem Strahlbild« sind hygienischer (Legionellenproblematik),
- in Arbeitsstätten werden Brauseköpfe bevorzugt, die schräge Wasserstrahlen erzeugen, damit der Kopf nicht unbedingt mitgeduscht wird,
- Wasser sparende Duscharmaturen sind empfehlenswert, ebenso Thermostatarmaturen mit Verbrühschutz.

### Abmessungen Duschbereichs-Zubehör

**Seifenschale**
über Standfläche: 120–140 cm möglichst außerhalb des Wasserstrahlbereichs

**Haltegriff**
Abstand Griffmitte über Standfläche: 110–112 cm
aus der Mitte des Brausestands herausgerückt: 15–30 cm

**Dusch- u. Badeabtrennung über Wanne**
über Duschwannenstandfläche: 173–180 cm
über Badewannenkante: 148–150 cm

**Vorhangstangen über Wanne**
über Duschwannenstandfläche: 170–180 cm
über Badewanne: 145 cm

**Griffhilfen und Duschsitz**
s. Kapitel »Barrierefrei«

## Bidet (F.47)

Bidets (**F.47**) werden bei Bedarf und vorhandenem Platz meist direkt neben dem WC installiert. In Design, Material und Farbe passend zu den meisten WCs sind sie bei den Herstellern selbstverständliche Serienbestandteile.

### Abmessungen (b × t)

Wandbidet: 35,5 × 57,5 cm
Standbidet: 35,5 × 58 cm
Abweichungen: Tiefe 60 cm

### Höhe Bidetbecken

Standbidet: 38–40 cm
Wandbidet: 38–42 cm (üblich)
Wandbidet: 42–43 cm (normal für Erwachsene und Kinder ab 15 Jahre)

### Zulaufarmaturen

Obligatorisch sind auf dem Bidetbeckenrand befestigte Standarmaturen: Einlochbatterie oder Einlochbatterie mit Unterdusche, umschaltbar auf Randspülung für eine komfortable Erwärmung des Beckenrands. Um Verbrühungen zu vermeiden, sind Thermostatbatterien empfehlenswert.

### Ablaufgarnitur

Sie besteht aus einem flachen Rohrgeruchsverschluss und meist mit Gestänge betätigtem Ablaufventil.

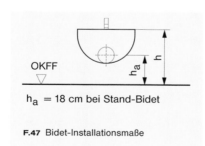

$h_a = 18$ cm bei Stand-Bidet

**F.47** Bidet-Installationsmaße

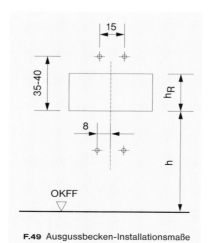

**F.49** Ausgussbecken-Installationsmaße

**F.48** Ausgussbecken (Alape)

### Abmessungen Bidet-Zubehör

**Ablagefläche**
Ablage über OKFF: 90–105 cm
mittige Anordnung oder seitlich versetzt: bis 35 cm

**Seifenschale**
über OKFF: 70–90 cm
mittig oder seitlich versetzt: bis 25 cm

**Handtuchablage**
über OKFF: 80–105 cm
seitlich versetzt: 30 cm

**Haltegriffe**
über OKFF Griffmitte: 80–100 cm
seitlich versetzt: 15–25 cm

## Ausgussbecken

Ausgussbecken (**F.48**) werden hauptsächlich in Hauswirtschaftsräumen benötigt, sind sehr stabil, robust und pflegeleicht sowie mit Spritzschutz-Rückwand und Klapprosten zum Aufstellen von Wassereimern und Behältern ausgestattet.

### Abmessungen (F.49)

|         | b (cm) | t (cm) | h (cm) | hR (cm) |
|---------|--------|--------|--------|---------|
| minimal | 40     | 34     | 60     | 22      |
| normal  | 50     | 36,5   | 65     | 24      |
| max.    | 60     | 38     | 70     | 26      |

Für Ausgussbecken in Krankenhäusern u. Ä. gibt es Sonderanforderungen, die Hersteller informieren über Lösungsvarianten.

### Zulaufarmaturen

Bei den Zulaufarmaturen handelt es sich um Wandarmaturen, i. d. R. als Kaltwasserventil.

### Ablaufgarnitur

Die Ablaufgarnitur besteht aus Flaschen- oder Rohrgeruchsverschluss und Gummistopfen an Kette als Ablaufventil.

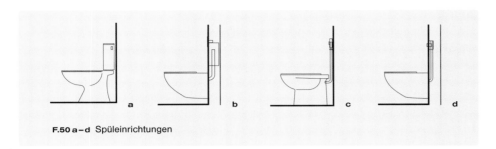

**F.50 a–d** Spüleinrichtungen

## WC

### Spüleinrichtung (F.50)

Besonders bedeutsam ist die technische Lösung des Spülvorgangs, folgende Möglichkeiten bestehen:

- auf WC-Becken aufgesetzter Spülkasten (a),
- Spülkasten in Wand eingebaut (b),
- Druckspüler in Vorwandmontage (c),
- Druckspüler in Wand eingebaut (d).

### Druckspüler

Sie halten stets Spülwasser ohne »Wartezeit« zur Verfügung, deshalb sind sie im öffentlichen Bereich vorzuziehen. Zwei-Mengen-Modelle mit Mengen-Dosiermöglichkeiten sind am Markt verfügbar (Wassermenge: 6 oder 9 l, Sparspülung ca. 3 l).

### Spülkästen

Das Spülwasservolumen beträgt 6 bzw. 9 l (nach DIN 1986, Teil 1). Eine Wasserstopptaste sollte integriert sein. Wasser sparende Spülkästen in Form von Zwei-Mengen-Spülkästen gibt es für 3 und 6 l. So genannte »hochhängende Spülkästen« finden keine Verwendung mehr. Bei räumlicher Knappheit hinter dem WC-Becken besteht die Möglichkeit, spezielle flache Spülkästen zu verwenden. Schalldämmung ist nicht in dem Maße erforderlich wie bei Druckspülern, da keine hohen Fließdrücke auftreten.

### Wandeinbau

Wichtig für die Gestaltungsmöglichkeiten des Toilettenbereichs sind die Wandeinbaulösungen von Spültechnik, Leitungen sowie statischen Haltevorrichtungen für die Sanitärgegenstände.

### WC-Beckenarten (F.51)

Es gibt drei Arten, die sich nach der Spültechnik unterscheiden: Flach- (a), Tief- (b) und Kaskadenspülung (c). Becken mit Flachspülung werden dort eingesetzt, wo eine Stuhlkontrolle notwendig sein kann. Mit Tiefspültechnik ausgestattete WC-Becken bieten diese Möglichkeit nicht, haben jedoch den wesentlichen Vorteil einer geringen Geruchsbelästigung. Die Kaskadenspülung ist eigentlich eine Spezialform der Tiefspülung, die den aus medizinischen Gründen sinnvollen Vorteil der Flachspülung beinhaltet: Die Möglichkeit einer Stuhlkontrolle besteht hier ebenfalls. Wandhängende WC-Ausführungen erleichtern die Reinigung und haben ein angenehmeres Erscheinungsbild. Dabei bieten die Hersteller

technisch ausgereifte Modelle an, die eine Bodenfreiheit von bis zu 10 cm gewährleisten.

### Anschlüsse Abwasserleitung bzw. Fallstrang

Modulare »Abgänge« in horizontaler und vertikaler Richtung ermöglichen die problemlose Installation der meisten WC-Becken.

### Klosett-Abmessungen (b × t) in cm

Stand-WC: 35,5 × 56
Abweichungen: 36 × 46 bis 68
Wand-WC: 35,5 × 46 (Stellfläche: 75 )
Abweichungen: Breite 35 bis 36 × 72

### Höhe in cm für WC-Becken (ohne Sitz und Deckel), siehe F.52

- Erwachsene und Jugendliche: 39 – 43
- Kinder 1 – 3 Jahre (Kinderkrippe): 20 – 25
- Kinder 3 – 6 Jahre (Kindergarten): 25 – 30
- Kinder 6 – 9 Jahre (Hort, Schule): 30 – 35
- Kinder 9 – 14 Jahre (Hort, Schule): 35 – 40
- Behinderte mit Hüftleiden und Rollstuhlbenutzer: 45 – 52

### Maßliche Abstimmung

Eine Abstimmung zwischen Spülung und WC-Becken sowie auch zwischen Spülungs-Betätigungstaster und WC-Sitz ist notwendig. Als Grundregel gilt, zwischen Beckenoberkante und Betätigungsfeld einen Abstand von 40 cm einzuhalten (F.53).

### Material

WC-Becken: Keramik oder Edelstahl- (Vandalismus resistente) Ausführung (F.54)
WC-Sitz: Kunststoff, Acryl, Holz (nicht im Krankenhaus und öffentlichen Bereichen)

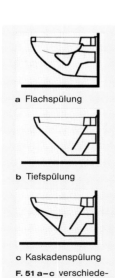

a Flachspülung

b Tiefspülung

c Kaskadenspülung

**F.51 a–c** verschiedene WC-Beckenarten

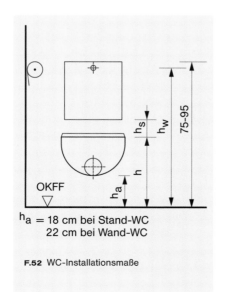

OKFF

$h_a$ = 18 cm bei Stand-WC
22 cm bei Wand-WC

**F.52** WC-Installationsmaße

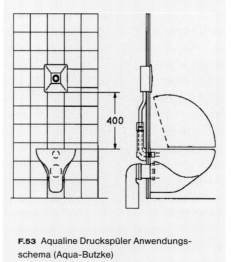

400

**F.53** Aqualine Druckspüler Anwendungsschema (Aqua-Butzke)

**F.54** Edelstahl-WC (Franke)

## Abmessungen WC-Zubehör

**Toilettensitz**
abgestimmt auf das jeweilige Klosett

**Papierrollenhalter**
Erwachsene: Unterkante über OKFF
70–75 cm
Kinderklosett: Unterkante über OKFF 65 cm

**Reserve-Papierrollenhalter**
Unterkante über OKFF 30–45 cm

**Zigarettenablagen**
Ablage über OKFF 85–90 cm

**Kleiderhaken**
über OKFF 150–155 cm

## Urinale

### Vorteile gegenüber WC-Becken

Neben dem geringeren Platzbedarf und Wasserverbrauch ist bei Verwendung von Automatikspülungen (öffentlicher Bereich) auch keine Berührung von Armaturen notwendig.

### Wichtige Abmessungen (F.55)

Montagehöhe über OKFF:
Erwachsene, Jugendliche: 60 cm
Erwachsene, Jugendliche ab 15 Jahre:
65–70 cm
Kinder 3–6 Jahre (Kindergarten): 45 cm
Kinder 7–10 Jahre (Hort/Schule): 50 cm
Kinder 11–14 Jahre (Hort/Schule): 57 cm
Standbreite: 60 cm
Achsabstand-Wand: 40 cm
nach Arbeitsstättenrichtlinie: 45 cm
lichter Abstand gegenüberliegender Urinale:
140–190 cm

### Zulaufarmaturen

Bei der Verwendung von Druckspülern (DIN 3265) ist ein Wasserdruck von 1,5–6 bar notwendig; je höher der Fließdruck, desto höher wird die Geräuschentwicklung.

**F.57** wasserloses Urinal »MCDry« (Duravit)
Verschiedene Hersteller bieten Urinale mit speziellen Abflussventilen und so genannten Sperrflüssigkeiten an, die einen »wasserlosen« Betrieb ermöglichen, zur Reinigung und Pflege sind jedoch bestimmte Wassermengen erforderlich.

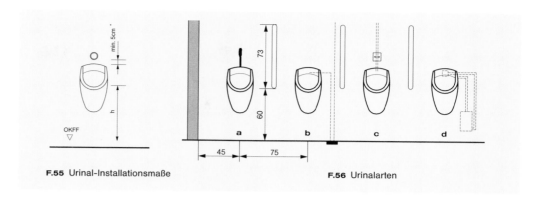

**F.55** Urinal-Installationsmaße      **F.56** Urinalarten

### Ablaufarmaturen

Neben den Standardlösungen gibt es spezielle Sondersysteme mit »Sperrflüssigkeit« im Siphon für wasserlose Urinale (**F.57**). Zum Einsatz kommen Rohrgeruchsverschlüsse.

### Urinalformen

Standard ist das Urinalbecken, daneben gibt es so genannte Urinalstände (Einzelstand) und Urinalrinnen (Reihung), die heute meist in Edelstahl gefertigt sind und in Sanitärräumen Anwendung finden, die nicht ständig kontrolliert bzw. gepflegt werden können sowie einen hohen Publikumsverkehr aufweisen. Geflieste Urinalrinnen, auf der Baustelle gefertigt, sind aus hygienischer Sicht und nach DIN 1986, Teil 1, zu vermeiden.

### Varianten von Urinal-Spüleinrichtungen (F.56)

**Manuelle Betätigung**
- Aufputz-Urinalspüler mit Handbetätigung (**a**)
- Wandeinbau-Urinalspüler mit Fußbetätigung (**b**)

**Automatische Betätigung**
- Infrarot-Elektronikspüler (**c**)
- Radar-Elektronikspüler (**d**)

### Steuerungsprinzipien

**Automatische Spüleinrichtungen**
Elektronische Einzelsteuerung nach dem Annäherungsprinzip. Das Steuergerät ist dabei sichtbar oder unsichtbar angebracht (Vandalismusschutz), der Wasserverbrauch gering, da er genau auf Anforderungen angepasst ist. Wasserlose, neue Arten von Urinalen mit chemischer Schleuse sind nur sinnvoll, wenn steter Service und Kontrolle möglich sind; eine Zwangsspülung findet üblicherweise einmal in 24 h statt.

### Veraltete und nicht sinnvolle Lösungen

Bei Zeitsteuerung ist der Wasserverbrauch sehr hoch, eine Zwangsspülung erfolgt unabhängig von der Benutzung. Auch bei einer Reihensteuerung mit Lichtschranken ist der Wasserverbrauch hoch, da alle Becken unabhängig von der Benutzeranzahl gespült werden.

### Öffentliche Bereiche

Hier ist eine Zusammenfassung zu »Einheiten« üblich, dazu gehören obligatorisch ebenfalls Waschtische. Einblicke von außen sind durch bauliche Anordnungen zu verhindern. Normalerweise rechnet man pro fünf WCs bzw. Urinalen einen Waschtisch. Planungsvorschriften für öffentliche WC-Anlagen beinhalten Mengenrichtlinien:
Betriebe bzw. Arbeitsstätten

| Männer | WCs | Urinale | Frauen | WCs |
|--------|-----|---------|--------|-----|
| bis 10 | 1 | 1 | bis 10 | 1 |
| bis 25 | 2 | 2 | bis 20 | 2 |
| bis 50 | 3 | 3 | bis 35 | 3 |
| bis 75 | 4 | 4 | bis 50 | 4 |
| bis 100 | 5 | 5 | bis 65 | 5 |

(Auszug aus ASR 37)
Für Gaststätten (GBVO), Krankenhäuser, Verwaltungsgebäude, Schulen, Sporthallen und Theater gibt es weitere Vorschriften. Die Hersteller informieren hinsichtlich der Einsatzbereiche über spezielle Anforderungen und Lösungen.

### Abmessungen Urinalzubehör

**Zigarettenablage**
Ablage über OKFF: 105–120 cm

**halbhohe Trennwände bei Reihungen**
Unterkante über OKFF: 50 cm
Oberkante über OKFF: 130 cm
Ausladung: 60 cm

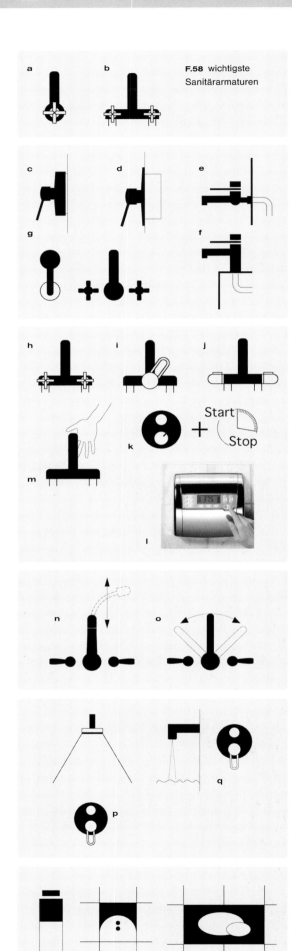

F.58 wichtigste Sanitärarmaturen

## Sanitärarmaturen (F.58)

### Zulaufarmaturen

Die Industrie bietet eine Menge spezieller Armaturentypen an, prinzipiell ist aber eine Einordnung in Armaturen als Zapfhahn bzw. Kaltwasserventil (a, Verwendung Handwaschbecken WC) und als Mischbatterie (b), für Warm- und Kaltwasser, sinnvoll. Der »Technik-Teil« kann auf der Wand (c) oder dem Unterputz installiert sein (d). Die Befestigung erfolgt an der Wand als Wandarmatur (e) oder auf dem Sanitärobjekt als Standarmatur (f). Bei Standarmaturen kann pro Armaturelement ein »Loch« im Sanitärobjekt notwendig werden (g), das Beispiel zeigt eine Vierloch-Wannen-Armatur. An Waschtischen sind »Einlocharmaturen« zum Standard geworden.

### Einsatzgebiete von Mischbatterien

Mischbatterien gibt es für den Einsatz an Waschtisch, Handwaschbecken, Spüle (Küche), Wanne, Dusche sowie Bidet. Dabei ist die Abstimmung auf ergonomische und funktionale Gegebenheiten jeweils gegeben.

### Bedienungsformen

Es gibt drei manuelle Bedienungsformen – die Zweigriff-Mischbatterie (h), den Einhandmischer (i) und Thermostat-Batterien (j) –, außerdem sind halbautomatische Selbstschlussventile (k), automatische digital gesteuerte Mischbatterien (l) sowie »berührungsfreie« Systeme, optoelektronische Thermostatbatterien (m), erhältlich.

### Sonderausstattungen

Auf dem Markt findet man sowohl ausziehbare Kopfbrausen oder Mundduschen an Waschtischbatterien (n) als auch Schwenkarm-Mischbatterien (o).

### Mehrteilige Armaturen

Bei Dusche (p) und Wanne (q) sind getrennte Bestandteile sinnvoll. Wanneneinläufe bzw. Brauseköpfe müssen dabei individuell sowohl auf die jeweiligen Bedürfnisse wie auch die dazugehörenden »Mischer« abgestimmt werden.

### Armaturen an Urinal und WC

Für WC und Urinal sind unterschiedliche Ausprägungen von Druckspülern mit Selbstschlussmechanik, zusätzlicher Sparfunktion und individuell einstellbarer Wassermenge (r) sowie optoelektronische Spülsteuerungen (s) erhältlich. Für WCs gibt es außerdem zusätzlich mit getrennten »Spartasten« oder multifunktionalen Einzeltasten ausgestattete Betätigunsplatten (t) (kurz drücken – wenig Wasser, lang drücken – viel Wasser).

Nach DIN 4109 werden Zulaufarmaturen in Schallschutzgruppen eingeteilt: Armaturengruppen I ≤ 20 dB und II ≤ 30 dB. Außerdem gibt es eine Einteilung nach der durchfließenden Wassermenge pro Sekunde (Durchflussklassen):

- $Z = 0{,}15$ l/s,
- $A = 0{,}25$ l/s,
- $B = 0{,}42$ l/s,
- $C = 0{,}5$ l/s,
- $D = 0{,}63$ l/s.

Darüber hinaus ist die Ökobilanz im Zusammenhang mit dem gesamten Wasserhaushalt des Gebäudes von großem Interesse, darüber sollte nicht nur in öffentlichen Bereichen nachgedacht werden.

F.59 zeigt die unterschiedlichen benötigten Wassermengen bei einem einzigen Duschvorgang einer Person je nach verwendeter Duscharmatur.

### Ablaufarmaturen

Für den Anschluss an die Abwasserleitung sorgen die Ablaufarmaturen, die entweder rein manuell mit Gummistopfen und Kette oder mit einer Stangenmechanik und Schließventil ausgestattet sind.

Zu den Ablaufarmaturen werden auch die Geruchsverschlüsse gezählt, die entweder als Rohr- oder als Flaschengeruchsverschluss Verwendung finden. Überlaufventile sind ebenso Systembestandteile; Bade- und Duschwannen sowie Waschtische und Handwaschbecken verfügen über bereits integrierte Lösungen.

### Eckventile

Zu den Armaturen gehören auch die so genannten »Eckventile«, unter dem Waschtisch oder neben der Duschwanne gelegen, die eine Wasserabsperrung für notwendige Installationen oder Wartungsarbeiten ermöglichen.

### Materialien

Folgende Werkstoffe sind bewährt gegen Erosion und Korrosion und garantieren hohe

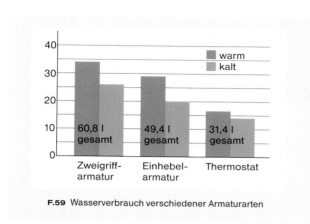

**F.59** Wasserverbrauch verschiedener Armaturarten

mechanische Festigkeit von Sanitärarmaturen: für Armaturenkörper und Ventiloberteile Messing, Rotguss und sonstige Kupferlegierungen, für Ventilsitze Chromstahl. Die Verwendung von Metall-Kunststoffkombinationen, Zinklegierungen oder kunststoffverchromten Teilen bedeutet geringere Festigkeit und Qualitätsminderung. Werden Kunststoffe für Griffe und Kennzeichnungen verwendet, müssen sie eine große Abriebfestigkeit besitzen, Polyamid beispielsweise ist gut dafür geeignet.

### Oberflächenbearbeitung

Galvanische Verchromung sorgt bei den meisten Sanitär-Entnahmearmaturen für ein gutes, farbneutrales Aussehen, Korrosionsschutz, glatte und pflegeleichte Oberflächen sowie eine große Oberflächenhärte.

Dies sind die Gründe für den am weitesten verbreiteten Einsatz dieser Oberflächentechnologie. Die Verchromungsqualität wird geprägt durch die Schichtdicke und den Politurgrad. Als Sonderformen sind Matt- und Schwarzchrom im Handel. Manche Armaturen besitzen eine Gold-, andere eine Bronze-, Altsilberoder Neusilberschicht.

Die Festigkeiten dieser Oberflächen sind jedoch nicht mit den Chromoberflächen zu vergleichen, so erreicht eine Goldoberfläche mit 23 Karat Hartgoldauflage nur 60 % der Härte einer Chromoberfläche.

Bei der Reinigung ist zu beachten, dass keinesfalls kalklösende, säure- oder alkoholhaltige Mittel oder Scheuermilch verwendet werden dürfen, sondern essig- oder seifenhaltige Mittel. Im Handel sind auch Edelstahl-Armaturen verfügbar, die eine hochwertige, aber auch teure Alternative zu den Chromvarianten darstellen. Außerdem verwenden verschiedene Hersteller bereits neuartige Aluminiumoberflächen, die sich aber nur langsam durchsetzen.

## Anordnung und Platzbedarf

Bei der Planung von Bädern und WCs sind die einzelnen Funktionsbereiche mit ihren ergonomischen, technischen, funktionalen, hygienischen und sonstigen Anforderungen zu realisieren, außerdem ist die passende Konstellation der Funktionsbereiche untereinander von großer Wichtigkeit.

Dabei müssen folgende Kriterien besonders beachtet werden:

### Stellflächen

Bei der Planung von Bädern und Toiletten gilt es, die besonderen Anforderungen an beanspruchte Stellflächen sowie die dazugehörenden Bewegungsflächen einzuhalten. In **F.60a** sind die wichtigsten Angaben zu den DIN-gerechten (18022) Abmessungen enthalten. In der Praxis stellt es sich oft heraus, dass die Maße der handelsüblichen Sanitäreinrichtungen von den DIN-Angaben abweichen. So werden heute beispielsweise viel schmalere Urinale angeboten. Das bedeutet, dass entsprechend der DIN-Angaben geplant wird und die aufgrund schmalerer Sanitärgegenstände entstehenden »Restflächen« aber nicht davon abgezogen werden.

### Abstandsregeln

In DIN 18022 sind ebenfalls die Abstände angegeben, die zwischen den einzelnen Sanitärgegenständen und angrenzenden Wänden,

**F.60** Abmessungen von Sanitärgegenständen

| Wascheinrichtungen | | Breite | Tiefe |
|---|---|---|---|
| | Einzelwaschtisch | ≥ 60 | ≥ 55 |
| | Doppelwaschtisch | ≥ 120 | ≥ 55 |
| | Einbauwaschtisch mit 1 Becken | ≥ 70 | ≥ 60 |
| | Einbauwaschtisch mit 2 Becken | ≥ 140 | ≥ 60 |
| | Handwaschbecken | ≥ 45 | ≥ 35 |
| | Sitzwaschbecken (Bidet) frei stehend oder an Wand | 40 | 60 |
| **Dusch- und Badewannen** | | | |
| | Duschwanne | ≥ 80 ≥ 90 | ≥ 80 ≥ 75 |
| | Badewanne | ≥ 170 | ≥ 75 |
| **Klosett- und Urinalbecken** | | | |
| | Klosettbecken mit Spülkasten vor der Wand | 40 | 75 |
| | Klosettbecken mit Spülkasten in der Wand | 40 | 60 |
| | Urinalbecken | 40 | 40 |

nach DIN 18022
teilweise sind jedoch bei handelsüblichen keramischen Sanitärobjekten Abweichungen von diesen Angaben gegeben.

**a** Stellflächen

| Seitliche Abstände in cm | Waschtische | Einbauwaschtische | Bade-/Duschwannen | Sitzwaschbecken | WC- und Urinalbecken | Handwaschbecken | Waschmaschine | Badmöbel | Wände/Duschwände |
|---|---|---|---|---|---|---|---|---|---|
| Waschtische | 20 | | 20 | 25 | 20 | | 20 | 5 | 20 |
| Einbauwaschtische | | 0 | 15 | 25 | 20 | | 15 | 0 | 0 |
| Bade-/Duschwannen | 20 | 15 | 0 | 25 | 20 | 20 | 0 | 0 | 0 |
| Sitzwaschbecken | 25 | 25 | 25 | | 22 | 25 | 25 | 25 | 25 |
| WC- und Urinalbecken | 20 | 20 | 20 | 25 | 20 | 20 | 20 | 20 | 20 |
| Handwaschbecken | | | 20 | 25 | 20 | | 20 | 20 | 20 |
| Waschmaschine | 20 | 15 | 0 | 25 | 20 | 20 | 0 | 0 | 3 |
| Badmöbel | 5 | 0 | 0 | 25 | 20 | 20 | 0 | 0 | 3 |
| Wände/Duschwände | 20 | 0 | 0 | 25 | 20 | 20 | 3 | 3 | |

Verringern auf 0cm -wenn keine Duschtrennwand vorhanden

Vergrössern auf 15cm-bei Versorgungsarmaturen-Anordnung in zwischenliegender Trennwand

Abstand zwischen WC- und Urinalbecken     bei Wänden auf beiden Seiten 25 cm

Zwischen Stellflächen für bewegliche Einrichtungen und anliegenden Wänden sind ≥ 3cm erforderlich.

Zwischen Stellflächen und Türleibungen sind sind ≥ 3cm erforderlich.

Wandabstände für fest eingebaute Objekte nicht vorgeschrieben, jedoch ist bei der Planung die Auftragsdicke der Wandverfliesung zu beachten.

**b** Abstandsmaße

Badmöbeln oder Einrichtungen wie Waschmaschinen, Trocknern oder Heizungen eingehalten werden müssen. Abbildung **F.60b** enthält die relevanten Abstandsmaße.

**Bewegungsflächen**

Die notwendigen und in der Planung nachzuweisenden Bewegungsflächen vor den einzelnen Sanitärgegenständen sowie die Abstände zu angrenzenden Wandflächen sind ebenfalls in DIN 18022 festgelegt.

In **F.61** sind die wichtigsten nachzuweisenden Bewegungsflächen gezeigt. Dabei gibt es ein paar Besonderheiten: Die Bewegungsfläche vor der Badewanne kann seitlich entlang der Wannenlängsseite verschoben werden. Bei Urinalen betragen die Achsabstände zur Wand in Arbeitsstätten 45 cm (Arbeitsstättenrichtlinie) anstelle von 40 cm in Wohngebäuden. Bei Urinalen mit bewegungsabhängigen Steuerungen sind die Angaben der Hersteller hinsichtlich der Zwischenabstände zu beachten, damit ein fehlerfreier Ablauf der Steuerungsprozesse gewährleistet ist.

In **F.62** ist eine beispielhafte Umsetzung der Stell- und Bewegungsflächen gezeigt. Zu beachten ist neben dem Nachweis der Bewegungsflächen die Einhaltung entsprechender Bewegungsmaße bzw. auch Ein- und Ausstiegsbreiten bei diagonalen Richtungen. Die Flächen dürfen sich gegenseitig überlagern. Ein exaktes Einplanen von Sanitärprodukten erfordert in der Planung die Vermessung und die dementsprechende Abstimmung der Achsmaße sowie der Abstandsmaße (**F.63**).

**Abstimmung mit den Raumflächen**

Besonders Wand- und Bodenkeramik spielen in Sanitärräumen mit ihrem geometrischen Raster eine große Rolle. Nicht allein ein Abstimmen von Wand- und Bodenflächen, sondern auch das Einbeziehen der Sanitärobjekte in die Fliesenpläne ist notwendig. Andere, nicht gerasterte Wand- und Bodenflächen stellen interessante Alternativen zu Fliesen dar, ihre Realisierung ist unter Berücksichtigung der Reinigung und Pflege sowie der Hygiene zu prüfen.

## Gestaltung

Der Architekt als Gestalter von qualitätsvollen Sanitärbereichen ist gerade aufgrund der Fülle der am Markt verfügbaren Produkte gefragt. Neben der Vielzahl der technischen und geometrischen Anforderungen darf nicht vergessen werden, dass Sanitärräume auch wichtige, diffizile Gestaltungsaspekte in sich tragen, die durch die korrekte Auswahl der Ausstattungselemente und deren Anordnung noch nicht gelöst sind, da es ja auch um Gestaltung des gesamten Raums geht.

**Theorie und Praxis**

In einer Vielzahl von Publikationen werden Bäder und die »schönen Badthemen« beschrieben und fast immer durch Fotos, die viel schönes Design und noch schönere Menschen zeigen, deutlich gemacht. Auf der anderen Seite stehen aber tatsächlich gebaute Bäder und WCs, die vielfältige Anforderungen hinsichtlich von Alter und Konstitution unterschiedlichsten

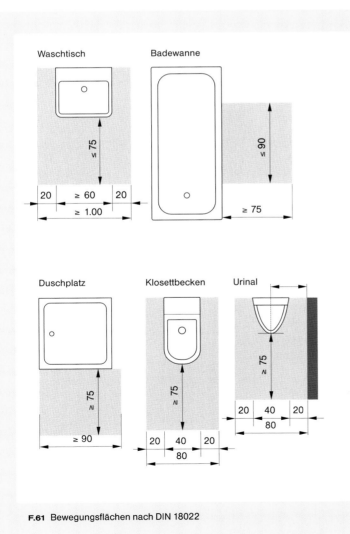

**F.61** Bewegungsflächen nach DIN 18022

**F.62** Umsetzung der Stell- und Bewegungsflächen im Raum

NGF 7,22 qm

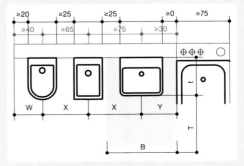

W = Abstand zur Wand
X = Achsabstände
Y = Abstand zur Wanne
B = Breite der Bewegungsflächen
T = Tiefe der Bewegungsfläche

**F.63** lichte Abstände und Achsabstände

Nutzer erfüllen müssen. Doch auch solche funktionalen, pragmatisch entworfenen Bäder können und sollen eine ansprechende Gestaltung haben. »Theorie« und »Praxis« sind also durchaus vereinbar

## Grundfragen

Analog zu der Vielzahl von Bauaufgaben gibt es eine Vielfalt gestalterischer Lösungen für Sanitärräume. Vor der Wahl geeigneter Gestaltungsmittel stehen Fragen nach den konkreten Anforderungen:

- Welche Nutzer sind zu berücksichtigen?
- Wie hoch sind die Benutzungsfrequenzen?
- Sind es immer die gleichen oder wechselnde Benutzer?
- Ist die Aufgabenstellung einer Badplanung privat oder öffentlich, und wenn öffentlich, dann vielleicht sogar Vandalismus-resistent auszuführen?
- Ist eine räumliche Trennung von Bad und WC vorzunehmen?

Letzteres sollte auch im Wohnbereich viel konsequenter vollzogen werden.

## »Harte« und »weiche« Faktoren

Wie in anderen Raumbereichen ist das gesamte Zusammenwirken der gestalterischen Parameter relevant. Neben den »harten« Faktoren wie Flächengestaltung an Wand, Boden und Decke, Produktauswahl, Anordnung, Materialoptik und der Haptik v. a. der zu benutzenden Sanitärgegenstände und Armaturen sind die »weichen«, für das Wohlbefinden der Nutzer aber hochwirksamen Aspekte wie Farbkompositionen, Beleuchtung und Belichtung, Luft, Akustik, Klima und Wärme zu berücksichtigen. Ein nach DIN geplantes, mit den neuesten und

innovativsten Produkten eingerichtetes Bad kann in einem Fall hohe Qualität aufweisen, im anderen jedoch völlig neben der Wirklichkeit liegen, da nicht gestaltet und mit den harten und weichen Themen gearbeitet, sondern nur »ausgestattet« wurde.

## Spiegel sind besondere Elemente

An dieser Stelle sei besonders auf die Rolle der Spiegel hingewiesen, durch die der Mensch ein Bild von sich bekommt (was ihm häufig wichtiger sein kann als die Gestaltung des Raums). Spiegel sollten daher nicht zu knapp bemessen werden, es muss eine intensive Auseinandersetzung mit ihrer Anordnung stattfinden. Auch helfen Spiegel, kleine Räume größer erscheinen zu lassen oder schwierige Ecksituationen zu lösen (**F.64**).

## Vielfalt ordnen

Im Sanitärbereich ist aufgrund seiner langen und bewegten Geschichte sowie der Vielzahl von unterschiedlichen Einflussfaktoren und Ausprägungen in privaten und öffentlichen Bereichen heute eine riesige Menge von Produkten am Markt verfügbar. Je nach Produktgruppe stehen auch unterschiedliche Hersteller dahinter, so sind beispielsweise Armaturen-, Waschtisch-, Bade- und Duschwannen-, WC- und Bidet-, WC-Sitz-, Badmöbel- und Accessoirehersteller zu nennen. Eine bedeutende Rolle kommt auch den Fliesen und deren Herstellern zu.

Diese Vielzahl der verfügbaren technischen und gestalterischen Komponenten kann nur durch eine exakte Planung und eine sorgsame Auswahl zu einem harmonischen Gefüge zusammengestellt werden. Hilfreich sind dabei zusammenhängende Badserien, die in Kooperationen und Zusammenschlüssen der unterschiedlichen Sanitärhersteller entwickelt werden.

## Waschplätze mit System

Beispielhaft sei auf die systemhafte Waschplatzgestaltung von Alape hingewiesen. Hier steht dem Gestalter ein Komponentensystem (**F.65**) zur Verfügung, das miteinander kombinierbare Formen und Funktionen beinhaltet. Zur konventionellen Keramik kommen für die Waschbecken Materialien wie Glas und Stahl sowie die unterschiedlichen Plattenmaterialien für die Einbau- und Halbeinbaulösungen hinzu, die auch interessante Farbkonzepte ermöglichen (**F.66**) sowie ästhetisch auf die Komponentenbauarten abstimmbare oder einzeln verwendbare Solitärlösungen (**F.67**). Durch diese systemhaften Gestaltungskomponenten werden die Planungsarbeit und deren Umsetzung in gestalterisch und funktional starke Sanitärbereiche begünstigt.

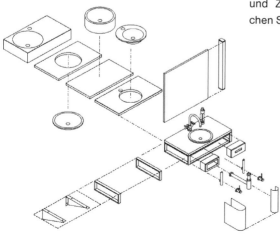

**F.65** Komponenten zur Waschplatz-Gestaltung, die maßlich und ästhetisch aufeinander abgestimmt sind (Alape)

**F.66** Einbaubecken auf kontrastreicher Trägerplatte (EB.K450, Alape)

**F.67** Waschtisch in absoluter geometrischer Präzision (Sieger Design / WT.RX, Alape)

# Materialien

Hinsichtlich der ästhetischen und funktionalen Qualitäten sowie der Kombinierbarkeit von Sanitärprodukten spielen die Materialien und deren Oberflächen eine wesentliche Rolle. Die folgende Materialübersicht soll dabei helfen, eine eigene sinnvolle Umgangsweise mit dem Material zu entwickeln:

## Sanitärkeramik

Generell spricht man von Sanitärkeramik, bestehend aus dem Scherben (Masse aus tonmineralischen Rohstoffen) und der Glasur (glasartige Oberflächenschicht).

### Sanitäres Steinzeug

Diese Tonware mit verglastem, dichtem Scherben ist mit Porzellan verwandt (aber ohne Transparenz und mit ungleichmäßigerer Oberfläche) und findet nur für Abflussrohre und Entwässerungsteile sowie für Ausguss- und Spülbecken in Laboratorien Verwendung. Es ist braun- und weißglasiert im Handel erhältlich.

### Steingut

Hierbei handelt es sich um Tonware mit nichtverglastem, durchscheinendem Scherben. Als Sanitärkeramik findet die besondere Art des Hartsteinguts Anwendung, das bei höheren Temperaturen als Steingut gebrannt wird. Die Porosität ist mit 5–10 % Wasseraufnahme recht hoch. Deshalb erfolgt eine Oberflächenglasierung in undurchsichtigem Weiß. Ästhetisch genügen die Qualitäten für feinere sanitärkeramische Gegenstände wie Klosetts, Waschbecken etc. Die Festigkeit und Oberflächenqualität ist geringer als bei Sanitärporzellan.

### Sanitärporzellan

Es handelt sich um eine Weiterentwicklung und erhebliche Verbesserung des Steinguts: edelster sanitärkeramischer Werkstoff, fester Scherben mit besonders starker Verglasung. Die Oberfläche ist meist weiß, aber auch in verschiedensten Farben herstellbar. Porzellan ist oft durchscheinend, das bedeutet gerade bei dünnwandigen Stellen ein Hindurchleuchten des Lichts. Die Wasseraufnahme ist sehr gering und liegt bei etwa 0,1–0,5 %. Die Zusammensetzung der Glasur ist der eigentlichen (inneren) Porzellanmasse sehr ähnlich, und die Festigkeit liegt an erster Stelle aller sanitärkeramischen Werkstoffe. Es ist gegen alle handelsüblichen Säuren und Laugen resistent. Glasurrisse kommen niemals vor. Hygienische Spitzenwerte der Oberfläche sprechen darüber hinaus für die Verwendung für alle feineren Sanitärgegenstände wie z. B. Klosetts, Bidets, Waschtische.

### Feuerton

Darüber hinaus gibt es noch Feuerton für die Herstellung besonders großformatiger keramischer Gegenstände hauptsächlich für gewerbliche Anwendungen.

## Metalle

### Gusseisen

Korrosionsbeständiges und sehr stabiles Material, das in Verbindung mit einer meist nur innenseitigen Emailleschicht für Badewannen genutzt wird und extrem lange hält (bis 40 Jahre). Es gibt die Rotsiegel-Qualität für Standardanwendungen und die Gelbsiegel-Qualität für medizinische Bereiche.

### Stahl

Zusammen mit einer allseitigen Emaillierung ist Stahl ein stabiler Werkstoff, der so für Bade- und Duschwannen genutzt wird. Emaillierter Stahl ist säure- und laugenbeständig sowie farbecht. Allerdings müssen höhere Schalldämmungsvorkehrungen getroffen werden, seine Lebensdauer liegt bei 30 bis 40 Jahren.

### Edelstahl-Rostfrei

Auch als Chromstahl bekannt, besitzt er eine nicht rostende, nicht alternde und sehr harte Oberfläche und wird vorwiegend in Chromnickellegierung als Chromnickelstahl 18/10 im Sanitärbereich eingesetzt. Er besitzt eine hohe Resistenz gegen handelsübliche Chemikalien, besondere Speziallegierungen finden bei medizinischen Produkten Anwendung. Das Reinigen von Edelstahlflächen erfordert etwas höhere Aufwendungen, die hohe Vandalismusresistenz sowie die Lebensdauer von Edelstahlsanitärobjekten von über 40 Jahren sind jedoch zweckbezogen wichtige Eigenschaften. Die im Vergleich zu Sanitärkeramik meist höheren Preise sind abhängig von Legierungsqualitäten und Materialstärken. Eine Verwendung ist für alle Sanitärobjekte möglich.

## Kunststoffe

### Acrylglas

Lichtecht durchgefärbte und hochmolekulare Kunststoffe (Polymere), die man auch als Plexiglas kennt. Die Oberflächen sind stoß- und schlagfest, allerdings kratzempfindlich, durch Abschleifen und Polieren sind Ausbesserungsarbeiten möglich. Verwendung finden sie für Bade- und Duschwannen, seltener für Waschbecken und Klosetts, hier in der so genannten Version 209, die besonders lösungsmittelbeständig und wärmeformfest ist. Das ungewöhnlich niedrige Gewicht und die geringen Kosten sind ein Grund für die Verwendung für Einsatzbadewannen im Wohnungsbau. Die Lebensdauer beträgt bis zu 20 Jahre.

### Polyester mit Glasfasern

Hier handelt es sich um ein laminiertes Material aus ungesättigten Polyestern und Glasgewebe, das sehr fest und für die Bade- und Duschwannenherstellung geeignet ist. Allerdings lassen sich Kratzer nicht wie beim Acrylglas ausbessern, auch ist die Haltbarkeit und Lösungsmittelbeständigkeit insgesamt etwas geringer.

### PVC (Polyvinylchlorid)

Die Bandbreite der Verwendung von PVC bezieht auch die Herstellung von Badewannen mit ein. Die preiswerte Alternative zu anderen Kunststoffen hat allerdings Nachteile bei der Kratzfestigkeit und verformt sich bei Wassertemperaturen über 60 °C.

# Grundbetrachtung

## Vom »klassischen« Büro zu flexiblen Büroformen

### Ein kurzer Blick in die Vergangenheit

Bis in die 70er Jahre hinein dominierten ziemlich starr wirkende Büroraum- und Möbellandschaften sowie eine große Anzahl technischer Arbeitsmittel wie mechanische und elektrische Schreibmaschinen die meisten Verwaltungsetagen. Auf den ersten Blick gab es viele einzelne, fest definierte Arbeitsplätze an Schreibtischen mit viel Stauraum und wandfüllende Schränke für große Mengen von Aktenordnern. Die Raumaufteilung erfolgte nach gleichmäßigen, stringenten Prinzipien: üblich waren Zellen- im Wechsel mit Großraumbüros. Tätigkeiten und Abläufe waren fest definiert und benötigten dementsprechend festgelegte Räume und Funktionsausstattungen hinsichtlich Möblierung und Bürotechnik. Der in **G.01** gezeigte Schreibraum einer Verwaltungsetage der BASF von 1958 ist ein typischer Vertreter des damals üblichen Büroraums, in dem auf das Maschinenschreiben spezialisierte Mitarbeiter arbeiteten. Die gleichmäßige Ausstattung eines jeden Arbeitsplatzes mit Schreibtisch und Schreibmaschine funktionierte lange Zeit. Natürlich waren manchmal auch Änderungen innerhalb der Büroräume und ihrer Ausstattung notwendig. Man denke z. B. an die Einführung von Kopier- und Lichtpausmaschinen, die eigene Räume erforderten, da sie sehr groß und laut waren sowie Wärme und Gerüche erzeugten. Aufgrund neuer Bürotechnik oder notwendiger Umstrukturierungen von Abteilungen mussten neue Mitarbeiter eingestellt oder die vorhandenen »umgesetzt« werden. Dies geschah jedoch in zeitlich großen Abständen und konnte mit einem geringen Maß an Bauarbeiten einhergehen, die ohnehin im Rahmen von Renovierungen notwendig waren.

### Die heutige Situation

Dieses Bild vom »klassischen« Büro hat seitdem eine enorme Wandlung erfahren. Die Anforderungen an Büroarbeit haben sich besonders in den letzten zwei Jahrzehnten stark verändert, weshalb entsprechende Raumlösungen gefunden werden mussten, um der jeweiligen Situation optimal Rechnung zu tragen. Gründe für diese geänderten Anforderungen

sind beispielsweise die Einführung und Nutzung von PCs ab den 70er Jahren und damit verbundene Bildschirmarbeit als Haupttriebkraft für neue Büroarbeitsplatzgestaltung; neue arbeitswissenschaftliche Erkenntnisse und Erfahrungen, die in der praktischen Umsetzung eine bessere Ergonomie und zugleich höhere Arbeitseffizienz ermöglichten; der gestiegene Wettbewerbsdruck und damit verbundene notwendige Flexibilität der Unternehmen; die Ausweitung der Märkte und internationalen Geschäftskontakte und dadurch gestiegene Mobilität und Flexibilität der Unternehmen. Die im Büro geleisteten Tätigkeiten werden immer umfangreicher und wechselhafter. So ist v. a. eine starke Verbindung von Service- und Verwaltungstätigkeiten festzustellen. Diese Verschmelzung hat auch bereits Einzug in ehemals besonders starr anmutende Institutionen gehalten, wie das in **G.02** gezeigte Kundenzentrum eines Finanzamts beweist. Flexibilität ist angesagt!

## Welche Büroform ist die richtige?

Büroformen haben sich mit wandelnden Einflüssen und Bedingungen, die die Unternehmung selbst, die Organisationsformen innerhalb der Unternehmen, seine Mitarbeiter sowie die Architektur erfahren haben, in der jeweiligen Zeit herausgebildet, wie **G.03** zeigt. Eine Auseinandersetzung mit den Einflussfaktoren für die Ausprägung der jeweiligen »Bürotypen« schafft die Grundlage für anstehende Planungen im Bereich Büroraumkonzepte. Die auch als Zeitachse zu verstehenden Bürokonzepte

**G.01** Schreibraum im Hochhaus der BASF, Ludwigshafen, 1958

**G.02** Raum-im-Raum-Lösung, Finanzamt Ludwigshafen, 2002

auf dem oberen Pfeil existieren trotz ihrer zeitlichen »Einordbarkeit« meist eine Weile nebeneinander, bei bestimmten Bürotypen wie dem Zellenbüro ist ein gänzliches Verschwinden auch in Frage zu stellen, hier kann man ledig-

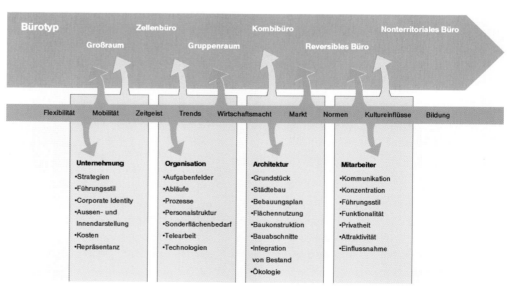

**G.03** Einflussfaktoren auf die Wahl der Büroform
(Schema auf einer Darstellung von Dr.-Ing. D. Lorenz beruhend)

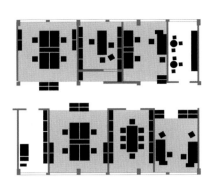

**G.04** Gruppenraum-Büro, Gebäudetiefe ca. 12–18 m

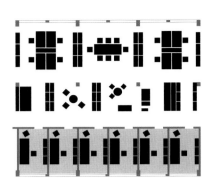

**G.05** Kombibüro, Gebäudetiefe ca. 15–17 m

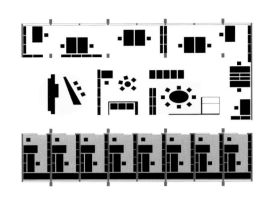

**G.06** Business-Club, Gebäudetiefe ca. 15–20 m

lich von einer Bedeutungsverringerung sprechen. Wieder andere Typen wie das Großraumbüro sterben in der Tat langsam aus. Um einen Überblick über die möglichen Raumlösungen zu geben, werden die uns heute bekannten Büroraumkonzepte nachfolgend in Kurzform erläutert; für das Verständnis der »neuen« Bürotypen ist zunächst das der »klassischen« Typen bedeutsam:

**Zellenbüro**

Hier handelt es sich um die älteste Büroform. Bereits mittelalterliche Klosteranlagen beinhalteten »Zellen«. Hierarchisch gegliederte Unternehmen bauten in der Vergangenheit auf die Hierarchien abgestimmte Bürostrukturen auf. Arbeitsprozesse wurden in viele kleine Arbeitsschritte zerlegt, definierte Zuständigkeiten und feste Arbeitsabfolgen bedurften logischer, spezifisch darauf abgestimmter Raumabfolgen und -größen. Bürohäuser mit Zellenbüros unterstützen das Bedürfnis des einzelnen Mitarbeiters nach einem eigenen Raum als Ausdruck des innerbetrieblichen Status. Die konzentrierte und ungestörte Arbeit des Einzelnen steht im Zentrum, der Notwendigkeit interner Kommunikation und gepflegter Teamarbeit wird mit diesem Bürotyp aber nicht entsprochen. Dennoch wird er noch oft gebaut und von entsprechend auf dessen Bedingungen eingestellten und daran gewohnten Unternehmen genutzt.

- Grundrisse: ein- bis zweibündig
- Gebäudetiefen: 12–14 m bei Raumtiefen von 4,0–5,5 m

**Großraumbüro**

Das Konzept kommt aus den späten 50ern und hatte seine Blütezeit am Beginn der 70er Jahre. Die Entwicklung der Büroraumplanung hin zu reinen »Bürosälen« mit üblicherweise über 100 Arbeitsplätzen ist mittlerweile eine überholte Spezies. So wurde die anfänglich geplante Offenheit meist aus Gründen der Akustik sowie der Beleuchtung von Computerarbeitsplätzen durch Stellwände und Möblierungen durchbrochen, und es entstanden wiederum improvisierte Raumlösungen, die die Schwächen des Großraumbüros zu vertuschen suchten. Die »Ungleichwertigkeit« der Arbeitsplätze stellte ein weiteres Problem dar, so sind die Plätze in Fensternähe natürlich angenehmere Arbeitsorte. Insgesamt waren Großraumbüros aber sehr wirtschaftliche Konzepte, da auf Fassaden- und Innenausbauflexibilität verzichtet werden konnte und auch technische Ausstattungen wie Einzelklimatisierung und Heizung sowie Beleuchtung und Kommunikationsmittel weniger aufwendig gestaltet werden mussten. Mittlerweile dürfte das Großraumbüro nur noch für Börsenhandelsarbeitsplätze und Call-Center eine wirkliche Bedeutung haben.

- Grundrisse: »flurlose« großflächige Konzepte
- Gebäudetiefen: 20–30 m möglich

**Gruppenraum-Büro (G.04)**

In den frühen 70er Jahren als Alternative zu Zellen- und Großraumbüro entstanden, hat das Gruppenraumkonzept als Maßstab für seine Größenentwicklung die Abteilungen sowie die spezifischen Arbeitsgruppen innerhalb des Unternehmens. So gibt es viele Zweier-, Dreier- und Vierer-Arbeitsplätze, kleinere Besprechungsräume etc. In den Erschließungsbereichen liegen meist die Service-Center mit Technikpool, größeren Besprechungs- und Regenerationsbereichen. Kommunikationsfördernde Gestaltungen der Verkehrszonen, der Bereiche zwischen Treppen und Aufzüge sowie begrünter Innenhöfe tragen zum ausgeprägten Kommunikationscharakter dieser Bürotypen bei. Aber auch das Gruppenraum-Büro weist noch Probleme auf, die große Räume und eine Nutzung durch unterschiedliche Personen mit sich bringen, wie z. B. unterschiedliche Arbeitsplatzqualitäten, Telefonate und störende Kollegengespräche, Durchgangsverkehr und unterschiedliche Temperaturempfindungen.

- Grundrisse: »flurlose« Konzepte
- Gebäudetiefen: 15–18 m mit Klimaanlage, 12–15 m mit Fensterlüftung

**Kombibüro (G.05)**

Es verbindet die Vorteile der Großraumkonzepte mit denen der Zellenbüros – an der Fassade gelegene, kleine, individuell gestaltbare Einzelbüros lassen konzentrierte Arbeit des Einzelnen zu. Die Gemeinschaftsnutzungen und die kommunikativen Aspekte werden durch eine Mittelzone, den »Multiraum«, gewährleistet, verglaste Wände lassen das Ganze als eine Einheit wirken. Die Mittelzone enthält Teambesprechungsbereiche, Ablage, Bürotechnik etc. Das Konzept ist durchaus mit der Struktur einer Kleinstadt vergleichbar, wobei die Einzelräume für Häuser und die Multizone für den Marktplatz als Ort der Kommunikation und des Handels stehen. Durch flexibel gehaltene Innenwände lässt das Kombibüro auch Veränderungen hinsichtlich größerer Gruppenbereiche oder nonterritorialen Bürokonzepten zu. Das Kombibüro erfreut sich – ursprünglich Mitte der 80er Jahre aus Skandinavien kommend – in Zentraleuropa großer Beliebtheit.

- Grundrisse: Flurbereich als »multifunktionale« Innenzone mit bis zu 5 m Breite
- Gebäudetiefen: 15–17 m bei Raumtiefen von 4,0–5,0 m

Seit den 1990er Jahren wurden und werden neue, flexiblere Büroformen entwickelt und gebaut, die die bis dahin bestehenden »fixen Strukturen« ergänzen oder gar ablösen. In der Bürobranche werden diese Konzepte als »New Work«-Büroformen bezeichnet:

### Business-Club oder Teambüro (G.06)

Denkkojen, Minischreibpulte, Telecom-Stationen, Gruppenzentren, Business Lounges, Gruppenzentren, Espressobars und Repräsentationsflächen sind selbstverständliche Bestandteile von Business-Clubs. Das Bürogebäude ist nicht mehr durch ständig gleichmäßige Strukturen und am Bauraster nachvollziehbare Wandsysteme, sondern von flexiblen Gestaltungselementen geprägt. Trotzdem gibt es eine feste »Flächenzuweisung« an Abteilungen und Arbeitsgruppen, die aber je nach Projekttyp und anstehender Arbeit wechselnde Mitarbeiterbelegungen erfahren. Die Mitarbeiter sind durch eine Infrastruktur verbunden, die v. a. funktionalen und sozialen Anforderungen gerecht wird, dafür weniger auf persönliche und statusbezogene Aspekte ausgerichtet ist. Das Konzept soll auf der einen Seite Kreativität fördern und effizientes Denkarbeiten ermöglichen, andererseits die Flächennutzungskosten pro Mitarbeiter reduzieren. Als »räumliche Vorbilder« dienen Business Lounges auf Flughäfen sowie der traditionelle britische Club.
- Grundrisse: »flurlose« Konzepte
- Gebäudetiefen: 15–20 m

### Reversible Büros

Sie enthalten die bereits beschriebenen und noch gängigen Bürotypen. Dynamische Firmenorganisationen bedingen darauf abgestimmte Konzepte: So fordern Teamarbeit in unterschiedlichen Teamgrößen sowie rasch wechselnde Anforderungen hinsichtlich Kommunikations- und Konzentrationsqualität von räumlichen Bereichen ein Maximum an Flexibilität. Grundlage für reversible Bürolösungen ist das »multifunktional konfigurierbare« Bürogebäude, das Gruppen-, Zellen- und Kombibürostrukturen zulässt. Aufgrund der unternehmerischen Anforderungen können nun innerhalb eines Bürogebäudes die jeweiligen Bürotypen umgesetzt werden. Dabei gibt es eine strikte Einteilung innerhalb aller Geschosse ebenso wie eine Mischung der Bürotypen innerhalb eines Geschosses oder Gebäudebereichs, auch

Büro-Mischform genannt. Reversible Büros werden so ausgestattet, dass auch innerhalb kurzer Zeit eine Umstrukturierung und Ausrichtung auf neue Bedingungen möglich ist. Dabei müssen alle Komponenten »mitspielen«, also Trennwandsysteme, Raummodule, Möbel, Technik.
- Grundrisse: »flurlose« sowie ein- und zweibündige Konzepte
- Gebäudetiefen: bis zu 15 m, um wechselnde Nutzung (der Bürotypen) zu gewährleisten

### Nonterritoriale Büros

Kostengünstige, weil hinsichtlich der Flächen sparsame Büros ohne Einbuße der Arbeitseffizienz werden als nonterritoriale Bürolösungen bezeichnet. Die Mitarbeiter führen hier jeweils in unterschiedlichen räumlichen Bereichen ihre Arbeit aus. Das Konzept erfordert ein vollständiges Räumen des Arbeitsplatzes, wenn dieser wieder verlassen wird, um somit dem nächsten Mitarbeiter volle Verfügbarkeit für die Dauer seiner Tagestätigkeit zu gewährleisten. Empfehlenswert für dieses Bürokonzept ist die Nutzung bzw. Verschmelzung mit »offenen Bürokonzepten« – Gruppen- oder Kombibüro sowie Business-Club. Gleiches gilt auch für Bauweise und Raumtiefen.

## Der Mensch am Büroarbeitsplatz

Die Schnelllebigkeit der Anforderungen an das Büro erfordert vom Planer der Büroflächen und Büro- und Gestaltungskonzepte ein fundiertes Grundwissen hinsichtlich der Bedürfnisse der Nutzer. Eine gestalterische Gleichmäßigkeit von Bürolandschaften ist nicht zu erwarten, der stetige Wandel erfordert immer wieder neue Ansätze und Lösungen. Neben den Faktoren Wirtschaftlichkeit, Flexibilität und Zukunftsorientiertheit müssen die Bedürfnisse des Menschen erfüllt werden:

### Grundbedürfnisse

Die grundlegenden Bedürfnisse sind eigentlich für alle Angestellten ähnlich (**G.07**), wobei diejenigen nach einer gut funktionierenden Arbeitsstruktur sowie einer sozialen Einbindung am Arbeitsplatz und nach fachlicher und menschlicher Anerkennung durch die Kollegen genauso eine Rolle spielen wie gute »räumliche Bedingungen« (Raumgröße, Raum-

- gute Arbeitsstruktur
- gute Sozialstruktur
- Ruhe und Abschirmung
- funktioneller Arbeitsplatz
- Möglichkeit zur Erholung
- Möglichkeit zur Entspannung
- Kommunikation
- Bewegung
- gute Raumbedingungen
- wechselnde Arbeitshaltung
- menschliche und fachliche Anerkennung

**G.07** Grundbedürfnisse im Büro
aus: Segelken, Kommunikative Räume,
S. 83

details, »Layout«); der Arbeitsplatz soll aber auch funktionell und ästhetisch anspruchsvoll gestaltet sein, um die hohen Anforderungen, die an ihn gestellt werden, erfüllen zu können.

### Einflussfaktoren

Um eine sinnvolle Planung von Büroräumen – nicht nur hinsichtlich ihrer Raumgeometrie, sondern unter Einbeziehung aller gestalterischen Parameter – durchführen zu können, sollte eine Auseinandersetzung mit den Einflussfaktoren auf die Mitarbeiter erfolgen (**G.08**).

### Störfaktoren

Die Ursachen ständiger und erheblich störender Beeinträchtigungen effizienter Büroarbeit

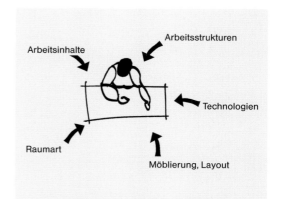

**G.08** Einflussfaktoren auf Angestellte
aus: Segelken, Kommunikative Räume,
S. 84

| Kriterium | Detaillierung | Anforderungen | Quellen |
|---|---|---|---|
| Arbeitsflächen | persönlich zugewiesene Arbeitsplätze (Mischarbeit) | Mindestfläche 1,28 m² entspricht Tisch 1,60 x 0,80 m alle zur Berechnung herangezogenen Flächen müssen mind. 0,80 m tief sein *Empfohlen wird ein »Mehrflächen-Arbeitsplatz« mit einer Gesamtfläche von 2,00 x 0,90 m* | § 4. Anh. Ziff. 10 BildscharbV SP2.1 (BGI 650) DIN 4543, Teil 1 |
|  | persönlich zugewiesene Arbeitsplätze – reine Bildschirmarbeit (Dauerarbeit) | mind. 1,20 x 0,80 m keine weitere Reduzierung zulässig | § 4. Anh. Ziff. 10 BildscharbV SP 2.1 (BGI 650) DIN 4543, Teil 1 |
|  | nicht persönlich zugewiesene Arbeitsplätze, frei und abwechselnd genutzt | mind. 1,20 x 0,80 m keine weitere Reduzierung zulässig *Hinweis: Azubis und Praktikanten müssen persönlich zugewiesene Arbeitsplätze erhalten* | § 4. Anh. Ziff. 10 BildscharbV SP 2.1 (BGI 650) DIN 4543, Teil 1 |
|  | Mindestbreiten | Arbeitsfläche: mind. 0,80 m mit ungeteilter Vorderkante bei Containeraufstellung: 1,20 m | § 4. Anh. Ziff. 10 BildscharbV SP 2.1 (BGI 650) DIN 4543, Teil 1 |
|  | Mindesttiefen | mind. 0,80 m bei Heranziehung zur Berechnung der Mindesttiefe |  |
| Oberflächen | Glanzgrad Möbelflächen | matt bis seidenmatt | § 4. Anh. Ziff. 15 BildscharbV SP 2.1 (BGI 650) DIN 5035 / DIN 66234 |
| Oberflächen Wand, Boden, Decke | Reflexionsgrad | Decke: 70–85 % Wand: 50–65 % Boden: 20–40 % | § 4 Anh. Ziff 15 BildscharbV DIN 5035 / DIN 66234 |
| Raumflächen | Mindestfläche | Räume unter 8 m² sind nicht als Arbeitsräume zulässig | § 23 ArbStättV |
|  | minimaler Flächenbedarf für Einzel-, Mehrpersonen-, und Gruppenbüro | Büroarbeitsplatz: 8–10 m² Bildschirmarbeitsplatz: 10–12 m² | ZH 1/535 Abs. 4.10.1 |
|  | minimaler Flächenbedarf für Kombi- und Großraumbüro | Bildschirmarbeitsplatz: 12–15 m² |  |
| Raumhöhen | lichte Mindesthöhe bei Raumflächen von | 0–50 m²: 250 cm 50–100 m²: 275 cm 100–2000 m²: 300 cm ab 2000 m²: 325 cm | § 23 ArbStättV |
|  |  | *Für alle Raumgrößen gilt: Bei Räumen mit Schrägdecken darf die lichte Höhe an keiner Stelle 2,50 m um mehr als 0,25 m unterschreiten. Wo vorwiegend sitzend gearbeitet wird, können diese Maße herabgesetzt werden, wenn hiergegen keine gesundheitlichen Bedenken bestehen. Die lichte Höhe darf jedoch nicht weniger als 2,50 m betragen.* |  |
| Akustik | Grundforderung | Am Arbeitsplatz tritt kein Lärm auf, der eine Gesundheitsgefährdung oder eine Beeinträchtigung der Konzentration und Sprachverständlichkeit verursacht. | §15 ArbStättV |
|  | Maximalwert | 55 dB bei überwiegend geistiger Arbeit (40 dB als Maximalgrenze anstreben) 70 dB bei einfachen oder überwiegend mechanisierten Bürotätigkeiten (60 dB als Maximalgrenze anstreben) Empfohlener Wert: 35–45 dB | § 4. Anh. Ziff. 17 Bildscharb SP 2.1 (BGI 650) ZH 1/535 § 15, ArbStättV UVV 2058-3 GUV 17.7 Entw. DIN EN ISO 9241-6 DIN 2569 |
|  | Lärmminderungsmaßnahmen | schallschluckende Flächen im Raum räumlicher Abstand / Trennung zwischen Geräuschquellen und Arbeitsplatz |  |
| Luftvolumen | pro Mitarbeiter | überwiegend sitzende Tätigkeit: 12 m³ überwiegend nicht sitzende Tätigkeit: 15 m³ schwere körperliche Arbeit: 18 m³ | § 23 ArbStättV |
|  |  | *Wenn sich neben den ständig anwesenden Personen oft andere Personen im Raum aufhalten, ist für jede zusätzliche Person ein Mindestluftraum von 10 m³ vorzusehen.* |  |
| Klima | Temperaturen am Arbeitsplatz | Mindesttemperaturen sind bei überwiegend sitzenden Tätigkeiten: +19 °C, bei überwiegend nicht sitzenden Tätigkeiten: +17 °C bei schwerer körperlicher Arbeit: +12 °C in Büroräumen: +20 °C in Verkaufsräumen: +19 °C Büro-Mindestwert: +21 °C/Maximalwert: +26 °C | § 6 ArbStättV ASR 6/1, Entw. DIN EN ISO 9241-6 BildschArbV Anh.18 |

**G.10** Kriterien für die Büroplanung

sind in **G.09** dargestellt. Die Einteilung in die beiden Bereiche – einmal die »3 L« Lärm, Luft, Licht und zum anderen in die räumlichen Verhältnisse – führt zu einem strukturierten Grundlagenwissen bei der Bearbeitung konkreter Planungen von Bürobereichen.

**Wechselnde Tätigkeiten und Bedingungen**

Eine der grundlegenden Aufgaben ist die Lösung von Anforderungen an die Arbeitsplatzgestaltung, die der Moment des Zusammentreffens von untereinander kommunizierenden mit ruhig arbeitenden Mitarbeitern erfordert. Kommunizierende Mitarbeiter haben andere Bedürfnisse hinsichtlich räumlicher Gegebenheiten als ruhig arbeitende, konzentrierte Mitarbeiter. Umso häufiger ein Wechsel von der Kommunikation zur ruhigen Arbeit erforderlich ist, umso flexibler muss darauf gestalterisch reagiert werden. Wechselnde Bedürfnisse im Verlauf eines Arbeitstags erfordert auch der Wechsel von konzentriertem Arbeiten und Entspannungsphasen.

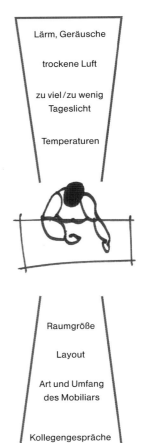

Lärm, Geräusche

trockene Luft

zu viel / zu wenig Tageslicht

Temperaturen

Raumgröße

Layout

Art und Umfang des Mobiliars

Kollegengespräche

*räumliche Verhältnisse*

**G.09** Störfaktoren bei der Büroarbeit aus: Segelken, Kommunikative Räume, S. 84

## Einflussgrößen

### Anforderungen an die Planung von Büros

Die Übersicht **G.10** beinhaltet verschiedene Kriterien, die an die Planung von Arbeitsstätten gestellt werden. Die beschriebenen Anforderungen resultieren aus den Regelwerken wie DIN 4543, der Arbeitsstätten-Verordnung (ArbStättV) mit den dazu gehörenden Arbeitsstättenrichtlinien (ASR) und der Bildschirmarbeitsverordnung. Weiterhin gibt es eine Vielzahl von Zertifikaten, Umweltrichtlinien, darüber hinaus EU-Richtlinien, die aus Platzgründen nicht Bestandteil dieses Werks sein können. Themen wie thermische Behaglichkeit, Zugluft, Luftfeuchtigkeit, Lüftung, Belichtung und Beleuchtung sind ebenso von Interesse – es würde allerdings den Rahmen des Buches sprengen, diese im Detail aufzunehmen. Die für die Planung relevanten Parameter können auch als »harte« Erfolgsfaktoren für Bürokonzepte bezeichnet werden.

Der stetige Zusammenhang zwischen gestalteter Arbeitsumgebung und Arbeitseffizienz ist nicht direkt messbar, aber dennoch vorhanden. Aus Studien von Forschungsinstituten wie dem Fraunhofer IAO, Stuttgart, geht jedoch hervor, dass es durchaus greifbare Komponenten als »weiche« Erfolgsfaktoren gibt:

- Attraktivität durch gezielte Gestaltung mit warmen Farben und Materialien sowie den Einsatz von Glas, Holz und Textilien,
- Wohlfühlqualität durch funktionale und ergonomisch hochwertige Möblierungen,
- Einbeziehung von »Freiräumen« in die Planung sowie gestalterische Unterstützung der »Corporate Factors«, die eine Identifizierung mit dem Unternehmen und dessen Aktivitäten herbeiführen.

### Umgangsweise

Messbare und nachvollziehbare Einflussgrößen stellen Grundlagen für Büro-Einrichtungskonzepte dar, die jeweils einer differenzierten Betrachtung hinsichtlich der genannten Aspekte bedürfen.

## Flexibilität und Mobilität

### Stetig wechselnde Bedingungen

Menschen erbringen in modernen Büros umfangreiche Dienstleistungen. Die Tätigkeiten sind im Gegensatz zu früher komplexer gewor-

den und befinden sich in steter Veränderung. Die Mitarbeiter müssen sich den jeweils aktuellen Bedingungen und Aufgaben stellen, welche Markt und Kunden verlangen. Sinnvoll unterstützt wird die dabei notwendige starke Flexibilität durch vernetzte Computersysteme und ebenfalls flexibel konfigurierbare Kommunikationstechnik. Die Entwicklung von flexiblen, auf aktuelle Anforderungen »einstellbaren« Büroräumen und dazu passender Ausstattungselemente ist eine logische Folge dieses steten Wandels im Bereich Büro. Die Bildreihe **G.11–13** zeigt beispielhaft jeweils unterschiedliche Funktionsbereiche, die in ihrer Ausführung durch mobile Raummodule stark funktionale, aber auch anpassungsfähige und intelligente Lösungen darstellen. Dabei spielen sowohl die eindeutig definierten Räume als auch die Zwischenbereiche eine Rolle.

### Kriterien für Raumbereiche

Eine differenzierte Betrachtung der einzelnen Tätigkeiten und Abläufe im Büro und den jeweiligen Ausprägungen hinsichtlich Konzentration, Interaktion, Kommunikation sowie Mobilität bildet eine wichtige Grundlage für die darauf abgestimmte Ausgestaltung der Büroräume. In **G.14** sind Arbeitsplatzfunktionen und Raumbereiche dargestellt und den jeweiligen Anforderungen zugeordnet. Hier wird deutlich, dass klar differenzierte funktionale Abgrenzungen beispielsweise zwischen kommunikationsgerechten und konzentrationsfördernden Bereichen, aber auch Kombinationen erforderlich sind. Bezüglich der Nutzungsdauer kann unterschieden werden zwischen permanent und temporär anwesenden Mitarbeitern. Mittels eines solchen Funktionsschemas lassen sich planerisch passende Lösungen finden.

G.11  Kommunikationräume

G.12  Präsentationsflächen

G.13  konzentriertes Arbeiten
G.11–13  Büroraumlösungen
(Burkhardt Leitner constructiv)

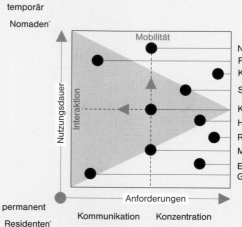

G.14  Einstufung von Büroarten hinsichtlich ihrer Nutzungsdauer und der an sie gestellten Anforderungen  Während die Mobilitäts-Anforderungen bei der temporären Nutzung ansteigen, ist der Anteil an Interaktionsanforderungen in den Kommunikations-Bereichen wachsend.

temporär
Nomaden´

Mobilität

Nutzungsdauer

Interaktion

Non Territorial Office
Projekt-bezogene Teamarbeit
Konzentrations-Raum

Special Office

Kommunikations-Raum
Heim-/Telearbeitsplatz

Ruhe-Raum
Mehrpersonen-Büro

Einpersonen-Büro
Gro gruppen-Büro

permanent
Residenten´

Anforderungen

Kommunikation    Konzentration

a Einrichtungskonzept-Bestandteil
»Standby Office« (König + Neurath)
Design: Hadi Teherani, H. U. Bitsch

b Raum-in-Raum-Lösung
»constructiv Pila Office«
(Burkhardt Leitner constructiv)

c flexible Wandlösung Trennwandsystem
(Strähle)

G.15 a–c Lösungen zur Raumbildung

### Raumkonzepte

In der folgenden Betrachtung sollen Möglichkeiten gezeigt werden, mit denen verschiedene Raumkonzepte realisierbar sind. Dabei müssen flexible Büroräume so gestaltet werden, dass sie nicht nur grundsätzlich funktionieren, sondern darüber hinaus den darin arbeitenden Menschen in jeder Hinsicht dienlich sind, und das trotz ihres temporären Charakters! Dies gilt besonders für

- Flächeneinteilung sowie Grundrissgestaltung in klarer Funktion und Wirtschaftlichkeit,
- Konzentrationsförderung in den dafür vorgesehenen Bereichen,
- Kommunikationsförderung in dazu passenden Bereichen und
- Ergonomie hinsichtlich der Abläufe und Wege, der Gestaltung von Einzel- und Gruppenarbeitsplätzen, Zwischenzonen, der Beleuchtung, des Raumklimas und der Akustik.

## Raumsysteme

Für die Planung von Büroräumen gibt es hinsichtlich der Raumgliederung und -definition drei Unterscheidungsmöglichkeiten:

- Einrichtungskonzepte (G.15 a),
- Raum-in-Raum-Systeme (G.15 b),
- flexible Wandlösungen (G.15 c).

Durch den sinnvollen Einsatz und geeignete Kombinationen dieser Möglichkeiten können effiziente und flexible Büroflächen gestaltet werden.

### Mehr als Möbel

Einrichtungskonzepte für flexible Raumnutzung, v. a. flexible »Schaltung« von Arbeitsplätzen mit hoher Flächeneffizienz, werden von verschiedenen Möbelherstellern angeboten. Sie bilden einerseits unterschiedlich gestaltete Arbeitsplätze, andererseits ermöglichen sie Raumbildung, flexible Medienversorgung und Bürotechnikintegration und verbessern – sorgfältig eingeplant – die Raumakustik. Die Bürobranche rechnet mit einer steigenden Zahl reversibler Büros, die Entwicklung neuer Einrichtungskonzepte wird – theoretisch und praktisch – entsprechend stark vorangetrieben. Diese »intelligenten« Möbelsysteme sind alleine und natürlich auch in Verbindung mit den flexiblen Trennwand- und Raumsystemen einzusetzen und finden ihre Anwendung in Großraum-, Kombi- und reversiblen Büros sowie in Business-Clubs.

### Raumstrukturen und Raumteiler

Eine Raumgliederung in autonome, gebäudeunabhängige Büromodule – die so genannte »Raum-im-Raum«-Lösung – ist eine junge, aber durchaus zukunftsweisende Entwicklung. Ein ganz besonderes Merkmal ist die Trennung der Raummodule vom vorhandenen Baukörper, dadurch ist eine neue Qualität der Flexibilität gegeben. Die Räume werden durch sich selbst definiert und beinhalten dabei alle Ausstattungsmerkmale, die sonst von weiteren notwendigen Elementen des Gebäudes wie z. B. von Decke und Fußboden gefordert werden. Um Bürokonzepte konsequent und effizient zu realisieren, bedarf es gerade hierbei

einer klugen Gesamtplanung mit mehreren Konfigurationen, die auch die Zwischenräume innerhalb der Büromodule einbezieht und definiert. Die »Raum-im-Raum«-Systeme bieten bei hohem »Umbauaufkommen« und stark flexibel gehaltenen Bürokonzepten einen ganz besonderen Vorteil: So sind die notwendigen Umbauzeiten sehr gering, und es müssen keine Eingriffe in die Bausubstanz vorgenommen werden. Sie werden für Großraum-, Kombi- und reversible Büros, Business-Clubs und Sonderformen im Servicebereich eingesetzt.

### Raumbildung mit Wänden

Wände als gebautes Abbild geplanter Grundrisse gliedern das Gebäudeinnere. Bürogebäude werden i. d. R. so geplant und gebaut, dass die Bürotrennwände als nicht tragende Wände umsetzbar sind. Transparenz, Halbtransparenz und Geschlossenheit von Wandabschnitten sind gezielt und flexibel konfigurierbar. Individuelle Ausstattungen mit Stauräumen und Arbeitsplatz-Organisationselementen stellen einen funktionalen Mehrwert dar. Raumbildender Ausbau mit Bürowandsystemen findet v. a. im Bereich der Zellenbüros statt, eine »Grundkonfiguration« mit wanddefinierten Räumen weisen aber auch andere Büroformen auf. Meist basieren diese Trennwandsysteme nicht mehr nur auf der klassischen Trockenbau-Philosophie der elementierten, umsetzbaren Wände. Für Zellen-, Gruppen-, Kombi- und reversible Büros sowie Business-Clubs bietet sich hier vielmehr eine Art »intelligentes« Baukastensystem an, das viel leistet, individuell konfigurierbar ist und ein hohes Maß an Flexibilität bietet.

# Einrichtungskonzepte

## Arbeitsplatz-Flächenbedarf: Regelwerke versus Planungspraxis

Für die Planung von Büroflächen ist die Betrachtung des Arbeitsplatzes von größter Bedeutung. Im Fokus sämtlicher Überlegungen steht dabei immer noch der Mensch. Neue Bürokonzepte haben gezeigt, dass es einen starken Trend zur »Flächenoptimierung« von Arbeitsplätzen gibt, die erheblich kleiner sind, als die Vorgaben der Regelwerke es verlangen. Eine kurze Erläuterung der Sachverhalte soll dem Planer einen Überblick über diese Problematik verschaffen:

### Büroflächenbedarf-Regelwerke

Die Arbeitsstättenverordnung (ArbStättV) fordert eine Mindestfläche für den kleinsten Raum von 8,0 m$^2$, einen Mindestluftraum von 12 m$^3$ je ständig anwesendem Arbeitnehmer sowie eine freie, unverstellte Bewegungsfläche von 1,5 m$^2$. DIN 4543, Teil 1, formuliert für den »persönlich zugewiesenen Arbeitsplatz« minimale Maße für Tisch-, Stell-, Möbelfunktions-, Benutzer- und freie Bewegungsfläche. Die Tischfläche muss demnach mind. 1,6×0,8 m betragen. Die Benutzerflächen müssen eine Tiefe von 1,0 m am eigenen Arbeitsplatz und 0,8 m an Besucher- und Besprechungsplätzen sowie bei stehenden Tätigkeiten haben. Verbindungsgänge im Raum müssen mind. 0,8 m breit sein. Die Sicherheitsregeln für Büroangestellte der Verwaltungs-Berufsgenossenschaft (ZH 1/535) schreiben je Arbeitsplatz in herkömmlichen Büroräumen eine Fläche von im Mittel nicht weniger als 8,0 bis 10 m$^2$ vor, im Großraumbüro steigt dieses Maß auf 12 bis 15 m$^2$. Die Flächenangaben sind jeweils einschließlich der Mobiliarstellflächen und der anteiligen internen Verkehrsflächen im Raum zu verstehen.

### Arbeitswissenschaftliches

Eine besondere Bedeutung sollte bei Büroraumplanungen der Formulierung der individuellen Bedürfnisse der Angestellten zukommen, die je nach Charakter und z. B. auch Tageszeit sehr unterschiedlich sein können: Das Spektrum reicht von dem Wunsch nach starker Geborgenheit bis zu völliger Offenheit. Damit jeder ein Maximum seiner Forderungen an einen Büroarbeitsplatz erfüllt bekommt, sind neben den Möblierungs- und Benutzerflächen außerdem noch folgende Bereiche notwendig (**G.16**):

- eine Schutzzone im Rücken mit Wand oder wandähnlichen Elementen wie Schränken oder Regalen, auch halbhoch ausgebildet,
- eine Kommunikationszone als Freiraum vor oder neben dem Schreibtisch mit Sitz- bzw. Stehplatz für Besucher,
- eine Flexibilitätszone für individuelle Anordnungen von Mobiliarteilen.

Bei Einhaltung dieser »Grundkonfiguration« kann der Nutzer sowohl Kommunikation als auch Konzentration bewusst steuern und auch signalisieren. Es ergibt sich hier also eine Vergrößerung der in DIN 4543 geforderten Mindestmaße.

### »Regelarbeitsplatz«

Aus den Erkenntnissen der unterschiedlichen notwendigen Flächen bzw. Bereiche für eine effiziente Wohlfühl-Büroarbeit ergeben sich die in **G.17** gezeigten Flächenwerte: Es errechnet sich nun ein Gesamtbedarf für Arbeitsplätze von 12 m$^2$.

Je nach Raumart können noch Verschnittflächen und rauminterne Verteilflächen hinzukommen, wie bei Gruppenräumen und in Großraumbüros, so dass eine weitere Erhöhung des Flächenbedarfs pro Arbeitsplatz um 1,2 m$^2$ notwendig sein kann.

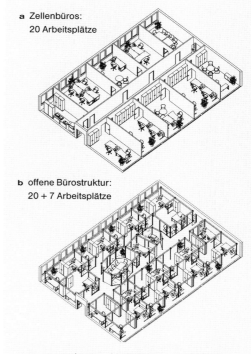

a Zellenbüros: 20 Arbeitsplätze

b offene Bürostruktur: 20 + 7 Arbeitsplätze

**G.18 a, b** zwei unterschiedliche Arten der Nutzung von Büroflächen (König + Neurath, Raumorganisation mit W.I.P)

Gerade bei flexiblen Bürokonzepten, bei denen die Raumart noch ungewiss ist, sollten 13,0 – 13,5 m$^2$ pro Büroarbeitsplatz angesetzt werden.

### Planung neuer Bürokonzepte

**G.18** zeigt den Unterschied zwischen einem »konventionellen« Bürogrundriss (**a**), der nach Regelwerken ausgelegt ist (Variante Zellenbüro) und einer offenen Bürostruktur (**b**), die auf den ersten Blick stark »verdichtet« wirkt, tatsächlich aber Arbeitsplatzlösungen anbietet, die den Abläufen und Anforderungen verschiedenster moderner Unternehmen besser gerecht werden.

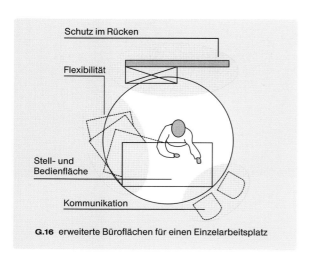

**G.16** erweiterte Büroflächen für einen Einzelarbeitsplatz

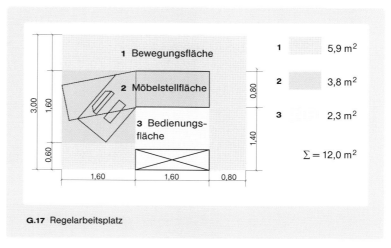

1 Bewegungsfläche

2 Möbelstellfläche

3 Bedienungsfläche

| | |
|---|---|
| 1 | 5,9 m$^2$ |
| 2 | 3,8 m$^2$ |
| 3 | 2,3 m$^2$ |
| $\Sigma = 12,0$ m$^2$ | |

**G.17** Regelarbeitsplatz

**G.19** Raumorganisation mit »W.I.P.« (König + Neurath). Die einheitliche Systematik von Möbel- und Wandkomponenten ermöglicht homogene und sehr flexible Bürokonzepte.

## Planung mit Systemeinbeziehung

In der Praxis ergeben sich oft ganz andere Flächenkalkulationen, als es die Regelwerke vorgeben. Dafür bieten die Hersteller von Büro-Einrichtungssystemen Produktlösungen an, mit deren Hilfe eine wesentlich höhere Ausnutzung der Flächen erfolgen soll, als es die »konventionellen« Regelwerke – zumindest auf den ersten Blick – zulassen würden.

### Empfehlung für die Planung

**1. Planung nach den Richtlinien**
Büro-Grundkonzepte sollten zunächst an den bekannten Richtlinien und Erfahrungen orientiert werden. Bei Bürogebäuden ist es ohnehin oft angezeigt, den Nachweis der verschiedenen »Belegungen« mit Bürotypen durchzuführen. Die Arbeitsplätze sind nach Art und Anzahl mit den geforderten Flächen im Grundriss einzuplanen. Der angestrebte Bürotyp bzw. die Bürotypen sollten durchstrukturiert und die Regelwerksanforderungen (Regelarbeitsplätze-Konfiguration) voll berücksichtigt werden.

**2. Planung nach Erkenntnissen der »New Work«-Arbeitsformen strukturieren**
Folgende Themen und Details sollten nun zugunsten einer Raum- und Arbeitsablauf-Optimierung planerisch in das Konzept integriert werden:
- Einzelarbeitsplätze nach den DIN 4543-1-Minimalwerten (keine Regelarbeitsplätze) zugunsten größerer Allgemeinflächen,
- festgelegte Anzahl nicht persönlich zugewiesener Arbeitsplätze,
- flexiblere Bereiche, Variantenbildung,
- eigene kommunikative Bereiche,
- Projektarbeitslösungen und mögliche Arbeitsplatzszenarien/-konfigurationen in Optionen »vordenken« und einplanen,
- Spezialanforderungen bestimmter Bereiche wie z. B. Call-Center,
- weitere, möglicherweise neue, aktuelle Erkenntnisse aus den Bereichen Arbeitswissenschaft und Ergonomie im Sinn des »New Work« planerisch integrieren.

### Abgleich der Planungsvarianten
Gemeinsam mit den Beteiligten ist zugunsten derjenigen Lösung, die ein Optimum an Arbeitsplatzqualität, Wirtschaftlichkeit und Zukunftsorientiertheit darstellt, eine Entscheidung zu treffen. Die Planungsschritte 1 und 2 mit ihren möglichen Optionen sind dabei zu kommunizieren und hinsichtlich ihrer praktischen Umsetzung mit passenden Einrichtungskonzepten zu unterlegen.

### Bürosysteme

Die Planung der Bürobereiche bzw. Arbeitsstätten sollte frühzeitig durch die Einbeziehung funktionsstarker und »intelligenter« Einrichtungskonzepte realisiert werden. Es geht nicht nur um Flächen, sondern um gestaltete Arbeitsbereiche. Folgende Fragestellungen sind dabei von besonderer Bedeutung:
- Was leisten die Systeme im Einzelnen, wie sind die Funktionen gelöst?
- Wie ergonomisch sind die Systeme?
- Wie flexibel sind sie?
- Ist eine Ausbaubarkeit bzw. Erweiterbarkeit bei Vergrößerung oder Änderung der Raumflächen möglich?
- Wie ist der Platzbedarf im Einzelnen bei allen möglichen Nutzungsvarianten?

Die gezeigten Beispiele (**G.19 – 21**) beinhalten unterschiedliche Systemansätze. Das Spektrum der am Markt angebotenen Einrichtungslösungen reicht von den Sehgewohnheiten entsprechenden bis hin zu unkonventionellen Lösungen, die einen hohen Anspruch an neue Arbeitswelten erfüllen möchten. Die Funktionsqualitäten der Systeme sind mit den Anforderungen im jeweiligen Bereich abzuwägen.

### Mikro-Flexibilität
Bürosysteme können bereits in ihren Grundkonfigurationen in sich eine Flexibilität aufweisen, die den unterschiedlichen Anforderungen von Büro-Arbeitsetappen entspricht. Diese multifunktional angelegten Büromöbel sind immer die bessere Wahl, wenn es um offene Bürostrukturen mit hoher Flexibilität geht. Eine typische Mikroflexibilität bei flexiblen Bürosystemen sind »schaltbare« Tischregallösungen, bei denen mobile Tische mit fixen vertikalen Technikträgern kombiniert werden (**G.22**, Reiss,

**G.20** »System eleven 22« (USM)
Bei diesem intelligenten System ist der Arbeitsplatz in die Raumgliederungselemente integriert und multifunktional konfigurierbar.

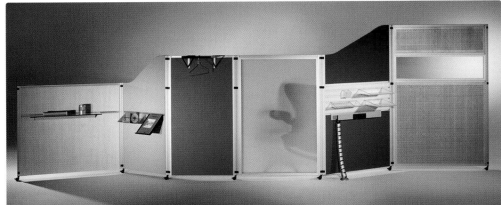

**G.21** Paravent-System »Uno.S« für flexible Raumgliederung (König + Neurath). Paravent-Lösungen führen weg von der Strenge rechteckiger Raumgrenzen und bieten mehr als nur trennende Funktionen.

»Arito«). Dadurch sind die als reguläre Bildschirmarbeitsplätze nutzbaren Arbeitsplätze in kürzester Zeit einzeln (a) oder in Gruppen (b) zu Besprechungssituationen formierbar. Besonders für temporär stattfindende Projektmeetings ist dies eine sinnvolle Funktionsweise, so müssen nur noch wenige separate Konferenzräume vorgehalten werden.

### Bereichsflexibilität

Flexible Büroflächen erfordern Einrichtungskonzepte, die diese Flexibilität unterstützen und nicht behindern. So sind beispielsweise im Grundriss einer Büroetage mit 200 m$^2$ (G.24) um die im Mittelbereich gelegenen Sanitär- und Kommunikationszonen (C1–C3) flexibel gehaltene Raumfunktionen angeordnet. Diese können, wie in den beiden Einzelbereichsdarstellungen gezeigt, mit denselben Möbeln unterschiedlich konfiguriert werden. Die nicht benötigten Komponenten verbleiben entweder zusammengeklappt im Raum oder erfüllen ihre Aufgaben in anderen Räumen. Um aus dem Charakter der absoluten Mobilität nicht zu viel Unruhe für das gesamte Einrichtungskonzept zu generieren, können die »Kern«-Bereiche C1, C2, C3, die der Kommunikation und als Treffpunkte dienen, von der Einrichtung her eher statisch ausgebildet werden. Wirtschaftlich betrachtet bedeutet der Einsatz flexibler Möbel einerseits einen höheren Investitionsaufwand, auf der anderen Seite steht jedoch eine starke Flächenoptimierung, die erhebliche Einsparpotentiale beinhaltet.

### Intelligente Kompaktlösungen

Die Grundfunktionen eines Bildschirmarbeitsplatzes in mobiler Form vereint das

a

**G.22** flexibler Bildschirmarbeitsplatz in zwei Nutzungsvarianten, »Arito« (Reiss)

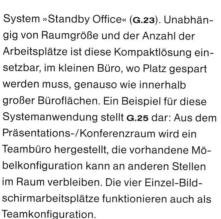

b

System »Standby Office« (G.23). Unabhängig von Raumgröße und der Anzahl der Arbeitsplätze ist diese Kompaktlösung einsetzbar, im kleinen Büro, wo Platz gespart werden muss, genauso wie innerhalb großer Büroflächen. Ein Beispiel für diese Systemanwendung stellt **G.25** dar: Aus dem Präsentations-/Konferenzraum wird ein Teambüro hergestellt, die vorhandene Möbelkonfiguration kann an anderen Stellen im Raum verbleiben. Die vier Einzel-Bildschirmarbeitsplätze funktionieren auch als Teamkonfiguration.

### Medienführung

Eine Abstimmung auf bestehende Fußboden- und Deckenlösungen hinsichtlich der Medienversorgung ist ein wichtiges Kriterium für Einrichtungssysteme. So müssen Lösungen für die Verkabelung angeboten

werden, die einerseits nicht für Kabelwirrwarr sorgen, andererseits aber auch flexibel konfigurierbar sind und bei Umbauten keine großen Umrüstzeiten erfordern.

### Schallschutz

Insbesondere sollten auch trotz der Offenheit von Raumbereichen entsprechende Lösungen für gute Raumakustik und Schallschutz geschaffen werden. Dazu verfügen viele Einrichtungssysteme über spezielle »akustische« Materialien mit Schallschluckfunktionen, wie z. B. das in **G.21** gezeigte Paraventsystem. Für Gespräche in zusammenhängenden Bürobereichen (im großen Büroraum) gilt allgemein, dass Gespräche bis zu einer Entfernung von 4,0 m gut, ab 5,0 m gerade noch hörbar sein sollen und ab 7,0 m auf keinen Fall mehr verstanden werden dürfen.

**G.23** Bestandteil des Einrichtungskonzepts »Standby Office« (König + Neurath)
Design: Hadi Teherani, H. U. Bitsch

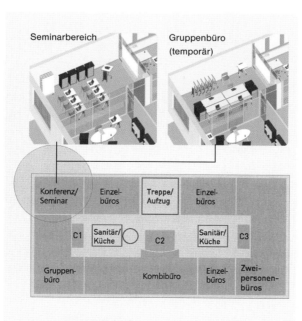

**G.24** unterschiedliche Raumnutzung mit flexiblen Einrichtungskonzepten (Horn & Majewski, Dresden)

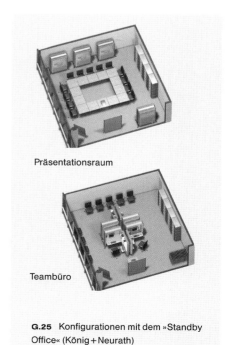

Präsentationsraum

Teambüro

**G.25** Konfigurationen mit dem »Standby Office« (König + Neurath)

# Raum im Raum

## Flexible und inspirierende Räume

Die Prinzipien und Bestandteile von Raum-systemen werden im Folgenden anhand des Systems »constructiv Pila Office« von Burk-hardt Leitner constructiv erläutert. Der Wunsch vieler Bauherren, zukünftiger Betreiber und Nutzer moderner Büros nach notwendiger Fle-xibilität wird meist auch durch den nach ange-nehmer Raumwirkung ergänzt. Dabei sollen die Flächen optimal ausgenutzt werden und gleichzeitig die Funktionsbereiche des Büros klar und ausreichend voneinander abgegrenzt sein. Mobile Raumsysteme, die immer häufiger

Einzug in neue und alte Bürogebäude halten, warten mit konstruktiver Leichtigkeit und einem hohen Grad an Transparenz auf. Neben diesen sofort einprägsamen Merkmalen gewähren mobile Raumsysteme weitere Vorteile:

1. Zukünftige, noch nicht absehbare Arbeits-prozesse können jederzeit räumlich struk-turiert werden.
2. Die Umbaukosten bleiben niedrig, ebenso sind die Umbauzeiten gering.
3. Die Gestaltungsmöglichkeiten lassen ne-ben der Funktionsflexibilität einen wichti-gen Grad von gestalterischer Individualität zu, der auf aktuelle Projekte einflussneh-mend angewendet werden kann, wie z. B. den Grad an Transparenz und Einsatz von

unterschiedlich farbigen Elementen für die »Rahmenfüllungen«.
4. Die Unabhängigkeit von der bestehenden Architektur hinsichtlich gestalterischer Prämissen und konstruktiver Eigenheiten: Es entstehen autonome Raumkörper.

Die Thematik der Umnutzung von Industriehal-len, Gewerbegebäuden u. Ä. hinsichtlich fle-xibler und oft temporärer Nutzungskonzepte ist ein immer häufiger gefragtes Gestaltungsthe-ma. Dabei bietet sich die Verwendung mobiler Raumsysteme geradezu an. Neuere Bürofor-men wie der Business-Club, flexibel gehaltene Grundkonzepte hinsichtlich reversibler Büros sowie ohnehin bereits etablierte Kombibüroty-pen erfahren weitere Zuwächse. Dies bedeutet,

**G.26** transparenter Kubus, als Besprechungsraum genutzt
Unabhängig von umgebenden Einflussfaktoren ist der
Raum-Kubus als »autonomer Bereich« ein besonders intel-
ligenter Bestandteil moderner Bürobereiche.

**G.29** Besprechungsraum

**G.30** Archiv

**G.31** Zwischenbereich

**G.32** Präsentation, Kommunikation

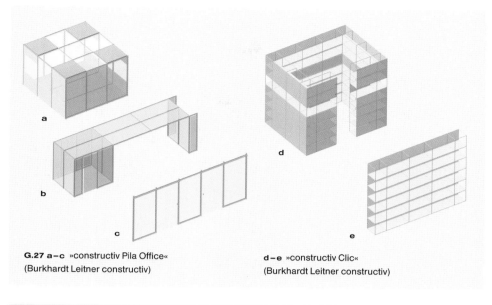

**G.27 a–c** »constructiv Pila Office«
(Burkhardt Leitner constructiv)

**d–e** »constructiv Clic«
(Burkhardt Leitner constructiv)

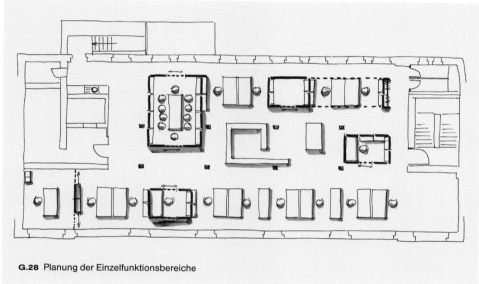

**G.28** Planung der Einzelfunktionsbereiche

dass viele ältere Büroformen umgewandelt werden müssen. Mobile Raumsysteme stellen besonders hier sinnvolle Alternativen zu herkömmlichen Bürolösungen dar.

## Grundprinzipien

Mit einer eigenständigen Grundlogik lassen sich unterschiedliche Raumarchitekturen realisieren (**G.27 a–e**): Für separate Räume stehen Raumkuben (**a**) zur Verfügung. Eine zusammenhängende Funktionsbereichgestaltung ermöglichen Raumstrukturen (**b**). Sowohl die Raumkuben als auch die Raumstrukturen sind statisch selbstständig und bedürfen keiner Fixierung an die bestehenden baulichen Konstruktionen. Die ebenfalls zum System gehörenden Scheiben (**c**) werden fest zwischen Boden und Decke oder zwischen Gebäudewänden und Stützen eingespannt und ermöglichen eine durchgängige und integrative Gesamtarchitektur. Für Bibliotheks- und Archivierungsfunktionen stellen Raumkubus (**d**) und Scheibe (**e**) des Systems »constructiv Clic« in dreidimensionaler Geometrie (inklusive Stauräume) sinnvolle Lösungen dar. Der Grundriss einer Büroetage (**G.28**) enthält unterschiedliche Funktionsbereiche, die mit den Systemelementen **a–e** ausgestattet wurden. **G.29–32** zeigen die daraus resultierenden Lösungen.

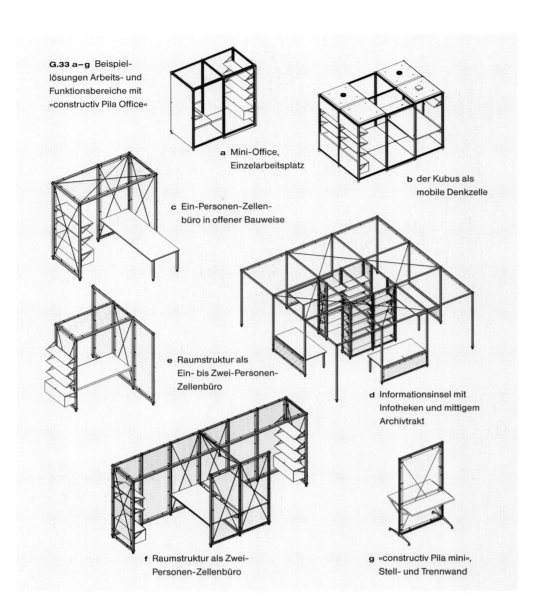

**G.33 a–g** Beispiellösungen Arbeits- und Funktionsbereiche mit »constructiv Pila Office«

**a** Mini-Office, Einzelarbeitsplatz

**b** der Kubus als mobile Denkzelle

**c** Ein-Personen-Zellenbüro in offener Bauweise

**e** Raumstruktur als Ein- bis Zwei-Personen-Zellenbüro

**d** Informationsinsel mit Infotheken und mittigem Archivtrakt

**f** Raumstruktur als Zwei-Personen-Zellenbüro

**g** »constructiv Pila mini«, Stell- und Trennwand

lösungen (**g**) ermöglichen eine individuelle und systematische Büroflächenkonfiguration. Die spezifische Ausstattung mit transparenten bzw. halbtransparenten und geschlossenen Flächenelementen, mit Akustikelementen, Arbeitstischen und Ablagen stellt ein hohes Maß an Flexibilität dar, dadurch ist die Gestaltung der verschiedensten »Bürolandschaften« möglich. Die Systemhaftigkeit erlaubt einen raschen Umbau in jeweils andere Konfigurationen, wobei dieselben Komponenten benutzt werden.

## Büroflächen

Beispiele für mögliche Büroflächenkonfigurationen sind in **G.34 a–c** dargestellt. Für eine Unabhängigkeit von der Baustruktur des Gebäudes sind alle Raumkonfigurationen statisch eigenständig und benötigen keine feste Verbindung mit Fußboden- oder Deckenbereichen. Um eine durchgängige Raumkonzeption zu realisieren, bei der die Deckengestaltung gefordert ist, eignet sich die Systembauweise jedoch auch gut. So können Deckenlösungen incl. der benötigten Raumakustik und Beleuchtungslösungen realisiert werden.

## Materialien

Das System besteht aus Materialien, die für den Einsatz in Bürobereichen besonders geeignet sind und hohen Benutzungsanforderungen gerecht werden:

**Edelstahl**
Die konstruktiven Elemente, wie z. B. Verbindungsknoten oder Diagonalverbände, sind aus Edelstahl mit fein mattierter Oberfläche.

**Aluminium**
Die Stützen sind extrudierte Strangpressprofile aus Aluminium AIMgSi 0,5 mit eloxierter Oberfläche.

## Einzelbereiche

Für die individuelle Planung und Ausstattung einzelner Funktionsbereiche bietet das System »constructiv Pila Office« (**G.33**) verschiedene frei einstellbare Konfigurationsmöglichkeiten

an: So sind kubische, geschlossene Konfigurationen für konzentriertes Arbeiten in verschiedenen Größen (**a, b**) baubar. Raumstrukturen für die Ausbildung von Zellenbüros in offener Bauweise (**c, e, f**), Archivierungs- und Informationsbereiche (**d**) und Stell-/Trennwand-

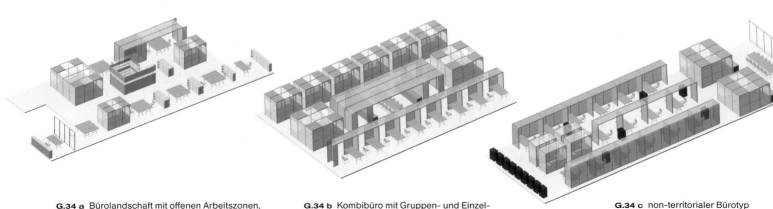

**G.34 a** Bürolandschaft mit offenen Arbeitszonen, Arbeitskojen, Ein-Personen-Zellenbüros, mobilem Besprechungsraum, Service- und Archivzonen

**G.34 b** Kombibüro mit Gruppen- und Einzelarbeitsplätzen mit geschlossenen und offenen Teamzonen

**G.34 c** non-territorialer Bürotyp

**G.35** Büro in Tokio (»constructiv Pila Office«)

**Glas**

Hier eignet sich Sicherheitsglas ESG, klar oder satiniert, spezielle weitere Glassorten sind möglich.

**Holz**

Holz und Holzwerkstoffe werden für Wandfüllungen und Ablagen verwendet.

**HPL-Auflage**

Beschichtungen in stark beanspruchten Bereichen (z. B. bei Tischplatten) sind standardmäßig mit High-Pressure-Laminaten (HPL) beschichtet.

**Gewebe**

Gewebe aus TreviraCS wird als leichte Füllung für Decken- und Wandsegel verwendet. Alle Gewebe sind schwer entflammbar und nach Brandschutzklasse DIN 4102/B1 zertifiziert.

**Pulverbeschichtung**

Stahlteile sind serienmäßig pulverbeschichtet in Weißaluminium RAL 9006.

**Melaminharzschaum**

Melaminharzschaum der Brandschutzklasse B1 wird für Verbundplattenresonatoren verwendet.

**Systemboden**

Der Systemboden besteht aus 38 mm dicken Spanplatten der Brandschutzklasse B1 mit Umleimern und wird standardmäßig mit vollflächig verklebtem Bodenbelag ausgeliefert.

Auch sind Material- und Farb-Speziallösungen möglich, diese können gemäß den archi-

tektonischen Vorgaben sowie spezieller Erfordernisse der »Bauherren-Corporate-Identity« realisiert werden.

## Gestaltung

**Einsatzbereiche – Nutzungsvielfalt**

Durch die hohe Flexibilität ist eine große Bandbreite an Einsatzbereichen gegeben. **G.35–37** zeigen die Installation in einer Büroetage, einem Bank-Foyer sowie einem Showroom. Obwohl jedes Mal dasselbe System Verwendung fand, sind jeweils auf den Einsatzbereich und den Bauherrn zugeschnittene Lösungen gefunden worden. Das wird durch sensible Planung mit »flexiblen Mechanismen« des Raumsystems möglich:

**Farben und Materialien**

Durch den Einsatz individueller Farben sowie weiterer spezieller Materialien ist die Möglichkeit gegeben, trotz des systemati-

schen »Baukastensystems« ein individuelles Corporate Design herzustellen. Besonders geeignet ist die Gestaltung der Flächenelemente mittels Siebdruck, Folien oder spezieller Materialien.

**Beleuchtung**

Die Beleuchtungsplanung sollte das Raumsystem an sich und auch die bestehenden räumlichen Gegebenheiten miteinbeziehen.

**Umgang mit Architektur bzw. Raum**

Bestehende oder in Planung befindliche Architektur und die darauf abgestimmte Umgangsweise mit den geometrischen Konstellationen sowie den Materialien und Farbkontrasten sind hier einzubeziehen.

Immer wichtiger wird die Bedeutung eines stimmigen Corporate Designs: Farb- und Strukturflächen, grafische Elemente sowie eine darauf abgestimmte Beleuchtung sind geeignete Gestaltungsmittel für die Individualität des Systems.

**G.36** Foyer HypoVereinsbank, Saarbrücken (»constructiv Pila Office«)

**G.37** Showroom Herman Miller, Chicago (»constructiv Pila Office«)

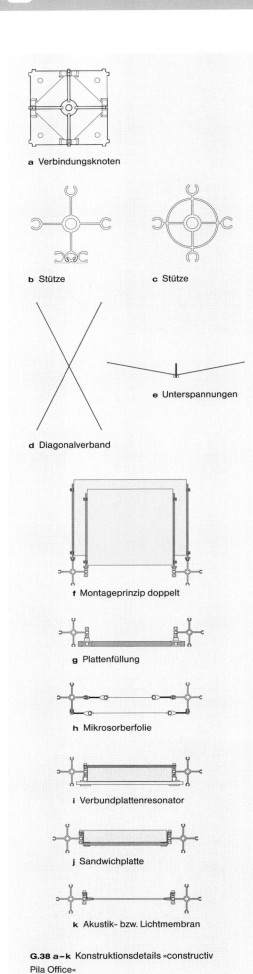

**a** Verbindungsknoten

**b** Stütze

**c** Stütze

**e** Unterspannungen

**d** Diagonalverband

**f** Montageprinzip doppelt

**g** Plattenfüllung

**h** Mikrosorberfolie

**i** Verbundplattenresonator

**j** Sandwichplatte

**k** Akustik- bzw. Lichtmembran

**G.38 a–k** Konstruktionsdetails »constructiv Pila Office«

## Konstruktion

Die Grundbestandteile von »constructiv Pila Office« haben sich bereits in der temporären Architektur, im Messebau und bei Ausstellungskonzepten bewährt und bilden eine flexible und leistungsstarke Konstruktionsbasis. Verbindungsknoten und Stützen bzw. Träger in unterschiedlichen Achsmaßen bilden zusammen mit Diagonalverbänden, Winkelaussteifungen und festen Wandfüllungen die Tragwerke der Kuben und Raumstrukturen. Durch das Baukastenprinzip kann ein großes Spektrum an räumlichen Geometrien realisiert werden, worin großes Gestaltungspotential besteht. Im Folgenden sind die wichtigsten konstruktiven Details aufgelistet (**G.38 a–k**):

a: Verbindungsknoten dienen als Verbindungselemente für Stützen in unterschiedlichen Richtungen. Für die Bereiche am Fußboden sind auch höhenverstellbare Füße oder Rollen ansteckbar.

b: Stützen sind Aluminiumprofile mit natureloxierten Oberflächen. An den Nuten der Längsseiten können unterschiedliche Systemteile und Ausstattungselemente befestigt werden.

c: Je nach aufzunehmenden Lastwerten kommen torsionsstabilisierte Stützen zum Einsatz, hauptsächlich werden diese Profile für die Bodenkonstruktionen verwendet.

d: Diagonalverbände, bestehend aus Stäben, sind mit Gewinden versehen und können in die Verbindungsknoten eingeschraubt werden.

e: Unterspannungen setzt man bei einlagiger Bauweise ein, wenn mehr als eine Achse überspannt wird.

f: Montageprinzip der Füllungen: Durch den Aufbau der Stützen und die daran anklippbaren Elemente ist ein mehrschichtiger Wandaufbau möglich. Funktionsanforderungen an die Wandfüllungen lassen sich so »im System« realisieren, da oft erst durch das Zusammenwirken zweier Schichten die gewünschten Eigenschaften von Raumflächen realisierbar sind.

g: Die Plattenfüllung wird mit Adaptern im Adapterprofil befestigt.

h: akustisch wirksame Mikrosorberfolie: Eine Befestigung erfolgt mittels Führungsrohren und Federclipsen.

i: Verbundplattenresonator, Stahlblech plus Melaminharzschaum-Platte, wird mit Adaptern im Adapterprofil befestigt und mit Glas- und Plattenfüllungen kombiniert.

j: schallabsorbierende Sandwichplatte: PE-Schaum (mit Stoff oder Filz kaschiert) plus 10 mm dicke MDF-Platten. Sie werden mittels Z-Winkeln im Adapterprofil befestigt.

k: Akustik-/Lichtmembran: Die doppellagige Membran ist schallabsorbierend und lichtstreuend, die Befestigung erfolgt mit Z-Winkeln und Federclipsen im Adapterprofil.

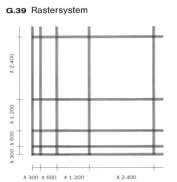

**G.39** Rastersystem

**G.39**: Rastersystem: Zwei Rastersysteme in Teilungsrastern von 490 oder 600 mm lassen sich in Abstimmung auf die Standardachsmaße realisieren. Sonderabmessungen sind möglich, um dem jeweils geforderten Grad der Integration in bestehende Räume sowie den gewünschten Flächenkonfigurationen gerecht zu werden.

## Ausstattung (G.41)

### Decke

Je nach Klima- und Beleuchtungskonzept lassen sich Ventilatoren und Beleuchtungspaneele anbringen. Alternativ stehen Wand- oder abgependelte Leuchten zur Verfügung. Ein versenkbares Flachbildschirmpaneel ermöglicht professionelle Präsentationen.

### Wände

Hängeregistraturen, Ablagen und Metallcontainer können im System integriert werden. Durch Rollos oder Jalousien werden Einblicke teilweise oder ganz vermieden.

## Arbeitstisch

Fest montierbare Arbeitsplatten sind System-
bestandteile.

## Elektroausstattung (G.40)

Bürogeräte können an die Elektromodule angeschlossen werden, ebenfalls ist ein Compu-
ter- und Telefonnetzwerk integrierbar. Elektrozubehör wie Schalter und Abdeckprofile sind
Systembestandteile.

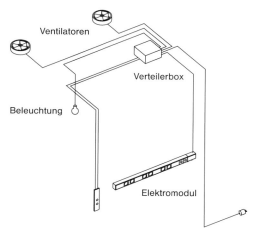

G.40 Elektroausstattung

## Akustik

### Akustische Anforderungen im Raummodul

Einerseits transparent und mit harten Glasflächen bestückt, müssen die Raummodule andererseits den im Bürobereich üblicherweise
hohen akustischen Anforderungen gerecht
werden. Dies geschieht mittels spezieller Resonatoren (**G.42**), die vor die Glas- und festen
Füllungen montiert werden. An der Decke sind
zusätzlich zu den Resonatoren fünf Mikrosor-
berfolien-Elemente gespannt (**G.44**). Sprach-
verständlichkeit und akustischer Komfort werden auf hohem Niveau erreicht. Für die
Schalldämmung nach außen erreichen die
Raumtrennelemente Schalldämmwerte, die bei
30 dB liegen.

### Akustik in den »offenen« Bereichen

Auch für die offenen Bereiche von Büroflächen
sind systemhafte Lösungen der Raumakustik
Bestandteil des Raumsystems. Entsprechend
der Leichtigkeit und Flexibilität kommen hierbei Mikrosorberfolien als Deckensegel (**G.43**)
zum Einsatz.

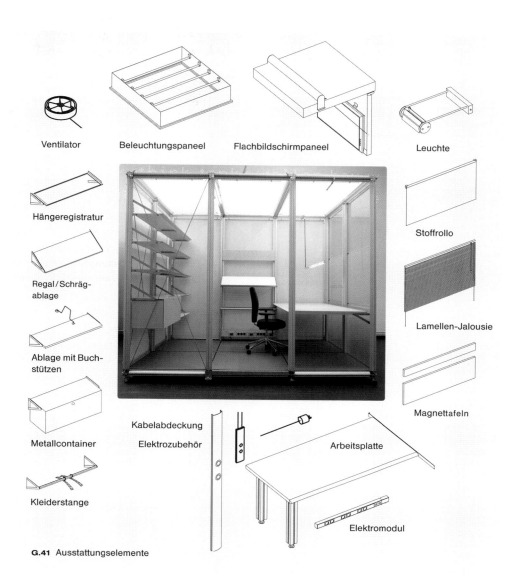

Ventilator    Beleuchtungspaneel    Flachbildschirmpaneel    Leuchte

Hängeregistratur

Regal / Schräg-
ablage

Ablage mit Buch-
stützen

Metallcontainer    Kabelabdeckung    Elektrozubehör    Arbeitsplatte

Kleiderstange       Elektromodul

Stoffrollo

Lamellen-Jalousie

Magnettafeln

G.41 Ausstattungselemente

Die Akustik-Wandplatten sind je
nach Einsatzort und speziellen
akustischen Anforderungen in-
stallierbar und Bestandteil des
Systems.
Mit ihm kann ein homogenes
Akustik-Raumklima- und Beleuchtungskonzept geplant und
realisiert werden.

G.42 Verbundplattenresonator      G.43 Deckensegel aus Mikroabsorberfolie

G.44 Raummodul: Innen-Abwicklung Akustikelemente

■ Platten-Module
□ Folien-Module

Die 23 Platten-Module einer Office-Box werden
um 5 Folien-Module ergänzt.

s. auch die Akustik-Informationen im Kapitel
»an der Decke«

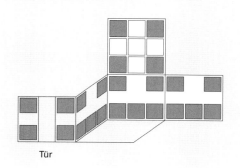

Tür

G.45 »Raum 21«-Büroausstattung in einer Handels-
agentur (Idea Raum-Möbel-System)

## Planungsparameter

Die Ausstattung von Büroflächen mit mobilen
Raumsystemen erfordert die Auseinandersetzung mit der Bauweise und der Raumsituation,
den Arbeitsplatzanforderungen und den physikalischen Anforderungen. Welche Punkte
man dabei beachten muss, zeigt die folgende
Zusammenstellung, die von Idea Raum-Möbel-
System (Teisbach) stammt.

### Planungs-Checkliste

**Bauweise und Raumsituation**

- Raumhöhe überprüfen, dabei auf Erfüllung
  der ArbStättV achten, notwendige Decken-
  systeme/Unterdecken/Deckensegel einbeziehen (technische Gebäudeausstattung/
  Klimakonzept/Kybernetik/Bausystem)
- Funktionsbereiche-Grundrissplanung:
  feste sowie optionale Planung und flexible
  Bereiche sicherstellen
- bauseitige Gegebenheiten überprüfen:
  Brüstungshöhen, Geometrie der Heizkör-
  per und Fensterbänke – insbesondere bei
  Wandanbindungen umsetzbarer Trennwände

**Arbeitsplatzanforderungen:**

- Arbeitsplatzanzahl: fixe und flexible Plätze
- Arbeitsplatzanordnung: Blickkontakte,
  Abgrenzung
- Stauraum allgemein bzw. personenge-
  bunden, Bürologistik: zentrale Archive,
  arbeitsplatzgebundene Stauräume

**Physikalische Anforderungen**

- Elektrifizierung, v. a. Hauptversorgungs-
  stränge/-schächte, Kabelführung, Unter-
  flur- oder Aufboden-, Decken- und
  Brüstungsinstallationen, vertikale Instal-
  lationsachsen/-säulen, Kabelauslässe
- Beleuchtung und Belichtungssituation,
  direkte oder indirekte Beleuchtung, Blen-
  dungsgefahren
- Klimatisierung mit Heizung, Be- und Ent-
  lüftung, Kühlung
- Schallschutz: Einzelanforderungen der
  unterschiedlichen Bereiche prüfen

## Systemvarianten

### Verschiedene Konzepte

Raumsysteme werden – aus unterschiedlichen
»Philosophien« kommend – von verschiedenen
Herstellern angeboten. So sind es einerseits
Hersteller von Trennwandsystemen, die aus
den bisher einzelnen Wänden Raummodule
formen, andererseits sind es Messe-System-
hersteller, die ihre Systemerfahrungen auch
für den Bereich der modernen, flexiblen Büros
nutzen. Eine dritte Gruppe stellen die Möbel-
systemhersteller dar, die ebenfalls Raumsysteme entwickeln und vertreiben.

### Intelligenz und Flexibilität

Als weiteres Systembeispiel sei das Idea-
Raumsystem »Raum 21« (**G.45**) erwähnt, das
aus verschiedenen Baugruppen (**G.46**) zusammengestellt werden kann und sowohl als »Trennwandkonzept« (**G.47**) als auch als »Rauminsel-

Konzept« (**G.48**) funktioniert. Obwohl die Variante »Raum 21« als Trennwandkonzept im
Grundriss wie ein normales Trennwandsystem wirkt, erlaubt es dank seiner offenen Bauweise ein schnelleres Umbauen und somit eine
höhere Flexibilität. Um mit den – im Gegensatz
zu geschlossenen Trennwänden – anderen
Schallwerten dieser Bürokonfiguration richtig
umzugehen, ist eine gezielte akustische Planung
unter Einbeziehung der Möbel sowie möglicher weiterer Ausstattungselemente wie z.B.
akustisch wirksamer Deckensegel notwendig.
Bei der Variante als »Raummodul-Konzept«
bilden die einzelstehenden Raumzellen in
transparenter Bauweise im Mittelbereich des
Bürogrundrisses eine Gliederung und Abschirmung der beidseitigen, zu den Fenstern
orientierten Arbeitsbereiche. Bei Umnutzun-
gen können die einzelnen Baugruppen des
Systems wiederum andere, auf die neuen Bedingungen abgestimmte Gestaltungs- und
Funktionselemente darstellen.

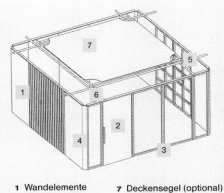

1 Wandelemente
2 Schiebetürelement
3 Verbinder
4 Eckverkleidungen
5 Kreuzknoten
6 Wandrohre und
Deckenrohre

7 Deckensegel (optional)
(hier nicht gezeigt:
Accessoires,
Stauraum,
Elektrifizierung)

G.46 Baugruppen des Systems »Raum 21«

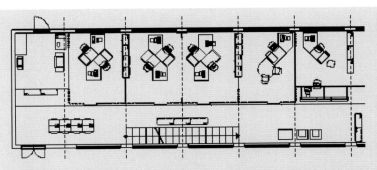

G.47 lineare Raumeinteilung, klassisches Trennwandprinzip, jedoch ohne
Deckenanschluss und schnell umzubauen

G.47–48 mögliche Raumstrukturen mit »Raum 21«

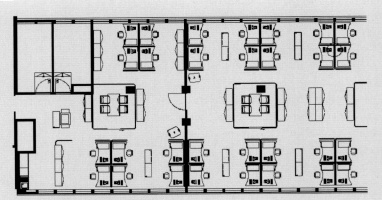

G.48 frei stehend als Rauminseln

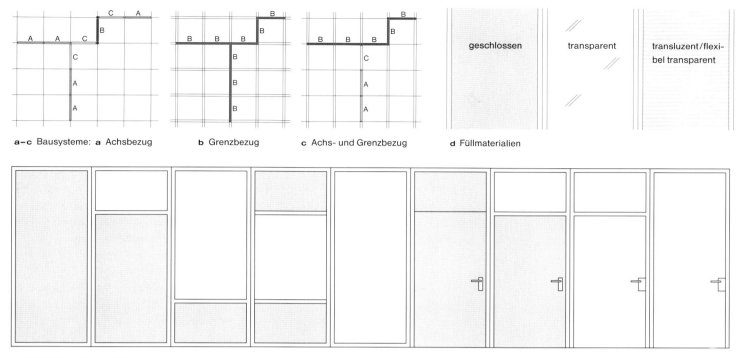

**a–c** Bausysteme: **a** Achsbezug      **b** Grenzbezug      **c** Achs- und Grenzbezug      **d** Füllmaterialien

geschlossen     transparent     transluzent/flexibel transparent

**e** übliche Geometrien für Wandelemente

**G.49 a–e** Bezugsarten, Geometrien und Füllmaterialien von Trennwandsystemen

# Trennwandsysteme

## Grundlagen

### Arten

Nichttragende Trennwände sind in DIN 4103, Teil 1, genormt und eingeteilt in

- fest eingebaute, nichttragende und
- umsetzbare, nichttragende Trennwände.

Während Erstere vorwiegend auf der Baustelle hergestellt werden, sind umsetzbare, nichttragende Trennwände industriell vorgefertigte Elemente und werden dort lediglich montiert. Bei Bedarf können sie jederzeit unter Verwendung aller Einzelteile auch wieder verändert, umgesetzt oder ergänzt werden, und das mit nur geringen Störeinflüssen auf den laufenden Betrieb. In diesem Kapitel wird ausschließlich diese zweite Kategorie von Trennwänden behandelt, sie können abweichend von DIN 4103 auch als elementierte, flexible oder leicht versetzbare Trennwandsysteme bezeichnet werden.

## Modulordnung

Unterschiedliche Systeme weisen jeweils ihre eigenen Merkmale in Grundgeometrie und Baukonstruktion auf. Grundlagen der geometrischen und maßlichen Gegebenheiten sind die Maßordnung im Hochbau (DIN 4172) sowie die Modulordnung im Bauwesen (DIN 18000). Koordinationsmaße, die auf den Vielfachen eines Moduls aufbauen, sind hersteller-, material- und ausführungsneutral; Grundmodule betragen M = 100 mm, daraus folgen Multimodule mit 3M = 300 mm, 6M = 600 mm, 12M = 1200 mm. Im Verwaltungs- und Schulbau hat sich das Koordinationsmaß 12M mit 1200 mm durchgesetzt, auch im Krankenhausbau ist 12M gebräuchlich, bei Durchgängen ≥ 1200 mm wird dann mit einem Zusatzelement gearbeitet. Entwurfsabhängige und nutzungsabhängige Gegebenheiten führen teilweise zu unterschiedlichen Maßlichkeiten sowie zu nichtmodularen Lösungen.

## Bezugsarten

Einheitliche Bezugsarten für wirtschaftliche und mit der Gebäudestruktur abgestimmte Lösungen basieren auf Achs- oder Grenzbezug bzw. Achs- und Bandrastersystemen. Die dazu notwendigen Teile und Sonderteile A, B, C sind in **G.49 a–c** dargestellt. Dabei spielen die grenzbezogenen Lösungen (Bandraster, **b**) eine besondere Rolle, da sie keine Sondergrößen beinhalten und mit einem Grundelement und einer einheitlichen Knotenpunkt-Konstruktion auskommen.

## Grundelemente

Übliche Geometrien für die Wandelement-Ansichten werden nach ihrer Einteilung und der dazugehörenden Bestückung mit Füllelementen unterschieden. Vollelemente und Glaselemente sowie die Kombination beider Möglichkeiten ergeben i.d.R. die in **G.49 e** gezeigten Formen. Aufgrund minimalistischer Entwurfshaltungen sowie funktional bedingter Forderungen nach höheren Durchgangsmaßen spielen derzeit besonders raumhohe Türen sowie dazu passende raumhohe, durchgehende Füllungen eine große Rolle.

## Füllungen bzw. Konfiguration

**G.49 d** zeigt die grundsätzlichen optischen Füllungsattribute, die neben »geschlossen« und »transparent« auch die Motive Transluzenz sowie Flexibilität einschließen. Das Thema offene bzw. geschlossene Optik sowie Halbtransparenz kann außer durch den Einsatz solcher Materialien auch durch Rollos und Lamellensysteme hervorgehoben werden. Besonders für die Flexibilität von Raumfunktionen sind die Konfigurationsmöglichkeiten bedeutsam.

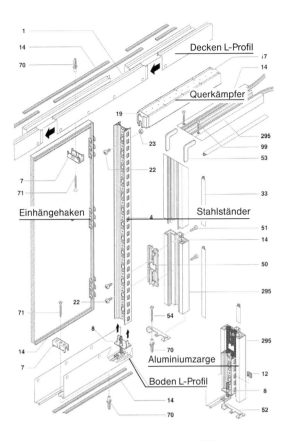

G.50 Aufbau einer Schalenwand, »System 2000«
(Strähle)

## Konstruktion und Installation

Trennwandsysteme werden durch ihren konstruktiven Aufbau und die daraus resultierende Montageform sowie die verschiedenen Materialien der Beplankungen bzw. Füllungen unterschieden. Eine Einteilung in nur zwei Konstruktionsarten ist möglich, diese beinhalten jedoch jeweils eine Vielzahl herstellerbedingter Speziallösungen.

### Schalenbauweise (G.51, G.53)

Auf eine Unterkonstruktion aus gekanteten Stahlblechprofilen werden beidseitig Wandschalen aufgesetzt. Diese Konstruktionsweise ist an die Konstruktion von Holzrahmenwänden bzw. vom Holzriegelbau angelehnt, beinhaltet jedoch ein vorgefertigtes »Baukastensystem«, welches eine schnelle Montage und Demontage ermöglicht. Die Wandschalen verfügen über rückseitige Einhängeteile, mit denen sie in Ständerprofile der Unterkonstruktion, die mit ausgestanzten Langlochungen versehen sind, eingehängt werden können. Als Materialien für die Wandschalen kommen z. B. Gipsfaser- oder Metallplatten in Frage, die Standardlösung besteht allerdings aus Spanplatten nach DIN 68765, die der Emissions-

klasse E1 entsprechen und mit 0,4–0,8 mm dickem Melaminharz beschichtet sind. Installationen lassen sich problemlos in den Vollwandsystemen führen, hierzu sind in den horizontalen Unterkonstruktionsprofilen Ausstanzungen vorhanden. Die Innenbereiche der Wände werden üblicherweise mit Mineralwolle ausgefüllt. Die meisten Hersteller haben heute spezielle Systemlösungen im Angebot, dabei reicht das Spektrum bis hin zu sehr filigranen, so genannten rahmenlosen Glaslösungen. Viele Systeme überzeugen durch konsequente Detailpunkte, die eine Flexibilität hinsichtlich Füllungen aus Vollmaterial oder Glas ermöglichen (G.50, G.55 a–d).

### Blockbauweise (G.52, G.54)

Auch Monoblock- oder Stollenbauweise genannt, ist sie eine Weiterentwicklung der Schalenbauweise mit dem Unterschied, dass die Elemente fertig montiert, sozusagen schon beidseitig beplankt, auf die Baustelle geliefert werden. Installationskanäle sind dabei bereits enthalten – eine Nachinstallation von Leitungen im Wandhohlraum kann erfolgen. Die Hersteller haben unterschiedliche, patentierte Lösungen entwickelt. Nachteilig ist hierbei der geringere Flexibilitätsgrad.

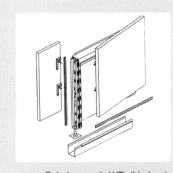

G.51 Schalenwand »LVT« (Lindner)

G.52 Monoblockwand »LVB« (Lindner)

G.53 Schalenwand »LVT« (Lindner), Gebäude de Baron, Nijmegen

B.54 Monoblockwand »LVB«, Prinzipzeichnung (Lindner)

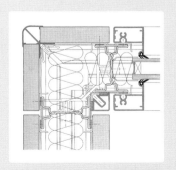

a Eckpunkt
Vollwand mit Glaselement

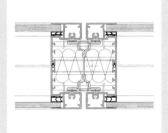

b Oberlichtelement
frontbündige Verglasung

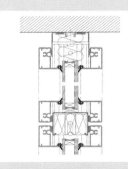

c Verglasungselement
Brüstung mit Oberlicht

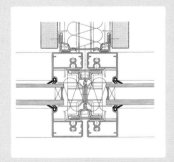

d Verglasungselement Achsraster
T-Anschluss-Vollwandelement

G.55 Detaillösungen »System 2000« (Strähle)

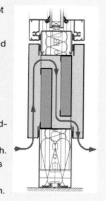

**G.56** Wandklimakonzept (Strähle)

Alternativ zu Decken- und Fußboden kann man die Zu- und Abluftführung auch in die Trennwand legen.

Je nach Gebäudeklimakonzept sind unterschiedliche Varianten der Luftführung im Raum möglich. Auch Kombinationen des Wandklimakonzepts mit Kühldecken sind möglich.

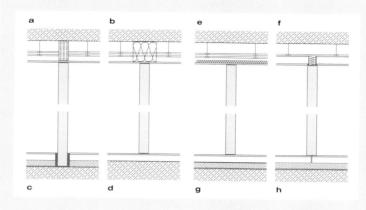

**G.57** Schallschutzmaßnahmen Trennwandsysteme

a   starrer Plattenschott
b   elastischer Schott
c   konstruktive Trennung des schwimmenden Estrichs
d   Verbundestrich auf Massivdecke
e   horizontale Abschottung
f   halbhohe vertikale Absorberplatten
g   schwimmender Estrich
h   Trennfuge / schwimmender Estrich

## Anforderungen an Trennwandsysteme

- Standsicherheit bei Einwirken horizontaler Kräfte muss gewährleistet sein, die durch an der Wand befestigte Regale, Hängeschränke oder andere Funktionselemente und auch durch das Anlehnen an die Wand auftreten, sowie gegenüber vertikalen Kräften, die durch den Einspanndruck und die Belastung durch sich durchbiegende Deckenelemente herrühren.
- Beanspruchungen durch Schlag und Stoß, die etwa durch umfallende Gegenstände oder stolpernde Menschen auftreten können, muss standgehalten werden.
- Für die Versetzbarkeit und den Transport ist ein möglichst geringes Eigengewicht der zu bewegenden Einzelteile unabdingbar. Das Gewicht muss aber hinsichtlich der Schalldämmung ein nötiges Maß erfüllen. Akustische Eigenschaften sind hier genau zu prüfen, diesbezügliche Prüfzeugnisse werden von den Systemherstellern vorgelegt.
- Einfache und schnelle Montage und Demontage der Elemente sind zu gewährleisten, dabei sind die Anschlüsse an Wand-, Decken- und Fußbodenbereiche von Bedeutung, aber ebenso die Verbindung der Einzel-Wandelemente untereinander.
- Bauraster, die Achs- und Bandrastersysteme beinhalten, sollten konstruktiv möglich sein, ebenso eine bauliche Abstimmung auf benötigte Funktionselemente der Arbeitsplätze, wie z. B. Tischbreiten, Schranktiefen und -breiten.

- Ein problemloses Tauschen von Systemelementen wie Türen, Glasfelder und Vollelementen ist zu ermöglichen.
- Trennwandsysteme sollten fertige Oberflächen aufweisen, d. h. Malerarbeiten dürfen nicht mehr erforderlich werden.
- Sie müssen auf marktübliche Boden- und Deckensysteme hinsichtlich Raster und Anschlussdetails abgestimmt sein und für Installationen, meist elektrischer Art, in Anschlusspunkten und in den Wandsystemen selbst geführt und inklusive der benötigten Schalter, Steckdosen und sonstigen notwendigen Ausrüstungen vorgerüstet sein.
- Optional: Lüftungs-/Wandklimakonzept – Trennwandsysteme mit Lüftungsvorrichtungen sind alternativ zu Deckenlüftungssystemen einsetzbar. Die Luft strömt dabei durch Absorberelemente, die so angeordnet sind, dass die Abluft einen z-förmigen Verlauf nehmen muss (**G.56**). Dadurch wird ein hoher Schalldämmwert erreicht.

## Schallschutz

Durch Mehrschaligkeit ist eine gute Schalldämmung möglich, sie ist abhängig von dem Gewicht der Wandschalen, deren Biegeweichheit, dem Schalenabstand, der Hohlraumdämpfung mit biegeweichem Material, den Verbindungsmitteln und der Dichtheit der Fugen. Diese Faktoren führen nur zusammen mit einer fachgerechten Montage zu guten Schalldämmwerten. Dabei müssen alle Detailpunkte wie Anschlüsse an andere Bauteile (Decke, Böden) und der Wandelemente untereinander fachgerecht konstruiert und ausgeführt werden.

### Schallschutzempfehlungen

Allgemein wird davon ausgegangen, dass das gesprochene Wort auf der benachbarten Raumseite nicht mehr verstanden werden darf, dies ist bei einem Schalldämmwert von RW $\geq 40$ dB gegeben. Folgende Schallschutzempfehlungen existieren (Angaben in Dezibel, Auszug aus DIN 4109, Beiblatt 2):

- Wände zwischen einzelnen Büroräumen: 37 ($\geq 42$),
- Wände zwischen Fluren und Büros: 37 ($\geq 42$),
- Wände besonderer Büroräume (Direktions- und Vorzimmer) zu anderen Büros und zum Flur hin: 45 ($\geq 52$),
- Türen: 27 ($\geq 32$),
- Türen besonderer Büroräume: 37.

Es ist ratsam, sich eher an den in den Klammern stehenden Werten für erhöhten Schallschutz zu orientieren. Wie in DIN 4109, Abschnitt 3,1, beschrieben, wird Schall von Raum zu Raum nicht nur über die Trennwand, sondern auch auf Nebenwegen im Baukörper übertragen. Deshalb sind bei der Planung alle »flankierenden« Bauteile mit einzubeziehen. Bei Decken- und Fußbodensystemen sowie aneinander anschließenden unterschiedlichen Wandaufbauten ist deshalb auf gleichwertige Schalldämmeigenschaften zu achten.

### Schall-Längsdämmung

Für die Schall-Längsdämmung gibt es an den möglichen Übertragungswegen an Decke und Fußboden spezielle Detaillösungen (**G.57** a–h), welche jeweils von der Bauaufgabe und dem vorgeschriebenem Aufwand abhängig sind.

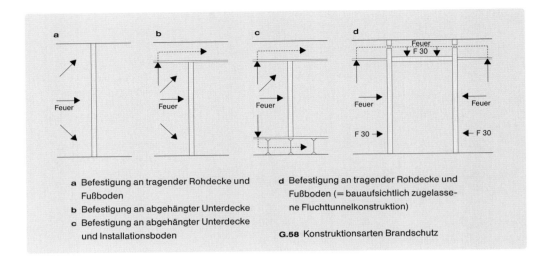

a Befestigung an tragender Rohdecke und
  Fußboden

b Befestigung an abgehängter Unterdecke

c Befestigung an abgehängter Unterdecke
  und Installationsboden

d Befestigung an tragender Rohdecke und
  Fußboden (= bauaufsichtlich zugelassene Fluchttunnelkonstruktion)

**G.58** Konstruktionsarten Brandschutz

grund der dem Blick verborgenen Steckraster gegeben. Die wirtschaftlich und ästhetisch günstige Nutzung der Flächen zwischen den Räumen für Schrankwände macht die systemhafte Verknüpfung von Trennwandsystemen mit Schranksystemen sinnvoll (**G.60 a–i**). Lösungsmöglichkeiten hängen auch davon ab, ob neben der Stauraumfunktion auch Schall- oder Brandschutztechnische Maßnahmen getroffen werden müssen.

Fest eingebaute Schränke erfordern bei Umbauten höhere Aufwendungen, bieten jedoch viel Stauraum bei kompaktem Erscheinungsbild. Möglichkeiten höherer Flexibilität sollten planerisch untersucht werden.

a Flipchart-Staffelei

b Hutablage und Kleiderbügel

c belastbare Ablage

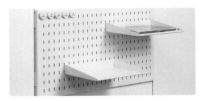

d Organisationswand

e Buchregal

**G.59** Trennwandsystem-Zubehör (Strähle)

## Brandschutz

Raumabschließende Bauteile müssen so beschaffen sein, dass sie eine Ausbreitung von Feuer für bestimmte Zeit verhindern können. Raumabschließende Wände können nichttragende und tragende Wände sein; in jedem Fall ist das Gesamtverhalten aller Teile im Brandfall relevant. Hier kann ein Nachweis des Feuerschutzes der einzelnen Elemente und der Verbindungsstellen zwischen Innenwand und Unterdecke nach DIN 4102, Teil 2, gefordert werden. Entsprechende Prüfzeugnisse sind von den Herstellern einzuholen. Im Brandfall sind neben den Brandeigenschaften der Flächenelemente dicht bleibende Anschlüsse notwendig, die die geforderten Brandschutzklassen der Gesamtkonstruktion ermöglichen. Unterschiedliche Konstruktionsarten von nichttragenden Trennwänden sind möglich, dabei spielt das Zusammenwirken von Boden, Wand und Decke eine große Rolle (**G.58 a–d**).

## Zubehör und Stauraum

Vorbildliche Trennwandsysteme verfügen über praktisches und im Bürobereich wichtiges Zubehör, welches dort, wo es benötigt wird, angebracht werden kann.

Hierbei sind Zubehörelemente wie Flipchart, Garderobe, Bürogeräte-Stellplatz, Organisationstafeln, kleinere Ordnungs- und Stauraumbereiche, Regalablagen u. Ä. zu nennen (**G.59 a–e**). Meistens sind die Einhängepunkte mittels der Ständerkonstruktionen gelöst und orientieren sich an der normalen Elementbreite. Eine flexible Anordnung in der Höhe ist auf-

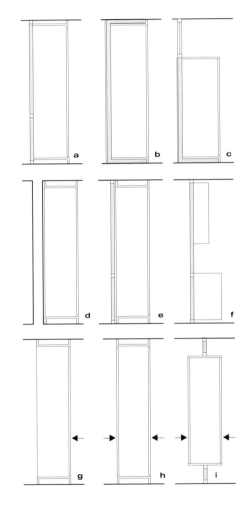

a mit integrierter umsetzbarer Trennwand

b mit aufgesetzter Halbschale

c mit aufgesetzter Schale und Oberlicht

d vor fest eingebauter Wand

e vor umsetzbarer Trennwand

f mit integriertem Abhängesystem

g mit einfacher Sichtrückwand

h als beidseitig nutzbarer Schrank

i zwischen den Tragpfosten des Trennwandsystems

**G.60** Konstruktionsarten vorgefertigter
Schrankwände

## Funktion und Architektur

### Was leisten Trennwandsysteme?

Trennwandsysteme für Büros sind eigentlich keine reinen Trennelemente, sondern selbstverständliche Bestandteile moderner Büroarchitektur. Sie dienen der Gestaltung von hochwertigen Arbeitsbereichen, in denen Menschen auf möglichst angenehme Weise und gleichzeitig hocheffizient ihren Tätigkeiten nachgehen können. Die übliche Auffassung, dass Trennwände eben Räume und Bereiche voneinander abtrennen, muss überdacht werden. In moderne Bürokonzepte integrierte Trennwandsysteme schaffen vielmehr Verbindungen zwischen den einzelnen Bereichen, dazu zählen besonders optische und kommunikative, aber auch raumklimatische und teilweise auch akustische Verbindungen. Wenn diese einzelnen Arten des Verbindens der Bereiche untereinander klug berücksichtigt werden, entstehen gestalterisch und funktional hochwertige Büroflächen.

### Integration in Architekturkonzepte

Moderne Trennwandsysteme sind technologisch hoch entwickelte Innenausbau-Elemente, die den Herstellern und Verarbeitern ein hohes Maß an Know-how und Innovation abverlangen. Dabei müssen die Aspekte der Funktion erfüllt, aber auch auf die Anforderungen der jeweiligen Architektur eingegangen werden. Erstrebenswert sind eine klare und ästhetisch angenehme Realisierung der Raumstrukturen, sowie ein deutlicher Zusammenhang zwischen der Außenfassade und den Innenwänden als »Innenfassade«. Vorherrschend sind klare, bedruckte oder satinierte Gläser, neben den gestalterischen Aspekten spielen hier räumliche Transparenz für eine hohe Tageslichtausbeute und eine gute kommunikative Arbeitsplatzatmosphäre eine bedeutsame Rolle. Natürlich kann man für Trennwandsysteme keine allgemein gültige Formel aufstellen. Die folgenden zwei Projekte der Strähle GmbH zeigen beispielhaft eine sensible Umgangsweise mit verschiedenen Gestaltungsthemen unter starker Einbeziehung der anderen architektonischen Elemente wie Fußböden, Decken und Treppe:

### Kontrast und Harmonie (G.61 a–c)

Ein Produktions- und Bürogebäude wurde mit einer Trennwandlösung ausgestattet, die mit dem kontrastreichen Materialkonzept der Innenarchitektur kommuniziert und sich harmonisch in die Baustruktur einfügt. Das »System 2100« ist eine variable, flexible Wandkonstruktion mit integriertem Regalsystem. Die Wandkonfigurationen bestehen aus Vollwand-, teilverglasten und Ganzglaselementen. Die schlanken Glashalterungsprofile (G.61 c) des Systems ermöglichen großzügige Glasflächen und bieten trotzdem die Möglichkeit der Integration von Elektrokabeln.

- Rasterteilung: anpassbar auf das Gebäuderaster
- Höhe: bis 4000 mm, alle Zwischenmaße individuell
- Breite: bis 1800 mm, alle Zwischenmaße individuell
- Wanddicke: 100 bzw. 125 mm
- Schallschutz: Rwp-Werte von 31–50 dB je nach Raumbereich und Wandaufbau
- Brandschutz: F30–F120 bzw. G30 im Oberlichtbereich

### Transparenz und Leichtigkeit (G.62 a–c)

Die Büroflächen in einem Büro- und Geschäftshaus wurden mit einem besonders transparenten Trennwandsystem ausgestattet. Die Leichtigkeit des verwendeten Trennwandsystems »2300« wird durch eine sehr filigrane, selbsttragende Stahlständerkonstruktion ermöglicht. In Bereichen, die offen und transparent wirken sollen, bietet das System eine »rahmenlos«-transparente Optik. Ganzglasflächenpaneele aus Einscheibensicherheitsglas werden auf Aluminiumhalterahmen kraftschlüssig geklebt (G.62 c), die Klebeflächen sind durch die Glasfläche sichtbar und farbgleich mit der Oberfläche der Tragrahmen.

- Rasterteilung: anpassbar auf das Gebäuderaster
- Höhe: bis 4000 mm, alle Zwischenmaße individuell
- Breite: bis 2000 mm, alle Zwischenmaße individuell
- Wanddicke: 100 bzw. 125 mm
- Schallschutz: Rwp-Werte von 44–52 dB je nach Raumbereich und Wandaufbau
- Brandschutz: F30–F120 bzw. G30 im Oberlichtbereich mit mittiger Brandschutzverglasung
- Jalousien: in die Wand integriert, mechanisch oder motorisch wendbar

G.61 a–c »System 2100« (Strähle) im Gebäude der Lex-Com, München
a Umsetzung des Systems mit den anderen Architekturelementen

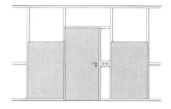
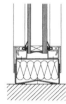

b Systemskizze  
c horizontaler Systemschnitt am Wandanschluss

G.62 a–c »System 2300« (Strähle) im Zeppelin Carré, Stuttgart
a kommunikative Räume durch Transparenz und Leichtigkeit

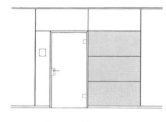

b Systemskizze  
c horizontaler Systemschnitt am Wandanschluss

**H.01** Äskulapzeichen in Ephesus

**H.02** Fußabdruck auf der Marmorstraße in Ephesus

**H.03** Rundfenster am Paderborner Dom

# Grundbetrachtung

Informationen über Richtung, Weg und Ort sind wichtige und notwendige Bestandteile im öffentlichen Raum, besonders dann, wenn es sehr viele Menschen mit den unterschiedlichsten Ziel- und Ort-Fragestellungen gibt.

Bereits in der Antike trugen in Stein gehauene Symbole wesentlich zur Orientierung in den Städten bei. Jeder Kulturkreis und jede Zeit hat dabei ihre speziellen Ausprägungen hervorgebracht. Die Informationen sind zum Teil heute noch verständlich: So wies z. B. das in Stein gehauene Äskulapzeichen in Ephesus auf eine medizinische Einrichtung hin (**H.01**). Schon diese Information über die Gebäudefunktion hatte auch einen werbenden Charakter, der über eine einfache Markierung hinausging. Symbole und Richtungsanzeiger führten Menschen bereits vor vielen Jahrtausenden zu bestimmten Zielen. Der eingemeißelte Fußabdruck auf der Marmorstraße in Ephesus wies den Seeleuten den Weg zum ältesten Gewerbe der Welt (**H.02**). Die Beschriftung von Gebäuden beinhaltete in der Städtebaukultur der Römer verschiedene Informationsebenen. So waren es nicht nur die pragmatische Zweckbestimmung oder geografische Wegweisung, die in Form von Schrift in Stein vermittelt wurden, sondern es waren auch Ereignisse und Geisteshaltungen, die an einem Gebäude »verewigt« werden sollten.

Die Orientierung innerhalb von Gebäuden spielt beim Sakralbau schon seit Jahrhunderten eine wichtige Rolle. Die Ausrichtung nach Himmelsrichtungen ist hier häufig eine wichtige Komponente, so sind z. B. viele Kir-

chen geostet (**H.04**). Eine besondere Rolle spielen dabei die Gliederung des Raums und die Fensteröffnungen, z. B. in die Westfassade eingebaute Rundfenster, die das Sonnenlicht als von Westen nach Osten gerichtete Strahlenbündel in den Kirchenraum holen (**H.03**).

Die Beispiele verdeutlichen, dass es vielfältige und v. a. vielschichtige Elemente sind, die innerhalb ganzer Netzwerke von Leit- und Orientierungsaufgaben wirkten und wirken. Dabei hatten und haben die unterschiedlichen Zeiten und Kulturen, genau wie auch in der Ausdrucksweise der Architektur, jeweils ihre bestimmten Eigenheiten und Merkmale. Die Vielschichtigkeit der Orientierungs-, Wegweisungs- und Informations-Elemente ist in Stadtstrukturen vergangener Epochen genauso vorhanden gewesen wie in unserer jetzigen gebauten Umgebung und in modernen Gebäuden. Information, Wegweisung und Orientierung wirken dabei immer gemeinsam und bedingen einander, ermöglichen und erleichtern die vielen unterschiedlichen Abläufe und Anforderungen im öffentlichen Raum und innerhalb von Gebäuden.

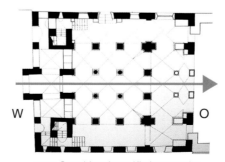

**H.04** Grundriss oberer Kirchenraum im Kloster Corvey, Höxter

## Grundprinzipien

### Information

Information ist Auskunft, Nachricht, Unterrichtung, Belehrung oder Mitteilung. Wesentlich für eine Information ist, dass bestimmte Zeichen oder Signale von einem »Sender« zu einem »Empfänger« gelangen und von diesem erkannt und verstanden werden. Die Mindestvoraussetzung dafür ist ein gemeinsamer, »Code« genannter Zeichenvorrat. Bei der Informationsübertragung kann der Informationsträger ohne weiteres gewechselt werden; so kann dieselbe Information z. B. geschrieben oder gesprochen sein.

### Visuelle Kommunikation

Die Informationsvermittlung durch optisch wahrnehmbare Zeichen oder Signale wie Schrift, Bild, Gestik, Konstellationen verschiedener visueller Elemente u. Ä. bezeichnet man als visuelle Kommunikation. In der modernen Gesellschaft spielen visuelle Informationsvermittlungen in Form von Büchern, Zeitschriften, v. a. aber neuen Medien wie Fernsehen und Internet eine wichtige Rolle. Täglich nimmt jeder Mensch eine Fülle von Informationen auf, manche bewusst und freiwillig, manche jedoch zufällig, unbewusst und mehr oder weniger »nebenbei«.

Visuelle Kommunikation findet dabei auf den verschiedensten Ebenen und in unterschiedlicher Dichte statt. Geregelte Mechanismen und zielstrebige Planungen sind gefragter denn je, um einer Überfrachtung vorzubeugen und zielgerichtete visuelle Kommunikation zu ermöglichen. Dabei ist nicht nur die ästhetische Vollkommenheit entscheidend, sondern die passende Ausdrucksweise am richtigen Ort (**H.08**).

## Orientierung

Orientierung ist eine Form der Kennzeichnung, die einen bestimmten Ort oder auch temporären Standort für ein Individuum definiert. Klare und unmissverständliche Orientierungselemente müssen eindeutig sein und richtig platziert werden. Um so klarer, eindeutiger und auf die Funktion der Einzelbereiche abgestimmter die Architektur ist, um so weniger

tierte Alternative gezeigt werden muss. Leitsysteme steuern das Verhalten der Benutzer hinsichtlich des einzuschlagenden Wegs sowie der darin enthaltenen »Etappen«. Bei Museen ist der Zielpunkt beispielsweise der beendete Rundgang, also der Moment, wo man alles gesehen hat. Leitsysteme enthalten oft auch Elemente der Orientierung, die für ein klares und gut funktionierendes Leiten notwendig sind. Leit- und Orientierungssysteme tragen zu einer abschnittsweisen Orientierung in einer fremden Umgebung bei. Diese sollte möglichst reibungslos funktionieren.

kehrszeichen noch zu unpräzise und es gab Missverständnisse. Die heutige StVO unterteilt die Verkehrzeichen in: Gefahren-, Vorschrift-, Richt- und Zusatzzeichen sowie Sinnbilder (**H.13–20**). Im öffentlichen Bereich gibt es kein ähnlich umfangreiches und geordnetes Beschilderungssystem wie die Verkehrszeichen.

## Form (**H.09**)

Verkehrszeichen sollen auffallen, auch bei schneller Fahrt einprägsam sein. Darum haben sich ausdrucksstarke Formen durchgesetzt (**H.09**): Das auf der Spitze stehende Quadrat

**H.05** plastische Gebäudekennzeichnung einer alten Apotheke in Soest, Westfalen Einprägsame Bilder sind starke Orientierungselemente. Der Schwan ist Erkennungszeichen und Name zugleich. Weithin sichtbar an der Gebäudeecke befestigt, weist er auf die Apotheke hin und dient somit Orientierung und Werbung zugleich.

**H.06** Schriftelement: Grafische Elemente und die klare Form des Schilds ermöglichen eine schnelle und eindeutige Orientierung.

**H.07** Informationselement: Die Tankstellenstehle dient der Orientierung mit hohem Wiedererkennungswert. Ihre Informationen sind aufs Wesentliche konzentriert und unmissverständlich.

**H.08** Wegweiser in einem Dorf

Elemente der spezifischen Orientierungs-Kennzeichnung sind notwendig. Die Orientierungselemente bzw. -systeme übernehmen dann oft nur eine unterstützende Funktion. Elemente der Orientierung unterliegen keiner strengen Wissenschaft, sie können unterschiedlichster Art sein, Bild- (**H.05**) oder Schriftelemente (**H.06**) enthalten.
Orientierung erfolgt in unterschiedlichen »Feinheitsgraden«, von der Beschilderung von Gebäuden hin zu Raumbereichen und einzelnen Räumen bis zum Namensanstecker eines Mitarbeiters einer Firma an seinem Arbeitsplatz.

## Leiten

Dies ist eine Form der Kennzeichnung, die zu einem vorher bekannten Zielpunkt führt. Leitsysteme sind dann notwendig, wenn der Weg vom Ausgangspunkt zum Zielpunkt mehrere Abbiegepunkte enthält, an denen die zielorien-

## Exkurs: Verkehrszeichen

Wegen ihrer umfangreichen und strukturierten Bandbreite sind Verkehrszeichen wichtige und sehr ernst zu nehmende Bestandteile in der Auseinandersetzung mit den Themen Orientieren, Informieren und Leiten:
Am 3. Mai 1909 wurden zum ersten Mal per Gesetz einheitliche Verkehrsschilder in Deutschland eingeführt. Grund für diese aufwendige Beschilderung war der enorme technische Fortschritt, der einerseits Mobilität und Unabhängigkeit, zum anderen aber auch Gefahren und neue Situationen mit sich brachte, die einer allgemein verständlichen Regelung bedurften. Die Straßenverkehrsordnung (StVO) wurde am 28. Mai 1934 ins Leben gerufen, nachdem eine einheitliche europäische Beschilderung ob der geschichtlich-politischen Wirren gescheitert war. Teilweise waren die früheren Ver-

**H.09** Form

**H.10** Farbe

**H.11** Piktogramm

**H.12** Typografie

**H.13** rote Zeichen, die etwas verbieten sollen **H.14**

**H.15** Schutz für bestimmte Verkehrsteilnehmer **H.16**

**H.17** Zeichen, die Richtungen anzeigen **H.18**

**H.19** Zeichen, die »Geleitfunktion« haben und Wege markieren **H.20**

**H.13–20** Verkehrsschilder, nach ihren Inhalten und Aufgaben im System entwickelt

bekommt mehr Aufmerksamkeit als ein auf der Kante stehendes. Dreiecke stellen auf der Längsseite stehend eine ruhigere und dem Erscheinungsbild einer Stadt besser angepasste Form dar (man denke an die Formen der Satteldächer), auf der Spitze stehend sind sie jedoch viel expressiver und werden deshalb bei Verkehrszeichen für befehlsträchtige Inhalte wie »Vorfahrt beachten!« verwendet.

### Farbe (H.10)

Rot als der signifikanteste aller Farbtöne wird bei Verkehrszeichen für Verbote, Anweisungs- und Gefahrenhinweise verwendet. Diese Farbe wird in der Landschaft und im Stadtbild am wenigsten übersehen, da sie nicht so häufig vorkommt. Sie erzeugt darüber hinaus eine besondere psychologische Aufmerksamkeit. Weil Blau ausgewogener wirkt, zurückhaltend, aber dennoch einprägsam und sachlich, wird es für Hinweise und Einladungszeichen benutzt, z. B. für Wegweiser auf Autobahnen. Gelb weckt – einer Lichtquelle ähnlich – die Aufmerksamkeit und wird demnach für Richtungswegweiser und Ortsschilder eingesetzt. Grün hingegen ist aufgrund des häufigen Vorkommens in der Natur als Farbe für Verkehrszeichen ungeeignet und findet keine Anwendung.

### Piktogramme (H.11)

Sie finden wegen des geringen Platzangebots der punktuell orientierten Schilder, aber auch aufgrund der schnellen Les- und Begreifbarkeit auf Verkehrszeichen Anwendung. **H.11** zeigt das sehr eingängige Bild der Fußgänger sowie eine schon etwas stärker abstrahierende Vorfahrtstraßen-Kennzeichnung und schließlich das Schild für »Durchfahrt verboten«, welches im Gegensatz zu den ersten beiden »erlernt« werden muss. »Erlernte«, einfache Zeichen werden trotz ihrer Abstraktion am schnellsten registriert!

### Typografie (H.12)

**H.12** zeigt die Entwicklung des Stoppschilds. In allen Entwicklungsstufen spielt die große und deutliche Typografie eine wichtige Rolle in Verbindung mit der auffälligen Form und der signalroten Farbe. Das ganz rechte, heute verwendete Schild weist die größte Deutlichkeit und Eindeutigkeit auf, während die Vorläufer von 1938 und 1971 noch Mängel in der Prägnanz aufwiesen.

## Bereiche

### Im und am Gebäude

Universell einsetzbare Leit- und Orientierungssysteme gibt es nicht. Jedes Gebäude hat seine eigenen, aus seiner Funktion und seiner Architektur abzuleitenden Anforderungen. Beispielhaft seien die wichtigsten Leit- und Orientierungs-Bestandteile eines größeren Verwaltungsgebäudes beschrieben (**H.21**).

### Gebäudeumfeld

- Zufahrtshinweise für Fahrzeuge
- Hinweise auf Parkmöglichkeiten
- Hinweise für Fußgänger
- Schilder nach StVO im Vorbereich und auf Parkplätzen
- Unterteilung der Parkplätze für verschiedene Nutzergruppen (Besucher, Mitarbeiter und Behinderte)

### Gebäude-Hinweise

- Frei stehende Hinweise als Wegführung zum Gebäude bzw. zum Gebäudeabschnitt, sowohl für Fußgänger als auch für PKW- und LKW-Fahrer gut erkennbar und lesbar
- Beschriftung an Fassaden
- Info-Schaukästen, Wandaushänge

### Orientierung in Tiefgaragen und Parkhäusern

- StVO-Schilder und Hinweise
- PKW-Leitsystem
- Stellplatzmarkierungen und Bezeichnungen, z. B. Reservierungen
- Notausgang- und Fluchtweghinweise
- Leitsystem für Besucher, Beschäftigte, Lieferanten

### Interne Gebäude-Orientierung

- Gebäudeübersichten im Eingangsbereich
- Gebäudegrundrisse, Isometrien
- Fluchtwegpläne
- Gebäudewegweiser
- Etagenwegweiser mit oder ohne Grundrisse
- Etagenfluchtwegplan
- Richtungswegweiser
- Raumhinweise
- Sicherheitsschilder nach DIN, Direktbeschriftung von Technikräumen

### Kommunikative Information

- passiv, selbsterklärend: Magnettafeln, Pinnwände, Texttafeln, Info-Schaukästen, Litfasssäulen, Infostelen
- aktiv (Mensch oder Software): Infotheke, Infoterminal

**H.21** Bestandteile eines Leit- und Orientierungssystems

Gebäudeumfeld

Gebäude-Hinweise

Orientierung in Tiefgaragen und Parkhäusern

Interne Gebäude-Orientierung

Kommunikative Information

Leit- und Orientierungs-System

## Mögliche zusätzliche Elemente:

Logistisch notwendige Zusatzkomponenten z. B. LKW-Leitsystem, Leitsystem für Sehbehinderte und Blinde, Fassadengestaltung mit Schrift usw.

## Öffentliche Verkehrseinrichtungen

Für Bahnhöfe und Flughäfen gelten bestimmte, auf einen schnellen und unkomplizierten Ablauf ausgerichtete Regeln. Menschen müssen in kürzester Zeit ihre Wege finden, hierbei müssen alle Komponenten des Orientierungssystems reibungslos zusammenwirken. Grundlage ist dabei die Aufteilung in die Funktionen Information, Orientierung und Kennzeichnung (**H.22**).

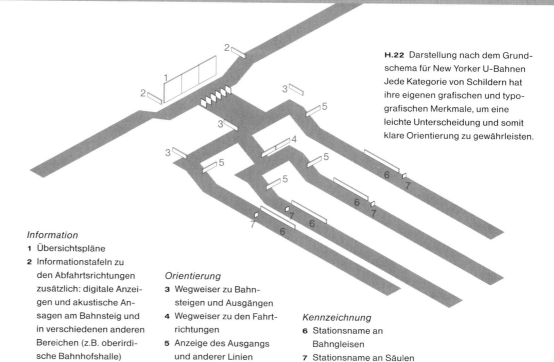

**H.22** Darstellung nach dem Grundschema für New Yorker U-Bahnen Jede Kategorie von Schildern hat ihre eigenen grafischen und typografischen Merkmale, um eine leichte Unterscheidung und somit klare Orientierung zu gewährleisten.

*Information*
1 Übersichtspläne
2 Informationstafeln zu den Abfahrtsrichtungen zusätzlich: digitale Anzeigen und akustische Ansagen am Bahnsteig und in verschiedenen anderen Bereichen (z.B. oberirdische Bahnhofshalle)

*Orientierung*
3 Wegweiser zu Bahnsteigen und Ausgängen
4 Wegweiser zu den Fahrtrichtungen
5 Anzeige des Ausgangs und anderer Linien

*Kennzeichnung*
6 Stationsname an Bahngleisen
7 Stationsname an Säulen

## Planung

### Planungsschritte

Weil bei der Planung von Leit- und Orientierungssystemen Aspekte der Nutzung ebenso berücksichtigt werden müssen wie gestalterische Belange, ist es sinnvoll, Fachleute aus beiden Bereichen zu beteiligen: Je nach Gebäudetyp und -größe sollten die Architekten mit den Bauherren sowie den zukünftigen Nutzern klären, was das Leit- oder Orientierungssystem leisten soll. Danach ist die (frühzeitige) Einbindung eines erfahrenen Grafikers ratsam. Folgende Schritte sind zweckmäßig:

### 1. Analyse des Umfangs und der Einzelpositionen:

Zuerst sollten Punkte festgelegt werden, die definiert und mit Information bestückt werden müssen. Dabei ist zu unterscheiden zwischen
- Außenbereichen (Parkmöglichkeiten, Eingangs-Wegweisungen etc.),
- Innenbereichen, beginnend am Haupteingang,

- Orten und Bereichen, die »Scheidepunkte« darstellen, wie Treppen, Flurkreuzungen und Abbiegungen, weitere Empfangsräume und Raumverbindungen, an denen Richtungen angegeben werden sollen,
- Orten oder Räumen, die bezüglich ihrer Funktion u. Ä. bezeichnet werden sollen.

Mit einem Fragenkatalog lässt sich die Analyse leichter handhaben:
- Wie lässt sich die Auffindbarkeit und Erkennbarkeit des Gebäudes von außen regeln?
- Welche Informationen sind bereits am Eingang notwendig?
- Wo findet eine »Erstorientierung« statt, wie ist der Innenbereich des Eingangs gestaltet?
- Ist ein Übersichtsplan notwendig?
- Wo beginnt bzw. endet das Leitsystem?
- Wo sind kritische Bereiche wie Treppen, Aufzüge, komplexe Raumverbindungen, große Räume mit verschiedenen Ein- und Ausgängen?

- Welche Bereiche sind in das System einzubeziehen, welche eventuell auszuschließen?
- Welche Wegführungen sollen bei Leitsystemen bevorzugt werden?

Die Bildserie **H.23** bis **H.29** verdeutlicht, welche Stationen am und im Gebäude hauptsächlich relevant sind. Über diese individuellen Anforderungen hinaus muss bei der Analyse die notwendige und vorgeschriebene Ausstattung mit Fluchtwegs-, Brandschutz- und Sicherheitskennzeichnungen beachtet werden.

### 2. Detailplanung:

**Gestaltung**
- notwendige Elemente und deren Abstimmung untereinander festlegen, auch Abstimmung mit beteiligten Elementen der Architektur und des Raums, Art der Platzierung festlegen,
- Formate, Typografie und Grafik(en), Farbe(n), Trägermaterial(ien), feste und flexible Bestandteile wählen

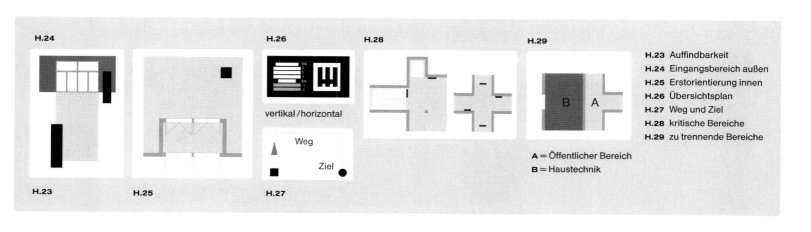

**H.23** Auffindbarkeit
**H.24** Eingangsbereich außen
**H.25** Erstorientierung innen
**H.26** Übersichtsplan
**H.27** Weg und Ziel
**H.28** kritische Bereiche
**H.29** zu trennende Bereiche

**A** = Öffentlicher Bereich
**B** = Haustechnik

H.24

vertikal / horizontal

Weg
Ziel

H.29

B   A

H.23    H.25    H.27

**Ergonomische Abstimmung auf die Nutzer**

- Größe, Positionierung
- Typografie auf gute Lesbarkeit für verschiedenste Nutzer prüfen
- Texte sind zu prüfen und bei der Verwendung von Schildern ist – ausgehend vom längsten notwendigen Text – das Schilder-System auszuwählen bzw. die Schildgröße zu entwickeln.
- Farben gezielt und wenn mehrere, dann gut differenziert und zueinander passend einsetzen
- Eine klare Bildgrafik ist besser als ästhetische »Augenwischerei«, Piktogramme sind, wenn sie allgemein bekannt sind, am schnellsten zu verstehen und vermeiden zu große Textmengen.

**Technik und Wartung**

- Befestigungsart
- Diebstahlsicherheit (ja/nein)
- Handhabung bei Änderungen der Informationen, Pflege und Wartung, Ausbaufähigkeit (ja/nein)

**Drei Grundsätze für die Verständlichkeit**

- Informationen haben dort zu stehen, wo sie benötigt werden.
- Informationen sollten präzise und möglichst kurz sein.
- Der Informationsgehalt ist auf den Bedarf und die Fähigkeiten der Nutzer abzustimmen.

## 3. Umsetzung

Nachdem in der Planung festgelegt wurde, welche Komponenten am Leit- oder Orientierungssystem beteiligt sind und wie diese beschaffen sein sollen, muss für die Umsetzung ein geeigneter Hersteller oder Systemanbieter gefunden werden.

Dabei ist zu unterscheiden zwischen dem »Hardware-Bereich« in Form von Schildern, deren Haltekonstruktionen und dauerhaften grafischen Elementen, die nicht mehr verändert werden brauchen, sowie grafischen Elementen, die im Lauf der Nutzung einer Änderung oder Entwicklung unterworfen sind (»Software-Bereiche«), z. B. Steckschilder oder Klebefolien. Manche Systemanbieter können diese Komponenten insgesamt liefern, andere arbeiten mit Grafikern oder spezialisierten Planungsbüros zusammen und sind auf individuelle Lösungen spezialisiert.

**H.30** Auch Visitenkarten können als Elemente für das Leitsystem von Bürogebäuden genutzt werden.

**H.31** Als »Hardware« sind Schilder mit der Raumnummer installiert, als »Software« wird bei Anwesenheit die Visitenkarte eingesteckt.

## 4. Erprobungszeit und Anpassungen

Bei sehr komplexen Gebäuden sollte mit den beteiligten Firmen vereinbart werden, dass nach einer bestimmten Probezeit des installierten Leit- oder Orientierungssystems noch etwaige Änderungen vorgenommen werden. Denn erst bei der Nutzung und bei der vollen Auslastung eines Gebäudes zeigen sich Funktionalität und v. a. das Zusammenwirken der einzelnen Leit- oder Orientierungssystem-Komponenten sowie deren Stärken oder Schwächen.

Dabei ist in erster Linie die richtige Platzierung der einzelnen Schilder bzw. anderen Elemente zu prüfen sowie deren Wirksamkeit im tatsächlichen Nutzungsalltag.

Wenn die flexiblen Software-Bereiche vom Nutzer selbst geregelt werden sollen, sind besonders diese zu testen und im tatsächlichen Einsatz auf ihre Handhabung zu überprüfen. Das Auswechseln und Ändern der flexiblen Beschriftungselemente muss bei einem hochwertigen System reibungslos funktionieren, die Qualität darf nicht von der ursprünglichen Fassung abweichen. Besonders problemreich sind z. B. Klebefolien, wenn häufige Änderungen auftreten.

**H.32** Einbindung der Leitsystem-Elemente in das Farbkonzept: Das Schild ist kein Fremdkörper, sondern selbstverständlicher Bestandteil des Gesamten.

**H.30–32** Leitsystem Accenture, Campus Kronberg Design und Realisation: unit-design, Frankfurt

## Corporate Design

Die so genannte Corporate Identity, das Erscheinungsbild einer Firma in der Öffentlichkeit, spiegelt auch deren Selbstverständnis hinsichtlich Arbeitsweise und Leistungsangebot wider. Die visuelle Wirkung nach außen wird durch das Corporate Design bestimmt. Natürlich sollte auch die Architektur – besonders wenn es firmeneigene Gebäude sind – in das Gesamtkonzept des Corporate Design eingeordnet werden. Dabei gibt es im und am Gebäude besonders sensible Elemente. Hierzu zählen z. B. jede Form von Schrift und Beschriftung, nach außen gezeigte Elemente wie Firmenlogo und Firmenfarben und eben auch alle Elemente des Leitsystems. Neben der Betonung der Unternehmensidentität ist das Corporate Design auch für die Wiedererkennung und Akzeptanz von Gebäuden wichtig. Folgende Fragen können eine wichtige Rolle spielen:

- Was produziert das Unternehmen, womit beschäftigt es sich?
- Was sind die wichtigsten Bestandteile der Unternehmensidentität, was möchte das Unternehmen zum Ausdruck bringen?
- Wie groß ist das Unternehmen, wird es sich ausweiten?

- Wie hoch ist die Zahl der Mitarbeiter?
- Welche »Bürophilosophie«, welches Raumgefüge und welche Arbeitsplatzformen sind vorherrschend?
- Gibt es bereits ein Corporate Design, in welchen Bereichen wird es bislang eingesetzt?
- Gibt es »feste« Ausbaustandards oder unternehmenseigene Möbelsysteme?
- Gibt es eine Farbe, die das Unternehmen einsetzt?
- Welche Typografie wird vom Unternehmen bereits genutzt?

Die Zusammenarbeit mit Fachleuten aus den Bereichen Grafik- und Kommunikationsdesign ist besonders bei großen Projekten ratsam.

## Identität und Orientierung

Beispielhaft sollen die Möglichkeiten von Orientierungs- und Leitsystemen an zwei realisierten Projekten erläutert werden, bei denen eine besondere Umgangsweise mit den Themen Identität und Orientierung gefunden wurde:

### Beispiel 1

Bei der Gestaltung und Umsetzung von Orientierungs- und Leitsystemen sind auch kleinteilige und sensible Detailpunkte zu lösen. **H.30** und **H.31** zeigen die Umgangsweise mit flexiblen Schilder-Bestandteilen, hier werden die Visitenkarten der Mitarbeiter während der Nutzung des Raums an dessen Türschild gesteckt. Durch diesen aktiven Vorgang findet hier eine besondere Identifizierung des Nutzers mit dem System statt.

Die festen Bestandteile des Systems wurden mit einem deutlichen Bezug zum Gebäude und dem Mobiliar entworfen. **H.32** zeigt am Beispiel eines Servicebereichs das Zusammenwirken von Typografie und den grafischen Elementen des Empfangstresens und der hinteren Wand. Das Schild wird dadurch integriert und wirkt nicht wie ein Fremdkörper. Trotzdem ist das System flexibel und kann auch in anderen Situationen und Bereichen angewendet werden.

### Beispiel 2

Leitsystem-Lösungen, die Identität und Orientierung bieten, entstehen durch eine grundsätzliche Auseinandersetzung mit der Architektur und den stattfindenden Abläufen. Die Abbildungen **H.33–37** stammen aus dem Swiss

Re-Bürogebäude in Unterföhring (Gebäudeentwurf: BRT, Hamburg; Leitsystem-Entwurf: Ruedi Baur, studio intégral Paris und unitdesign, Frankfurt) und vermitteln einen Eindruck von der Architektur und dem integrierten Leitsystem des Bürogebäudes für ca. 770 Mitarbeiter.

Die Architektur dieses sehr transparenten Gebäudes ist außen und innen stark auf Individualität und auch auf das Gruppengefühl der darin arbeitenden Menschen ausgerichtet worden. Die dabei stattgefundene Symbiose von Landschafts-, Hochbau- und Innenarchitekturplanung wird in geschickter Weise auch durch das Leitsystem aufgegriffen:

- Individuell gestaltete Außenbereiche unterstützen die Orientierung beim Blick nach draußen: Jeder Teil des Gebäudes hat seine eigene Gartengestaltung, ebenso hat der zentrale Innenhof (**H.33**) eine wichtige Bedeutung für die visuelle Wahrnehmung der Mitarbeiter.
- Die Fassaden sind mit Typografie ausgestattet und nehmen durch botanische Begriffe einen identitätsfördernden Bezug auf die Gärten, im Bereich des Innenhofs weisen großflächige Beschriftungen auf die Nutzung der jeweiligen Räume hin (**H.33**).
- Im Außenbereich stehen nicht die sonst allgegenwärtige Pylone, eine Integration des Firmenlogos und ein Hinführen zum Gebäude findet durch die ins Architekturkonzept integrierten Wandscheiben statt (**H.34**).
- Den unterschiedlichen vertikalen Erschließungskernen ist jeweils eine bestimmte Farbe hinsichtlich der Typografie zugewiesen, somit leiten sie schnell zu den zugeordneten Bürobereichen (**H.35**).
- Die Türschilder als kleinste Einheiten des Systems sind ebenfalls auf die Gesamtstruktur abgestimmt (**H.36**).
- Innerhalb des Gebäudes führen so genannte »Leitstäbe« (**H.37**) zu den jeweiligen Büroeinheiten.

Zur guten Orientierung in dem Gebäude trägt die gelungene Integration des Leitsystems in das Gesamtkonzept mit einer visuell deutlichen eigenen Gestaltungsebene bei. Diese unterstützt zudem die besondere Logik und die thematische Gestaltung der Architektur des gesamten Bürogebäudes.

**H.33** Die in das Orientierungssystem einbezogene Fassade dient als überdimensionaler Informationsträger.

**H.34** Das Logo des Unternehmens ist im Freibereich dezent in die Gesamtplanung integriert worden.

**H.35** Die Erschließungskerne wurden jeweils mit einer eigenen Farbe ausgestattet, die einen deutlichen Bezug zur Gartengestaltung nimmt.

**H.36** Türschilder: vertikal sind Kern-Bezeichnung und Raumnummer, horizontal Raumnutzung und -art.

**H.37** Transparente Leitstäbe und Orientierungsschilder informieren über die Belegung der Büroeinheiten.

H.39 bedeutungsvolle Beschriftung eines Treppenhauses, Verwaltungsgebäude Ruhr-Lippe, Dortmund, Architekten: Hansen + Petersen, Dortmund

# Times
**a** Serifenschrift

# Helvetica
**b** serifenlose Schrift

# Sand
**c** individuelle Schrift

**H.38** Schriftarten

## Elemente

### Bilder und Schrift

#### Bilder interpretieren

Aufgrund der Dichte von Informationen ist heute eine besondere Hinwendung zu Bildern festzustellen. Bilder kommunizieren direkter als Schrift und werden als ästhetisch wirkungsvoller angesehen. Sie sind überdies auch noch von den Lese- und Sprachkenntnissen und der Herkunft der sie betrachtenden Menschen unabhängig. Dabei ist aber zu beachten, dass Bilder immer individuell interpretiert werden und deshalb die Gefahr der unterschiedlichen Deutung besteht. Daher ist es entscheidend, dass Bilder für Orientierungs- und Leitfunktionen unmissverständlich und eindeutig gestaltet werden. Bildhafte Kommunikationsträger sind Symbole, Zeichen und – die ganz besonders deutlichen – Piktogramme.

### Schrift lesen

Schrift verlangt nach mehr Zeit, und der Nutzer bedarf der Fähigkeit zu lesen, um die jeweilige Botschaft zu verstehen. Schrift hat gegenüber dem Bild aber den Vorteil, Sachverhalte detaillierter und eindeutiger zu kommunizieren. Buchstaben und Zahlen sind somit detailliert und genau auf den Bedarf abstimmbare Elemente eines Leit- oder Orientierungssystems. Alle frühen Schriftsysteme verwendeten Bilder, so z.B. die Hieroglyphen. Von diesen Bilderschriften hin zur heutigen Buchstabenschrift war es ein langer kulturgeschichtlicher Weg. Heute stehen die Buchstaben für bestimmte Laute, aus denen sich Worte ergeben, die dann allein oder im Zusammenhang ihren Sinn ergeben, für das Verständnis aber keiner Bilddarstellung mehr bedürfen.

Wenn trotzdem eine Kombination von Bild und Schrift stattfindet, so geschieht dies i.d.R. mit einer ganz bestimmten Absicht – man denke z.B. an die Werbung oder eben auch an die Beschilderung in und an Gebäuden.

In der Kombination von Bild und Schrift wird visuelle Kommunikation komplex und erfordert größte Anstrengungen vom Gestalter. Im Zusammenhang mit Bildern darf Schrift hier nicht zum bloßen Anhängsel werden.

### Typografie

Typografie, also das Design einer Schrift, ist – so der berühmte Schriftentwerfer Adrian Frutiger – dann gelungen, wenn sie nicht (störend) auffällt: »Die Schrift muss so sein, dass der Leser sie nicht merkt. Wenn sie den richtigen Ausdruck in sich trägt, soll sich der Leser behaglich fühlen, denn die gute Schrift ist beides: banal und schön zugleich.« (Frutiger, Type – Sign – Symbol, Zürich 1980). Grundsätzlich hat Typografie drei Zielvorgaben:

1. das Wecken von Leseinteresse,
2. das Lesen selbst zu erleichtern,
3. Leserichtung und Geschwindigkeit zu bestimmen.

Heute stehen Schriften in riesiger Zahl zur Verfügung. Mit dem Computer lassen sie sich unabhängig von ihrer ursprünglichen Zweckbestimmung, z.B. als Bleidrucksatz, in jeder gewünschten Größe und Einstellung in den verschiedenen Medien verwenden. In der DIN 16518 sind die Schriften nach geschichtlich-formalen Aspekten klassifiziert. Einfacher ist die Grundeinteilung (**H.38**) in Serifenschriften

(z.B. Antiqua), serifenlose Schriften (z.B. Grotesk) sowie alle anderen Schriften.

Starre Auswahlregeln für Schriften gibt es nicht. Lesefreundlichkeit, ein angenehmer Kontrast der horizontalen und vertikalen Strichstärken sowie eine gut leserliche Laufweite sind entscheidende Merkmale gelungener Schrifttypen. Schrift sollte der Zeit und dem Umfeld entsprechen, in dem sie zum Einsatz kommt. Eine besondere Rolle muss immer auch dem Träger der Schrift beigemessen werden. Schriften auf der Wand (**H.39**) können Bestandteil der Architektur werden und sind ein beliebtes Gestaltungsmedium für Kunst am Bau.

### Piktogramme

#### Schnelle, unmissverständliche Botschaft

Zeichensysteme sind im modernen, mobilen Zeitalter notwendig wie nie zuvor. Das Bedürfnis des Menschen, sich an unbekannten Orten rasch und ohne verbale Kommunikation zu orientieren, wird durch klar verständliche Piktogramme erfüllt. Gerade dort, wo Menschenmengen in kürzesten Zeitabschnitten bestimmte Wege gehen oder bestimmte Orte finden müssen (**H.40**), übernehmen Piktogramme eben beispielsweise wesentliche Orientier- und Leitfunktionen. Piktogramme können als Kennzeichnung, Orientierung, Hinweis, Warnung, Belehrung, Information oder auch Werbung dienen. Piktogramme müssen folgende Kriterien erfüllen:

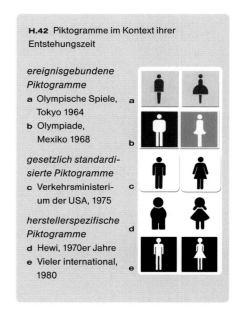

**H.42** Piktogramme im Kontext ihrer Entstehungszeit

*ereignisgebundene Piktogramme*
**a** Olympische Spiele, Tokyo 1964
**b** Olympiade, Mexiko 1968

*gesetzlich standardisierte Piktogramme*
**c** Verkehrsministerium der USA, 1975

*herstellerspezifische Piktogramme*
**d** Hewi, 1970er Jahre
**e** Vieler international, 1980

**H.40** Fluchtwegebeschilderung im Louvre, Paris (Erco)

- Visualisierung eines zu bezeichnenden Begriffs oder Sachverhalts (Zeichenhaftigkeit ist dabei der Unterschied zur Illustration),
- Sprachenunabhängigkeit, Internationalität,
- gute Lesbarkeit, Unmissverständlichkeit,
- Verständlichkeit für Personen aus unterschiedlichen Alters- und Bildungsgruppen sowie mit verschiedenem kulturellen Hintergrund,
- kulturelle Ausgewogenheit, keine Verletzung kultureller Eigenheiten oder gesellschaftlicher Tabus,
- klare Botschaft: einfache Richtungspfeile z. B. können jedwede Aussage, was in der Richtung zu finden ist, beinhalten, haben deshalb lediglich Zeichencharakter und sind keine Piktogramme (**H.41**).

**H.43** Piktogramme (Otl Aicher für Erco)

Orientierung in Gebäuden

Transportmittel

Gepäck

Piktogramme stehen genau wie die Schrift immer im Kontext ihrer Zeit und ihrer hauptsächlichen Anwendungsbereiche. Die unterschiedlichen Toiletten-Symbole (**H.42**) zeigen z.B. erhebliche Unterschiede hinsichtlich Gestik, Körpergröße und Mode. Allen gemeinsam ist jedoch die abstrahierte Darstellung stehender männlicher oder weiblicher Personen.

Ein Wechseln von Piktogrammen aus Mode- und Trendgründen sollte immer reiflich überlegt und sehr sorgsam vollzogen werden, v. a. wenn es sich um wichtige Piktogramme handelt, die z. B. der Sicherheit (Fluchtwegbeschilderung) dienen.

**H.43** zeigt eine Auswahl der von Otl Aicher 1976 für Erco entwickelten Piktogramme, denen seine Entwürfe für die Olympischen Spiele 1972 zugrunde liegen.

**H.41** Richtungspfeile haben nur dann eine eindeutige und unmissverständliche Bedeutung, wenn der Betrachter weiß, was in der angezeigten Richtung zu finden ist.

## Piktogramme haben Tradition

Je nach Bekanntheitsgrad sind Piktogramme viel leichter verständlich als Beschriftungen oder Zahlenfolgen.

Deshalb sind bestimmte Piktogramme auch über Jahre oder sogar Jahrzehnte hinweg in Benutzung. Besonders in Verkehrseinrichtungen wie Bahnhöfen und Flughäfen sowie dort, wo besonders große Menschenmassen geleitet werden müssen, wie auf Messen oder Sportveranstaltungen, sind – international nahezu einheitliche – Piktogramme verbreitet.

## Piktogramme für Fluchtwege

DIN 4844 beschreibt die Anforderungen an Fluchtwegbeschilderungen. Die Schilder sollen die Grundfarbe Grün besitzen, die im Gebäudeinneren eine gute Erkennbarkeit und Kontrastfunktion gewährleistet (**H.40**). Fluchtwegpiktogramme sind nicht frei »erfindbar«, sondern orientieren sich genau an den DIN-Vorgaben.

Ihre Platzierung muss genau dort geschehen, wo sie im Gefahrenfall benötigt und wirklich von allen gleichermaßen gut erkannt werden können. Wenn sich Fluchtwegs- und Sicherheitsbeschilderungen mit individuellen Orientierungs- oder Leitsystemelementen »kreuzen«, muss darauf in der Farbverwendung der anderen Elemente Rücksicht genommen werden.

## Informationsträger

### An welchem Ort soll welche Information vermittelt werden?

Für den Einsatz innerhalb eines Orientierungs- oder Leitsystems gilt es, die zur Verwendung kommenden visuellen Mittel professionell auf die jeweiligen Anforderungen abzustimmen.

**H.44** Orientierung am Beispiel Parkhaus – Schrift direkt an der Wand

Je nach Nutzungsart und Architektur muss entschieden werden, ob die Beschriftungen direkt auf Wandelementen oder anderen Bauteilen erfolgen sollen, oder ob der Einsatz von Schildern besser ist.

Das Spektrum unterschiedlicher Gebäudearten und deren Nutzungen ist sehr umfangreich und es muss eine individuelle Abstimmung auf die jeweiligen Gegebenheiten erfolgen, dies natürlich auch unter Berücksichtigung des verfügbaren Budgets.

### Wandflächen

Bei **H.44** stellt die besondere Größe der Schrift, die direkt auf die Wand aufgemalt oder aufgeklebt wird, das entscheidende Merkmal dar. Darüber hinaus sind natürlich unterschiedlichste Lösung hinsichtlich der Typografie und der Schriftfarbe in Abstimmung mit der Wandfarbe vorstellbar. Hier kommt es auf eine leichte Lesbarkeit während der Fahrt mit dem Auto und auch aus größerer Entfernung an.

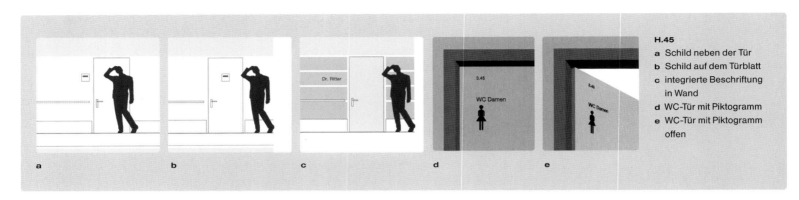

**H.45**
a Schild neben der Tür
b Schild auf dem Türblatt
c integrierte Beschriftung in Wand
d WC-Tür mit Piktogramm
e WC-Tür mit Piktogramm offen

H.46 Orientierung im Verwaltungsgebäude – Flächen-
grafik, Verwaltungsgebäude Ruhr-Lippe, Dortmund,
Architekten: Hansen + Petersen, Dortmund, Bild: Erco

H.47 Orientierung im Parkhaus – Schrift auf Stützen und
Wänden (Leuchtenlösung: Zumtobel Staff)

### Orientierung an der Tür (H.45)

Raum-Bezeichnungen sollten schnell verstanden werden. Raumschilder werden i.d.R. neben oder auf der Tür (a,b) angebracht. Mit einer
direkt auf der Wand angebrachten Beschriftung (c) oder mit Leichtbau-Wandmodulen
wird eine stärkere Integration in die Architektur
erreicht, diese Möglichkeiten sind aber aufwendiger und außerdem weniger flexibel. Eine
direkte Beschilderung der Tür ist unmissverständlich und lässt die Wandflächen frei.
Wenn die jeweiligen Türen offen stehen, wird
die schnelle Erkennbarkeit jedoch eingeschränkt (d, e).

### Grafiken

Besonders in Verwaltungsgebäuden können
Möglichkeiten und Spielarten des Grafikdesi-
gns als Grundlage für Leitsysteme genutzt werden. Der Wegweiser in H.46 transportiert neben
der Geschosszahl auch Bildinhalte, die sich
auf die Arbeitsfelder der Nutzer beziehen – und
wirkt darüber hinaus sehr dekorativ.

### Farbige Architekturelemente

Der Problematik, dass Parkhäuser oft sehr
düster wirken, ist in H.47 entgegengewirkt worden. Unterschiedliche Leitfarben wurden auf
die Stützen aufgetragen, darauf und auf Wänden befinden sich kurz gehaltene, jedoch
große und kontrastreiche Buchstaben- und
Zahlencodes. Der besondere Umgang mit
architektonischem Element (Stützen, Wandscheiben), Farbe und Typografie führt hier zu
einer besonders klaren Orientierung im diesbezüglich ansonsten oft äußerst problema-
tischen Bereich Parkhaus. Eine Abstimmung
mit dem Beleuchtungskonzept ist hierbei notwendig.

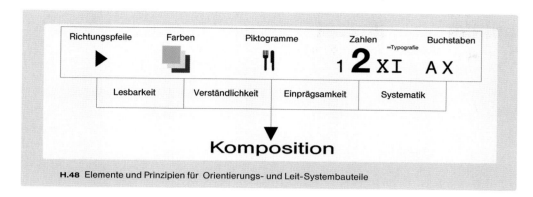

**H.48** Elemente und Prinzipien für Orientierungs- und Leit-Systembauteile

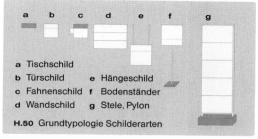

a Tischschild
b Türschild     e Hängeschild
c Fahnenschild   f Bodenständer
d Wandschild    g Stele, Pylon

**H.50** Grundtypologie Schilderarten

## Beschilderungssysteme

### Kompositionselemente (H.48)

Ziel ist immer, eine möglichst klare und unmiss-verständliche Komposition zu erstellen, die Grundlage eines funktionierenden Orientie-rungs- und Leistsystems ist. Wichtige Parame-ter sind dabei Lesbarkeit, Verständlichkeit, Einprägsamkeit und eine Systematik, die v. a. bei größeren Gebäuden unverzichtbar ist.

**H.49** Leitsystem »Accenture«, Campus Kronberg
Design und Realisation: unit-design, Frankfurt

### Flexibilität (H.49)

Die Verwendung von Schildern und vom Nutzer oder Betreiber des Gebäudes selbst änderba-rer Beschriftungsinhalte ist v. a. dort ange-bracht, wo wechselnde Raumbelegungen oder komplexe und flexibel zu haltende logistische Bedingungen vorherrschen. Dabei muss ei-nerseits an leichte Handhabe, andererseits je-doch an ästhetische Qualität und Diebstahl-schutz gedacht werden. Für die Herstellung neuer Beschriftungsinhalte sind gegebenen-falls geeignete Computertools mit vom Grafiker vorbereiteten Layouts sinnvoll, in die die Be-treiber nur noch Textänderungen einzutragen brauchen. Verschiedene Hersteller bieten ei-nen derartigen Service an.

### Schilder-Typen (H.50)

Systemhafte, zusammenhängende Lösungen erfordern bei der Gestaltung und Konfiguration von Schildern eine funktionelle Einteilung nach deren Form, ihrer Anbringung sowie ihres Ein-satzortes. Hersteller von Schildersystemen konfigurieren in der Regel so auch ihr Sorti-ment.

Im Folgenden sollen kurz die wichtigsten Schil-dertypen (H.51) vorgestellt werden.

#### Wandschilder (a)

Direkt flächig an die Wand montiert werden sie zur Raum- oder Bereichskennzeich-nung, als Richtungswegweiser oder auch an »Knotenpunkten« wie Treppen oder Auf-zugsbereichen und zur Fluchtwegskenn-zeichnung verwendet.

#### Flügelschilder (b)

Sie werden im 90°-Winkel an die Wand oder Stütze montiert, eignen sich v. a. als Rich-tungswegweiser sowie für Bereichskenn-zeichnungen.

#### Hängeschilder (c)

An der Decke hängend werden sie v. a. als Richtungswegweiser sowie zur Fluchtwegs-kennzeichnung eingesetzt.

#### Frei stehende Schilder (d)

Sie werden v. a. in Foyers oder vor Gebäu-den zur Gebäudebezeichnung, Adress-kennzeichnung und als Richtungsweg-weiser verwendet.

#### Pylone (e)

Sie werden v. a. zur Gebäudekennzeich-nung im Freibereich im Zusammenhang mit der Fassade bzw. dem architektoni-schen Gesamtausdruck des Gebäudes eingesetzt. Pylone sind im Unterschied zu flächigen Schildern plastische Elemente, an denen wiederum Schilder angebracht sein können.

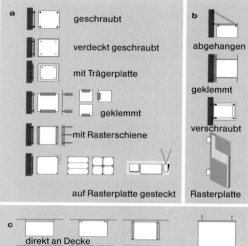

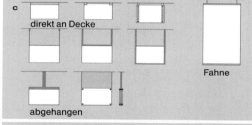

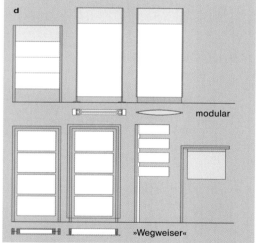

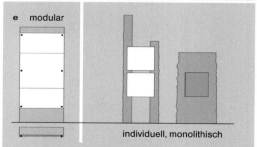

**H.51 a–e** wichtigste Schilderkonstruktionen:
a Wand-, b Flügel-, c Hängeschilder,
d frei stehende Schilder, e Pylone

**H.52** Neue Messe Rimini, Beschilderung der äußeren Verkehrszonen, Arch.: gmp, Hamburg, Leitsystem: atelier Mac Kneißl, München
Einfach und plausibel wirkenden Lösungen von Leitsystemen liegen meist tiefgehende Überlegungen und Planungsleistungen zugrunde.

## Größe und Lesbarkeit

Der Größenmaßstab, die Anordnung der Einzelelemente sowie beinhaltete visuelle Elemente eines Orientierungssystems im öffentlichen Raum müssen nach ergonomischen Kriterien erfolgen. Für vorbeilaufende Menschen müssen andere Lösungen geschaffen werden als für davor stehende »Leser« (**H.53 a**). Mobilität und Geschwindigkeit bedarf wiederum eigener

Lösungen (**H.53 b**). Aber nicht nur die Geometrie, sondern auch Licht, Leuchtdichten, Materialbeschaffenheiten, Kontraste, Blendung, Spiegelungen und Reflexionen (z.B. bei Schildern hinter Glas) sind zu bedenken. Das Lesen und Verstehen der jeweiligen Informationen erfordert besonders eine Abstimmung von Piktogramm- und Schriftgrößen auf die Fähigkeiten der verschiedenen Nutzer. So dürfen z.B. sehbehinderte Menschen nicht durch eine zu kleine Schrift benachteiligt werden.

### Faustregeln und Empfehlungen

Formen und Größen von Schriften werden in DIN 1450 und 1451 geregelt. In DIN 1451 werden Angaben zu Größen in Abhängigkeit vom Leseabstand sowie zu weiteren Details wie Zeichenbreiten, -abständen etc. gemacht. Diese normativen Angaben sind bezüglich jeweils vorherrschender Lesebedingungen (gut, ausreichend, ungünstig) zu erfüllen, eine Definition der jeweiligen konkreten Lesebedingung ist jedoch in der Praxis häufig schwierig. Daher sei hier auf eine Faustregel für die Größe von Piktogrammen und Buchstaben bzw. Ziffern hingewiesen, die sich an Mittelwerten der DIN orientiert (die Faustregel gilt für weit verbreitete und gut lesbare Schriftarten):

- Die enthaltenen Kleinbuchstaben müssen in der Höhe (B) 1/200 des maximalen Be-

trachtungsabstands (A) betragen (**H.54**). Dies gilt für Beschriftungen, vor denen man stehen bleibt.
- Für Informationen und Schilder, an denen man vorbeigeht, ist ein zusätzliches Multiplizieren mit Faktor 1,2 notwendig.

Im Sinne eines »Design for all« ist die Anbringung in einer durchschnittlichen Augenhöhe von 1,50–1,60 m sinnvoll. So sind Beschriftungen z.B. auch für Rollstuhlfahrer noch gut lesbar.

Um Benachteiligungen von sehschwachen bzw. sehbehinderten Menschen so gering wie möglich zu halten, sei auf die Einhaltung von Größenanforderungen hingewiesen, die in zwei europäischen Ländern empfohlen werden und so nicht von der DIN berücksichtigt werden:

Der Norwegische Blindenverband gibt Empfehlungen für die Buchstabengröße im Zusammenhang mit der Anbringungshöhe (**H.55**).

Schweizer Richtlinien geben Buchstabengrößen für Sehbehinderte mit den in **H.56** gezeigten Werten an. Die verschiedenen Angaben sind gegebenenfalls gegeneinander abzuwägen bzw. es sollte zugunsten des jeweils größeren Wertes entschieden werden. Die speziellen Faktoren und Möglichkeiten für barrierefreie Lösungen werden ausführlich im Kapitel I, Barrierefrei, besprochen.

**H.53 a, b** Für die Olympischen Spiele 1976 in Montréal wurden nach vorbildlicher Grundlagenarbeit auf die Anforderungen des Verkehrs und der Mobilität abgestimmte Infotafeln entwickelt.

**H.54** Höhe der Kleinbuchstaben im Verhältnis zum maximalen Betrachtungsabstand (Quelle: Bibliotheksbereich Expertenrat)

| Anbringungshöhe innen | Buchstabengröße |
|---|---|
| 130–200 cm | mind. 35 mm, besser 50 mm |
| 200–250 cm | mind. 50 mm, besser 70 mm |
| 250–300 cm | mind. 70 mm, besser 100 mm |
| über 300 cm | keine Anbringung sinnvoll |
| *außen* | mind. 100 mm, besser 140 mm |

| Anbringungshöhe innen | Piktogrammgröße |
|---|---|
| unter 200 cm | mind. 200 « 200 mm |
| über 200 cm | mind. 280 « 280 mm |
| *außen* | mind. 400 « 400 mm |

**H.55** Empfehlungen des Norwegischen Blindenverbands

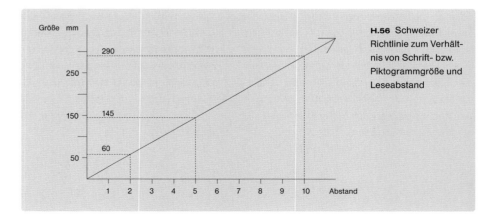

**H.56** Schweizer Richtlinie zum Verhältnis von Schrift- bzw. Piktogrammgröße und Leseabstand

**I.01** Zeichnung aus dem 15. Jh.

# Grundbetrachtung

## Befremdlichkeit und Nähe

### Am Wegrand

Die Zeichnung **I.01** aus dem 15. Jahrhundert stellt einen Menschen dar, der am Wegrand sitzt und bettelt. Da er selbst nicht gehen kann, besitzt er, um sich fortzubewegen, ein so genanntes »Beinleder« mit einem »Rutschbänkchen«, wie sie in dieser Zeit verwendet wurden. Das einzige auf der Zeichnung abgebildete Gesicht ist das eines Kindes. Es blickt nicht zu dem am Rand sitzenden Mann – ein frühes Beispiel für die Umgangsweise mit Behinderung und der damit oft verbundenen Armut: Man geht an diesen Menschen vorbei, blickt geradeaus, dem eigenen Weg folgend, gibt vielleicht ein Almosen.

### Dabei sein

Der zum Rollstuhl umfunktionierte Stuhl aus den zwanziger Jahren des letzten Jahrhunderts (**I.02**) ist ein ganz normaler Holzstuhl, der mit einer »Spezialausstattung« versehen worden ist. Natürlich kann er hinsichtlich der Funktionalität nicht mit einem modernen Rollstuhl konkurrieren, aber er ist dennoch als dessen Vorstufe anzusehen. Der Nutzer oder die Nutzerin könnte mit dabei sein, in der Wohnung, am Esstisch. Für die heutige Gestaltung von Ausstattungen und Produkten für Menschen mit Behinderungen könnte dieser »rollende Stuhl« eine bildliche Bedeutung haben, da er einerseits ein Hilfsmittel für Behinderung oder vielleicht Altersschwäche darstellt, zum ande-

ren aber auch ganz normal zum Inventar eines Hauses gehört.

Wichtig ist in diesem Kontext der sich auch in Deutschland im barrierefreien Gestalten und im Produktdesign etablierende Begriff des »Universal-Designs«: Das Design von Produkten sollte niemanden ausschließen, sondern allen Menschen, groß oder klein, alt oder jung, gesund oder krank, Menschen mit unterschiedlichen Fähigkeiten und Bedürfnissen, gerecht werden. Der Nutzer steht im Mittelpunkt des Interesses.

### Nähe statt Distanz

Das Bild **I.03** stammt aus einem Kindermalwettbewerb zum Thema »barrierefrei«. Der dazu gelieferte Text lautet: »Einer, der heute noch gesund ist, kann morgen schon behindert sein. Man muss der Realität ins Auge blicken und darf niemanden, der anders ist als man selbst, diskriminieren, denn es könnte morgen einen schon selbst treffen« (Carolin Wellendorf, 15 Jahre).

Treffender kann man diese Tatsache nicht zum Ausdruck bringen. Dabei kann »morgen« die nächste Sekunde bedeuten oder aber erst viel später, am Lebensabend durch die stetige Alterung, eintreten. Der Mensch im Rollstuhl steht symbolisch für geänderte Lebenssituationen. Die Tatsache des »Betroffenseins« kann natürlich auch durch behinderte Familienangehörige ausgelöst werden. Für den Umgang mit barrierefreier Gestaltung sollte eine dementsprechende Grundhaltung gewonnen werden: Aus Fremdheit wird Nähe, wenn man sich selbst mit einbezieht.

## Bauen und Gestalten für alle

### Eine alternde Gesellschaft

Die Menschen werden aufgrund medizinischer Fortschritte immer älter, zudem werden in den wohlhabenden Ländern weniger Menschen geboren.

So wird es in naher Zukunft besonders viele alte Menschen geben. Zahlen und Statistiken zur Bevölkerungsentwicklung sind bekannt und erfordern Lösungen für die sich ändernden Bedingungen. Das Lebensalter, die Finanzen, der Lebensraum, das Lebensumfeld, die Rolle der Arbeit, aber auch Krankheit und Pflege, Alter und Tod müssen stärker wahrgenommen werden.

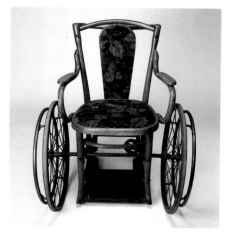

**I.02** Zimmerrollstuhl, um 1920

### Viele Arten von Behinderung

Es gibt viele Ursachen, die zu einer Behinderung führen können: verschiedene Krankheiten, Alter oder Unfälle, manche Behinderungen erwirbt man im Laufe seines Lebens, andere bestehen von Geburt an (verschiedene Arten von Behinderungen zeigt **I.04**).

Das bedeutet für Planungsprozesse ein breites Spektrum vom Vorsehen späterer behindertengerechter Einbauten wie z. B. einem Aufzug und dem »nicht-Verbauen« dieser optionalen Möglichkeiten bis zur sofortigen barrierefreien

**I.03** »Einer, der heute noch gesund ist, kann morgen schon behindert sein.«

**I.04** europäische Statistik über Arten von Behinderungen (Anzahl Menschen in Millionen)

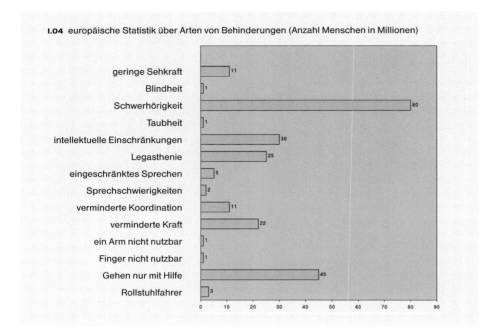

Barrierefreiheit sollte ein selbstverständliches Anliegen beim Bauen und Gestalten von Produkten werden. Unabhängig davon, ob es sich um eine Wohnung, ein öffentliches Gebäude, einen öffentlichen Platz, um ein Verkehrsmittel und dafür notwendige Einrichtungen, um Gebrauchs- oder um Ausstattungsprodukte für Gebäude oder andere Bereiche handelt, ist dieser Anspruch unbedingt zu erfüllen bzw. es sind Lösungen herbeizuführen, um diesbezügliche Missstände zu beseitigen.

Zusammenfassend sollte bedacht werden:
- Behinderungen können jeden betreffen,
- Behinderung ist nicht gleich Behinderung,
- der Architekt bzw. Planer muss als Vordenker barrierefreie Gestaltung und barrierefreies Bauen gewährleisten bzw. sollte entsprechende Möglichkeiten nicht »verbauen«,
- barrierefreies Bauen ist nicht gleichzusetzen mit »teurem Bauen«.

## Barrierearten

Grundsätzliche maßlich-geometrische Anforderungen, die notwendig sind, um Menschen allein oder in Begleitung ihre Bewegungsfreiheit zu gewährleisten, sind in I.05 dargestellt. Sind sie nicht erfüllt, ergeben sich für viele Menschen vertikale, horizontale oder räumliche Barrieren. Bauliche Gegebenheiten wie Wände oder Türen, aber auch Anordnungen von Stützen und Pfeilern, sämtliche in Gebäuden befindliche Ausstattungselemente wie z.B. Möbel können solche Barrieren darstellen. Außerhalb von Gebäuden sind dies z.B. Mauern oder zu breite Hecken an Wegen. Doch nicht nur Dinge, die im Weg sind oder Platz wegnehmen, sind Barrieren. In tagtäglichen Gegebenheiten und Situationen können weitere Barrieren auftreten, wenn Menschen sich bewegen, etwas benutzen oder bedienen, etwas sehen und erkennen müssen, sich orientieren, sich sicher fühlen wollen, alle funktionierenden Sinne nutzen möchten und müssen.

Die Vielfalt an möglichen Barrierearten muss dem Planer bewusst sein, damit er eine barrierefreie Gestaltung und barrierefreies Bauen realisieren kann.

Die wichtigsten Barrierearten sind:

Ausstattung bestimmter Bereiche. Die für das barrierefreie Bauen wichtigsten Nutzergruppen sind:
- Rollstuhlfahrer,
- Gehbehinderte,
- Blinde und Sehbehinderte,
- Gehörlose und Hörgeschädigte,
- Menschen mit sonstigen Behinderungen,
- klein- und großwüchsige Menschen,
- alte Menschen.

Außerdem profitieren natürlich auch Kinder von vielen Details des barrierefreien Bauens wie z.B. der Vermeidung von Türschwellen oder den Anbringungshöhen von 85 cm für Waschtische, Türdrücker, Schalter.

### Vorteile barrierefreien Bauens und barrierefreien Gestaltens

Eine barrierefreie Planung und Umsetzung ermöglicht jedem Menschen:
- größtmögliche Selbstständigkeit,
- Schutz seiner Privatsphäre,
- Sicherheit,
- Eigenständigkeit und Mobilität,
- seine Bedürfnisse aufgrund eigener Körpermaße und Maßverhältnisse und seiner physiologischen und psychologischen Fähigkeiten, seiner Körperkraft und seiner Ausdauer zu erfüllen,
- eine höchstmögliche »Bewegungsfreiheit« wegen seiner kognitiven Fähigkeiten und seines Lebenszyklusses beizubehalten.

### Wirtschaftlichkeit

Fachkundige Stellen haben nachgewiesen, dass sich barrierefreies Bauen lohnt, da die höheren Erstinvestitionen durch das Vermeiden späterer, i.d.R. viel höherer Investitionen wieder ausgeglichen werden: Die Wohnung muss nicht nachträglich umgebaut werden, der Umzug in eine andere, behindertengerechte Wohnung oder in ein Pflegeheim läst sich vermeiden oder aufschieben. Aufgrund der demographischen Entwicklung in Deutschland bedeutet Barrierefreiheit auch eine starke Zukunftsorientierung.

### Gleichstellungsgesetz

Zum 1. Mai 2002 wurde in Deutschland das Behinderten-Gleichstellungsgesetz verabschiedet und somit rechtskräftig. In diesem Gesetz werden für die verschiedenen gesellschaftlichen Bereiche Regelungen getroffen, die eine Gleichstellung behinderter Menschen ermöglichen sollen. In der Planung muss seither das Augenmerk noch stärker auf die Erfüllung der Anforderungen barrierefreier Gestaltung gerichtet werden, insbesondere bei öffentlichen Gebäuden und Einrichtungen. Das geschieht zunächst auf Bundesebene, und es ist zu hoffen, dass auch das Länderrecht entsprechend darauf abgestimmt wird. Falsch geplante und gebaute Bereiche können rechtliche Konsequenzen nach sich ziehen, ein Verbandsklagerecht der Betroffenen steht dabei zur Debatte.

## 1. vertikale Barrieren

- hohe Stufen oder Bordsteinkanten
- hohe Türschwellen und Aufkantungen an Außentüren (z. B. zu einem Balkon)
- hohe Duschwannen, Badewannen

## 2. horizontale Barrieren

- schmale Türen
- enge Flure

## 3. räumliche Barrieren

fehlende Bewegungsräume, also:
- zu kleine Räume
- wenig Bewegungsfläche vor Nutzungen wie Waschplatz, WC

## 4. ergonomische Barrieren

- fehlende Handläufe
- keine Haltegriffe an Funktionsplätzen wie Waschplatz, WC, Dusche
- Griffe, die der Hand keinen Halt geben
- keine Sitze in Duschen
- lange Treppenläufe ohne Sitzgelegenheit

## 5. anthropometrische Barrieren

- zu hoch oder zu tief angeordnete Bedienelemente wie Griffe, Armaturen, Klingeln, Schubladen
- nicht funktionierende Greifräume an Waschplätzen, Schreibplätzen etc.
- zu hohe Brüstungen, die das Sichtfeld einschränken
- bauliche Gegebenheiten, die nur am gesunden, erwachsenen, durchschnittlich großen Menschen orientiert sind

## 6. sensorische Barrieren

- ungenügende Beleuchtung
- ungenügende Kontraste
- fehlende taktile Informationen
- fehlende optische Hinweise für Hörgeschädigte
- fehlende akustische und taktile Hinweise für Blinde
- zu raue Wandflächen in Fluren und Treppenhäusern

## Übersicht Normung

Für das barrierefreie Bauen existiert eine Vielzahl von Regelungen, die momentan auf den – noch geltenden – DIN 18024 und DIN 18025 basieren, demnächst aber in der DIN 18030 zusammengefasst werden. In den verschiedenen Landesbauordnungen (LBOs) sind die DIN-Regelungen größtenteils verankert, jedoch gibt es hier Abweichungen in den einzelnen Bundesländern.

Trotz aller Reglementiertheit durch DIN-Normen und LBOs ist es empfehlenswert, zusätzlich das Gespräch mit Betroffenen zu suchen, um Wesentliches zu erkennen und um Unwegsamkeiten, die in der gebauten Umgebung noch viel zu oft auftreten, zu vermeiden.

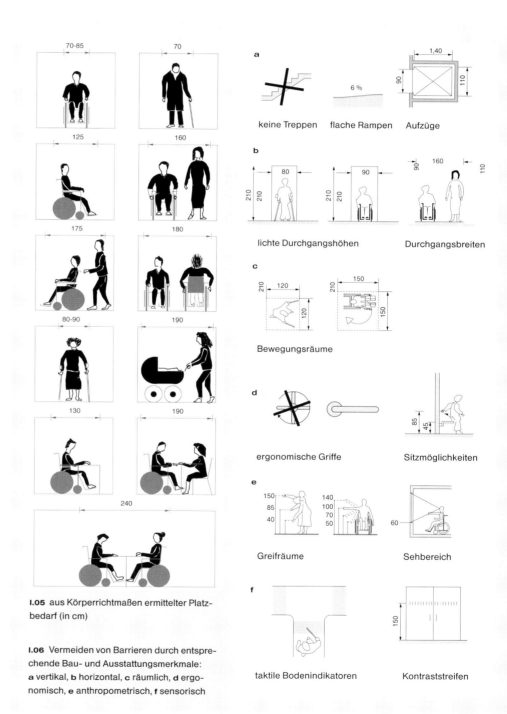

**I.05** aus Körperrichtmaßen ermittelter Platzbedarf (in cm)

**I.06** Vermeiden von Barrieren durch entsprechende Bau- und Ausstattungsmerkmale: **a** vertikal, **b** horizontal, **c** räumlich, **d** ergonomisch, **e** anthropometrisch, **f** sensorisch

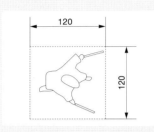

**I.07** Bewegungsfläche 150 x 150 cm, rollstuhlgerechte Planung nach DIN 18025, Teil 1

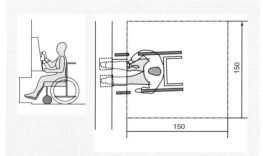

**I.08** Bewegungsfläche 120 x 120 cm, gehbehinderten-gerechte Planung nach DIN 18025, Teil 2

**I.09** Bewegungsfläche vor Fernsprecheinrichtung: Ein Nachweis der Bewegungsflächen (für Rollstuhlfahrer mind. 1,50 x 1,50 m) ist Grundlage für die barrierefreie Nutzbarkeit von öffentlichen Einrichtungen.

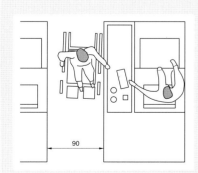

**I.10** Kassen-Durchfahrt nach DIN 18024, Teil 2: Der Durchgang ist gleichzeitig eine Durchfahrt. Das roll-stuhlgerechte lichte Maß beträgt 90 cm. Es gilt genau-so für Durchgänge in Schalterbereichen, Kontroll-bereichen an Flughäfen usw.

## DIN 18025

### Barrierefreies Wohnen

Die barrierefreie Planung, Ausführung und Ein-richtung von Wohnungen erfordert beim Planer genaue Kenntnisse der notwendigen Kriterien. In der planerischen und anschließenden bau-lichen Umsetzung müssen daraus optimal auf die Anforderungen behinderter Menschen ab-gestimmte Lösungen entwickelt und realisiert werden.

In der DIN 18025 sind die wichtigsten Kriterien für barrierefreies Wohnen enthalten. Die Nor-men in Teil 1 betreffen die besonderen Anfor-derungen von Rollstuhlbenutzern, d. h. eine Wohnung (und alle ihre Einrichtungselemente), die nach DIN 18025, Teil 1, geplant ist, muss insgesamt und in allen Räumen von Rollstuhl-benutzern selbstständig und ohne fremde Hilfe genutzt werden können. Das gilt auch für außerhalb der Wohnung liegende Bereiche wie die Erschließung und Gemeinschaftsräume. Teil 2 behandelt selbstständiges Wohnen für alle Menschen, insbesondere Menschen mit Behinderungen sowie ältere Menschen. Eine auf die Inhalte der DIN 18025, Teil 2, abge-stimmte Wohnungsplanung und Umsetzung ermöglicht den Bewohnern eine Benutzung der Wohnung und ihrer Einrichtungselemente ohne fremde Hilfe. Das gilt insbesondere für Blinde, Sehbehinderte, Gehörlose, Hör-geschädigte, Gehbehinderte, Menschen mit sonstigen Behinderungen, ältere Menschen, Kinder, klein- und großwüchsige Menschen. Eine wichtige Planungsgrundlage für barriere-freies Wohnen ist der Nachweis der geforder-ten Bewegungsflächen (**I.07, I.08**).

## DIN 18024

### Öffentliche Bereiche

In der DIN 18024 sind die wichtigsten Kriterien für barrierefreies Bauen in öffentlichen Be-reichen enthalten. Teil 1 beinhaltet Planungs-grundlagen für Straßen, Plätze, Wege, öf-fentliche Verkehrs- und Grünanlagen sowie

Spielplätze. Teil 2 betrifft öffentlich zugängliche Gebäude und Arbeitsstätten.

Die Regelungen betreffen bei öffentlichen Gebäuden und Bereichen neben den Erschlie-ßungswegen und Sanitärräumen auch Telefon-zellen (**I.09**), Kassen (**I.10**), Briefkästen, Auto-maten, Bedienelemente u. Ä.

## DIN 18030 E

### Neue Norm – zukünftige Geltung

Die geplante Zusammenfassung der bisheri-gen vier Normenreihen DIN 18024, Teil 1 und 2, und DIN 18025, Teil 1 und 2, in eine neue Norm DIN 18030 (zur Zeit noch als Entwurf DIN 18030 E in Bearbeitung) soll ein besseres Ver-ständnis der bislang etwas verstreuten Inhalte der Normreihen ermöglichen.

In dieser neuen Norm werden auch erstmals Anforderungen für die visuelle, die taktile und die auditive Orientierung (hören, tasten, füh-len) beschrieben und dazu die Einhaltung des Zwei-Sinne-Prinzips gefordert. Das bedeutet, dass bei Ausfall oder Einschränkung eines Sinnesorgans ein Ausgleich hinsichtlich eines für die jeweilige Aufgabe auch verwendbaren anderen Sinnesorgans angeboten werden muss, z. B.: »Sehen statt Hören«. Zusätzlich werden erstmals Anforderungen für Rettungs-wege deutlich definiert.

Ab der Gültigkeit der DIN 18030 soll jeder Pla-ner selbst entscheiden, wie er die in der Norm definierten Anforderungen erfüllt. Bisherige in den Normenreihen enthaltene Ausführungs-beispiele sollen entfallen. Dadurch entsteht natürlich Unsicherheit, besonders bei erstma-ligen »Anwendern« der Norm, die nicht sofort erkennen können, wie genau nun die Anforde-rungen zu erfüllen sind.

Es ist davon auszugehen, dass nach erfolgten Einsprüchen eine Überarbeitung und Bereini-gung der Schwierigkeiten erfolgt und eine zukünftige Orientierung dann allein an der neuen Norm 18030 erfolgen kann. In der Über-gangszeit sind DIN 18024 und DIN 18025 natürlich weiterhin gültig.

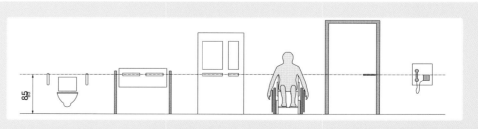

**I.11** Bedienungsvorrichtungen in öffentlichen Be-reichen und Gebäuden müssen genau dieselbe

Ergonomie aufweisen wie in Wohnbereichen. Die rote Linie in der Abbildung markiert die Höhe von 85 cm.

I.12　Außentreppe, Herrnhuter Diakonie

I.13　Treppenstufen: trittsichere Ausbildung

richtig

bedingt richtig

falsch

# Vertikale Erschließung

## Treppen

Treppen stellen an sich für viele behinderte Menschen schon Barrieren dar. Sie sind daher im eigentlichen Sinn nicht als »barrierefrei« anzusehen. Die im Kapitel »Treppenbau« beschriebenen Inhalte müssen deshalb hier modifiziert werden.

Obwohl eine »stufenfreie Erschließung« in mehrgeschossigen Gebäuden, die nach DIN 18025, Teil 1, konzipiert werden, gewährleistet sein muss, sind auch hier Treppen als Rettungswege unerlässlich. Unter Berücksichtigung von DIN 18025, Teil 2, sowie DIN 18024, Teil 2, und auch aus praktischen Erfahrungen ergeben sich folgende Kriterien für sicher begehbare Treppen:

### Treppengeometrie (I.14)

- Treppenläufe müssen gerade sein, die Stufen- bzw. Podestregel (siehe Kapitel »Treppen«) ist zu beachten.
- Die Bewegungsfläche vor Treppen muss mind. 150 cm breit und ebenso tief sein, wobei die oberste Stufe von Treppenläufen nicht mit anzurechnen ist.
- Abwärtsführende Treppenläufe sind um eine Stufenbreite von der Bewegungsfläche zurückzuversetzen.

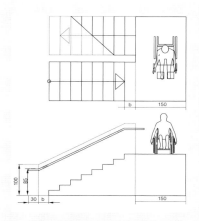

I.14　Treppengeometrie: Maßvorgaben

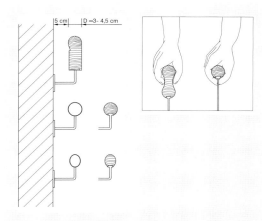

I.15　Handläufe: griffsichere Ausbildung

- Die nutzbare Treppenlaufbreite muss im lichten Maß mind. 120 cm betragen.

### Treppenstufen (I.13)

- Steigungsverhältnis zwischen 17,5/29 und 15/33
- keine Stufenkantenprofilierung
- Stufenunterschneidungen sind zu vermeiden, beim Hinabgehen entstehen sonst zu kleine Auftritte!
- rutschfeste Stufenoberflächen
- Glasstufen möglichst vermeiden

### Handläufe

- beidseitige Ausstattung mit Handläufen mit einem Durchmesser von 3–4,5 cm
- Innerer Handlauf darf am Treppenauge nicht unterbrochen sein.
- Anfang und Ende des Treppenlaufs sind frühzeitig zu kennzeichnen,

beispielsweise durch taktile Hilfen an den Handläufen.

- Herausragen des äußeren Handlaufs in 85 cm Höhe um 30 cm über das Treppenende hinaus
- Handläufe in 85 cm Höhe und mit 5 cm Wandabstand, sie müssen der Hand durchgehend sicheren Halt geben, eine »Störung« durch seitliche Befestigungspunkte ist unzulässig (I.15).
- Holz oder Nylon als Materialien sind griffsympathischer und »wärmer« als Metalle.

### Orientierung und Sicherheit

- Handläufe bilden tastbare Leithilfen für Blinde und Sehbehinderte.
- Informationen in Braille- (I.16) bzw. Pyramidenschrift (erhabene Buchstaben; I.17), oder auch durch erhabene Ringe oder Ziffern sind am Handlauf hilfreich, insbesondere bei den Handlaufanfängen und -enden.
- taktile Geschoss- und Orientierungskennzeichnungen für Sehbehinderte und Blinde
- kontrastreiche Gestaltung der Treppe, auch durch Farb- oder Materialwechsel der Stufen (Antritt und Auftritt differenzieren)

I.16　Handlauf mit Brailleschrift

I.17　Die Kombination von Braille- und Pyramidenschrift ist ideal, da nicht alle Blinden und Sehbehinderten Brailleschrift beherrschen.

I.16　　　　　　　　　I.17

- Stufenkanten deutlich und signalwirksam markieren (Möglichkeiten in I.18 gezeigt), ein Materialwechsel der Fußböden vor der ersten und auf der letzten Stufe als Hinweiszone ist sehr hilfreich für Sehbehinderte und Blinde.

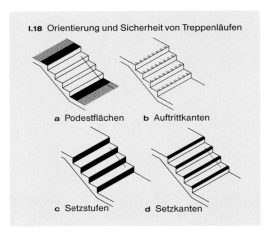

I.18 Orientierung und Sicherheit von Treppenläufen

a Podestflächen  b Auftrittkanten

c Setzstufen  d Setzkanten

- Die kontrastreiche Kennzeichnung von An- und Austritt genügt oftmals nicht, besser ist es, jede Stufenkante zu markieren, blendende und spiegelnde Materialien wie Metallschienen sind dabei zu vermeiden.
- Sehr gute schattenfreie Beleuchtung bzw. Belichtung von Treppenlauf und Podestbereichen, wobei die Beleuchtungsstärken eine Stufe über den in DIN 5035 genannten Werten liegen sollte.
- Der Lichtschaltzyklus muss ausreichend lang eingestellt werden.

### Zusatzausstattung

- ein zusätzlicher Handlauf für Kinder und Kleinwüchsige in 65 cm Höhe
- Ein »Ausruh-Sitz« im Podestbereich, dabei muss das Podest tief genug ausgebildet sein (Laufbreite plus 50 cm), Klappsitze sind günstig.
- Treppenlift (auf Nachrüstbarkeit achten)

Bei der Planung von Treppen und Treppenanlagen ist neben den richtigen Details auf die Gesamtrealisierung zu achten. Nur durch das Vorhandensein und Zusammenspiel der Einzelfunktionen kann die Treppenanlage den unterschiedlichsten Benutzeranforderungen gerecht werden. I.19 verdeutlicht noch einmal die notwendigen Elemente.

### Rampen

Dort, wo gehbehinderte und auf den Rollstuhl angewiesene Menschen Höhenunterschiede überwinden müssen, sind Rampen und Aufzüge zusätzlich zu Treppen notwendig.

Nach DIN 18025, Teil 1, müssen alle Räume einer barrierefreien Wohnung und gemeinschaftliche Einrichtungen der Wohnanlage stufenlos, im gegebenen Fall mit einem Aufzug oder einer Rampe erreichbar sein. Nicht-rollstuhlgerechte Wohnungen innerhalb der Wohnanlage müssen durch den nachträglichen Einbau oder Anbau eines Aufzugs oder einer Rampe stufenlos erreichbar werden.

Nach DIN 18025, Teil 2, muss eine stufenlose Erreichbarkeit des Hauseingangs und einer Wohnebene möglich sein, es sei denn, bestimmte Gründe (wie beispielsweise ein hoher Grundwasserspiegel) erlauben das nicht.

I.21 Gut in den Kontext der Architektur eingepasst, wirken Rampen wie ein selbstverständlicher Entwurfsbestandteil. Digitronic-Gebäude, Hünstetten-Wallbach, Arch.: Planquadrat, Darmstadt

Sämtliche zur Wohnung gehörenden Räume und deren gemeinschaftlichen Einrichtungen müssen – ggf. durch den nachträglichen Ein- oder Anbau eines Aufzugs oder einer Rampe – stufenlos erreicht werden können.

Nach DIN 18024, Teil 2, sind Ebenen unterschiedlicher Höhen außer über Treppen und Fahrtreppen auch über Rampen oder Aufzüge zugänglich zu machen. Diese müssen bei jeder Witterung leicht, gefahrlos und erschütterungsarm begeh- und befahrbar sein.

Rampen ersetzen Treppen nicht gänzlich, da z. B. gehbehinderte Menschen mit Gehhilfen oft besser auf einer Treppe nach oben gehen

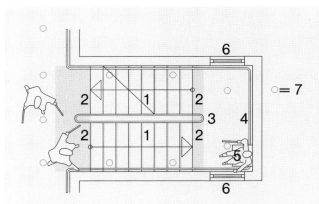

I.19 Ausstattungselemente im Treppenhaus:

1 Laufzone, kontrastreich markiert
2 Zusatzausstattung Hinweiszone
3 durchlaufender Handlauf innen
4 durchlaufender Handlauf außen
5 Zusatzausstattung Klappsitz
6 Fensteranordnung blendfrei
7 Deckenleuchten, alternativ auch Beleuchtungskonzept mit Wandleuchten

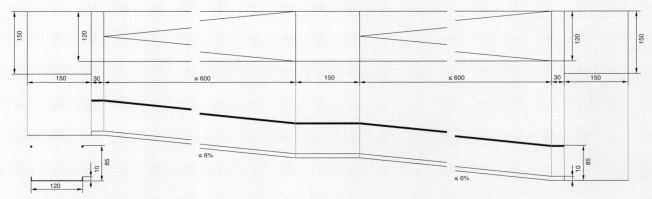

I.20 geometrische Parameter bei der Planung und Ausführung von Rampen nach DIN 18025, Teil 1, und DIN 18024, Teil 2

**I.22** Behindertengerechter Aufzug
(Hiro Lift), Volksbank Neuenrade

können. Die wichtigsten Anforderungen an Rampen sind (**I.20**):

- Rampen dürfen eine Steigung von 6% sowie eine Länge von jeweils 6 m nicht übersteigen, das bedingt, dass besonders große Höhenunterschiede (ganze Geschosse) besser mit einem Aufzug überwunden werden.
- Bei einer Rampenlänge von über 6 m ist ein Zwischenpodest mit mind. 150 cm Länge erforderlich.
- Für die sichere Benutzung der Rampe durch Rollstuhlfahrer müssen vor und nach der Rampe Bewegungsflächen von mind. 150 × 150 cm vorhanden sein.
- Ein Quergefälle ist unzulässig.
- Rampen sollten möglichst gerade, nicht gewendet sein.
- Rampe und Podeste sind beidseitig mit 10 cm hohen Radabweisern auszustatten.
- Die nutzbare Netto-Laufbreite muss zwischen den Radabweisern mind. 120 cm betragen.
- In 85 cm Höhe ist beidseitig ein Handlauf vorzusehen (zur Nutzung durch Gehbehinderte, Rollstuhlfahrer benötigen ihn nicht).
- Handlauf und Radabweiser müssen 30 cm in den Plattformbereich waagerecht hineinragen, damit die waagerechte Plattform sicher erkannt und erreicht wird.
- Der Rampenbelag muss erschütterungsfrei und rutschsicher begeh- und befahrbar sein, im Freibereich haben sich Gitterroste bewährt (**I.21**).
- In der Verlängerung einer Rampe darf keine abwärtsführende Treppe angeordnet sein.

## Aufzüge

Aufzüge sollten grundsätzlich immer barrierefrei und somit für alle Menschen nutzbar sein. Neben den entsprechenden räumlichen Abmessungen und Anordnungen spielen hierfür bestimmte Sicherheitsvorkehrungen und Bedienfunktionen eine wichtige Rolle. Aufzüge für behinderte Menschen sollen deren selbstständige Nutzung bzw. eine Nutzung mit Begleitpersonen ermöglichen. Die Anforderungen an behindertengerechte Aufzüge sind in DIN 18025, Teil 1, und DIN 18024, Teil 2, formuliert.

### Geometrische Anforderungen (I.23)

- Bewegungsfläche vor der Aufzugstür mind. 150 × 150 cm
- Mindestmaße des Fahrkorbs sind eine lichte Breite von 110 cm und eine lichte Tiefe von 140 cm.
- Die Fahrschachttüren und die Aufzugstüren müssen eine lichte Breite von mind. 90 cm haben.
- lichte Türhöhe mind. 2,10 m
- Angrenzende Treppen dürfen erst durch eine Stufe versetzt neben dem Bewegungsraum beginnen.
- Treppenläufe gegenüber von Aufzugsvorbereichen sollten nicht abwärts führen (Absturzgefahr für Rollstuhlfahrer).

### Sicherheit beim Ein- und Aussteigen

- Die notwendige kraftbetätigte Türbedienung muss mit einer Schließsensorik ausgestattet sein, eine berührungslose Überwachung des Durchgangsbereichs sollte in die Tür integriert sein, damit durchschreitende oder durchfahrende Personen nicht anstoßen.
- Spiegel an der Fahrkorbrückwand zur Orientierung beim Rückwärtsfahren für Rollstuhlfahrer
- kontrastreiche Gestaltung von Türrahmen, Tür, Bedienelementen, Griffen
- Personenaufzüge mit mehr als zwei Haltestellen sind zusätzlich mit Haltestangen auszustatten.

### Sicherheit beim Fahren

- Eine Haltestange muss auf einer Seite in 85 cm Höhe angeordnet werden.
- Der zusätzliche Einbau eines Klappsitzes muss möglich sein.

## Barrierefreie Bedienelemente

- Die äußeren Ruftasten des Aufzugs müssen in einer Höhe von 85 cm angebracht sein, sowie im Abstand von der Aufzugstür von 1 m, damit der Rollstuhlfahrer sich nicht drehen oder zu weit vorbeugen muss.
- Innere waagerechte Bedientableaus (**I.24**) (zusätzlich zum senkrechten Standardtableau) mit großen Bedienelementen müssen in 85 cm Höhe und 50 cm Abstand zur Ecke angebracht werden (**I.25**).

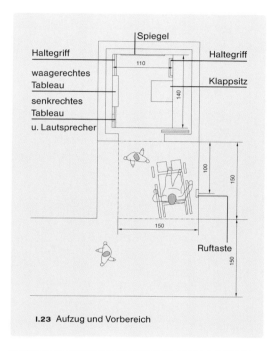

**I.23** Aufzug und Vorbereich

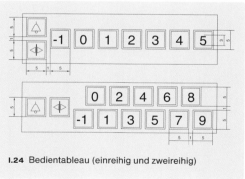

**I.24** Bedientableau (einreihig und zweireihig)

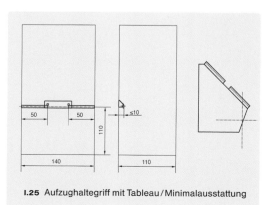

**I.25** Aufzughaltegriff mit Tableau / Minimalausstattung

- Die Schriften der Bedienelemente müssen 2–3 cm und Tasten mind. 5×5 cm groß sein (**I.24**), die Bedienelemente sollten ertastbar und möglichst mit Pyramiden- und Brailleschrift ausgestattet sein.
- Sensortasten sind weniger geeignet als Drucktasten (spürbares Eindrücken, Knacken).

### Information und Orientierung

- Für eine leichte Auffindbarkeit sorgt die eindeutige, logische Positionierung des Aufzugs im Gebäudegrundriss.
- Farblich unterschiedliche Wandgestaltungen in den verschiedenen Stockwerken unterstützen die Orientierung beim Öffnen der Aufzugstür.
- Klare und unmissverständliche visuelle Stockwerksanzeigen müssen vorgesehen sein.
- Eine Nachrüstbarkeit des Aufzugs mit einer akustischen Anzeige muss gegeben sein.
- In Kaufhäusern und öffentlichen Bereichen ist die akustische Stockwerksanzeige unbedingt erforderlich.
- Ausstattung mit Brailleschrift oder erhabenen Schriftzeichen

### Barrierefreie vertikale Fluchtwege

»Normale« Aufzüge gelten nicht als Fluchtwege! Im Brand- bzw. Gefahrenfall dürfen sie nicht benutzt werden, und Treppen oder Leitern als erste und zweite Fluchtwege können von Rollstuhlfahrern nur mit fremder Hilfe und Vorrichtungen der Feuerwehr benutzt werden. Für dieses Problem gibt es folgende Lösungen: so genannte Brandschutzaufzüge (bei mehr als sechs Geschossen), durchgängige Balkone oder »multiple Systeme« (Rettungsschächte mit textilen »Rettungsschläuchen«). Wichtig ist hierbei eine genaue Einweisung der Bewohner, damit sie im Gefahrenfall richtig reagieren.

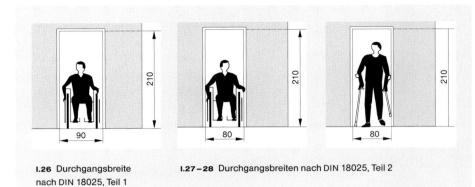

**I.26** Durchgangsbreite nach DIN 18025, Teil 1

**I.27 – 28** Durchgangsbreiten nach DIN 18025, Teil 2

## Türen

Die Geometrie, Anordnung und Ausstattung von Türen ist für das barrierefreie Bauen eine sorgfältig zu bearbeitende Thematik. Die wichtigsten Regeln für normale Türarten seien nachfolgend erläutert.

### Türen- und Türbereichs-Geometrie

DIN 18025, Teil 1, schreibt für die Passage mit dem Rollstuhl eine lichte Durchgangsbreite von 90 cm vor (**I.26**). DIN 18025, Teil 2, fordert für die Passage von Personen mit Gehhilfen eine lichte Durchgangsbreite von 80 cm, die gerade noch ausreichend für Rollstuhlfahrer ist, das Passieren ist aber erschwert (**I.27, I.28**). Besser sind deshalb auch hier 90 cm. Neben der Durchgangsbreite spielen die Bewegungsflächen vor und hinter der Tür beim barrierefreien Bauen eine besondere Rolle. Es gilt hier, die Bewegungsabläufe von Rollstuhlfahrern bei der Türpassage zu berücksichtigen. Dabei unterscheidet sich der Vorgang an einer Drehflügeltür (**I.29**) von dem im Bereich einer Schiebetür (**I.30**). Daraus resultieren die in **I.31** und **I.32** bildlich dargestellten genormten Bewegungsflächen und Detailangaben.

- Bei Schiebetüren muss die Bewegungsfläche vor und hinter der Tür mind. 190 × 120 cm betragen,
- bei Drehflügeltüren: vor der Tür mind. 120 × 150, hinter der Tür mind. 150 × 150 cm
- Türbetätigungen müssen für einen notwendigen Bewegungsraum mind. 50 cm Abstand zur nächsten Raumecke haben.
- Türen sollen an bezüglich der Raumgliederung »logischen« Stellen angebracht sein, um Sehbehinderten und Blinden die Orientierung zu erleichtern.
- Auf Schwellen sollte möglichst verzichtet werden, wenn das aus zwingenden Gründen nicht möglich ist, sind sie höchstens 2 cm hoch auszubilden.

Im Folgenden werden die wichtigsten Aspekte hinsichtlich des barrierefreien Bauens bei unterschiedlichen Türtypen dargestellt.

### Drehflügeltüren

- Öffnungswinkel größer als 90°, um das lichte Durchgangsmaß wirklich zu erfüllen
- Stoßschutzverkleidung an der Tür in 15–30 cm Höhe über dem Boden (bei Rollstuhlfahrern)
- in Augenhöhe Durchsichtschlitz oder Öffnung (für Rollstuhlfahrer Unterkante

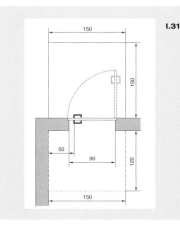
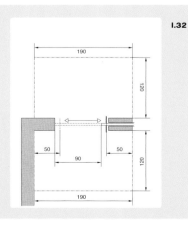
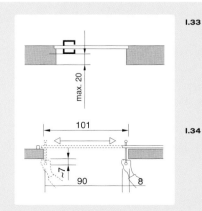

**I.31** Platzbedarf Drehflügeltür nach DIN 18025, Teil 1

**I.32** Platzbedarf Schiebetür nach DIN 18025, Teil 1

**I.33** Anordnung Türdrücker

**I.34** Griffanordnung Schiebetür

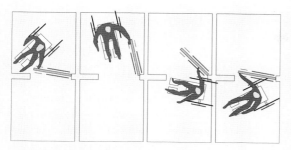

**I.29** Bewegungsablauf beim Passieren einer Drehflügeltür

**I.30** Bewegungsablauf beim Passieren einer Schiebetür

Durchsichtbereich 60 cm), wenn Tür in Verkehrsraum öffnet

- Ein fußbetätigter Türfeststeller ist empfehlenswert.
- Der Gegendruck von Türschließern an Flucht- und Außentüren darf nicht über 10 N (6,5 kg) betragen.
- Schwere Türen benötigen eine kraftbetätigte Unterstützung des Öffnungsvorgangs.
- Türdrücker wie in I.33 gezeigt max. 20 cm von der Kante entfernt anordnen, sonst sind Verletzungen möglich.
- barrierefreie Türdrücker einsetzen (siehe Seite 158)
- Der Gefahr geöffneter Türen, die in den Bewegungsraum hineinragen, ist unter Umständen mit einer selbsttätigen Schließhilfe gegenzusteuern.

## Schiebetüren

- für Rollstuhlbenutzer leichter zu passieren als Drehflügeltüren, da sie beim Öffnen nicht um die Türe herumfahren müssen
- bei guter Qualität auch hinsichtlich der Beschläge und des Gewichts für Rollstuhlfahrer besser geeignet als Drehflügeltüren
- Sie haben den Vorteil, dass sie nicht unbeabsichtigt zuschlagen können und nicht in den Verkehrsraum hineinragen.
- Leichte Betätigung muss möglich sein.
- Türgriff möglichst als Bogen oder Schlaufe, Anordnung wie in I.34
- Sie dürfen nicht für Fluchtwege eingesetzt werden, es sei denn, sie sind als Paniktür ausgestattet (im Notfall bei Dagegenstoßen wie eine Flügeltür öffnend).

## Türblätter

- Türblätter müssen stoß- und schlagfest sowie möglichst leicht sein und eine ausreichende Luftschalldämmung gewährleisten. Die gleichzeitige Erfüllung dieser Faktoren kann allerdings problematisch sein, da eine gute Schalldämmung i. d. R. auch ein hohes Gewicht bedingt.
- Als Zusatzausstattung sind Rammschutzbleche bzw. Paneele zu empfehlen.

## Besondere Türarten

### Hebe-Schiebetüren

Sie sind ungeeignet für Rollstuhlfahrer, da der Kraftaufwand beim Öffnen zu groß ist.

### Rotationstüren

Sie sind ebenfalls ungeeignet für Rollstuhlbenutzer, daher schreibt DIN 18024-2 vor, dass Rotationstüren nur bei zusätzlichem Einbau von Drehflügeltüren eingesetzt werden können.

### Glastüren

- Glasfüllungen müssen bruchsicher sein und sollten in 120 und 160 cm Höhe durch Markierungen gekennzeichnet sein.
- Ganzglastüren müssen außerdem eine gekennzeichnete Kante besitzen, um einer Unfallgefahr vorzubeugen.

### Aufzugtüren

Aufzugsschachttüren und Garagentüren müssen motorisch zu öffnen und zu schließen sein.

### Sanitärraumtüren

Sie müssen nach außen öffnend und von außen entriegelbar sein (Hilfe im Notfall).

## Wohnungseingangstüren

- mind. 90 cm lichte Durchgangsbreite
- bodengleiche Einarbeitung der Schmutzmatten in den Fußboden
- Die Bewegungsfläche muss wie bei der Drehflügeltür nachgewiesen sein.
- Stichflure, die zur Tür hinführen, müssen mind. 120 cm breit sein.

## Hauseingangstüren

- mind. 90 cm lichte Breite, damit auch Rollstuhlfahrer durchkommen, Elektrorollstühle brauchen zwingend 90 cm
- Türklingel und Wechselsprechanlage mit Bedienelementen in 85 cm Höhe
- Bewegungsflächen vor und hinter der Tür mind. 150 × 150 cm
- Nachrüstung einer Sonderbetätigung muss möglich sein
- Weitwinkel-Spion rollstuhlgerecht in 120 cm Höhe und in 150–160 cm Höhe ein zweiter Spion

Besonders bei Rollstuhlfahrern sinnvoll:
- mechanische Öffnungshilfe mit einstellbarer Verzögerung
- automatische Türen
- DIN 18024, Teil 2, verlangt ausdrücklich, dass Hauseingangs- und Brandschutztüren kraftbetätigt und manuell zu öffnen und zu schließen sein müssen.

## Automatische Türen

- Automatische Antriebe sind im Bereich des barrierefreien Bauens grundsätzlich sinnvoll.
- bei Drehflügeltüren nachrüstbar, da der Antrieb nicht viel Platz beansprucht
- Automatische Schiebetüren müssen bei der Planung konzipiert werden, ein

späteres Umrüsten ist schwer möglich. Die Schiebetürenautomatik ist außerdem teurer als die Drehflügelautomatik, zudem problematisch bei Fluchtwegen: Hier müssen sich eingesetzte Schiebetüren wie Drehtüren in Fluchtrichtung öffnen lassen (Zusatzaufwand durch Zweifachfunktion).

- Als Steuerorgane kommen Kontaktmatten, Fotozellen, Radar- oder Infrarotsensoren in Frage.
- Taster für eine bewusste Auslösung müssen in 2,50 m Entfernung seitlich angeordnet sein, dabei dürfen Drehflügeltüren maximal 1,20 m Flügelbreite aufweisen. Bei Schiebetüren ist die Kontaktanordnung 1,50 – 2,00 m vor der Tür sinnvoll.

### Fluchttüren

Barrierefreie Fluchttüren müssen folgende zusätzliche Forderungen erfüllen:
- besondere Leichtgängigkeit,
- beste optische Erkennbarkeit durch kontrastreiche Gestaltung.

### Türbeschläge

Beim barrierefreien Bauen sind v. a. sichere und ergonomische Türbeschläge, die gut »greifbar« sind, gefragt.

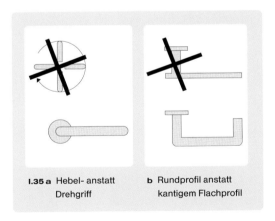

**I.35 a** Hebel- anstatt Drehgriff  **b** Rundprofil anstatt kantigem Flachprofil

**I.36** Drückergriff (Hewi) Dieser Drückergriff ist auch an Fluchttüren zugelassen. Im täglichen Gebrauch ist er sehr komfortabel, da sich Türen bequem mit dem Arm öffnen lassen.

- Drehgriffe und scharfkantige Formen vermeiden (**I.35 a, b**)
- Die Leichtgängigkeit muss durch das Zusammenwirken geeigneter Beschläge gewährleistet sein.
- Türdrücker sind in 85 cm Höhe anzuordnen, da es sich um Bedienelemente handelt.
- griffsympathische Materialien
- Die aufzuwendende Kraft sollte nicht größer als 36,3 N sein, sonst muss der Rollstuhlbenutzer die Bremse anziehen.
- Drehknöpfe, Muschelgriffe etc. sind nicht geeignet.
- Zusätzliche Griffe an der Bandseite von Drehflügeltüren erleichtern das Zuziehen.
- zusätzliche waagerechte Stange besonders für Rollstuhlfahrer sinnvoll
- Eine besonders nutzerfreundliche Lösung auch für schwere und hochfrequentierte Türen bietet der spezielle »Drückergriff« von Hewi (**I.36**), der oft in Krankenhäusern verwendet wird.

## Sanitärbereiche

### In Wohnungen

#### Bewegungsflächen

Bei der Planung von barrierefreien Sanitärräumen mit den dazugehörenden Einrichtungen und Ausstattungsprodukten ist zunächst eine Festlegung der benötigten Bewegungsflächen notwendig. Nach DIN 18025, Teil 1 und 2, sind diesbezüglich besondere Vorsehungen zu treffen, die die in DIN 18022 (s. Kapitel »Sanitärausstattung«) geregelten Sachverhalte wie Stellflächen, Abstandsmaße und Bewegungsflächen ergänzen bzw. modifizieren. Grundsätzlich ist zu gewährleisten, dass die Bewegungsflächen wirklich frei bleiben und nicht durch Möbel o. Ä. verstellt werden. Außerdem ist zu beachten, dass in barrierefreien Sanitärräumen die Türen nicht nach innen schlagen dürfen.

#### Bewegungsflächen für Rollstuhlbenutzer (nach DIN 18025, Teil 1; I.37 a – e)

Die Bewegungsflächen müssen mind. 150 × 150 cm groß sein
- am Duschplatz,
- vor dem WC,
- vor dem Waschtisch,

- als Wendefläche in einem Raum, dabei sind die Räume ausgenommen, die der Rollstuhlbenutzer vor- und rückwärtsfahrend uneingeschränkt nutzen kann. Die Bewegungsfläche muss mind. 150 cm tief sein
- vor der Einstiegseite der Badewanne. Die Bewegungsfläche muss mind. 120 cm breit sein
- neben Bedieneinrichtungen. Besondere Regelungen für die Bewegungsflächen im WC-Bereich sind:
- rechts oder links vom Klosettbecken mind. 95 cm Breite und 70 cm Tiefe,
- auf der anderen Seite Abstand zur Wand oder anderen Einrichtungen mind. 30 cm.

Die Bewegungsflächen der einzelnen Funktionsbereiche dürfen sich überlagern. Somit sind wirtschaftliche Raum- und Installationslösungen möglich. Ein Beispiel für einen Grundriss nach DIN 18025, Teil 1, ist in **I.37 e** gezeigt.

#### Bewegungsflächen für Gehbehinderte (nach DIN 18025, Teil 2)

Die Bewegungsfläche muss mind. 120 × 120 cm betragen
- vor Einrichtungen im Sanitärraum,
- im schwellenlos begehbaren Duschbereich.

Auch hier dürfen sich die einzelnen Bewegungsflächen überlagern. Beispiel für einen kompakt gehaltenen Grundriss nach DIN 18025, Teil 2, ist **I.37 f**. Alle angegebenen Maße sind bereits im Rohbau als Fertigmaße zu berücksichtigen.

#### Austauschbarkeit Wanne – Dusche (nach DIN 18025, Teil 1 und 2)

Bei der Planung von barrierefreien Grundrissen für den Sanitärbereich ist es ratsam, ein eventuelles späteres Austauschen von Dusche und Badewanne mitzubedenken. Denn auch wenn Badewannen an sich keine barrierefreie Lösung darstellen (und deshalb auch nicht in DIN 18024, Teil 2, und 18025, Teil 1, berücksichtigt werden), sind sie doch beispielsweise für bestimmte Therapien notwendig. Wie in **I.37 e** dargestellt, ist dies einfach über die Bewegungsflächen nachweisbar. In **I.37 f** ist eine Austauschbarkeit nicht gegeben, dazu ist der Raum zu kompakt gehalten. Es ist ratsam, diese Möglichkeit bereits in der Planung nachzuweisen, unabhängig ob es sich um eine Planung nach DIN 18025, Teil 1 oder 2, handelt.

## Ausstattungsanforderungen für Rollstuhlbenutzer (nach DIN 18025, Teil 1)

Grundsätzlich ist eine weitgehend selbstständige Nutzung der Funktionen in Bad und WC zu ermöglichen und durch die baulichen Gegebenheiten zu fördern. In barrierefreien Sanitärräumen muss die statische Festigkeit der für die Anordnung von Haltegriffen und Stangensystemen vorgesehenen Wände generell gegeben sein, ebenso die statische Festigkeit der Decke zur Befestigung von Tragschienen für Deckenliftsysteme, Haltevorrichtungen und Umsteigevorrichtungen.

### Bereich WC

Die barrierefreie WC-Ausstattung erfüllt wichtige Funktionsanforderungen:

- sicheres Übersetzen und Zurücksetzen zwischen Rollstuhl und Klosettbecken,
- Halt und Sicherheit während der Benutzung geben,
- alle Bedienfunktionen sind einfach erreichbar und erkennbar, hier ist einer kontrastreichen Farbgebung der Vorzug zu geben. Je nach Art der Behinderung und der bevorzugten Technik des »Übersetzens« zum WC (**I.39**) muss für die Anordnung der Bewegungsflächen (95 × 70 cm) die richtige Seite gewählt werden.
- Ausladung des WCs: 70 cm
- Sitzhöhe: 48 cm
- Wandklosetts mit verlängerter Öffnung und tieferem WC-Sitz sind sinnvoll.

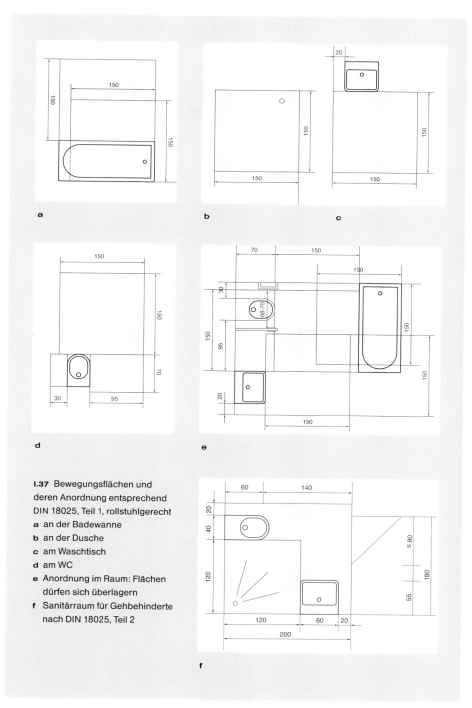

**I.37** Bewegungsflächen und deren Anordnung entsprechend DIN 18025, Teil 1, rollstuhlgerecht
a an der Badewanne
b an der Dusche
c am Waschtisch
d am WC
e Anordnung im Raum: Flächen dürfen sich überlagern
f Sanitärraum für Gehbehinderte nach DIN 18025, Teil 2

**I.38** WC-Bereich nach DIN 18025, Teil 1, Ausstattung mit Stützklapp- und Haltegriff (Hewi)

- Haltegriffe (**I.40, I.44**) sind auf beiden Seiten des WC vorzusehen. Der auf der »Transferseite« montierte Haltegriff muss klappbar sein und in waagerechter und senkrechter Stellung einrasten, der Zwischenabstand der Griffe muss 70 cm betragen, die Anordnung ist vom WC aus mittelachsig einzumessen. (In DIN 18030 E sind Änderungen geplant, die die Anordnung der Haltegriffe betreffen, nämlich ein Zwischenabstand von nur 65 cm.) Eine Spülbetätigung im vorderen Bereich eines Haltegriffes sowie eine WC-Rollenhalterung am Haltegriff ist vorzusehen.
- Auf der Wandseite ist die Verwendung eines Haltegriffs mit waagerechter und senkrechter Haltemöglichkeit empfehlenswert (**I.38**).

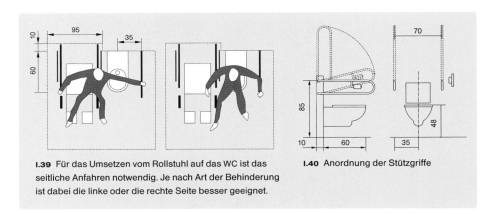

**I.39** Für das Umsetzen vom Rollstuhl auf das WC ist das seitliche Anfahren notwendig. Je nach Art der Behinderung ist dabei die linke oder die rechte Seite besser geeignet.

**I.40** Anordnung der Stützgriffe

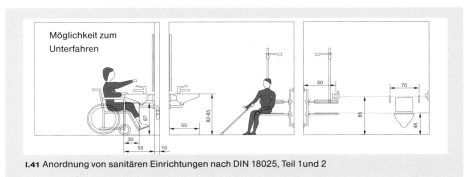

Möglichkeit zum Unterfahren

**I.41** Anordnung von sanitären Einrichtungen nach DIN 18025, Teil 1 und 2

### Bereich Waschplatz

Für die Unterfahrbarkeit wird ein entsprechender Waschtisch benötigt, der Abfluss muss mit einem Unterputz- oder Flachaufputzsiphon ausgestattet sein. Ergonomisch günstige Waschtisch-Vorderkanten sind leicht nach innen gewölbt (I.45). Der Waschtisch sollte in einer Höhe von ca. 85 cm Oberkante angebracht sein (individuelle Abstimmung sinnvoll), die Beinfreiheit bzw. Unterfahrbarkeit muss bis zu einer Höhe von 67 cm eine Tiefe von 30 cm aufweisen (I.41).

Eine Einhebelmischbatterie mit Temperaturbegrenzung sorgt für Bediensicherheit. Der Spiegel muss stehend und sitzend einsehbar sein, es ist entweder ein durchgehender Spiegel von 110 cm bis 190 cm oder ein Klappspiegel vorzusehen. Haltegriffe sind vorzusehen oder ihre Nachrüstbarkeit sicherzustellen.

### Bereich Dusche/Wanne (I.42)

Eine Fläche von 150×150 cm muss stufenlos befahrbar sein. Ein Duschklappsitz mit 40 cm Breite und 45 cm Tiefe ist in 48 cm Höhe vorzusehen, ebenfalls sind Haltegriffe vorzusehen, diese sind gegebenenfalls nachrüstbar einzuplanen. Wenn nicht

selbstständig geduscht werden kann, ist ein Duschspritzschutz (I.43) für die Hilfsperson besonders wichtig. Das Aufstellen einer mit einem Lifter unterfahrbaren Badewanne ist alternativ zum Duschbereich zu ermöglichen.

### Ausstattungsanforderungen (nach DIN 18025, Teil 2)

Für Sanitärräume nach DIN 18025, Teil 2, gelten die beschriebenen Ausstattungsmerkmale entsprechend auch, jedoch sind Stützgriffe und Duschklappsitz optional bzw. individuell einzuplanen. Die Bewegungsflächen sind hierbei mit nur 120×120 cm nachzuweisen. Auch hier soll alternativ zum Duschbereich eine Wanne eingebaut werden können.

### Badewanne (ohne DIN-Zugrundelegung)

Da Badewannen an sich bereits Barrieren darstellen, wird ihr Einsatz und ihre Verwendung in der DIN 18024, Teil 2, sowie 18025, Teil 1 und Teil 2, nicht berücksichtigt.

Dennoch können auch für Behinderte nutzbare Lösungen herbeigeführt werden:

Für Wohnungsbäder sollte davon ausgegangen werden, dass die übliche Wannengröße nach DIN 18022 170×75 cm beträgt. Für Rollstuhlbenutzer muss eine Unterfahrbarkeit gegeben sein, hierfür sind neben gängigen Einbaulösungen auch Stahlschürzen mit Untertritt für eine freie Wannenaufstellung im Handel erhältlich. Die Oberkante der Wanne erhöht sich dann auf 74 cm. Eine breite Oberkante der Wanne erleichtert den Transfer vom Rollstuhl. Außerdem ist Folgendes zu beachten:

**I.42** Duschplatz (sam)

**I.43** Duschplatz mit Duschspritzschutz (Erlau Wellgrip)

**I.44** WC-Bereich (sam)

**I.45** mit Rollstuhl unterfahrbarer Waschplatz (sam)

**I.42–45** Sanitärbereichs-Ausstattungen verschiedener Hersteller nach DIN 18025, Teil 1

**I.46** horizontale Anordnung der Sanitärgegenstände in einem öffentlichen WC

**I.47** vertikale Anordnung der Sanitärgegenstände in einem öffentlichen WC

- Der Badewannenboden sollte rutschfest gestaltet sein.
- Für den Ein- und Ausstieg sollten in jedem Fall Haltegriffe vorgesehen werden.
- Wannen-Steighilfen für Gehbehinderte wie Stufen oder Stiegen sind möglich, können aber für die Nutzer auch eine erhebliche Stolpergefahr darstellen.
- Armaturen sollten in der Mitte der Wannenlängsseite angeordnet sein (siehe Kapitel »Sanitärausstattung«).
- Einhebelarmaturen sind wegen der besseren Ergonomie empfehlenswert.
- Ein Verbrühschutz durch Thermostatventile ist wünschenswert.
- Diagonal- und Körperformwannen mancher Hersteller erleichtern den Ein- und Ausstieg und sind wassersparend.

Um den jeweiligen Anforderungen der Nutzer entsprechen zu können, kann die Installation spezieller Wannenlifte oder auch der Einbau von Spezialbadewannen, die man öffnen kann, notwendig sein. Ebenfalls gibt es spezielle Rollstühle für den Transfer in Badewannen.

## In öffentlichen Einrichtungen

### Ausstattungsanforderungen (nach DIN 18024, Teil 2)

Grundsätzlich gilt nach DIN 18024 die Minimalanforderung, dass in jedem Gebäude mind. eine für den Rollstuhlbenutzer geeignete Toilet-

tenkabine einzuplanen ist. Bei Gebäuden mit mehreren Etagen bzw. mehreren (ordnungsrechtlich und funktional notwendigen) Toilettenanlagen ist u. U. sogar eine barrierefreie Toilette pro Etage bzw. pro Toilettenanlage vorgeschrieben. Für eine gute Orientierung und hinsichtlich wirtschaftlicher Installationsleitungen sollte die Grundrissanordnung in jeder Etage gleich sein.

### Bereich WC (I.48)

Aus teilweise sehr unterschiedlichen Anforderungen eines jeden Rollstuhlbenutzers hinsichtlich des Heranfahrens und Umsteigens auf das WC ergibt sich hier ein höherer Platzbedarf. Als WC sind Wandklosetts besser geeignet als Standklosetts. Der Rollstuhlbenutzer kann bei Einhaltung der in **I.46** enthaltenen Maße je nach Art der Behinderung von beiden Seiten an das WC heranfahren. Alternativ ist auch ein Transfer auf das WC von vorn mittels spezieller Toilettenrollstühle möglich, diese werden teilweise in Krankenhäusern und Pflegeeinrichtungen eingesetzt.
Folgende Maße schreibt die DIN vor: Bewegungsfläche vor dem WC: mind. 150×150 cm, seitlich: mind. 95×70 cm (in DIN 18030 E ist folgende Änderung geplant: Eine Bewegungsfläche von mind. 95×70 cm muss jeweils nur auf einer Seite nachgewiesen werden, wenn in einer öffentlichen Einrichtung mehr als ein barriere-

freies WC vorgesehen ist, so dass je nach Bedarf das rechtsseitig oder das linksseitig mit Transferfläche geplante WC benutzt werden kann), Ausladung des WCs: 70 cm, Sitzhöhe: 48 cm. Wird der Bewegungsraum neben dem WC auf einer Seite nicht benötigt, können hier Einrichtungen für zusätzliche Nutzungen, wie z. B. ein Wickeltisch vorgesehen werden.
Haltegriffe sind auf beiden Seiten des WCs vorzusehen. Sie müssen für den Transfer von links oder von rechts klappbar sein, in der waagerechten und der senkrechten Lage selbstständig arretieren und am

**I.48** WC-Bereich nach den Anforderungen von DIN 18024, Teil 2. Ausstattung mit Stützklappgriffen und Rückenlehne (Hewi)

äußersten Punkt einer Belastung von 100 kg standhalten. Der Abstand zwischen den Griffen muss 70 cm betragen, die Anordnung ist vom WC aus mittelachsig einzumessen (in DIN 18030 E Änderung des Achsabstands auf 65 cm). Neben ihrer Stützfunktion müssen die Haltegriffe beidseitig auch Spülungsbetätigungen, Notruftasten sowie WC-Rollenhalterungen besitzen. Das WC muss außerdem über eine Rückenlehne verfügen.

### Bereich Waschplatz

Eine Bewegungsfläche von mindestens 150×150 cm, die im unterfahrbaren Bereich des Waschtischs abschließt, muss nachgewiesen werden. Für die Unterfahrbarkeit wird ein entsprechender Waschtisch benötigt, der Abfluss muss mit einem Unterputz- oder Flachaufputzsiphon ausgestattet sein. Der Waschtisch muss im Gegensatz zum Privatbereich in einer Höhe von 80 cm Oberkante angebracht sein, die Beinfreiheit bzw. Unterfahrbarkeit muss bis zu einer Höhe von 67 cm eine Tiefe von 30 cm aufweisen (**I.47**).

Die Bewegungsfläche des Waschplatzes kann sich mit der des WCs überlagern. Über dem Waschtisch ist ein Spiegel so anzubringen, dass sich der Benutzer sowohl stehend als auch im Rollstuhl sitzend sehen kann, Spiegel-Unterkantenhöhe am günstigsten an Waschtischoberkante, Spiegel-Oberkantenhöhe 190 cm. Eine Alternative sind Kippspiegel, hinter denen sich jedoch Staub und Schmutz ablagern, was ein Hygieneproblem darstellt.
In 100 cm Höhe sind ein Seifenspender mit langem Betätigungshebel sowie ein Papier- oder Stoffrollenhandtuchspender vorzusehen. Neben dem Waschtisch und außerhalb des Rollstuhlbewegungsraums sollte außerdem ein – im besten Fall direkt an der Wand hängender – Abfallbehälter angebracht werden.

### Bedienelemente

Die Bedienelemente im Sanitärraum müssen, wenn nicht anders angegeben, in einer Höhe von 85 cm angebracht sein. Dies gilt insbesondere für Sanitärarmatur-Bedienhebel, Schalter, Notruftasten, Türdrücker,

Notrufschalter. Zur jeweils angrenzenden nächsten Wand ist dabei ein Abstand von 50 cm einzuhalten.

### Weitere Ausstattungselemente

Die Ausstattung mit Kleiderhaken in 85 cm und 150 cm Höhe und eine zusätzliche Ablagefläche von 15×30 cm in 85 cm Höhe ist empfehlenswert.

### Bodenbeläge

Diese müssen rutschhemmend, rollstuhlgeeignet und fest verlegt sein, sie dürfen sich nicht elektrostatisch aufladen.

## Übersicht über Ausstattungen und Abmessungen

In den Übersichten **I.49 a–c** sind die nach den jeweiligen DIN-Vorgaben notwendigen Ausstattungen (»LifeSystem« von Hewi) und Abmessungen für die Bereiche Waschplatz, Duschplatz und WC zusammengefasst. Aufgrund unterschiedlicher Anforderungen der einzelnen DIN-Bereiche ergeben sich die spezifischen Ausstattungsmerkmale sowie maßlichen Gegebenheiten.

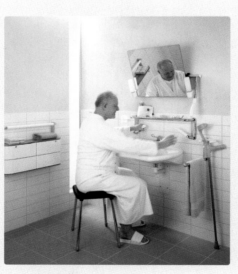

**I.49 a** Waschplatz

**I.49 a–c** Sanitärbereich-Ausstattung »LifeSystem« (Hewi)

## Waschplatz

| Empfehlungen: | DIN 18024, Teil 2 öffentlicher Bereich | DIN 18025, Teil 1 Privatbereich (Rollstuhlbenutzer) | DIN 18025, Teil 2 Privatbereich (Senioren) |
|---|---|---|---|
| Bewegungsfläche vor einem Waschtisch | 150 x 150 cm | 150 x 150 cm | 120 x 120 cm |
| Montagehöhe Waschtisch-Oberkante | 80 cm | individuell (ca. 82–85 cm) | individuell (ca. 82–85 cm) |
| seitlicher Wandabstand | 20–30 cm | 20–30 cm | 20–30 cm |
| Unterfahrbarkeit | • flacher Waschtisch (15–18 cm), Waschtischtiefe 55 cm, Kniefreiheit bis 67 cm Höhe und 30 cm Tiefe bzw. Untersitzbarkeit<br>• günstig: ergonomische Form mit eingebuchteter Vorderseite | | |
| Armaturen | Einhebel- oder berührungslose Armaturen mit Verbrühschutz | Einhebel- oder berührungslose Armaturen mit Verbrühschutz | individuell |
| Accessoires | • Seifenspender in 85–100 cm Höhe<br>• durchgehender Spiegel (UK 100 cm) oder Kippspiegel<br>• genügend Ablagemöglichkeiten | individuell | individuell |

## Dusche

I.49 b  Duschplatz

| Empfehlungen: | DIN 18024, Teil 2 öffentlicher Bereich | DIN 18025, Teil 1 Privatbereich (Rollstuhlbenutzer) | DIN 18025, Teil 2 Privatbereich (Senioren) |
|---|---|---|---|
| Größe | 150 x 150 cm | 150 x 150 cm | 120 x 120 cm |
| Ausführung | stufenlos befahrbar, rutschfest | stufenlos befahrbar, rutschfest | stufenlos begehbar, rutschfest |
| Armaturen | • 85 cm Montagehöhe<br>• im Sitzen seitlich erreichbar<br>• Einhebel-oder Automatikarmatur | individuell<br><br>Einhebelarmatur | individuell<br><br>Einhebelarmatur |
| Zusatzempfehlung: | • Thermostat (Verbrühschutz) | • Thermostat | • Thermostat |
| Klappsitz | • Sitzhöhe 48 cm<br>• ohne Klemmgefahr | • Sitzhöhe 48 cm<br>• ohne Klemmgefahr | • individuell (Nachrüstbarkeit) |
| Haltegriffe | 85 cm Montagehöhe | individuell (Nachrüstbarkeit) | individuell (Nachrüstbarkeit) |
| Nachrüstung Badewanne | nicht vorgegeben | Badewanne muss mit einem Lifter unterfahrbar sein. | muss möglich sein |

## WC

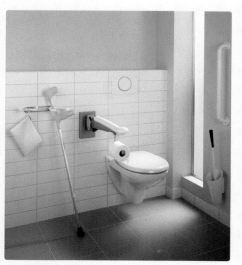

I.49 c  WC-Bereich

| Empfehlungen: | DIN 18024, Teil 2 öffentlicher Bereich | DIN 18025, Teil 1 Privatbereich (Rollstuhlbenutzer) | DIN 18025, Teil 2 Privatbereich (Senioren) |
|---|---|---|---|
| Bewegungsfläche vor dem Waschtisch | 150 x 150 cm | 150 x 150 cm | 120 x 120 cm |
| WC-Tiefe Abstand VK zur Wand | 70 cm | 70 cm | individuell |
| Montagehöhe inkl. Sitz | 48 cm | 48 cm | individuell |
| seitliche Bewegungsfläche | 95 cm links und rechts | 95 cm links oder rechts | individuell |
| seitl. Abstand vom WC zur Wand | 95 cm | 30 cm | individuell |
| Klappgriffe | • beidseitig in 85 cm Höhe<br>• Befestigungsabstand 70 cm<br>• integrierte Spülung, Papierhalter, Notruf – jeweils links und rechts | individuell | individuell |
| Rückenstütze | 55 cm hinter der Vorderkante | individuell | individuell |

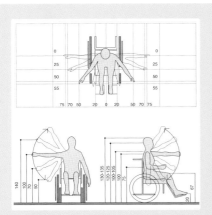

**I.50** Greifbereiche eines erwachsenen Rollstuhlbenutzers, Orientierung an der Anthropometrie ist für die Planung notwendig

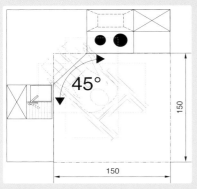

**I.51** Anordnung der Funktionsbereiche

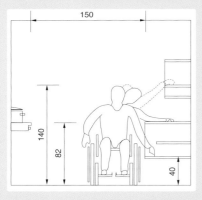

**I.52** Bewegungsflächen und Höhen nach DIN 18025, Teil 1

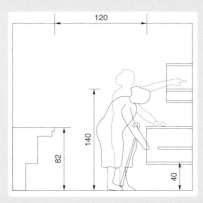

**I.53** Bewegungsflächen und Höhen nach DIN 18025, Teil 2

## Küchen

### Grundforderungen und Maße

Das Ermöglichen und die Förderung der Selbstständigkeit der Bewohner bzw. Nutzer haben in der Planung von barrierefreien Küchen oberste Priorität. Hier bedarf es einer den anthropometrischen Fähigkeiten (I.50) der Nutzer angepassten Gestaltung aller Funktionsbereiche, Stauräume und Bedienelemente. Der Aspekt der Sicherheit spielt eine besondere Rolle, da eine Reihe technischer Geräte und Medien zu integrieren sind.

#### Anforderungen nach DIN 18025, Teil 1

- Eine Drehung mit dem Rollstuhl um die eigene Achse muss gewährleistet sein, damit die Kücheneinrichtungen gerade angefahren werden können. Dazu ist der Nachweis einer Bewegungsfläche von mind. 150 × 150 cm erforderlich.
- Eine uneingeschränkte Unterfahrbarkeit von Herd, Spüle und Arbeitsplatte muss gewährleistet sein, dafür ist ein Unterputz- oder ein Flachaufputzsiphon an der Spüle notwendig.
- Eine Übereck-Anordnung von Herd, Arbeitsplatte und Spüle ist günstiger, da dadurch nur 45°-Drehungen des Rollstuhls notwendig sind (I.51).
- Aufgrund der eingeschränkten Greifhöhen eines Rollstuhlbenutzers sollten wichtige Elemente in einer Höhe zwischen 40 und 140 cm angeordnet sein, z. B. Kühlschrank, Backofen, Schränke, Hochschränke (I.52).
- Die Sockelzonen sollten bis 40 cm Höhe frei bleiben, da der darunter liegende Bereich schlecht erreichbar ist.
- Die Arbeitshöhen von Herd, Spüle und Arbeitsplatte müssen individuell auf die Benutzer abgestimmt werden, günstig ist i. Allg. eine Höhe von ca. 82 cm.
- Höhenverstellbare Küchen-Funktionsbereiche bieten zusätzlichen Komfort und Sicherheit für alle (I.54).

#### Anforderungen nach DIN 18025, Teil 2

- Bewegungsflächen vor Geräten und Arbeitsplatten min. 120 cm breit (I.53)
- Vorausrüstung der Spüle mit Unterputz- oder Flachaufputzsiphon, um auf spätere

**I.54** höhenverstellbares Küchensystem »Modul« (Granberg). Höhenverstellbare Küchenmöbel ermöglichen eine individuelle Anpassung und lassen sich sowohl von Rollstuhlfahrern als auch anderen Personen gut und sicher nutzen.

geänderte Bedingungen reagieren zu können
- Herd, Arbeitsplatte und Spüle nebeneinander anordnen, Beinfreiheit gewährleisten

Überdies sind – unabhängig davon, ob es sich um eine Planung nach DIN 18025, Teil 1 oder 2, handelt – folgende Anforderungen zu erfüllen:
- Für die Nachrüstbarkeit und Veränderbarkeit von Einrichtungsgegenständen ist eine tragfähige Ausbildung der Wände wichtig.
- Verschiedene Möglichkeiten der Installation bzw. Nachinstallation von Wasseranschlüssen und Abläufen sowie Steckdosen und Schaltern sollen gegeben sein.
- Telefonanschluss in der Küche vorsehen
- kontrastreich gestaltete Küchenelemente und signalwirksame Sicherheitszonen, besonders beim Herd, vorsehen
- Bedienelemente nicht in Stoßkantennähe anbringen
- rutschhemmende, leicht zu reinigende Bodenbeläge
- gute, schattenfreie Beleuchtung (Arbeitsbereiche mind. 500 Lux)

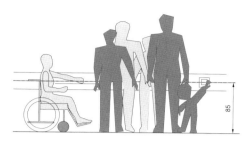

**I.55** Eine barrierefreie Gestaltung soll für verschiedenste Personengruppen gut nutzbar sein. So können z. B. junge und alte, große und kleine, behinderte und nichtbehinderte Menschen eine Greifhöhe von 85 cm gleichermaßen gut mit der Hand erreichen.

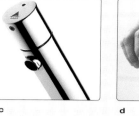

a                    b                    c                    d

**I.56 a–d** Einfach und klar gestaltete Bedienelemente ermöglichen auch Personen mit eingeschränkten Bewegungsmöglichkeiten die Nutzung.

a  Schalterserie »LS Plus« (Jung)
b  Einhebel-Mischbatterie »inline« (sam)
c  berührungslose Armatur (Aqua-Butzke)
d  Stützklappgriff »LifeSupport« (Hewi)

# Bedienelemente

## Vielfalt an Bedienelementen

Bedienelemente wie z. B. Elektro-Schalter und Steckdosen, Taster, Codekartenschlitze, Notrufschalter, Betätigungsplatten und Hebel von Sanitärarmaturen oder berührungslose Sanitärarmaturen, Heizkörperventile, Türdrücker, Stützklappgriffe, Fensteroliven, Rollladen- und Sonnenschutzschalter oder Briefkastenöffnungen erfordern eine auf die Nutzer abgestimmte Formgebung, Funktionsweise und Anordnung. Für die planerische Auswahl und die Ausstattung von barrierefreien Bereichen sind die im Folgenden genannten Aspekte besonders zu berücksichtigen.

## Sicheres Erkennen, Begreifen und Benutzen

- einfaches Erkennen und Benutzen der Bedienelemente (**I.56. a–d**)
- Anbringung in 85 cm Höhe (Ausnahme Heizkörperventile: 40 – 85 cm), denn alle Menschen erreichen Bedienelemente in einer Höhe von 85 cm gleich gut, unabhängig davon, ob sie die Bedienung stehend oder in einem Rollstuhl sitzend vornehmen müssen (**I.55**). Außerdem sind bei einem Anbringen in dieser Höhe i. d. R. auch die Erkennbarkeit und das Verständnis der Bedienfunktion gewährleistet, sowohl aus einer stehenden als auch aus einer sitzenden Position. (Diese Regelung der Anordnung in 85 cm Höhe ist auch bei der barrierefreien Anordnung von Handläufen an Treppen und in Fluren zu beachten. Nicht allein vor dem Hintergrund

rechtlicher Gegebenheiten – Gleichstellungsgesetz –, sondern um eine wirkliche und durchgehende Barrierefreiheit zu realisieren, sollte planerisch unbedingt auf die Realisierung dieser Maßvorgabe hingearbeitet werden.)

- Für Sehbehinderte und Blinde muss eine kontrastreiche und taktil erfassbare Gestaltung der Bedienelemente gegeben sein.
- Nutzbarkeit auch für Personen mit eingeschränkter Greiffähigkeit
- Bedienelemente dürfen nicht versenkt und nicht scharfkantig sein.
- Abstand zur nächsten Wand oder Ecke: 50 cm, um ein ausreichendes Anfahren mit dem Rollstuhl zu ermöglichen

## Bedienelemente im Sanitärbereich und an Türen

In Sanitärbereichen und an Türen sind besonders wichtige Bedienelemente zu finden, deren korrekte Auswahl und Konfiguration eine besondere Rolle für eine barrierefreie Gebäudenutzung spielen.

**Im Sanitärbereich ist zu beachten:**

- Sanitärarmaturen sind mit Einhebelbedienung oder berührungslosen Automatikarmaturen sowie Temperaturbegrenzern auszustatten, wobei die Wassertemperatur max. 45 °C betragen darf.
- Notrufschalter in Sanitärräumen sollen zusätzlich vom Boden aus durch eine Zugschnur erreichbar sein.

**Für Türen gilt:**

- Türdrückerknöpfe für Haustüren sind in Deutschland weit verbreitet, aber nicht gut zu bedienen und außerdem problematisch beim Zuschlagen der Tür und dabei feh-

lender tatsächlicher Sicherheit (kein bewusstes Zuschließen).

- Die Schließmechanismen von Toilettenkabinen und Sanitärräumen müssen von innen verriegelbar, im Notfall aber von außen zu öffnen sein.
- Bei einer Anbringung des Türdrückers in 85 cm Höhe ergibt sich die Schwierigkeit des zu tief angeordneten Schlosses. Dieses Problem kann man mit elektronischen Lösungen umgehen (Schließanlagen mit integrierten Transpondersystemen). Manuelle Lösungsansätze sind zwar bereits erhältlich, allerdings in noch nicht vertretbarer Qualität (**I.57 a–c**).

a  Anordnung des Schlosses oberhalb des Türdrückers

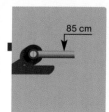

b  Integration des Schlosses in die Drehachse des Türdrückers

c  Schließen durch Verändern der Stellung des Türdrückers (so z. B. bei Balkontüren verbreitet)

**I.57 a–c** Im Bereich der Türdrücker und Schlösser bedarf es weiterer Entwicklungen, um die Anforderungen behinderter Menschen besser erfüllen zu können und gleichzeitig ein »Universal-Design« zu ermöglichen.

I.58 Dieses plastische Stadtmodell aus Bronze im Zentrum von Soest, bei dem die einzelnen Plätze und Gebäude mit Brailleschrift versehen sind, ermöglicht sowohl Sehenden, Sehbehinderten als auch Blinden eine räumliche Orientierung.

## Orientierungshilfen

### Lösungen für alle

Barrierefreie Orientierung bedeutet, Lösungen zu schaffen, die für alle funktionieren, auch für Menschen mit eingeschränkten Sinnesfunktionen. Insbesondere für folgende Personengruppen müssen besondere Orientierungshilfen geschaffen werden, um ihnen auch in fremder Umgebung eine möglichst hohe Selbstständigkeit zu ermöglichen:

### Sehbehinderte und Blinde

Es gibt eine Vielzahl von Sehbehinderungen mit unterschiedlichen Anforderungen. Je mehr visuelle Signale bei einer Sehbehinderung noch erfasst werden können, um so leichter fällt die Orientierung. Von blinden Menschen müssen Orientierungs-Aufgaben durch eine Verknüpfung von Hören, Tast-, Geruchssinn und dem Erinnerungsvermögen erfüllt werden. Speziell auf diese Sinnesfunktionen abgestimmte Orientierungshilfen dienen einerseits der Wegführung, andererseits aber auch der Wahrnehmung von Hindernissen und Gefahrenzonen wie Stützen oder Treppen.

### Menschen mit geistigen Behinderungen

Auch Menschen mit bestimmten geistigen Behinderungen können durch geeignete Orientierungshilfen in ihrer Selbstständigkeit gefördert werden. Um ihnen – besonders in fremder

Umgebung – eine Orientierung zu ermöglichen, müssen ebenfalls verschiedene Sinne angesprochen werden. Besonders zu bedenken ist die Tatsache, dass schriftliche Informationen oft nicht verstanden werden können.

### Rollstuhlbenutzer

Menschen, die auf die Nutzung eines Rollstuhls angewiesen sind, haben hinsichtlich ihrer Orientierungsmöglichkeiten mit ganz eigenen Problemen zu tun. Die Fortbewegung, der Bewegungsradius und die Bewegungsflexibilität sind durch den Rollstuhl und die sitzende Haltung eingeschränkt. Ihre Umgebung nehmen Rollstuhlfahrer außerdem aus einem anderen Blickwinkel wahr. Elemente der Orientierung müssen daher hinsichtlich ihrer Art und ihrer Position besonders geplant und auf den Sichtradius von Rollstuhlfahrern abgestimmt werden.

### Menschen mit Alterserscheinungen

Ein nachlassendes Erinnerungsvermögen, Seh- und Gehörschwächen, Gehbehinderungen und Altersdemenz führen bei älteren Menschen u.U. zu zeitweiser oder dauerhafter Orientierungsschwäche. Geeignete Orientierungshilfen zeichnen sich nicht allein durch eine große Beschriftung aus, auch hier sind die verschiedenen Sinnesfunktionen zu berücksichtigen um den Anforderungen alter Menschen gerecht zu werden und ihnen ihre Selbstständigkeit lange zu erhalten.

## Verschiedene Formen von Orientierungshilfen

Um Menschen mit unterschiedlichen Behinderungen und alten Menschen ein möglichst hohes Maß an Selbstständigkeit zu ermöglichen, ist es wichtig, die jeweils adäquaten Orientierungshilfen einzusetzen.

### 1. Visuelle Orientierungshilfen

Zu dieser Gruppe gehören alle das Sichtbare betreffenden Orientierungshilfen wie z. B. Schilder, Beschriftungen u. Ä. Folgendes ist dabei zu beachten:

- Schilder-Montagehöhe 1,50 – 1,60 m (damit sie sowohl von stehenden als auch im Rollstuhl sitzenden Menschen gut gelesen werden können),
- Abstandsregeln für Schriftzeichen, Piktogramme und Symbole:
  Abstand kleiner/gleich 0,50 m: Schrifthöhe mind. 15 mm,
  Abstand 0,50 – 2,00 m: Schrifthöhe mind. 60 mm,
  Abstand 2,00 – 5,00 m: Schrifthöhe mind. 150 mm,
- klare und unmissverständliche Schrift- und Piktogrammarten, gute Hell-Dunkel-Kontraste,
- Schriftzeichen, Piktogramme und Symbole sollten zusätzlich in Brailleschrift ausgeführt sein, insbesondere gilt dies für Bedienelemente wie Aufzugtableaus, Infoterminals, etc.,
- Namensschilder an Haus- und Wohnungseingangstüren wirken kontrastreicher und sind taktil erfassbar, wenn sie mit aufgesetzter Schrift versehen sind,
- deutliche, kontrastreiche Informationen für Geschoss- und Wegekennzeichnungen,
- farblich hervorgehobene und kontrastreiche Leitlinien an Wänden und Fußboden zur Wegeführung, auch ergänzend zu Beschriftungen,
- kontrastreiche Raum-Flächen-Gestaltung,
- abgesenkte Borde, Stufen, Treppenläufe und Podeste müssen – rechtzeitig – optisch kontrastreich und taktil wahrnehmbar gestaltet sein, hier sind haptisch deutlich spürbare Materialwechsel angebracht,
- Richtungsänderungen und Gefahrenstellen sind deutlich zu kennzeichnen,

- Fluchtwege sind mit Schildern und Hinweisen auszustatten,
- Ruhe- und Verweilplätze auf Wegen, Fluren, Treppen- und Rampenanlagen müssen visuell gut gekennzeichnet sein,
- Grundlage für alles Visuelle ist eine gute Beleuchtung.

## 2. Taktil-kinästhetische Orientierungshilfen

Zu dieser Gruppe gehören alle Orientierungshilfen, die durch Tasten und Bewegen wahrnehmbar sind. Die wichtigsten Aspekte hierbei:

- unterschiedliche Oberflächenbeschaffenheiten von Fußböden und Wänden bezüglich Profilierung, Härtegrad, Elastizität, Strukturierung, Vor- und Rücksprünge, geometrischen Feinheiten zur Bereichs- und Raumerkennung,
- Handläufe in Fluren für taktil-kinästhetisches »Geführtwerden«,
- taktile Fußboden-Leitlinien und prägnante Tür-Markierungen (**I.59**) vorsehen,
- taktil erfassbare Übersichtspläne im Eingangsbereich (**I.60**),

- »ertastbare« Türschilder (**I.61**),
- Richtungsänderungen und Hindernisse (z. B. abgesenkte Borde, Stufen, Treppenläufe und Podeste) müssen rechtzeitig taktil angekündigt werden,
- Ruhe- und Verweilplätze auf Wegen, Fluren, Treppen- und Rampenanlagen müssen auch taktil auffindbar sein.

## 3. Akustische Orientierungshilfen

Zu dieser Gruppe zählen zum einen Orientierungshilfen, die mit Sprache arbeiten:

- akustische Warnsysteme und Informations-Ansagen wie z. B. die Geschossansage im Aufzug,
- im Gebäude durchgehend wirksame mobile Sprach-Leitsysteme.
  Wichtig sind hierbei die richtige Lautstärke und die Deutlichkeit verbaler Ansagen.

Zum anderen sind spezifische Geräusche für Blinde nutzbar, z. B. der eigene Trittschall oder eine »Echoorientierung« durch Geräuschreflexion. Für deren Wirksamkeit ist natürlich die Beschaffenheit und die richtige Wahl der Materialien von Fußböden und Wänden entschei-

dend. Ebenfalls sind dabei die Raumgeometrie und die Anordnung von Elementen und Möbeln von hoher Bedeutung. Für diese komplexe Thematik ist das Hinzuziehen von Spezialisten ratsam.

## 4. Topologische Orientierungshilfen

Neben den genannten »direkten« Orientierungshilfen kann das Zurechtfinden innerhalb von Gebäuden auch indirekt durch topologische Aspekte erleichtert werden, z. B.:

- eindeutige Grundrisse, insbesondere bezüglich der horizontalen und vertikalen Erschließungselemente,
- geometrisch einfache und klare Raumordnung und Wegestruktur,
- ausreichend große und klar angeordnete Elemente und Objekte wie z. B. Wandelemente und Möbel,
- eindeutige und nicht überfrachtete Möblierung und Ausgestaltung von Fluren und Räumen,
- keine den Weg verstellenden Elemente wie Stützen oder unverhoffte, frei stehende Treppen.

I. 59 Orientierungsstreifen (»Bojenprinzip«) vor Türen
Ein Hamburger Architekturbüro entwickelte mit verschiedenen Projektpartnern integrative »Informationselemente«, die Sonderlösungen für einzelne Personengruppen überflüssig machen, weil sie von allen nutzbar sind. Die Lösungen wurden zu dem Ausstattungssystem »ILIS« (Integratives Leit- und Informationssystem) zusammengefügt.

I. 60 ertastbarer und kontrastreicher Geschossübersichtsplan (ILIS integrative Leit- und Informationssysteme)

I.61 schräg angeordnete Türschilder in 85 cm Höhe angeordnet bieten auch für Blinde «ertastbare» Schrift (ILIS integrative Leit- und Informationssysteme)

# Materialien und Farben

Die Material- und Farbgestaltung spielt beim barrierefreien Bauen eine besonders große Rolle, da nicht nur das Wohlbefinden, sondern auch die Orientierung und Sicherheit der Nutzer dadurch stark beeinflusst werden. Im Folgenden werden kurz die wichtigsten hierbei zu bedenkenden Faktoren genannt.

Vorab sei noch kurz erwähnt, dass alle Material- und Farbfunktionen nur im Zusammenwirken mit geeigneten Beleuchtungsmitteln wirksam sind.

Eine gründliche Auseinandersetzung mit den Lichtparametern für die Planung und Umsetzung ist deshalb unerlässlich. Die geforderten Beleuchtungsstärken (DIN 5035) müssen eingehalten, besser sogar leicht erhöht angewandt werden.

| gelb - schwarz | Kontrast am stärksten |
| schwarz - weiß | Kontrast sehr gut |
| blau - weiß | Kontrast gut |

**I.62**  Farbkontraste für gute Lesbarkeit

Bei Rot-Grün-Blindheit treten Erkennungsprobleme besonders bei gleicher Farbtonsättigung auf.

Eine Helligkeitsdifferenz von mind. 30 % trägt hierbei zum besseren Erkennen bei.

Auch bei Farbfehlsichtigkeit sind starke Helligkeitskontraste hilfreich und ermöglichen ein klareres Differenzieren, selbst wenn nur Grautöne wahrgenommen werden.

**I.63**  Farbkontraste für gute Lesbarkeit

An dieser Stelle sei besonders auf den Zusammenhang von Beleuchtung und Reflexionsgrad der Oberflächen von Gegenständen und v. a. Raumbegrenzungsflächen verwiesen (Informationen über den Reflexionsgrad von Farben und Materialien geben die Hersteller). Ergonomische Vorgaben für den Reflexionsgrad existieren für folgende wichtige Raumelemente: Decke: mind. 70 %, Wände: 30 – 50 %, Boden: ca. 20 %, Vorhänge: 50 – 70 %.

## Materialien

### Wärme und »Hautsympathie«

Gut wärmeleitende Materialien, besonders dort, wo behinderte Menschen damit in Berührung kommen, z. B. Toilettensitze, Haltegriffe, Sanitärarmaturen-Bedienhebel, Türdrücker. Geeignet sind z. B. Kunststoffe wie Nylon.

### Wärmestrahlung

Oberflächentemperaturen von Flächen höchstens 3 K unter der Raumlufttemperatur

### Wärmespeicherfähigkeit

Wärmespeichernde Materialien besonders an Außenwänden auf der Raumseite

### Lichteigenschaften

- Reflexion, Spiegelung und Glanz von Oberflächen vermeiden, Kontraste müssen konstant bleiben
- Eine starke Reflexion oder Spiegelung von Licht erschwert oder verhindert das Erkennen von Gefahrenstellen.

### Akustische Eigenschaften

Besonders Hörbehinderte leiden unter zu großer Schallabsorption, die Verwendung von zu vielen »schallharten« Materialien führt zu akustischen Problemräumen. Sorgsame Materialverwendungen für eine gute Raumakustik und die notwendigen Schallschutzmaßnahmen sollten im Detail geplant und realisiert werden.

### Raumklima

- bei der Materialauswahl für Wand, Fußboden und Decken die bauphysikalischen Parameter berücksichtigen, insbesondere auf die feuchtigkeitstechnischen Eigenschaften achten,
- dabei insbesondere in Küche und Bad speziell geeignete Fußboden- und Wandmaterialien mit den richtigen Konstruktionen auswählen

### Materialkontraste haptischer und visueller Art

- visuell und haptisch kontrastreicher Belagwechsel der Fußböden erleichtert die Orientierung
- Mit der Hand, den Füßen und dem Taststock taktil fühlbare Beläge und Wandoberflächen sind insbesondere für Blinde von erheblicher Bedeutung für Orientierung und Sicherheitsgefühl
- haptische und visuelle Markierung von Treppenkanten, Podesten, Wegeführungen und besonderen Verkehrsbereichen

## Farben

### Kontrastarten

Kontrastreiche Farbgebungen, insbesondere Helligkeitsdifferenzierungen, ermöglichen eine bessere Orientierung, tragen zur Unfallvermeidung bei und geben Sicherheit, z. B. an Treppen, Aufzügen, Verglasungen usw.

Folgende Kontraste werden unterschieden:

- Helligkeitskontrast (Grauwertkontrast),
- Sättigungskontrast (Differenzierung innerhalb des gleichen Farbtons),
- Farbtonkontrast (unterschiedliche Farbtöne).

Starke Kontraste ermöglichen ein besseres Merken von Raumsituationen, dieser Farberinnerungswert ist besonders für hochgradig Sehbehinderte sehr wichtig.

### Besondere Farbkontraste

Günstig für die Lesbarkeit von Beschriftungen sind folgende Farbzusammensetzungen (Beispiele **I.62**):

- Gelb auf Schwarz (am deutlichsten für sehbehinderte Menschen),
- Schwarz auf Weiß,
- Blau auf Weiß,
- Blaugrün auf Schwarz,
- Rot auf Weiß.

Grün auf Rot oder Gelb auf Blau sind wegen der Bewertung als unterschiedliche Grautöne bei Farbfehlsichtigkeit nicht geeignet (**I.63**). Besonders wichtig ist die kontrastreiche Farbgestaltung neben den Sehbehinderten auch für Demenzkranke.

Für diese und weitere spezielle Nutzergruppen existieren Erfahrungen aus bereits realisierten Gebäuden. Fachkundige Stellen erteilen hier Auskunft.

# Raumflächen

Auch den Raumflächen muss beim barrierefreien Bauen eine besondere Bedeutung beigemessen werden. Im Folgenden werden kurz die wichtigsten Anforderungen noch einmal genannt, die z. T. in den vorhergehenden Kapiteln ausführlich erläutert wurden.

## Fußböden

### Sicherheit

- Beim barrierefreien Bauen spielt die Rutschhemmung eine besonders wichtige Rolle (s. hierzu Kapitel »Am Fußboden«).
- Eine feste Verlegung ist hier häufig gefordert, z. B. von Teppichböden und elastischen Belägen, die andernorts oft nicht verklebt werden.

### Komfort

- Trittfreundlichkeit, »fußfreundliche« Beläge sind zu bevorzugen
- Rollstuhleignung (glatte Beläge wie z. B. Gummiböden (I.64) sind geeigneter als unebene wie z. B. hochflorige Teppichböden), der Nachweis über Rollstuhleignung wird von den Herstellern als Zusatzeignung kommuniziert.
- Elastizität ist gelenkschonend, bedeutet aber auch mehr Reibung für Rollstühle, dies ist abzuwägen bei der Verwendung von elastischen Belägen
- Trittschalldämmung
- Fußwärme durch gute Isolierung und evtl. Fußbodenheizung
- keine elektrostatische Aufladung: PVC- oder Gummibeläge sind hierfür mit antistatischen Zusätzen ausgestattet, die Verlegung auf Kupferband ist angezeigt. Bodenfliesen sollen elektrisch halbleitend sein, Zementmörtel wird durch Beimischung von Ruß (3 % des Zementgewichts) und eingelegtes Baustahlgewebe leitend gemacht. Die Armierung ist zu erden. Teppichböden sollen einen Zusatz antistatischer Fasern haben.

### Orientierung

- Für Blinde und Sehbehinderte ist der Boden besonders wichtig zur Orientierung.
- Im Freibereich markieren »Bodenindikatoren« wie z. B. bestimmte raue oder genoppte

Natur- oder Kunststeinbelägen bestimmte Bereiche wie Straßen- und Bahnsteigkanten.
- Für Bodenindikatoren im Innenbereich, z. B. in größeren Sanitärräumen oder Schwimmbädern, bieten Hersteller von Fußbodenkeramik und elastischen Bodenbelägen Lösungen an.

### Wirtschaftlichkeit

Eine hohe mechanische Beanspruchbarkeit ist notwendig (Begehen mit Gehhilfen und Befahren mit Rollstühlen).

### Hygiene

Die Hygiene ist bei der Auswahl der Bodenbeläge besonders wichtig, zum einen aufgrund der mitunter besonders intensiven Nutzung, zum anderen wegen der u. U. besonderen Anfälligkeit der Nutzer (z. B. älterer Menschen) für Allergien.

### Pflege

Pflegeleichtigkeit ist oberstes Gebot, besonders bei gerillten und genoppten Materialien ist die Reinigung zu klären, ebenso damit verbundene Faktoren wie Wasseranschluss, Abwasser, Wegeführung, Kenntnisse des Pflegepersonals in der jeweiligen Einrichtung.

## Wände

### Wahrnehmung, Orientierung

Wände als visuell aktivste Raumflächen haben – farblich stimulierend gestaltet – auf alle Menschen eine besondere Wirkung. Die Farbgestaltung von Wänden kann auch gezielt unter therapeutischen Aspekten eingesetzt werden. Deutliche Farbgestaltungen erleichtern außerdem z. B. Sehbehinderten und Demenzkranken das Zurechtfinden, so können z. B. wichtige Türen farblich hervorgehoben werden (I.65).

### Haptik

Besonders in Verkehrsbereichen Vermeidung von rauen Oberflächen wie z. B. Putz oder Flüssigraufasertapete, da es sonst zu Hautabschürfungen kommen könnte.

### Konstruktionsweise

Tragfähige Ausbildung für die – auch nachträgliche– Anbringung von Einrichtungsteilen wie Stütz-, Halte- und Hebevorrichtungen, besonders in Bad und WC.

**I.64** Kautschuk-Bodenbelag (Trelleborg)
Fußböden im Innenbereich sollten nicht nur gut begehbar, sondern auch einfach befahrbar sein.

**I.65** durch den starken Farbkontrast zu den Wänden deutlich markierte Tür in einem Haus zur Betreuung von Demenzkranken (Gradmannhaus, Stuttgart). Die Gestaltung von Wandflächen oder deren Teilelementen als visuell aktivste Elemente des Raums erleichtert nicht nur für Behinderte die Orientierung im Raum.

### Brüstungshöhe

Brüstungen in mind. einem Aufenthaltsraum der Wohnung und von Freisitzen sollten ab 60 cm Höhe durchsichtig sein, damit auch im Bett liegende Menschen oder Rollstuhlfahrer ungehindert ins Freie blicken können.

## Decken

### Lichteigenschaften

- Eine ergonomisch günstige Lichtplanung unterstützt die Orientierung im Raum.
- keine spiegelnden Deckenelemente verwenden

### Konstruktionsweise

Solide Konstruktionsweise zur Befestigung von Tragschienen für Deckenliftsysteme, Haltevorrichtungen und Umsteigevorrichtungen.

## DIN-Verzeichnis

EN 1634, Teil 1 **96**
EN 233 **16**
DIN 107 **84**
DIN 1450 **148**
DIN 1451 **148**
DIN 16518 **144**
DIN 16951 **27**
DIN 18000 **133**
DIN 18022 **113**
DIN 18024 **152ff.**
DIN 18025 **152ff.**
DIN 18030 **152**
DIN 18041 **50**
DIN 18065 **68, 69, 71, 72, 75**
DIN 1809 **93**
DIN 18166 **19**
DIN 18168 **46**
DIN 18273 **96**
DIN 18550 **9**
DIN 280, Teil 2 **31**
DIN 280, Teil 4 **32**
DIN 4102 **39**
DIN 4102, Teil 2 **136**
DIN 4102, Teil 4 **49**
DIN 4102, Teil 5 **93**
DIN 4103 **133**
DIN 4109 **76, 135**
DIN 4121 **46**
DIN 4172 **133**
DIN 4543 **120, 121, 123, 124**
DIN 4844 **145**
DIN 5035 **63, 154**
DIN 68127 **58**
DIN 68765 **134**
DIN EN 1125 **98**
DIN EN 1154 **93**
DIN EN 1155 **93**
DIN EN 121 **18**
DIN EN 12104 **29**
DIN EN 12199 **27**
DIN EN 1307 **38**
DIN EN 13297 **38**
DIN EN 13329 **34**
DIN EN 13501, Teil 1 **39**
DIN EN 1470 **38**
DIN EN 159 **18, 19**
DIN EN 176 **18, 19, 23**
DIN EN 179 **98**
DIN EN 1816 **27**
DIN EN 1817 **27**
DIN EN 186 **18**
DIN EN 1906 **85**
DIN EN 235 **13**
DIN EN 649 **27**
DIN EN 650 **27**
DIN EN 685 **26, 28, 30**
DIN EN 87 **17, 23**

## Stichwortverzeichnis

Abhänger-Arten **52**
Abriebgruppen **24**
Absorber, poröse **50**
Absorption **49**
Absorptionsgrad **51**
Abwicklungsmethode **70**
Akustik **50, 51**
   *Teilflächen* **61**
Akustiksysteme **8**
   *Holzwerkstoff* **58, 59**
Anstriche **8**
Arbeitsstätten-Verordnung **120, 121**
   *Richtlinien* **120, 121**
Armaturen **103**
Auftritt **68, 69**
Ausgussbecken **109**
Axminster-Verfahren **37**
Azulejos **7**

Balatum **28**
Barfußbereiche **25**
Barrierearten **150, 151**
barrierefrei
   *Aufzüge* **155, 156**
   *Bauen* **149, 150**
   *Bedienelemente* **155, 156, 162, 165**
   *Bodenbeläge* **162**
   *Decken* **169**
   *Dusche* **158, 159, 160, 163**
   *Farben* **168**
   *Fußböden* **169**
   *Küche* **164**
   *Materialien* **168**
   *Normung* **151, 152**
   *öffentliche Bereiche* **152, 161**
   *Orientierungshilfen* **166**
   *Rampen* **154, 155**
   *Raumflächen* **169**
   *Sanitärbereiche* **158, 165**
   *Treppen* **153, 154**
   *Türbeschläge* **158, 165**
   *Türen* **156–158**
   *Wände* **169**
   *Wanne* **158–160**
   *Waschplatz* **160–162**
   *WC* **159–163**
   *Wohnen* **152**
Baustellenmörtel **9**
Behinderungen **149, 150**
Bekleidungen, keramische **8**
Beläge
   *textile* **35**
   *elastische* **26**
Beleuchtungsstärke **62**
Beschichtungen **8**
   *Effektbeschichtungen* **11**
   *Flockbeschichtungen* **11**
Beschilderungssysteme **147**
Bespannungen **8**
Betonwerksteine **25**
Bewegungsfläche **152, 156, 158, 159, 162–164**
Bidet **104**
   *Planung* **109**
Bildschirmarbeitsverordnung **120, 121**
Bodenbelag **21**
   *Arten* **22**
   *Keramik* **23**

Klinker **24**
Kautschuk **26**
Bouclé **36, 37**
Brandlasten **48**
Brandschutz **48, 49, 76**
Brause **108**
Brüstungskanalsystem **40**
Büro
   *Arbeitsplatz* **119, 120**
   *Einrichtungskonzepte* **122–125**
   *Formen* **117–119**
   *Raumkonzepte* **117–128**
   *Systeme* **124**
Büroplanung **120, 121, 124**

Chemiefasern **36**
Cotto **24**
   *Handformcotto* **24**
Cushioned Vinyls-Beläge **27**

Decke
   *Akustikdecken* **51**
   *Anforderungen* **44**
   *aus Holz* **58, 59**
   *Bauarten* **46**
   *Bekleidungen* **46, 47**
   *Brandschutz* **48, 49**
   *ebene Decken* **54**
   *Feuerwiderstandsklassen* **48**
   *Formdecken* **47, 59**
   *freitragende Decken* **53**
   *Fresken* **42**
   *fugenlose Decken* **47, 52**
   *Kassettendecken* **58**
   *Kombinationsdecken* **47, 60**
   *Kühldecken* **60**
   *Lamellendecken* **47, 57, 58**
   *Lichtdecken* **64**
   *Lichtkanaldecken* **47, 60**
   *Lüftungsrasterdecken* **60**
   *Metalldecken* **56, 57**
   *Mineralfaserdecken* **54, 55**
   *Paneeldecken* **47, 56–59**
   *Plattendecken* **47, 54**
   *Pyramidendecken* **47, 59**
   *Rasterdecken* **47, 54, 56–58**
   *Schallschutz* **49**
   *Spanndecken* **62**
   *Wabendecken* **47, 59**
Deckengestaltung **42, 43**
   *fugenfreie* **52**
Deckensegel **61**
Deckenuntersichten **46**
Deckensysteme **46, 47**
Decklagen **51**
Decklagenvarianten **55**
Dickbettverlegung **20, 25**
Dielenböden **30**
Diffusor **50, 51**
Doppelbodensystem **40, 41**
Drückerstifte **83**
Dünnbettverlegung **20, 25**
Dusche
   *Armaturen* **108**
   *Brausenkombinationen* **108**
   *Entwicklung* **103**
   *Kopfbrausen* **108**
   *Paneele* **108**
   *Planung* **108**

Zubehör 109
Duschwände 108
Duschwannen 108

Einzelarbeitsplatz 123
Elastomerbeläge 26
    Dessins 27
    Eigenschaften 27
    Einsatzgebiete 27
Entwicklung
    Armaturen 103
    Bad 102, 103
    Bidet 104
    Deckengestaltung 42, 43
    Dielenböden 30
    Dusche 103
    Fliesen 17
    Klosett 104
    Sanitäreinrichtung 101
    Sanitärräume 100
    Tapete 12
    textile Beläge 35
    Treppen 65
    Urinal 104
Estrichkanalsystem 40

Fayencen 17
Feinsteinzeug 23
Fliesen
    Anforderungen 24
    Bewertungsgruppen 25
    Bordüren 19
    Entwicklung 17
    Farben 19
    Geometrien 20
    Glasurtechniken 19
    italienische 19
    Leisten 19
    Lisenen 19
    Sonderformen 19
    Sortierungen 19
    Steingutfliesen 18
    Steinzeugfliesen 18, 23
    Verlegung 20, 25
    spanische 19
Fliesenplan 20
Fußboden 21
    Anforderungen 21
    aus Holz 30
    Auswahlkriterien 21
    Gestaltung 22
    im Büroraum 22

Gehbereich 71
Geländer 75
Geschosshöhe 45
Gipsfaserplatten 53
Gipskartonplatten 52, 53
    Akustikdecke 53
    Putzträgerdecke 53
Glattvinyl 14
Gleichstellungsgesetz 150
Gummibeläge 26
GUT-Signet 39

Handlauf 74
Heizestriche 25
Helmholtzresonatoren 50, 59
Höhlenmalereien 7

Hohlraumbodensystem 40
Holz
    Arten 31
    Decken 58
    Härtegrad 31
    Oberflächen 31
    Böden 30
Holztreppen 79

Installationsboden
    Technikintegration 40, 41

Jaquard-Ruten-Verfahren 37

Klebpolverfahren 36
Klosett 104
Kommunikation, visuelle 138, 139
Kork 29
    Beanspruchungsklassen 30
    Logo 30
    Oberflächen 29
    Parkett 29, 30
    Rollenkork 30
Körperrichtmasse 151
Kreativtechniken 11
Kugelgarn 38
Kunstharzputze s. a. Putz 9

Lackspannfolien 62
Laminat 33, 34
Längsschalldämmung 49
Lasurtechniken 11
Laufbreite, nutzbare 69, 71, 72
Lauflinie 71
Leitsysteme
    Corporate Design 142, 143
    Elemente 144
    Ergonomie 142, 148
    Gestaltung 141, 142
    Informationsträger 145, 146
    Lesbarkeit 148
Leuchten
    Einbauleuchten 64
    Langfeldleuchten 63
    Leuchtenarten 64
Licht 62, 63
Lichtraumprofil 72
Linoleum 28, 29
Luftschallübertragung 49

Majolika 17
Massivbauweise 7
Mauerwerk 8
Metalldecken
    Fensterlösungen 56, 57
    Systeme 57
Mörtelgruppen 9
    Baustellenmörtel 9
    Putzmörtel 9
    Werkmörtel 9
Mosaik 17, 18

Naturfasern 35
New Work-Arbeitsformen 124

Orientierung 139–141, 143
    Elemente 144
Orientierungshilfen
    akustische 167

taktil-kinästhetische 167
    topologische 167
    visuelle 166, 167

Parkett
    10-mm-Parkett 31
    Einschichtparkett 31
    Fertigparkett 32
    Hochkantlamellenparkett 32
    Kork 29, 30
    Lamparkett 32
    Mehrschichtparkett 32
    Mosaikparkett 31
    Stabparkett 31
    Tafelparkett 32
    Versailler Tafelparkett 31
Piktogramm 144, 145
Plattenresonatoren 50
Podest 71
Polyolefinbeläge 27
Proportionalteilung 70
Punktlichtquellen 63
Putz
    Akustikputz 10
    Anforderungen 10
    Anwendungsgebiete 9
    Buntsteinputz 10
    Edelputz 10
    Erscheinungsbilder 10
    Handputz 10
    Kunstharzputze 9
    Kunststoffputze 9
    Leichtputz 10
    Maschinenputz 10
    mineralische Putze 9
    Sanierputz 10
    Sonderformen 10
    Verarbeitung 10
    Wärmedämmputz 10
Putzmörtel 9
PVC-Beläge 27

RAL-Gütesiegel 16
Raum im Raum 122, 126
    Akustik 131
    Ausstattung 129–131
    Corporate Design 129
    Funktionsbereiche 128, 129
    Grundprinzipien 127
    Konstruktion 130
    Materialien 128, 129
    Planungsparameter 132
    Systemvarianten 132
Raumakustik 51
Raumkonzepte 122
Raumwirkung 7
Reißwolle 36
Resonanzabsorber 50
Rutschhemmung 25

Sanitärbereiche
    Gestaltung 114, 115
    Materialien 116
Sanitäreinrichtungen
    Entwicklung 99–104
Sanitärgegenstände
    Abmessungen 113, 114
    Anordnung 113
Sauberlaufzonen 25

Schaft-Ruten-Verfahren 37
Schall
  *Absorption* 50
  *Ausbreitung* 49
  *Dämmung* 49
Schallschutz 125
  *Decken* 49
  *Treppen* 76
Schilder 147
Schlämmverfahren 24
Schließanlagen 91
  *elektronische* 91, 92
Schließfolgeregelung 93
Schrift 144, 148
Schurwolle 35
Sekundärlicht-Lösungen 64
Sicherheitsregeln 123
Spachteltechniken 11
Spaltplatten 17, 18, 24
Spiegel 115
Steigung 68, 69
Steinzeug 23
Stragula 28
Strukturen-Kunststoffvliesträger 15
Stuccolustro 11
Stufen 68, 69
Synthetikfasern 36

Tapete
  *Abmessungen* 16
  *Duplex-Prägetapeten* 14
  *Eigenschaften* 16
  *Entwicklung* 12
  *Glasgewebetapeten* 13, 15
  *Grastapeten* 15
  *Hauptgruppen* 13
  *Ledertapeten* 12
  *Muster* 12, 13
  *Naturkorktapeten* 15
  *Naturwerkstofftapeten* 15
  *Papiertapeten* 12, 13
  *Raufasertapete* 12, 15
  *Strukturprofiltapeten* 14
  *Symbole* 16
  *Textiltapeten* 14
  *Untergründe* 16
  *Velourstapeten* 12
  *Vinyltapeten* 14
  *Vliestapeten* 14
  *Wandbildtapeten* 15
Teppiche
  *Beanspruchungsklassen* 38
  *Einsatzbereiche* 37–39
  *Färbeverfahren* 37
  *Faserarten* 35, 36
  *Flachteppiche* 36
  *für Klinikbereiche* 37, 38
  *für Magnetfliesen* 37, 38
  *für Quellluftböden* 37, 38
  *Herstellungsverfahren* 36, 37
  *Klassifizierung* 38
  *Komfortklassen* 38
  *Normen* 38
  *Oberflächenstrukturen* 37, 38
  *Polteppiche* 36
  *Rohstoffe* 35
  *Siegel* 38
  *Spezialanforderungen* 38
  *traditionelle* 35

*Vliesteppiche* 36, 38
Terracotta 24
Tournay 37
Trennwandsysteme
  *Anforderungen* 135
  *Architekturkonzepte* 137
  *Blockbauweise* 134
  *Brandschutz* 136
  *Detaillösungen* 134, 135
  *Funktion* 137
  *Grundelemente* 133
  *Installation* 134
  *Konfiguration* 133
  *Konstruktion* 134
  *Schalenbauweise* 134
  *Schallschutz* 135
  *Stauraum* 136
  *Transparenz* 137
  *Zubehör* 136
Treppen 69, 70
  *abgehängte Treppen* 72, 73
  *Auflagerarten* 73
  *Auftritt* 68, 69
  *Bauvorschriften* 69
  *Bestandteile* 68
  *Brandschutz* 76
  *Einholmtreppe* 72, 73
  *Entwicklung* 65
  *Flächenbedarf* 67
  *Gehbereich* 71
  *gerade Treppen* 66
  *Grundgeometrie* 68, 73
  *Holmtreppe* 72, 73
  *Konstruktion* 72
  *Kragtreppe* 72, 73
  *Laufbreite* 69, 71, 72
  *Lauflinie* 71
  *Maßbegriffe* 68
  *Massivtreppe* 72, 73
  *Materialien* 65
  *Podest* 71
  *radiale Treppen* 66
  *Raumwirkung* 67
  *Schallschutz* 76
  *Seitenabstände* 72
  *Stahlbetontreppen* 77
  *Stahltreppen* 78
  *Stufen verziehen* 70
  *teilweise gewendelte Treppen* 66
  *Wangen-Holmtreppe* 72, 73
  *Wangentreppe* 72, 73
Treppenstufen 68
Treppenlauf 71
Treppenneigungen 68
Treppenplattensysteme 77
Treppenraum 72
  *Tritt- und Rutschsicherheit* 25
Tufting 36, 37
Tür, Frankfurter 81
Türbeschläge
  *Bad/WC* 94
  *Ganzglastüren* 96
  *Gewerbetüren* 95
  *Innentüren* 94
  *Notausgänge* 98
  *Paniktüren* 98
  *Rahmentüren* 96
  *Feuer- und Rauchschutztüren* 96, 97
  *Turnhallentüren* 96

*Wohnungseingangstüren* 95
*Zimmertüren* 94, 95
Türdrücker 86
  *Aufbau* 82–84
  *Benutzerkategorien* 85
  *Design* 81, 86
  *Garnituren* 84
  *Lagertechniken* 83, 84
  *Materialien* 84, 85
Türen
  *Aufgaben* 80
  *Einbruchsicherheit* 85
  *Feuer- und Rauchschutztüren* 93
  *Frankfurter Tür* 81
  *Griffe* 86, 87
  *Richtungsangabe* 84
  *Schließzylinder* 90
  *Schlösser* 89, 90
  *Sicherheitsbeschlag* 85
  *Türbänder* 87, 88
  *Türstangen* 86, 87
Türschließer
  *Bodentürschließer* 93
  *Obentürschließer* 93
Typografie 144

Unterdecken 46, 47
Unterflurkanalsystem 40
Urinal 104
  *Planung* 111
  *Zubehör* 111

Velours 36, 37
Verdrängungsraum 25
Verkehrseinrichtungen, öffentliche 141
Verkehrszeichen 139
Verlegemuster 31
Verziehen der Stufen 70
Viertelkreismethode 70

Wandbehänge 7
Wandbekleidungen 13, 15
Wandbespannungen 12
Wandkeramik 17
Wandteppiche 7
Wanne
  *Formen* 106, 107
  *Planung* 106, 107
  *Zubehör* 107
Wärmedämm-Verbundsystem 9
Waschplatz
  *Entwicklung* 102
  *Gestaltung* 106, 115
  *im Krankenhaus* 106
  *Planung* 105
  *Zubehör* 105
Wasserverbrauch 99
WC
  *Beckenarten* 110
  *Planung* 110
  *Zubehör* 111
Webverfahren 36, 37
Werkmörtel 9
Wilton 37

# Bibliographie

### A – An der Wand

Brasholz, Anton *Bauteilbeschichtungen. Planung und Auswahl von Material und Methoden*. Bauverlag, Wiesbaden/Berlin 1992

Deutscher Stuckgewerbebund im Zentralverband des Deutschen Baugewerbes (Hrsg.) *Putz – Stuck – Trockenbau. Fachbuch für die Berufsausbildung im Stukkateurhandwerk*. Rudolf Müller, Köln 1987

Nouvel, Odile *Französische Papiertapeten 1800–1850*. Wasmuth, Tübingen 1981

Ohlhauser, Gerd *Moderne Architekturgestaltung*. Relius living colors. Relius Coatings, Oldenburg 2001

Rabausch, Karin, und Uta Krampitz *Fliesen. Gestalten mit Fliesen und Platten*. Rudolf Müller, Köln 1993

Schäffler, Herrmann, Erhard Bruy, und Günther Schelling *Baustoffkunde*. Vogel, Würzburg 1991

Steinbrecher, Lothar, und Roland Wahl *Professionell tapezieren. Untergründe, Wandbekleidungen, Klebetechnik*. Callwey, München 1999

Thümmler, Sabine, und W. Möller *Bauhaustapete. Reklame und Erfolg einer Marke*. DuMont, Köln 1995

Ulmschneider, Otto *Neuzeitliches Tapezieren – Dekorieren – Raumausstatten*. Verlag für Fachschrifttum, München 1955

### B – Am Fußboden

Flade, Gerhard *Das Fußboden-Buch. Estriche, elastische und textile Beläge und Zubehör; Materialverhalten, Prüfung, Ausschreibung*. Bauverlag, Wiesbaden/Berlin 1983

Gasser, Gerhard, und Harry Timm *Fußbodentechnik. Eine gewerkübergreifende Kommentierung für die Praxis der Estrich-, Fliesen-, Platten- und Bodenleger*. Bauverlag, Wiesbaden/Berlin 1989

Graef, August, und Max Graef *Das Parkett. Eine Sammlung von Vorlagen massiver und fournierter Parkette in einfacher und reicher Ausführung*. Reprint nach der Originalausgabe von 1899. Th. Schäfer, Hannover 1944

Güssbacher, Hans *Das Teppichbuch*. Bussesche Verlagshandlung, Herford 1966

Kühbacher, Günter, Sabine Kühbacher, und Carlo Palmonari *Ambiente Ceramica. Mit italienischen Fliesen gestalten*. Übersetzung aus *Le piastrelle di ceramica-guida all'impiego*. Sassulo 1984

*Linoleum. Geschichte, Design, Architektur*. Katalog zur Ausstellung in Delmenhorst 2000. Hrsg. v. Gerhard Kaldewei. Hatje Cantz, Ostfildern 2000

Meyer-Bohe, Walter *Elemente des Bauens: Fußböden*. Alexander Koch, Leinfelden-Echterdingen 1980

Nickl, Peter (Hrsg.) *Parkett. Historische Holzfußböden und zeitgenössische Parkettkultur*. Klinkhardt & Biermann, München 1995

Scholz, Wilhelm *Baustoffkenntnis*. Werner, Düsseldorf 1995

van Lemmen, Hans *Fliesen in Kunst und Architektur*. DVA, Stuttgart 1994

Wilhide, Elizabeth *Fußböden. Die idealen Materialien für jeden Raum*. Callwey, München 1998

### C – An der Decke

Brandi, Ulrike, und Christoph Geissmar-Brandi *Lichtbuch. Die Praxis der Lichtplanung*. Birkhäuser, Basel 2001

Frick, Otto, und Fritz Knöll *Baukonstruktionslehre 1*. Bearbeitet von Dietrich Neumann und Ulrich Weinbrenner. Teubner, Stuttgart/Leipzig/Wiesbaden [33]2002

Gansland, Rüdiger und Harald Hofmann *Handbuch der Lichtplanung*. Vieweg, Lüdenscheid 1992

Jungewelter, Norbert *Trockenbaupraxis mit Mineralfaserdecken*. Rudolf Müller, Köln-Braunsfeld 1983

Klug, Paul *Bauphysik. Grundlagen und praktische Anwendungen*. Vogel, Würzburg 1989

Krohn, Gerhard, und Fritz Hierl *Formschöne Lampen*. Callwey, München 1952

Meyer-Bohe, Walter *Elemente des Bauens. Innenausbau. Trennwände – Montagedecken*. Alexander Koch, Leinfelden-Echterdingen 1976

Schivelbusch, Wolfgang *Licht, Schein und Wahn*. Ernst & Sohn, Berlin 1992

### D – An der Treppe

Baus, Ursula, und Klaus Siegele *Stahltreppen. Konstruktion, Gestalt, Beispiele*. DVA, Stuttgart 1998

Bock, Hans-Michael, und Ernst Klement *Brandschutz-Praxis für Architekten und Ingenieure*. Bauverlag, Berlin 2002

di Michiel, Michael, und Hans Klasmeier *Geländer*. Coleman, Lübeck 1980

Gladischefski, Hans, und Klaus Halmburger *Treppen in Stahl*. Bauverlag, Wiesbaden 1974

Jiricna, Eva *Moderne Treppen*. DVA, Stuttgart/München 2001

Mannes, Willibald *Treppen-Technik*. DVA, Stuttgart 1988

Mielke, Friedrich *Handbuch der Treppenkunde*. Th. Schäfer, Hannover 1993

Reitmayer, Ulrich *Holztreppen in handwerklicher Konstruktion*. DVA, Stuttgart/München 1998

Schittich, Christian (Hrsg.) *Innenräume. Raum – Licht – Material*. Edition Detail. Birkhäuser, Basel 2002

Schuster, Franz *Die Bauelemente*. Band III: Treppen. Julius Hoffmann, Stuttgart 1982

### E – Türen-Ausstattung

Fiedler, J., U. Brüning, M. Kieren, u.a., *Bauhaus*. Könemann, Köln 1999

Gronert, Siegfried *Türdrücker der Moderne*. Franz Schneider, Brakel 1991

Knirsch, Jürgen *Eingang, Weg und Raum*. Alexander Koch, Leinfelden-Echterdingen 1998

Kümmel, B., Bernd Steltner, u.a. *Made in Arolsen*. Museum Bad Arolsen 1998

Reitmayer, Ulrich *Holztüren und Holztore*. DVA, Stuttgart 1987

Schmitz, Norbert M. *Baubeschlag Taschenbuch*. Wohlfahrt, Duisburg 2001

Steltner, Bernd *Türbeschläge aus Polyamid*. Verlag moderne industrie, Landsberg 1997

### F – Sanitärausstattung

BASF AG (Hrsg.) *Das Hochhaus der BASF*. Julius Hoffmann, Stuttgart 1958

Feurich, Hugo, M. Hennig, und H. Wagner *Sanitäranlagen in öffentlichen und gewerblichen Bauten und Einrichtungen*. Strobel, Berlin/Arnsberg 1992

Freese, Thomas *Technik für den Innenausbau*. DVA, Stuttgart 1989

Grassnick, Martin, und Klaus W. Usemann (Hrsg.) *Bäder und hygienische Einrichtungen als Zeugnisse früher Kulturen*. Oldenbourg, München 1992

Hansgrohe (Hrsg.) *Badewonnen. Gestern – Heute – Morgen*. DuMont, Köln 1993

Henning, M., u.a. *Die vergessenen Tempel*. Festschrift zum 100-jährigen Jubiläum der AQUA Butzke-Werke als AG. Blaue Hörner Verlag, Marburg 1988

Internationale Bauausstellung (Hrsg.) *Badeinbau. Bausteine zur Selbsthilfe*. Ernst & Sohn, Berlin 1985

Kramer, Klaus *Das private Hausbad
1850–1950*. Hansgrohe Schriftenreihe,
Band 1, 1997

Kramer, Klaus *Installateur – ein Handwerk
mit Geschichte*. Hansgrohe Schriftenreihe,
Band 2, 1998

Pfriemer, Udo, und Friedemann Bedürftig
*Aus erster Quelle*. Hansgrohe Schriftenreihe,
Band 3, 2001

Pistohl, Wolfram *Handbuch der Gebäudetechnik*. Werner, Düsseldorf 1997

Rabausch, Karin, und Uta Krampitz *Bäder.
Handbuch zur Badezimmerplanung*. Rudolf
Müller, Köln ²2001

Wellpott, Edwin *Technischer Ausbau von
Gebäuden*. Kohlhammer, Stuttgart 1997

Ziemann, Stitz, u.a. *Sanitär-Handbuch*.
GC-Sanitär und Heizungs-Handels-Contor,
Bremen 1999


**G – Büro-Raumkonzepte**

BASF AG (Hrsg.) *Das Hochhaus der BASF*.
Julius Hoffmann, Stuttgart 1958

Gottschalk, Ottomar, Klaus Daniels, Reinhard
Dietrich, und Heinz J. Escherich *Verwaltungs-
bauten*. Bauverlag, Berlin ⁴1994

Kirchner, Johannes-Heinrich *Mensch –
Maschine – Umwelt. Ergonomie für Konstruk-
teure, Designer, Planer und Arbeitsgestalter*.
Beuth, Berlin/Köln 1986

Knirsch, Jürgen *Büroräume – Bürohäuser*.
Alexander Koch, Leinfelden-Echterdingen
2002

Nutsch, Wolfgang *Handbuch der Konstruktion. Innenausbau*. DVA, Stuttgart ¹⁰1994

Pracht, Klaus *Licht- und Raumgestaltung.
Beleuchtung als Element der Architektur-
planung*. Müller, Heidelberg 1994

Schlimm, Roger *Grundlagen der Büroeinrich-
tung. Die EU-Bildschirmarbeitsverordnung*.
DVA, Stuttgart/München 2000

Schricker, Rudolf *Licht – Raum, Raum –
Licht. Die Inszenierung der Räume
mit Licht. Planungsleitfaden*. DVA, Stuttgart
1994

Segelken, Sabine *Kommunikative Räume.
Büroplanung für Einzel- und Gruppenarbeit*.
FBO, Baden-Baden 1994

Sieverts, Ernst *Bürohaus- und Erweiterungs-
bau*. Kohlhammer, Stuttgart 1980

Toyka, Rolf *Arbeitswelten. Architektur für
die Dienstleistungsgesellschaft*. Junius,
Hamburg 1997

Zeeb, Jürgen *Die umsetzbare Innenwand.
Grundlagen zur Planung*. Alexander Koch,
Leinfelden-Echterdingen 1978

**H – Leiten und Orientieren**

Baumgart, Günter *Schriftanwendung im
Bauwesen*. Verlag für Bauwesen, Berlin 1979

Frutiger, Adrian *Type – Sign – Symbol*.
Editions ABC, Zürich 1980

Frutiger, Adrian *Der Mensch und seine Zeichen.
Schriften, Symbole, Signete, Signale*. Fourier,
Wiesbaden 2001

Gerritsen, Frans *Farbe. Optische Erscheinung, physikalisches Phänomen und künstleri-
sches Ausdrucksmittel*. Otto Maier, Ravensburg
1975

Herdeg, Walter (Hrsg.) *Archigraphia. Architek-
tur- und Signalisierungsgrafik*. Walter Herdeg,
Zürich 1978

Modley, R. *Handbook of Pictorial Symbols*.
Dover Publications, New York 1976

Schuler, Günter *Der Typo-Atlas*. Smartbooks,
Kilchberg 2000

Uebele, Andreas *Schrift im Raum. Visuelle
Kommunikation und Architektur*. Hermann
Schmidt, Mainz 2000


**I - Barrierefrei**

Böhringer, Dietmar *Barrierefrei für Blinde
und Sehbehinderte. Beiträge zum Bauen
und Gestalten*. Edition Bentheim, Würzburg
2002

Gießler, Joachim *Wohnen im Alter. Grundlagen, Arbeitsmittel und Planung*. DVA, Stuttgart
1996

Loeschcke, Gerhard, und Daniela Pourat
*Wohnungsbau für alte und behinderte Men-
schen*. Kohlhammer, Stuttgart 1996

Philippen, Dieter *Haustechnik für Behinderte*.
Kramer, Düsseldorf 1983

Riley, Charles A. *Barrierefreies Wohnen.
Designideen für mehr Lebensqualität*. Kohlhammer, Stuttgart 1999

Stemshorn, Axel *Barrierefrei Bauen für Behinderte und Betagte*. Alexander Koch, Leinfelden-
Echterdingen 2003

## Zum Autor

Martin Peukert, geboren 1970 in Löbau, absolvierte nach einer Lehre und Tätigkeit als Raumausstatter ein Studium der Innenarchitektur an der HfT Stuttgart und der SHKIS Oslo, Norwegen.
Planerische Tätigkeit als freier Innenarchitekt in den Bereichen Wohnungs-, Verwaltungsbau und temporäre Architektur sowie beratend-konzeptionelle Tätigkeit für Industrieunternehmen in den Bereichen Produktentwicklung, Marketing und Vertrieb, außerdem seit 2001 Fachbuchautor.
Der Autor kann bei Fragen oder Anmerkungen kontaktiert werden unter:
martin.peukert@gmx.de

## Dank

Ein Fachbuch über Gebäudeausstattung erfordert eine umfassende Kommunikation mit Spezialisten, Institutionen, Herstellern, Verarbeitern, Architekten und Fachplanern, Designern, Museen, Bibliotheken, kurz gesagt mit vielen gesprächs- und hilfsbereiten Menschen, denen es etwas bedeutet, einen nützlichen Beitrag zur fachlichen Weiterentwicklung und der Kultivierung des Bauens zu leisten.
Für das Zustandekommen und das Gelingen dieses Werkes möchte ich mich an dieser Stelle besonders bei folgenden Personen bedanken:
Zuerst sei meine Lebenspartnerin Beatrice Auer genannt, die nicht nur meinen eineinhalb Jahre während der Freizeitmangel verschmerzen musste, sondern auch während der gesamten Entstehungszeit aufwendige Korrekturarbeiten durchführte und neben ihrer planerischen Tätigkeit als Architektin Zeit für fachlich notwendige kritische Diskussionen fand. Für das Kapitel »Treppen« führte sie aufwendige Recherchearbeiten durch und schuf hierzu umfangreiche Textbeiträge, die sich nun zusammen mit Zeichnungen und Fotos im Buch wiederfinden.
Für die Themen barrierefreies Bauen und Türbeschläge war mir Bernd Steltner (Herbsen) ein wichtiger Ansprechpartner, der mir zeigte, dass nicht nur die technisch-baulichen, DIN-gerechten Grundvoraussetzungen der Ausstattungsthemen wichtig sind, sondern dass immer der Mensch im Mittelpunkt stehen muss. Mit Kritik, wichtigen Impulsen sowie aufmunternden Telefonaten half er mir bei der Bewältigung der großen Wissensmengen.
Ebenso gab mir Prof. Eberhard Holder (Stuttgart) wertvolle Impulse. Er war es auch, der mich für die Arbeit als Fachbuchautor begeisterte, so manch gut in Erinnerung gebliebenes Gespräch während gemeinsam durchgeführter Projekte erwies sich mir auch bei diesem Projekt als Hilfestellung.
Für Gespräche und Informationen, das Überlassen von Bildmaterial sowie die kritische Durchsicht von Manuskriptauszügen zu den Themen Büroplanung und Büro-Raumkonzepte danke ich Michael Majewski, Horn & Majewsky, Designer Ingenieure (Dresden), Michael Daubner,

Burkhardt Leitner constructiv (Stuttgart) sowie Joachim Fritsch und Klemens Geiger, Fa. Strähle Raum-Systeme GmbH (Waiblingen).
Jeanette Wuwer von der Fa. Weseler Teppich (Wesel) unterstützte mich bei den Fragestellungen zu Teppichböden. Wichtige Informationen und Bildmaterial zum Thema Treppen steuerte Jürgen Krack, Fa. Hark Treppenbau (Herford), zum Projekt bei.
Die Herren Peter Theissing, Fa. Alape (Goslar) sowie Thomas Schmidtke, Fa. Hansgrohe (Schiltach) halfen mir bei Fragestellungen und mit Bildmaterial zum Thema Sanitärausstattung.
Die Architekturbüros Wilford Schupp Architekten GmbH (Stuttgart), RKW Architektur + Städtebau (Düsseldorf), Bothe, Richter, Theherani (Hamburg), GMP-Architekten von Gerkan, Marg und Partner (Hamburg), und Betz Architekten (München) unterstützten mich mit Informationen sowie Gesprächen zu Projekten und der Überlassung von Bildmaterial.
Den Herren Prof. Peter Eckart und Bernd Hilpert, unit-design gmbh (Frankfurt), ist ganz besonders für die rasche und unkomplizierte Unterstützung mit Bildmaterialien zum Thema der Gebäude-Leitsysteme zu danken.
Den folgenden Personen und Institutionen danke ich dafür, dass sie mir Unterlagen und Bildmaterial zur Verfügung gestellt haben:
Gerd Ohlhauser (Darmstadt), Gabriele Berg (Freiburg i. B.), Ulf Weisser (Augsburg), meinem Bruder Daniel Peukert (Dresden), Ulrich Reitmayer (Aystetten), Dr. Ulrich Morgenroth vom Deutschen Schloß- und Beschlägemuseum (Velbert), Dr. Karin Sporkhorst vom Deutschen Keramikmuseum (Düsseldorf), Marion Schneider vom Deutschen Hygienemuseum (Dresden), Dr. Sabine Thümmler vom Deutschen Tapetenmuseum (Kassel), sowie den vielen anderen hier aufgrund des Platzmangels nicht genannten Personen, Firmen, Institutionen und Fachverbände, die Bildmaterial, Informationen und Unterlagen zur Verfügung stellten.
Die sorgsame und kritische Durchsicht des Manuskripts hinsichtlich fundierten Bauleiter-Wissens übernahm Christian Günther (Benhausen) der damit einen wichtigen Beitrag zur Baupraxis-Ausrichtung des Buches leistete.
Die im Fachbuch notwendigen Norm-Aussagen und Zeichnungen wurden mit freundlicher Genehmigung des DIN Deutschen Instituts für Normung e. V. (Berlin) integriert, an dieser Stelle sei Renate Böhm für ihre diesbezüglichen Bemühungen gedankt.
Eine besondere Hilfe im Hinblick auf die vielen anzufertigenden Zeichnungen des Buches leisteten mir die Computerworks GmbH (Lörrach) durch die kostenfreie Ausleihe der CAD-Software Vector-Works sowie die Maxon Computer GmbH (Friedrichsdorf) mit dem Animations- und Renderingprogramm Cinema 4D; beide Programme empfehle ich allen kreativen Berufskollegen!
Das vorliegende Buch wäre nicht ohne die professionelle Arbeit der Mitarbeiter der Deutschen Verlags-Anstalt entstanden. Besonders gilt mein Dank hierbei dem Fachbuchlektorat, vertreten durch Karin Kirchhof-Brugger, Imke Oldenburg und Sabine Ambros-Papadatos.

Die Gestaltung des Layouts und des Farbleitsystems übernahm Michael Hempel, der in erprobter Art und Weise dieses nicht ganz einfache Unterfangen realisierte. Dank an ihn sowie an Rainald Schwarz und Katja Anding für das vortreffliche Ergebnis!
Den Genannten und auch allen anderen, die hier aus Platzgründen nicht gesondert erwähnt werden können, gilt mein Dank für jede Form ihrer Unterstützung bei der Arbeit an diesem Buch. Danke!

### Projektpartner

Ganz besonders danken Autor und Verlag den Firmen Firmen Burkhardt Leitner constructiv (Stuttgart), STRÄHLE Raum-Systeme (Waiblingen) und Weseler Teppich (Wesel) für ihre Unterstützung als Projektpartner dieses Buches und das damit entgegengebrachte Vertrauen!

*Burkhardt Leitner constructiv GmbH & Co.*
Blumenstraße 36
D-70182 Stuttgart
Telefon: +49 (0) 711-2 55 88-0
Telefax: +49 (0) 711-2 55 88-11
www.burkhardtleitner.de
www.constructiv-clic.de
email: info@burkhardtleitner.de

*STRÄHLE Raum-Systeme GmbH*
Gewerbestraße 6
D-71332 Waiblingen
Telefon: +49 (71 51) 17 14-0
Telefax: +49 (71 51) 17 14-320
www.straehle.de
e-mail: info@straehle.de

*Weseler Teppich GmbH & Co. KG*
Fusternberger Straße 57–63
D-46485 Wesel
Telefon: +49 (0) 281-8 19 35
Telefax: +49 (0) 281-8 19 43
www.tretford.de
e-mail: info@tretford.de

## Bildquellen

**A.05** Wilford-Schupp Architekten GmbH (Stuttgart)
**A.09** aus: Gerd Ohlhauser, + Trend, Moderne Architekturgestaltung – Reihe: Relius Living Colours (Oldenburg 2001)
**A.10** Brillux (Münster)
**A.11, A.12** Deutsches Tapetenmuseum (Kassel)
**A.13–15** Rasch GmbH (Bramsche)
**A.16** Marburger Tapetenfabrik (Kirchhain)
**A.17, A.19–21** AS Creation (Gummersbach)
**A.18** Essener Tapeten Import GmbH (Essen)
**A.25–27** Hetjens Museum – Deutsches Keramikmuseum (Düsseldorf)
**A.28–29, A.33–35, B.07, F.30** Villeroy & Boch (Mettlach)
**A.31, A.32, A.38–39, B.08, B.09, B.13–B.15, D.46** Deutsche Steinzeug (Schwarzenfeld)
**B.01, B.52, B.63–66** Weseler Teppich GmbH & Co. KG (Wesel)
**B.10, B.11** Argelith Bodenkeramik (Bad Essen)
**B.12** Cottohof A. Geugis (Hückelhoven-Hilfarth)
**B.17, B.18, I.64** Trelleborg Industrie GmbH (Mettmann)
**B.19, B.23** Forbo Linoleum GmbH (Paderborn)
**B.20** Armstrong DLW AG (Bietigheim-Bissingen)
**B.22, B.29, B.38** Meister-Leisten Schulte GmbH (Rüthen)
**B.24–25, B.28, B.40, B.43** Parador Holzwerke GmbH & Co. KG (Coesfeld)
**B.26, D.28–29, I.12** Daniel Peukert (Dresden)
**B.44** Pakzad-Orientteppiche (Hannover)
**B.45, E.05** Bauhaus-Archiv (Berlin)
**B.50–51, B.53–54, B.56–57** Anker Teppichboden (Düren)
**B.59–60** Fabromont AG (CH-Schmitten)
**B.61–62** Europäische Teppich-Gemeinschaft e. V. (Wuppertal)
**B.72–73** Mero GmbH & Co. KG (Würzburg)
**C.01** Archiv Wolf-Christian von der Mülbe (Dachau)
**C.02–03** aus: G. Krohn, F. Hierl, Formschöne Lampen (Callwey 1952)
**C.04–06, C.14–15, C.45–49** Wilhelmi Werke AG (Lahnau)
**C.08** Forum Decken- und Lichtsysteme GmbH (Velbert)
**C.09, C.60** Demmelhuber GmbH (Schlegel)
**C.10–11, C.62–63** Mäder AG (CH-Wangen)
**C.18, C.38–42, C.65** Odenwald Faserplattenwerk GmbH (Amorbach)
**C.19, C.30, C.32–36** Knauf Gips KG (Iphofen)
**C.25, E.59 a–c, F.64, H.52** Gerkan, Marg + Partner Architekten (Hamburg)
**C.27** nach AMF-Mineralplatten GmbH Betriebs-KG (Grafenau)
**C.28, C.72** BRT Architekten, Hamburg, und Knauf Gips KG (Iphofen)
**C.37** Sto AG (Stühlingen) und Knauf Gips KG (Iphofen)
**C.43 a** Xella Trockenbau-Systeme GmbH (Goslar)
**C.43 b, C.44 a, b** AMF-Mineralplatten GmbH Betriebs-KG (Grafenau)
**C.50–55** Dobner Decken GmbH (Berlin)
**C.56–58** DAMPA, Chicago Metallic (DK-Tommerup)
**C.59, C.64** Richter System GmbH & Co. KG (Griesheim)
**C.61** Oranit Wood Profiles (Israel-Haifa) und Freund Akustikelemente GmbH (Berlin)

**C.69** Odenwald Faserplattenwerk GmbH (Amorbach) und Trox Hesco AG (CH-Rüti)
**C.71, C.73** KfW-Gebäude in Frankfurt/R KW Architektur und Städtebau (Frankfurt)
**C.74–76** Barrisol (F-Kembs)
**C.77–78, E.67, H.39–40, H.41, H.43, H.46** Erco Leuchten GmbH (Lüdenscheid)
**C.80** Villa Bosch in Heidelberg/Spektral-Gesellschaft für Lichttechnik (Freiburg)
**D.01–03** Ulf Weisser (Augsburg)
**D.04–06, D.10, D.20, D.30, D.47** Hark Treppenbau GmbH (Herford)
**D.09** Werner Prokschi Architekturphotographie (München)
**D.34, D.44** Betz Architekten (München), Fotograf: Pascal Hoffmann
**D.35–36, D.41** Spreng GmbH (Schwäbisch Hall)
**D.43** aus: Hans-Michael Bock, Ernst Klement, Brandschutz-Praxis für Architekten und Ingenieure, Bauverlag (Berlin 2002)
**D.52** Thomas Riehle Architekturfotograf (Köln)
**E.04, E.07–09, E.23** Archiv Hewi Heinrich Wilke GmbH (Bad Arolsen)
**E.06, E.33 a,b** Deutsches Schloss- und Beschlägemuseum (Velbert)
**E.12, E.37** Ulrich Reitmayer (Aystetten)
**E.13, E.27 a, b, E.28 f, E.29, E.31 a,b, H.42 d, I.36, I.38, I.48, I.49 a–c, I.56 d** Hewi Heinrich Wilke GmbH (Bad Arolsen)
**E.18** aus: Baubeschlag-Taschenbuch/Verlagshaus Wohlfahrth (Duisburg)
**E.20–22, E.26, E.28 e, E.62, H.42 e** Vieler International KG (Iserlohn)
**E.24 a,b, E.25, E.28 b–d, E.63–64, E.69 b** FSB Franz Schneider Brakel GmbH (Brakel)
**E.32 a,b** Simonswerk GmbH (Rheda-Wiedenbrück)
**E.34, E.48** Dorma GmbH & Co. KG (Ennepetal)
**E.38 a–e** nach Dorma GmbH & Co. KG (Ennepetal)
**E.40** nach Baubeschlag-Taschenbuch/Verlagshaus Wohlfahrth (Duisburg)
**E.41–42** BKS GmbH (Velbert)
**E.43 a–d, E.44, E.46** Ikon GmbH Präzisionstechnik (Berlin)
**E.45** DOM-Sicherheitstechnik GmbH & Co. KG (Brühl/Köln)
**E.47, E.68 a, b, E. 69 a,c** GU Gretsch-Unitas GmbH (Ditzingen)/BKS GmbH (Velbert)
**F.01, F.05–07, F.15–16** Historisches Archiv Hansgrohe (Schiltach)
**F.02** Matthias Clemens (Herrnhut)
**F.03** www.wasser.de
**F.08–09** aus: Das Hochhaus der BASF, Julius Hoffmann Verlag (Stuttgart, 1958)
**F.10–11** Alape Adolf Lamprecht Betriebs-GmbH (Goslar), Fotos: Uwe Spoering
**F.12** Porzellanmuseum Gustavsberg (Schweden), Foto: Martin Peukert
**F.13, F.31–32, F.66–67** Alape Adolf Lamprecht Betriebs-GmbH (Goslar), Fotos: Thomas Popinger
**F.17, F.23, F.25, F.27, F.40, F.57** Duravit AG (Hornberg)
**F.18–19** aus: Katalog Bernhard Joseph AG, Berlin 1900
**F.20** Werkbild Aqua (Ludwigsfelde)
**F.21, F.41–44, F.45 a–d** Hansgrohe AG (Schiltach)
**F.22, I.02** Stiftung Deutsches Hygienemuseum (Dresden), Fotograf: David Brandt

**F.24** aus: Handbuch der Architektur, III. Teil, Band 5, Heft 2 (Leipzig 1908)
**F.26** Stiftung Deutsches Hygienemuseum (Dresden), Fotograf: Volker Kreidler
**F.28 e–h, F.48, F.65** Alape Adolf Lamprecht Betriebs-GmbH (Goslar)
**F.53, I.56 c** Aqua Butzke GmbH (Ludwigsfelde)
**F.54** Franke GmbH (Bad Säckingen)
**F.58 l** Ideal Standard (Bonn)
**G.01** aus: Das Hochhaus der BASF, Julius Hoffmann Verlag (Stuttgart 1958)
**G.02, G.11–13, G.15 b, G.26–44** Burkhardt Leitner constructiv GmbH & Co. (Stuttgart)
**G.07–09** aus: Sabine Segelken, Kommunikative Räume. Büroplanung für Einzel- und Gruppenarbeit. FBO: Baden-Baden 1994
**G.14** nach Fraunhofer IAO (Stuttgart), Office Success Factor-Multi Space Office
**G.15 a, G.18 a, b, G.19, G.21, G.23, G.25** Koenig + Neurath AG (Karben)
**G.15 c, G.50, G.55–56, G.59, G.61–62** Straehle Raum-Systeme GmbH (Waiblingen)
**G.20** USM U. Schärer Söhne GmbH (Brühl)
**G.22, G.24** Horn & Majewski (Dresden) und Reiss Büromöbel GmbH (Bad Liebenwerda)
**G.45–48** Idea Raum-Möbel-System (Teisbach)
**G.51–54** Lindner AG (Arnsdorf)
**H.01** Gabriele Berg (Freiburg)
**H.22** MTA – Metropolitan Transportation Authority (N.Y.-USA)
**H.30–37, H.49** unit-design gmbh (Frankfurt)
**H.42 a, b, H.53 a, b** aus: Archigraphia, Architektur- und Signalisierungsgrafik, Walter Herdeg (Zürich 1978)
**H.47** Zumtobel Staff GmbH (Dornbirn)
**I.01** Stiftung Deutsches Hygienemuseum, Lichtbild (Dresden)
**I.03** www.browsers-mmc.de, www.ejmb2003.de
**I.16–17, I.59–61** I.L.I.S. Verein zur Förderung der Blindenbildung (Hannover)
**I.21** Hewi Heinrich Wilke GmbH (Bad Arolsen), Fotograf: Thomas Ott (Darmstadt)
**I.22** Hiro Lift Hillenkötter + Ronsieck GmbH (Bielefeld)
**I.42, I.44–45, I.56 b** sam Vertriebs GmbH & Co. KG (Menden)
**I.43** Erlau AG (Aalen)
**I.54** Granberg Deutschland GmbH (Bielefeld)
**I.56 a** Albrecht Jung GmbH & Co. KG (Schalksmühle)

Alle anderen Fotos und Zeichnungen stammen vom Autor.
Die CAD-Zeichnungen und Renderings wurden mit folgenden Computerprogrammen erstellt:

*Vector-Works, Version 9*
Computerworks GmbH, Schwarzwaldstr. 67, D-79539 Lörrach

*Cinema 4D XL, Version 8*
MAXON Computer GmbH, Max-Planck-Str. 20, D-61381 Friedrichsdorf